北大社·普通高等教育“十二五”规划教材
21世纪职业教育教材·旅游系列

浙江省“十一五”重点教材建设项目

烹饪工艺学

戴桂宝　金晓阳　等编著

图书在版编目(CIP)数据

烹饪工艺学/戴桂宝，金晓阳等编著. —北京：北京大学出版社，2014.2
（全国高职高专规划教材·旅游系列）
ISBN 978-7-301-23599-7

Ⅰ.①烹… Ⅱ.①戴… ②金… Ⅲ.①烹饪—方法—高等职业教育—教材 Ⅳ.①TS972.11

中国版本图书馆 CIP 数据核字（2013）第 305483 号

书　　名：烹饪工艺学
著作责任者：戴桂宝　金晓阳　等编著
策 划 编 辑：李　玥
责 任 编 辑：李　玥
标 准 书 号：ISBN 978-7-301-23599-7/G·3757
出 版 发 行：北京大学出版社
地　　　址：北京市海淀区成府路 205 号　100871
网　　　址：http://www.pup.cn　新浪官方微博：@北京大学出版社
电 子 邮 箱：zpup@pup.cn
电　　　话：邮购部 62752015　发行部 62750672　编辑部 62765126
印　刷　者：北京虎彩文化传播有限公司
经　销　者：新华书店
787 毫米×1092 毫米　16 开本　23 印张　480 千字
2014 年 2 月第 1 版　2023 年10月第11次印刷
定　　　价：43.00 元

前言

本书是浙江省“十一五”重点教材建设项目，是国家骨干高职院校建设子项目，在教学理念上紧密结合高职高专的教学特点，坚持以学生为中心、教师为主导的教学指导思想。编者在编写本书前听取了专业教师和行业专家的意见，更重要的是听取了在行业有丰富经验的专科毕业生的意见。本书分成理论和实践几个部分，在理论中穿插知识链接，提高学生的兴趣，增加相关的知识；在实践中，糅进理论知识点。本书设有基础知识篇、制熟工艺篇、菜肴实训篇和实践体验篇。

基础知识篇——以烹调工艺原理为主要内容。在烹调知识中增加了原料知识、刀工知识、配菜知识；同时穿插刀具、砧板、熟料容器的使用经验和最新知识的链接，打破了教材沉闷严肃的风格，使学生增加兴趣，改善学习效果。

制熟工艺篇——以学习典型菜肴为主要任务。旨在以学考结合为目的，所有任务以基础技能为主，甄选了一些全国各地的职业技能鉴定的试题中的典型菜肴。通过教师的操作示教，使学生了解规律，掌握要领。

菜肴实训篇——以同类菜肴对比实训为主要项目。通过某些相同工艺或相同原料的菜肴的对比实训练习，使学生能清楚分辨两个相似的菜肴的差异之处，从中感悟到更多的技巧和方法，加深理解的程度。

实践体验篇——以工学结合思考学习为主。通过实习体验过程，结合所学的知识，观察岗位中的一切事物，积极汲取技能知识，边思考边记录，从中悟出道理。

本教材具有的特点如下。

1. 具有职业性、创新性

本书为校企合作教材，编者在编写前后听取了多家校企专家的意见。在编写人员的选配上也做了充分的考虑，选配的人员有本专业毕业后从教 20 余年的专业教师，有本专业毕业后从厨近 10 年的优秀厨师，还有由行业知名专家转行从教的教师。故本书的编写能结合职业教育的特点，理论与职业能力兼顾，具有一定的创新性。

2. 能同步模块教学的进程

本书划分的 4 篇，刚好和模块教学的进程相似，以解决各校在近期推行的模块教学过程中教材选用难的问题，并能有效地和学分制结合。同时也能促进专任师资、行业兼职师资和实习指导师资三方的融合教学。

3. 能促进学生思考性学习

本书菜肴实训篇和实践体验篇的教学内容，能促进学生思考性学习的个性发展，为后续职业发展打下基础。实验体验篇既解决了在实习中某些“放羊式”管理的现象，也能让学生在实习中边做、边思考、边记录，为其今后的工作储备查阅的资料。同时，在实习学分认证过程中，教师也能从中得到行业的新信息。

本书由浙江旅游职业学院和杭州西湖国宾馆联合编写，并由戴桂宝、金晓阳、程礼安、陈颖忠承担撰写任务。基础知识篇、实践体验篇由戴桂宝撰写，制熟工艺篇由金晓阳撰写，菜肴实训篇由戴桂宝、程礼安和陈颖忠共同撰写，全书由戴桂宝负责统稿。在编写本书过程中，我们得到了浙江行业专家的指导及北京大学出版社的大力帮助，参考了全国各地专家所编写的成果，在此一并表示感谢。另外，感谢开元旅业集团毛红辉提供封面图片。本书虽然有所创新，但肯定还存在一定的不足，望读者给我们提出批评及宝贵的意见。

浙江旅游职业学院　戴桂宝

2013 年 12 月

基础知识篇

制熟工艺篇

菜肴实训篇

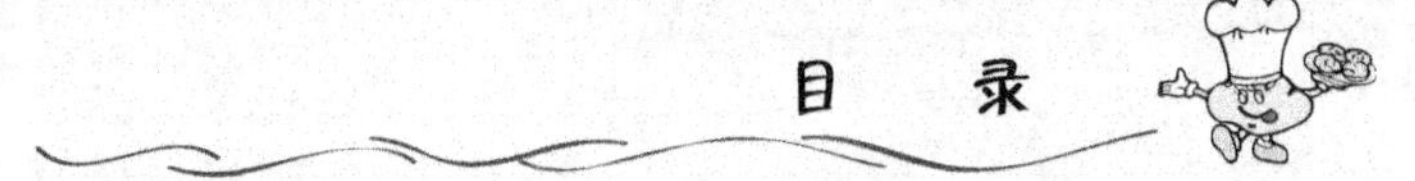

实践体验篇

基础知识篇

当看到此书，大家可能会疑惑书名是否有误——“烹饪工艺学”中的“饪”是否应该是“调”？的确，按常理应该是“烹调工艺学”，但在学习烹调工艺知识的同时，穿插学一些与烹调相关的原料知识、刀工知识、配菜知识，能改善学习效果，增加学习兴趣。

阅读此书，想必大家不仅仅是为了学习烹调知识，更想掌握烹饪的全面工作内容。所以当你步入学习之际，定会增添很多思考问题和观察事物的习惯。建议读者在学习知识的同时，培养自己的创新和管理能力，能够学有所获。

——大师箴言

第一章　烹饪工艺概述

学习目标

了解烹饪和烹饪工艺学的定义，了解烹饪和烹饪工艺学所研究的内容和它的学科属性，理解中国烹饪的主要特点，初步熟悉烹调工艺流程。

饮食是人类社会生活的一种自然现象，而烹饪则是人类社会发展到一定历史阶段的产物。烹饪的产生与发展不仅丰富了人们的饮食生活，而且反映了一个民族的智慧与文明。中国烹饪集技术、艺术、文化和科学于一体，在我国已有数千年历史，是中华民族文化的国粹之一，为世人所瞩目并饮誉海内外。

第一节　烹饪的概念

一、烹饪定义

烹饪一词最早出现在《周易·鼎卦》中："以木巽火，亨饪也。""木"指燃料，如柴草之类；"巽"的原意是风，此意是指顺风点火；"亨"在先秦时期与"烹"通用，为煮的意思；"饪"既指制熟，也是古代熟食的通称。"以木巽火，亨饪也。"大意是在鼎下架起木柴顺风起火，煮熟食物。随着社会的进步，烹饪的内涵不断扩大，现在的含义多指人类为了满足生理需要和心理需要，把可食原料用适当方法加工成为食用成品的活动。烹饪水平是人类文明的标志，正是有了烹饪，人类的食物才从本质上区别于其他动物的食物。

在古代早期的文献之中，也曾用"庖厨之事"、"调和之事"概括烹饪，约在唐代出现料理一词，后又出现烹调一词，二词词义与烹饪基本一样。以后，料理一词弃置，烹饪、烹调二词并存混用。近半个世纪，随着烹饪事业的发展，烹调一词在实际应用中逐步分化出来。现代人认为：对食物原料进行合理选择、治净、加工、配伍、制熟、调味，使之成为"色香味形质养"兼备的、无毒无害的、利于吸收的、益于身体健康的饮食菜点，称为烹饪；而烹调仅仅是指运用火候，制熟、调味加工成各类食品的技术与工艺。

二、中国烹饪的特点

中国烹饪历史悠久，菜品种类繁多、变化多样，不仅外观、口感深受国人及海外人士的喜爱，其所包含的博大精深的中华文化更是让人称奇。

中国烹饪的特点如图 1－1 所示。

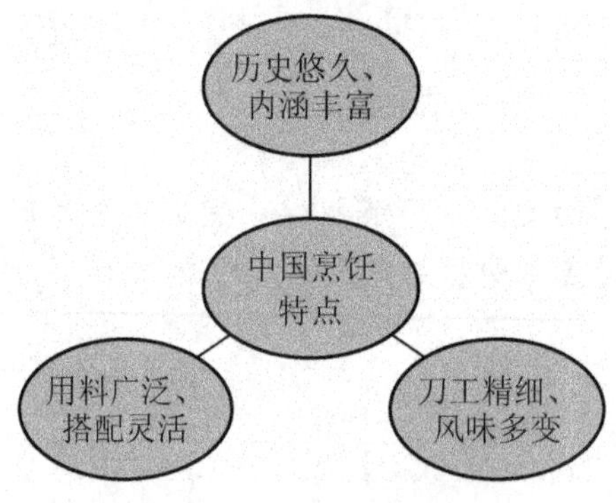

图 1－1　中国烹饪的特点

（一）历史悠久，内涵丰富

中国烹饪史几乎和中国文明史一样悠久。当前广泛认为，烹饪在商周至秦汉时期为形成期，魏晋南北朝至隋唐两宋时期为发展期，元明清至今为成熟期。

1. 商周至秦汉时期

随着生产的发展，动植物原料、调味料的增多，铜制炊具的使用和铁制炊具的问世，烹调技艺得以显著提高。中国菜肴形成了12个大的品类，每一个大的品类又可派生出许多菜肴品种。

2. 魏晋南北朝时期

由于铁制炊具的广泛应用，菜肴烹调方法已达20多种。《齐民要术》中所记载的“炒”的出现，对中国菜肴的发展起了很大的推动作用。

3. 隋唐两宋时期

在继承前代的基础上，中国菜肴进入一个新的发展高潮。主要特点为名菜增多，以及花色菜肴发展迅速，隋代的《食经》、唐代的《食单》和宋代的《山家清供》中皆有所记载。

4. 元明清至今

元明清至今这一时期，烹饪技艺趋于成熟，各地菜肴风味特色显著，进而形成了我国菜肴的主要风味流派。

现代烹饪技术和菜肴发展，是从20世纪80年代初期开始的，其在继承传统的基础上不断创新，菜肴在原料的选用上打破了时间和空间的局限，为菜品的创新提供了物质的基础。随着菜系之间的交流与融合，各地的菜肴风味也发生了很大的变化。

先秦的锅碗瓢盆——青铜礼器

先秦时期的锅碗瓢盆，确切地说应该是“青铜礼器”，一般为社会上层使用，可分为食器、酒器、水器、乐器四大类。

（1）食器，有鼎（见图1-2）、鬲、甗、簋、簠、盨、敦、豆等。其中盛肉的鼎是最重要的礼器，安阳殷墟出土的司母戊鼎，重约832kg，是迄今为止出土的最大最重的青铜器。

（2）酒器，包括饮酒器爵、觯、觥，以及盛酒器尊（见图1-3）、卣、壶、斝、罍、觚等。

（3）水器，有盘（见图1-4）、匜等。主要用于行礼时盥手以表示虔敬。

（4）乐器，有铙、钟（包括甬钟、钮钟与镈，如图1-5所示）、鼓等。

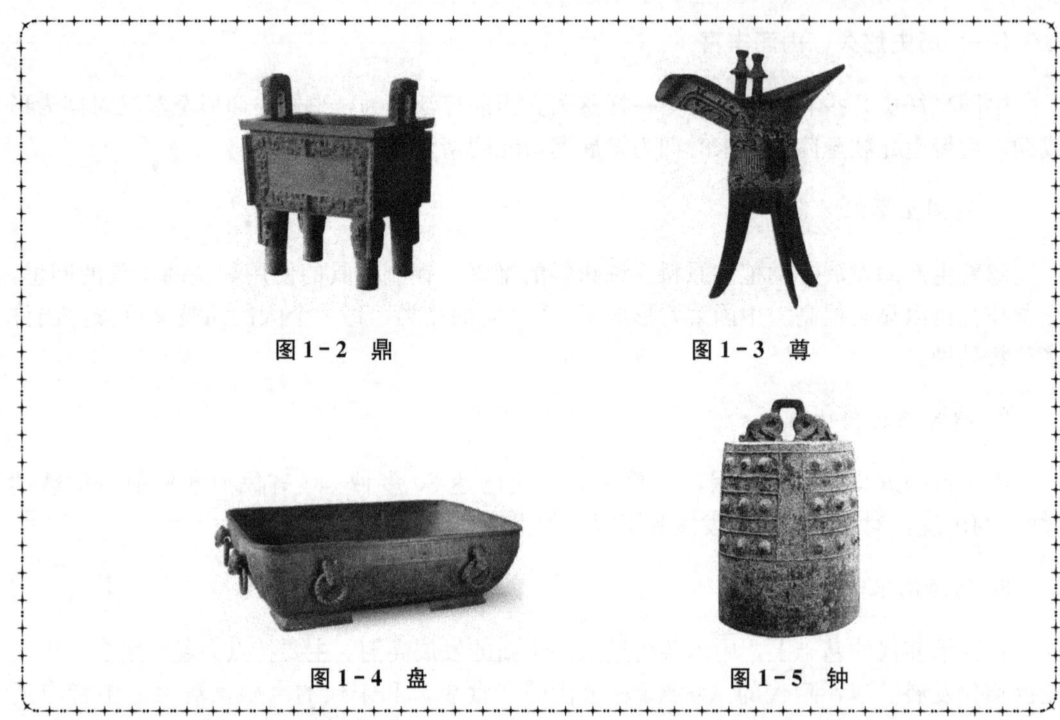
图1-2 鼎
图1-3 尊
图1-4 盘
图1-5 钟

（二）用料广泛，搭配灵活

中国幅员辽阔，物产丰富，菜肴的原料极其多样，除一般动植物原料外，还擅用山珍海味，甚至花卉、昆虫、中药等亦可入馔。

灵活合理的组配是中国菜品的重要特色。可以按时令、性味、荤素、色泽、质地、形状等不同情况自如地进行搭配，使菜肴风味、色泽、口感、营养都达到完美结合。

（三）刀工精细，风味多变

中国菜肴讲究刀工形态，目的在于使形状规则、赏心悦目，并且利于烹制、入味。其刀工技法诸多、刀工形态各异，尤以食品雕刻誉满全球，具有很高的技术性和艺术性。

有人将西餐与中餐进行比较，认为西餐是用眼睛吃菜，中餐是用舌头吃菜。不管这种比较是否准确，但“味”肯定是中国菜点的核心和灵魂。同样一种烹调方法和原料，只要使用的调味品和调味手段不同，菜肴口味也就迥然各异。

第二节　简述烹饪工艺学

中国烹饪工艺的技术体系，已逐渐形成。烹饪工艺和食品工程已有明显区分，烹饪工艺在继承传统手工艺的基础上，正在逐向安全健康化和艺术个性化方面发展。

一、定义

烹饪工艺学是以中国传统烹饪工艺技法为研究对象，分析烹饪工艺原理，探索烹饪工艺标准化、科学化的实施途径，总结和揭示烹饪工艺规律的学科。

烹饪工艺学的建立为继承传统烹饪技艺、发展和创新烹饪技艺奠定了坚实的基础，为现代人饮食水平的提高及饮食的安全性、营养性、享受性提供了保障。

二、性质

烹饪工艺学是隶属于自然科学学科下的技术科学（工科），属于一门应用型技术学科，是一种以手工艺为主体的技艺行业，与食品工程有密切关系。烹饪工艺注重特色和个性制作，而食品工程注重普及快速生产。

烹饪工艺学是一门古老而新兴的学科，是一个以手工艺为主体的更为复杂且丰富的技艺系统。它具有复杂多样的个性和强烈的艺术表现性，涵盖了雕塑、绘画、铸刻、书法等多种美术学科艺术，同时，它又与食品科学、解剖学、食品化学、食品卫生学、营养学、心理学、民俗学等学科知识有紧密的联系，如图 1－6 所示。

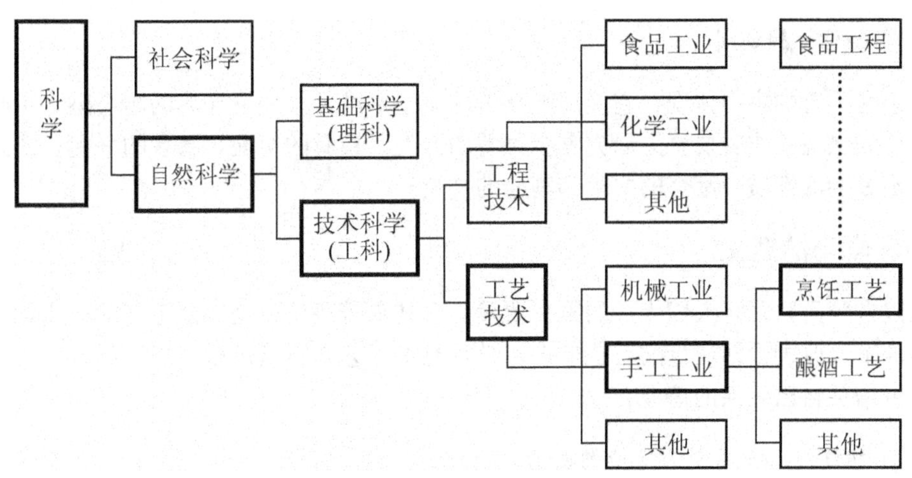

图 1－6 烹饪工艺学与其他学科的联系

三、研究内容

烹饪工艺学作为一门学科，由一定的科学理论、操作技能、工艺流程及相应的物质技术设备构成。它包括烹调原理和烹调工艺两个方面，前者属于理论范畴，后者属于技能范畴。两者有机的统一体现在菜肴制作过程之中，所以烹饪工艺学也是一门以科学理论作指导，物质技术设备为保证，操作技能和工艺流程为核心的应用学科。

烹饪工艺学在工艺流程的实施中，与同类科目烹饪原料学、烹饪营养学、烹饪卫生学、烹饪工艺美术、食品保健学及烹饪设备有密切关系，其主要研究内容有以下 4 个方面。

1. 选料加工工艺

选料加工工艺主要是针对菜肴的要求和规格，选择既符合菜肴制作要求，又能体现厨师制作水平的原料，并且深入研究如何利用初加工处理方法、如何运用各种刀法，为菜肴制作提供先决条件。

2. 烹调工艺流程

烹调工艺流程主要研究上浆、挂糊及拍粉的基本原理，研究厨具功能、传热方式、传热过程及各种传热介质的特点，研究火候和原料、火候与上浆、火候与时间的关系。充分利用上浆、挂糊、拍粉的技术含量，灵活运用火候，巧妙调味，研制营养和色泽、营养和口味达到最佳状态的菜肴。

3. 造型与盛装工艺

造型与盛装工艺主要研究菜肴的造型美化工艺，研究造型工艺、研制点缀技巧，使菜肴既具观赏性又具食用性，使消费者感到“物有所值”、“物超所值”，实现物质和精神共享。

4. 宴会设计和创新

宴会是菜肴的集中体现，它能反映整体的烹饪水准，故一桌经典的宴会融入了众人的智慧。作为烹饪工作者要着力研究宴会菜肴的开发、菜肴的组配，膳食的平衡、形式的创新，体现宴会的性质、宴会的内涵和宴会的文化。

四、学习的意义

民以食为天，食是人们生活的第一要素。食在艰苦条件下是保证生存的必要条件，在富裕条件下是改善生活质量的首选追求。学习烹饪工艺学不仅仅是掌握一门技艺为社会服务，也可增加自己生活的情趣。

1. 学习技能，提高创业就业的能力

烹饪工艺学是烹饪专业的一门主干课程。通过学习烹饪工艺学，能基本掌握烹饪的相关内容和知识，学会烹调操作技能，提高自己的实践能力，增加自主创业和就业的机会，找一份适合自己的工作，取得较高的收入回报。

2. 传播弘扬，推动烹饪文化的发展

学习烹饪工艺不仅仅是提高自己的手艺，获得较高的酬劳，而是在交流传播的过程中，能获得大家的尊敬。在传播弘扬烹饪文化的同时，既提升了中国烹饪的形象和地位，也能促进地区产业发展。

3. 实践体验，提高生活情趣和质量

学习烹饪工艺不仅可以使烹饪工作充满挑战和乐趣，而且能提高自己的美食鉴赏能力和美食品味能力，根据自己的遐想创造一片属于自己的天地。假如休假日在家与家人“联手”体验一番，不仅能促进与亲人朋友关系的和谐，还能提高生活质量和生活情趣。

中国古代烹饪百科全书——《齐民要术》

《齐民要术》大约成书于北魏末年（533—544），作者是北魏时期农学家贾思勰。《齐民要术》主要讲述了平民百姓的谋生方法，它系统地总结了6世纪以前黄河中下游地区农牧业生产经验、食品的加工与贮藏、野生植物的利用等，对中国古代农学的发展产生了重大的影响，是中国现存最早最完整的农书。虽说是农书，但内容“起自耕农，终于醋酸”。就是说，农耕是手段，最终把农产品制造成食品才是目的，方可以使“齐民”（平民）获得“资生”之术。因此从饮食烹饪的角度看，《齐民要术》堪称中国古代的烹饪百科全书，价值极高。

《齐民要术》共92篇，其中涉及饮食烹饪的内容占25篇，列举的食品、菜点品种约达300种，菜肴烹饪方法达20多种，有酱、腌、糟、醉、蒸、煮、煎、炸、炙、烩、熘、炒等。特别是“炒”，这种旺火速成的方法已明确在做菜中应用，其意义十分重大。同时，书中也记载了细如韭叶的面食“水引”的详细制法。

第三节 烹调工艺流程

烹饪工艺学是以烹调工艺流程为基础的一套完整的流程，实际上是不同的工序进行各种合理有序组合的过程。烹调工艺流程主要包括以下6道操作工序，如图1－7所示。

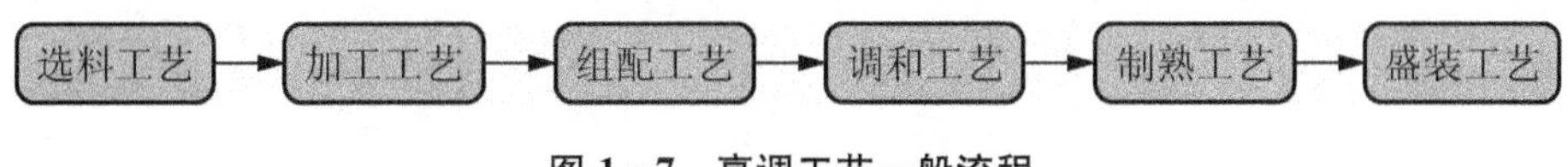

图1－7 烹调工艺一般流程

一、选料工艺

选料工艺是指在烹调前对可食原料的选择，是整个烹饪工艺的首道环节，也是烹调的前提和基础。通过对原料的品质、品种、部位、卫生状况等多方面的综合挑选，使其更加符合烹调和食用的要求。

二、加工工艺

加工工艺是指对原料的初步加工，为后续流程提供所需的成形原料。加工的过程和加工后是否清洁、卫生，则直接关系到人体的健康、安全。加工过程一般包括宰杀、清洗、整理、保鲜、分档、切割、涨发等环节。

三、组配工艺

组配工艺是将经过选择、加工后的各种原料，通过一定的方式方法，按照一定的规格质量标准，进行组合搭配的过程。它对菜肴的风味特点、感官性状、营养质量等都有一定的作用，对平衡膳食具有重要意义。

四、调和工艺

调和工艺是指在烹调过程中，运用各类调料和各种手法，使菜肴的滋味、香气、色泽和质地等风味要素达到最佳效果的工艺过程。通过调和工艺可以使菜肴的风味特征如滋味、香气、色泽、形态、质地等得以基本确定。

五、制熟工艺

制熟工艺就是通常所说的“烹调方法”，如炒、熘、炸、烧、焖、汆、烩、烤等。制熟工艺是烹调工艺中的一项重要技术环节，理解和掌握其基本原理和方法才能科学地运用。

六、盛装工艺

盛装工艺就是将制熟后的菜肴，采用一定的方法装入特定的盛器中，以最佳的形式加以表现，最终实现食用品尝的目的。

第二章　原料加工知识

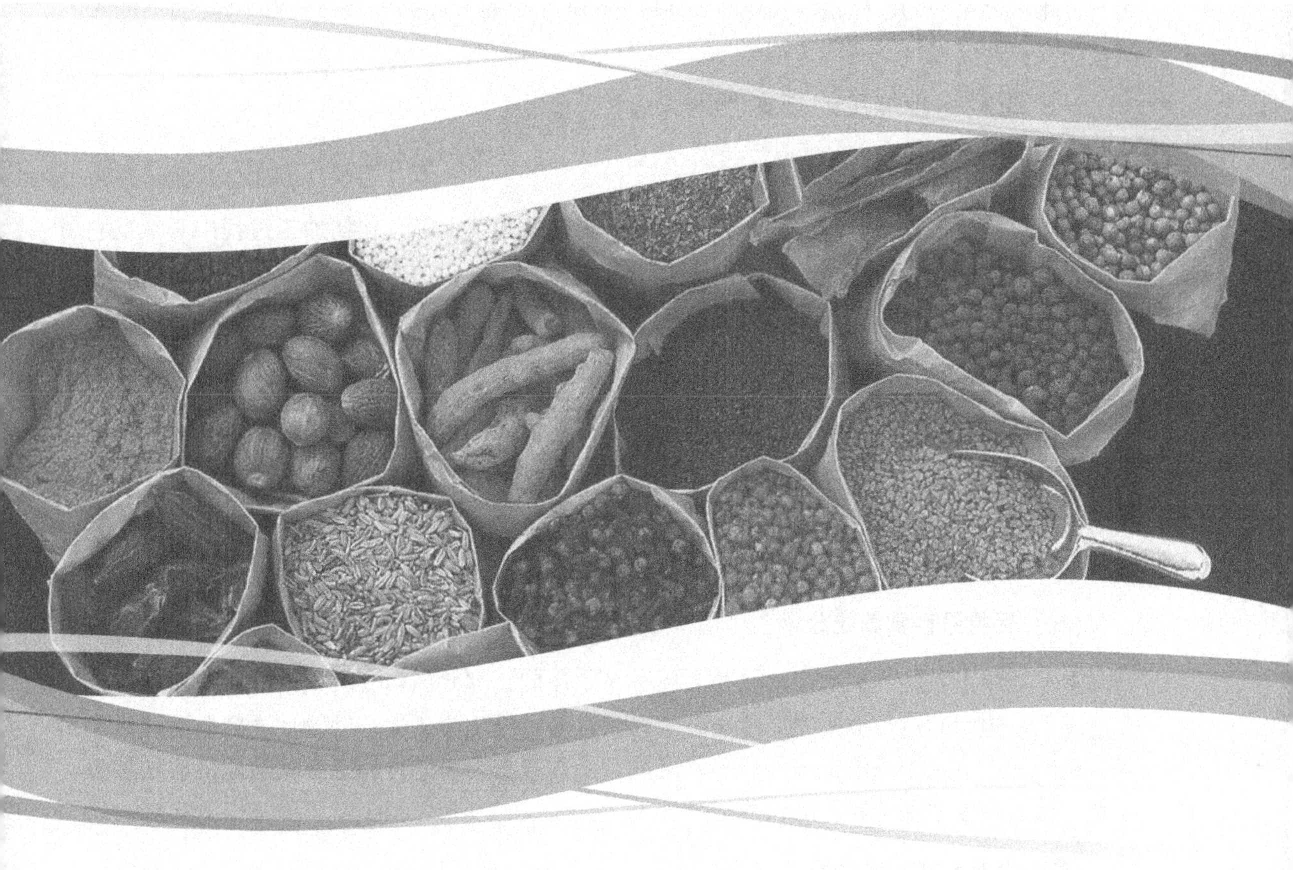

学习目标

了解烹饪原料加工的原则，掌握烹饪原料的初步加工和分档取料的知识；熟悉刀工技术，能运用各种刀法，对原料进行分档和加工。

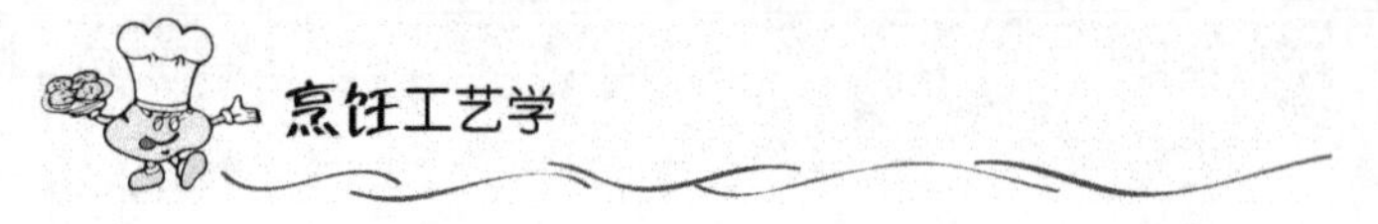

第一节　原料的初步加工

鲜活原料的宰杀、清洗、整理的过程，就是鲜活原料的初加工，即原料由毛料成为净料的过程。鲜活原料的种类繁多，其中有很多不能直接用来烹调，而必须经过初步加工和细加工，才能用以烹调和食用。例如，活鸡要经过宰杀、烺毛、去内脏、洗涤，活鱼要去鳞、去鳃、去内脏、洗涤，蔬菜有的要择去黄叶老帮、有的要削皮去根。最后，再将原料加工成烹调所需的形状，才便于烹调和食用。

因此，无论动物、植物、矿物性原料，必须按照菜肴成品的要求，按原料的不同种类、性质、部位进行不同的初加工。

一、原料初步加工的基本原则

（一）保证原料清洁卫生

烹饪原料的来源不一，有许多原料带有泥污杂质和菌虫等。在初加工过程中必须把它们清理干净，以避免造成不必要的后果或引发某些疾病，如食物中毒（农药残留物）、细菌性疾病等。

（二）符合切配烹调要求

烹饪原料的初步加工是为切配和烹调服务的。因此，在初步加工中要考虑到不同的烹调方法、不同的刀工要求和不同的成品要求，有目的、有计划、有步骤地加工烹饪原料。例如，杀鸡开膛时要考虑到鸡的用途，如果是做“清汤布袋鸡”则不能开膛，必须选用整料出骨的方法去除内脏和骨骼，便于原料造型和制作，使菜肴达到成品的要求。

（三）保持原料营养成分

烹饪原料由于种类繁多，所含营养成分各不相同，某些原料含有水溶性维生素，在洗涤过程中浸泡时间过长或改刀后洗涤就容易使水溶性维生素流失；动物性原料脂溶性维生素，在温水或热水中洗涤也容易流失。因此，必须根据原料的性质选择相适应的方法加工原料，最大限度地保持原料的营养成分。

（四）合理利用原料特性

烹饪原料在加工时要保证原料的清洁卫生和便于烹调。而且，在初步加工过程中更要注重原料的合理使用，尽可能做到物尽其用。例如，笋的老根可吊汤；鱼鳞可制作菜肴（鱼鳞冻）；芹菜叶可以制作凉菜和热菜（香干拌芹叶、香酥翠叶等）。

二、蔬菜的初步加工

新鲜的植物性原料是烹饪原料的一部分，也是人们日常膳食中不可缺少的食品，它含有丰富的维生素和矿物质。蔬菜不但可以单独成菜，而且还可以配合其他原料一起组合成富有营养的菜品。蔬菜一般由根、茎、叶、花、果五部分组成，由于可供食用的部位不同，所以各部位的加工处理也有一定的差异。

（一）蔬菜加工的目的和要求

蔬菜的品种繁多，食用的部位也各不相同。但其最终的目标是通过加工处理，为烹调提供具有卫生性、营养性、风味性、美观性的原料。所以，加工的目的是去除不能食用的根、叶、皮、筋、籽核、内瓤、外壳、毛绒、虫眼等，洗净泥沙、虫卵及残留的农药、化肥和其他污染物质，修整形体，使之达到烹调所要求的标准。因此，蔬菜加工的要求有以下 3 个方面。

1. 摘除废料，保证规格

蔬菜加工时必须去净老叶、黄叶及腐烂和损伤的部位，严格按照烹调要求或成品要求的规格进行加工处理。

2. 洗涤得当，确保卫生

蔬菜加工时必须根据原料的品种、部位选择加工方法和洗涤方法。首先，对叶菜、茎菜类原料必须采用整棵或整叶洗涤的方法。避免改刀后洗涤，否则既破坏了蔬菜表面固有的保护层，而且也容易造成水溶性营养物质的流失。其次，对于根茎类原料，去皮后洗涤，还要放置在清水内浸泡。这样既可防止原料表面失水，又可防止原料所含成分单宁酸的褐变（因酚类物质被氧化或产生糖-氨基反应而发生的褐色变化）。但是原料也不能长时间浸泡，容易破坏其营养和风味。

3. 合理放置，厉行节约

洗涤后的烹饪原料必须放置在洁净的器皿中，避免再次污染。放置时要方向一致，排列整齐。对有些原料应采取综合处理的方法加工，尽可能避免浪费，如菜心（鸡粥菜心）摘取后，较嫩的菜叶仍可作他用（腐皮炒青菜等）。

（二）蔬菜的加工方法

蔬菜的种类很多，加工方法因料而异，大体有以下几种：择（择叶）、刮（刮毛绒）、削（削皮）、撕（撕筋）、剔（剔去废料、烂料）、掰（掰开原料）、挖（挖出废瓤）等加工方法。其中，蔬菜的洗涤方法主要有以下 3 种。

1. 直接冷水洗

直接冷水洗就是将加工整理后的原料，放在清水中冲洗、浸泡、再冲洗的一种方法。

2. 盐水洗

盐水洗主要针对虫卵较多的蔬菜，在直接冷水洗的基础上，将原料放入盐水浓度为 1%～1.5%中浸泡 5min。由于盐水对虫卵具有一定的杀伤作用，可以使虫卵脱落于水中，然后再用清水将蔬菜冲洗干净。

3. 消毒水溶液洗

消毒水溶液洗主要针对生食的蔬菜，为了达到杀菌消毒的目的，将原料放入消毒水溶液中浸泡 5min，即可达到杀菌消毒的作用。消毒水溶液一般有高锰酸钾水溶液（浓度为 0.1%～0.3%）和洗洁净水溶液（1 滴/kg）等。然后再用冷开水洗净，洗净后可供生食，如黄瓜、西红柿、生菜、香菜等。

三、家禽的初步加工

家禽指人工饲养的鸡、鸭、鹅等动物性原料。由于家禽的一般形体特征相似（头、颈、躯干和尾），所以其初步加工的方法基本相同。

（一）家禽加工的目的和要求

家禽的加工是为烹调提供洁净的烹饪原料。因此，就必须对家禽进行加工处理，去除体外禽毛、体腔内血渍、鼻嘴处黏液和其他杂质。为此，家禽的加工要求有以下 4 个方面。

1. 放尽血液

放尽血液就是宰杀家禽时必须将气管、血管割断，然后放尽血液。如果血液不放尽，肉色发红，影响肌肉质量。

2. 煺净禽毛

煺净禽毛就是根据家禽的形体大小、老嫩状况，确定水温和泡烫时间，尽可能将禽毛泡烫均匀和拔净，时间不易过长，防止禽皮烫熟。

3. 剖口正确

剖口正确就是家禽的剖口主要是为了去除内脏，但是为了保证成品的特点，就必须根据烹调的要求和目的选择剖口。一般要求剖口位置正确、刀口不易过大，过大会影响成品的形体美观。

4. 洗涤干净

洗涤前必须摘除内脏、气管、食管、嘴壳、舌尖硬壳及腔体内的肺，颈部的淋巴、尾上腺等。然后用清水冲洗，洗净表面杂质、腔体内血渍和口鼻处的黏液。

（二）家禽的加工方法

家禽的加工方法分为 4 种。

1. 宰杀

宰杀前应先准备一只碗，碗中放少量盐和清水。左手握住鸡翅膀，小指钩住右腿，大拇指和食指掐住鸡颈皮，下刀处拔去颈毛，右手持刀割断气管、血管，放下刀捏住头，倾

斜地将血液放尽。宰杀方法一般有3种，如图2-1所示。

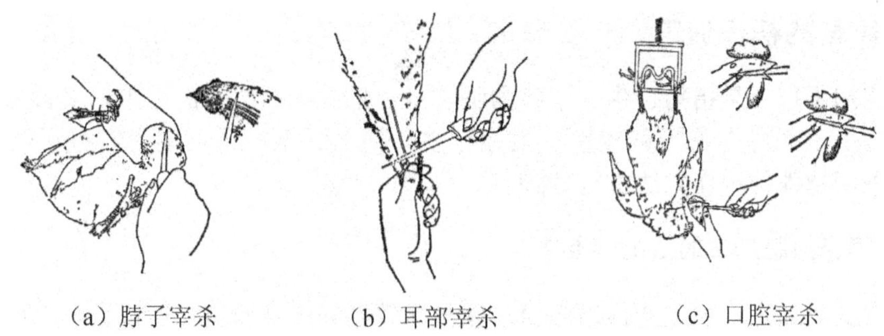

(a) 脖子宰杀　　(b) 耳部宰杀　　(c) 口腔宰杀

图2-1 家禽宰杀方法示意

2. 煺毛

盆内放入70～90℃热水，放入家禽泡烫，泡烫时间应根据家禽老嫩确定。一般家禽头、爪先泡烫，躯体后烫，烫制充分后捞出，拔躯干羽毛时先拔翅膀羽毛和尾部羽毛。拔毛时必须顺毛拔，将绒毛一起带走。如果表面有小绒毛残留，可放入清水中用镊子拔净。

3. 开膛去内脏

开膛去内脏必须根据烹调的要求进行，一般开膛分为3种。

(1) 腹开。先在家禽颈的右侧脊椎骨处横开一刀，取出气管、食管和嗉囊。然后在肛门和腹腔部横或竖地切割一刀。一般刀口不超过6cm，用手指拔断内脏与禽体粘连的膜，手掌托住内脏轻轻拉出，再去净肺叶。

(2) 脊开（背开）。先在家禽脊背处剖开，刀口从尾部至禽颈部，刀口不易过深，避免割破内脏。然后从脊背处取出内脏、肺叶、气管、食管和嗉囊。

(3) 肋开（腋开）。先按腹开的方法去净气管、食管和嗉囊。然后，在翅膀下方的躯体肋骨上剖开，刀口一般小于5cm。用中指和食指伸入腹腔内划断内脏与禽体粘连的膜，将内脏从肋开处掏出。

上述开膛去内脏方法，都应注意不要碰碎肝脏和挖破胆囊，因为肝脏是软嫩的原料，碰碎后影响使用。而挖破胆囊，胆汁就会污染肝脏，使肝脏具有苦味而影响烹调制作。

4. 整理内脏

家禽的内脏有肫、肝、肠、油脂和宰杀时的血液等。整理的方法如下：

(1) 肫。割断与肫相连的食道及肠，再将肫剖开，去净污物，剥掉内壁黄衣，洗净即可。

(2) 肝。需摘除胆囊或切除胆囊，洗净备用。

(3) 肠。需先摘除胰脏，再用剪刀剖开肠子，去净污物，再用盐、矾、醋等反复搓洗，每搓洗一遍用清水洗一遍，一般两三次，使肠壁黏液去除。

(4) 油脂。将油脂洗涤干净，切成小块，放入碗内加葱、姜、料酒上屉蒸化，再去除葱姜，撇出油脂，冷却后即为鸡油。

(5) 血液。将凝固的血块放入开水锅中，煮烫成熟或放入蒸屉内蒸制成熟。煮烫和蒸制时必须掌握加热时间，防止血块出现蜂窝等现象，影响成品质量。

四、家畜的初步加工

家畜的初步加工是指猪、牛、羊的内脏和头、爪、舌、尾等的加工，又称家畜内脏的初步加工。由于家畜内脏污秽较重、黏液较多，而头、爪、舌、尾等有残毛等杂质，因此，一般采用特殊的洗涤方法进行处理。

(一) 家畜内脏加工的目的和要求

家畜内脏的加工是为烹调提供洁净、腥臭味较轻的烹饪原料，所以在加工时必须采用特殊的洗涤方法去除家畜内脏的污秽、黏液和腥臭味。家畜内脏加工有如下要求。

1. 洗涤干净

家畜内脏必须摘除干净油脂（网油、肠油），再清除干净残物及粪便，然后用清水冲洗干净，防止残物或粪便粘在内脏表面。

2. 去除腥臭味

家畜内脏都带有各自的腥臭味，必须选用盐、矾、醋、碱等物质进行搓洗，使家畜表面的黏液（腥臭味）脱落，再用清水洗净，使家畜内脏的腥臭味降到最低程度。

3. 避免污染

家畜内脏带有残物及粪便，如果不及时进行处理，内脏内的污物就会污染内脏，造成内脏发黑（青褐色），严重影响到成品的质量。

(二) 家畜内脏的加工方法

家畜内脏的加工方法有以下 6 种。

1. 翻洗法

翻洗法又称里外翻洗法，是将家畜的肠、肚等内脏，去净内壁污物（里外翻、套肠翻），再放入清水中冲洗干净的一种加工方法。

2. 搓洗法

搓洗法又称盐、醋搓洗法或盐、矾搓洗法，是将翻洗后的肠、肚等黏液较多的内脏，放入盐、醋或盐、矾等物质反复搓洗，待黏液去除后再用清水冲洗干净的一种加工方法。

3. 烫泡刮洗法

烫泡刮洗法是指家畜内脏（肚、舌）表面带有一层白膜，必须放入开水锅中打焯，待白膜受热收缩（蛋白质变性），捞出放入清水中用刀刮洗干净的一种加工方法。

4. 烙烧刮洗法

烙烧刮洗法是指家畜的头、爪、尾等带有残留的毛和污垢，必须选用烧红的铁器烙烧或放入文火中，火烧，再放入清水中浸泡，使烧焦的污垢表面回软，再用小刀刮洗干净的一种加工方法。

5. 漂洗法

漂洗法是指家畜的脑、脊髓等原料，表面带有血筋和血膜（质地柔软），必须放在清水中一边漂洗，一边挑血筋、血膜，使其漂洗干净的一种加工方法。

6. 灌水冲洗法

灌水冲洗法是指将家畜的肺管套放在水龙头上，一边灌水一边拍打肺叶，促使水流入肺管和支气管等组织中，使肺叶扩张，冲净黏液，达到肺叶内洁净无异味的一种加工方法。

知识链接

人道屠宰计划

人道屠宰即人性化屠宰。狭义的人道屠宰是指减少或降低生猪在宰杀前的恐惧和痛苦，广义的人道屠宰包括动物的运输、装卸、待宰及宰杀过程，通过合适的处置和宰杀方式，尽量减少动物的紧张、恐惧和痛苦的屠宰方式。

2007 年 12 月 16 日，“中国人道屠宰计划启动仪式”在河南举行。2008 年开始，全国范围内将开始人道屠宰培训。人道屠宰最基本的要求是在宰杀动物时，必须先将动物“致昏”，使其在音乐声中失去痛觉，再放血使其死亡。据说使用二氧化碳宰杀猪的技术和设备，比电击“致昏”宰杀还要环保，而且肉的品质更高。

研究表明，当猪在被搬运和屠宰过程中会产生恐慌，这会使猪的肾上腺激素上升，分泌一些不好的物质，降低肉的品质。通过人道屠宰，会提高猪肉的品质，人们吃到的肉的口感会更好、更健康。

五、水产品的初步加工

水产品在烹调中运用较多，主要指鱼、虾、蟹、贝等水生动物性原料。由于水产品种类多，在烹调中使用方法各不相同。因此，水产品的初步加工的方法也因料而异。

（一）水产品加工的目的和要求

水产品原料种类繁多，有些鱼是有鳞的，还有一部分鱼是无鳞的。为了彻底清除鱼表层的黏液、消除腥味，就必须选用特殊的加工方法进行处理。其目的是为烹调提供洁净的、清洁卫生的合格原料。水产品初步加工的要求有以下 3 个方面。

1. 除尽污秽杂质

水产品原料往往带有较多的黏液、血水、寄生虫等污秽杂质和腥味，必须按照烹调的要求去除干净，使其符合卫生要求和保证成品的质量。

2. 按用途或品种特性加工

水产品种类繁多，初步加工时必须根据水产品的特性和烹调用途进行处理。加工时还要注意充分利用某些可食部位，尽可能做到物尽其用，避免浪费现象的出现。

3. 切勿弄破苦胆、保持原料形状完整

水产品原料中的淡水鱼，一般均有苦胆，初步加工时尽可能不要将苦胆弄破。因为，苦胆弄破，胆汁就会使鱼肉变苦，严重地影响到成品的质量。另外，剖腹和去鳃时尽可能保持鱼体的完整性，不然就会影响到成品的形态。

（二）水产品加工的方法

水产品加工的方法主要是根据水产品的特征进行加工处理，一般可分为 4 种。

1. 刮鳞

有鳞鱼一般都采用刮鳞的方法进行加工处理。一般选用刀具或特制的铁板刷，从鱼尾部向鱼头部方向逆向刮鳞。而对于表层无鳞的其他鱼类可采用以下几种方法。

（1）煺沙。有些鱼表面有一层细沙，如鲨鱼、鳐鱼等，必须采用煺沙的方法，将鲨鱼和鳐鱼表面的细沙去除，即将鲨鱼、鳐鱼等放入大盆内，用 70～90℃的热水泡烫 1～5min，捞出后用小刀刮去鱼体表层的细沙。煺沙时必须根据原料的老嫩情况、水温情况确定泡烫的时间，防止皮破沙陷，影响成品的质量。

（2）剥皮。有些鱼表面有一层粗糙的皮质，如绿鳍马面鲀、半滑舌鳎、条鳎等，必须采用剥皮的方法，将其表面一层粗糙的皮质剥去，使其符合食用的要求。

（3）泡烫。有些鱼表面有一层黏液，如鲶鱼、泥鳅、河鳗等，必须采用泡烫的方法进行加工处理，即将其放置在 80～95℃的热水中，使其表层黏液凝结，再采用漂洗的方法将黏液彻底去除，使其符合食用的要求。

（4）宰杀。有些水产品因生命力极强，离水后不易死亡，如鳝鱼、泥鳅、甲鱼、乌龟等，必须采用宰杀的方法，将其杀死放尽血液。一般鳝鱼的宰杀有两种：一是活杀，剪断颈椎放血，然后剖腹去内脏或将其击昏，然后把头钉在木板上，在颈椎处扦入小刀，剔去椎骨，摘除内脏洗净，即为半成品原料；二是汆杀，将鳝鱼倒入 80～90℃的热水锅中，泡烫 10～15min，待鳝鱼张嘴后捞出，然后剔去椎骨，摘除内脏，即为半成品原料。汆杀时必须加盐和醋，一般 2kg 水加 20g 盐和 15mL 醋。盐可以使鱼皮收缩增加弹性，而醋可以使鱼皮色素沉淀增加光泽，并具有去除鱼腥味的作用，即去除表面放线菌的特有土腥味。

（5）摘洗。有些原料表面具有一层皮膜和后唾液腺，必须采用摘洗的方法将其废料去除，如乌贼、鱿鱼、章鱼等，即去除皮膜、前后唾液腺等内脏洗涤干净，使其符合食用的要求。

2. 去鳃

鳃是鱼的呼吸器官。由于鱼生长的水域的状况不同，鱼鳃中带有污秽和细菌，必须彻底清除。另外，在清除鱼鳃时还需要把鱼的咽齿去除。去鳃的方法一般用剪刀和手挖，将鱼鳃清除干净。

3. 去内脏

去内脏的方法，一般根据烹调的要求进行。一般有三种去内脏的方法：一是腹出法（从鱼腹部开刀，再去内脏，如红烧鳊鱼、清蒸鲻鱼等）；二是脊出法（从鱼脊背开刀，再去内脏，如荷包鲫鱼等）；三是口腔出法（从鱼口腔或鳃盖部去除内脏，如锅烧河鳗、干煎黄鱼等）。

4. 修鳍和洗涤

修鳍是将取过内脏的鱼进行修理整形，一般采用刀剁和剪刀剪的方法。对于有毒而锋利的鳍（鳜鱼鳍），应先剁去背鳍，再去内脏。洗涤时将鱼放入清水中漂洗，去除腹内黑膜、咽齿和血水等。

常用水产品加工实例

1. 龟鳖的加工

龟鳖分为头、颈、躯干及尾四部分。龟鳖的加工以中华鳖最为典型，中华鳖又称甲鱼、团鱼或水鱼。鳖体边缘部位柔软，称为裙边，是鳖体最肥美的部位。

其清洗程序：宰杀（放血）—泡烫—煺膜—开壳—清理内脏—洗涤（待用）。

在清洗时要除去内脏，除去食气管和腹中黄油。

2. 虾和虾仁的加工

虾分为海虾、江虾、河虾、湖虾等，常用的品种有沼虾、螯虾、对虾、毛虾、龙虾等。

(1) 虾籽取用程序：将虾放入清水中—漂洗出虾子—过滤后晒干（烘干）—待用。

(2) 虾的清洗程序：用刀（剪）修去须—用刀剖开脊背—用竹签剔除沙肠—洗净待用。

(3) 虾仁取用程序

① 挤捏法。一只手捏住虾头，另一只手捏住虾尾—向中部挤压—虾肉从脊背处破壳而出—去沙肠—冲洗—放少许明矾或食盐搅拌，使其白净—冲洗—待用。

② 剥壳法。捏住虾—剥去壳和头尾—去沙肠—冲洗—放少许明矾或食盐搅拌，使其白净—冲洗—待用。

3. 蟹的加工

蟹有海蟹、江蟹、河蟹、湖蟹等。常用的品种有三疣梭子蟹、中华绒蟹（河蟹、毛蟹）、青蟹、膏蟹等。其操作程序有三种。

(1) 整只清洗程序：静养—洗刷—捆扎（如清蒸大闸蟹）。

（2）打开清洗程序：静养—洗刷—摘下腹壳—揭开背壳—剔除胃和肺叶—小心冲洗—待用。

（3）取肉加工程序：静养—洗刷—蒸、煮—卸下—揭开背壳和摘下腹壳—剔除胃和肺叶—用竹签取出蟹体、蟹壳内的膏脂和肌肉—用棍棒压挑出足肉—待用。

4. 乌贼的加工

乌贼又叫墨鱼。乌贼分头、足和躯干三部分。

清洗程序：分离足和躯干—除去墨囊、眼球—除去船骨和内脏—剥去皮膜—冲洗干净。

第二节　原料的分档取料

烹饪原料经过初步加工后，绝大多数可直接切配。但是，其中有一部分原料，由于形体较大或带有骨刺或由于烹调的某种需要，还必须对这些原料进行加工处理。为此，将这些原料的加工处理，称为烹饪原料的分档取料或分解工艺。分档取料是指对整形原料进行有规则的分割，使之成为具有相对独立意义的更小单位和部件。通过取料，使原料变为更小的单位和部件（包括骨刺的去除），更有利于切配、加热、入味、食用和人体的消化吸收。

一、烹饪原料的出肉加工

烹饪原料的出肉加工就是按照烹调的要求，将动物性原料的肌肉组织从骨骼上分离出来或将骨、刺去除，达到净料要求。出肉加工是烹调前一项重要的基础工作，它不仅能使部位原料得到合理使用、避免浪费、降低成本，而且还直接影响到菜肴的质量。出肉加工有生出骨和熟出骨两种。生出骨是指将未经烹调加工的原料进行剔骨，去除骨、刺的一种出肉方法；熟出骨是指将加热成熟的原料进行剔骨，去除骨、刺的一种出肉方法。为了达到烹调的制作要求，无论生出骨还是熟出骨，都要符合出肉加工的要求。

（一）出肉加工的基本要求

（1）要按照烹调的要求出肉。例如，制作清汤鱼丸的鱼蓉，必须在整鱼去骨、去刺、去鱼皮的基础上得到净鱼肉，而这里的去骨、去刺、去鱼皮，就是出肉加工的方法或步骤。

（2）出肉要干净。出骨必须去得干净，做到骨不带肉、肉不带骨，避免浪费。因此，去骨时刀刃要紧贴骨骼操作，重复刀口要一致。

（3）熟悉动物性原料组织结构。对于动物性原料要了解肌肉和骨骼的组织结构及其不同部位，出肉加工时尽可能按照生理组织结构的排列顺序加工，避免造成不必要的损失。

(二) 烹饪原料的加工方法

1. 猪的出肉加工

猪的出肉加工也叫“剔骨”。先将半爿猪肉平放在案板上（皮朝下），用砍刀将脊椎骨砍为三部分，即前腿部、中部和后腿部，再进行出肉加工，即剔去骨骼，成为净料。

(1) 前腿部出肉加工，需剔去第一颈椎骨、第一胸椎骨、肩胛骨和臂骨，即为净料。

(2) 中部出肉加工，需剔去第一腰椎、肋骨和胸骨，即为净料。

(3) 后腿部出肉加工，需剔去荐骨、尾椎、髋骨、股骨和小腿骨，即为净料，如图2－2所示。

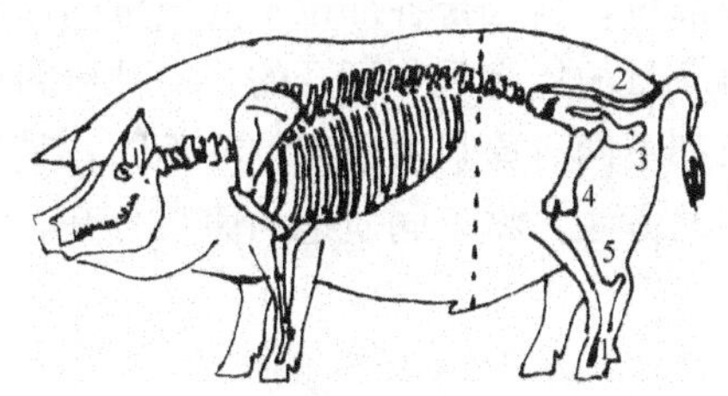

1. 荐骨；2. 尾椎；3. 髋骨；4. 股骨；5. 小腿骨

图 2－2 猪的后腿部位

2. 鸡的出肉加工

鸡的出肉加工，亦称“剔鸡骨”。先将鸡平放在案板上，将鸡分为鸡腿、翅膀和躯体三部分，再进行出肉加工，即剔去骨骼，成为净料。

(1) 鸡腿

右手握住鸡的右腿，使鸡腹向上，头朝外。将左腿与腹部相连的皮割断，右腿相同。把两腿向背后折起，在坐骨孔和鸡股骨连接处割断，把连接在脊背的筋及腰窝的肉割断，用力撕下两腿。剔去鸡腿内的股骨、髌骨、腓骨、胫骨，即为净料，如图 2－3 所示。

(2) 翅膀

左手握住鸡翅，将臂骨与胸椎处相连的筋割断，将鸡翅连同鸡脯肉用力扯下，将鸡翅与鸡脯肉分离。剔去翅膀内的臂骨、桡骨、尺骨，在腕骨处断开翅尖，即为净料。

(3) 躯体

躯体又称鸡骨架，在锁骨和乌喙骨处将鸡里脊的筋膜断开，顺鸡脯（鸡芽子）方位扯下，即为净料。

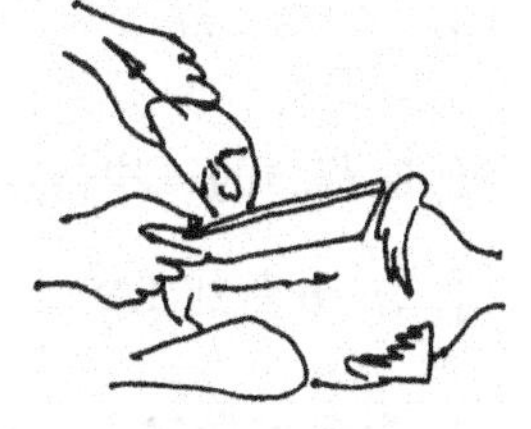

图 2－3 分离鸡腿与鸡身

3. 鱼的出肉加工

鱼的出肉加工一般有两种方法，一种是生出骨，另一种是熟出骨。

(1) 生出骨。将整鱼去鳞、去鳃、去内脏，再断下鱼头，将鱼在脊椎骨处剖两片（雌、雄片）。然后，再将两片鱼，剔去脊椎骨、内腔弧骨和附肢骨，即为带皮净料，如炒鱼片、菊花鱼等均采用生出骨方法。鳝鱼生出骨方法如图 2－4 所示。

图 2-4　鳝鱼生出骨法示意

(2) 熟出骨。将整鱼去鳞、去鳃、去内脏，洗净后用葱、姜、料酒和调味品腌渍，上屉蒸熟或煮熟，趁热去除全部骨骼，即为熟净料。例如，海参黄鱼羹中的黄鱼，就是采用熟出骨的方法；再如，江苏名菜拆烩鲢鱼头，也是采用熟出骨的方法。

二、烹饪原料的分割加工

分割加工又称分档取料，就是对已宰杀和初步加工的家禽家畜的整个胴体，按照烹调的不同要求，根据其骨骼、肌肉系统和构造情况，准确地进行分割。档是指原料的不同部位，料是指各部位不同质量的原料。

菜肴质量的好坏与原料质量的优劣是分不开的。一种原料可以烹制若干种菜肴，但每一种菜肴对原料的质量要求都不同。原料由于部位的不同，其质量也不一样。为了确保菜肴的质量，就必须通过分割的方法，将不同质地的原料分开，满足和保证烹调的需要。

(一) 分割加工的作用

1. 保证菜肴质量，突出菜肴的特点

家禽家畜由于各部位原料的质量不同，烹调时就必须进行有选择的取料，确保菜肴的质量，突出菜肴的特点，如糖醋里脊、芫爆里脊、滑炒里脊丝等菜肴。为了保证成品的质量与特点的需要，就必须选择猪外脊（通脊），而不是小里脊或材料肉。如果选用其他原料替代里脊，成品质量就达不到菜肴的标准。

2. 保证原料的合理使用，做到物尽其用

动物性原料由于部位的不同，质量就存在着较大的差异。所以，要根据原料的差异，合理地选择相适应的烹调方法，才能达到物尽其用的目的，更加有效地杜绝浪费现象。例如，猪的前腿肉（夹心肉），肉质瘦中带肥，适宜于制作肉馅。猪五花肉，肥瘦相间，适宜于制作红烧、白煮、蒸的菜肴。猪头，皮厚、胶质多，适宜于制作酱、扒、拌、腌腊的菜肴。

由此可见，只要能识其性而善于选用合适的烹调方法，就可以提高原料的使用价值，也能保证菜肴的风味特点，真正达到物尽其用的目的。

(二) 分割加工的要求

1. 熟悉家禽家畜的生理组织结构

家禽家畜的生理组织结构之间，往往有一层筋络隔膜或结缔组织膜。所以在分割加工时，应从筋络隔膜处下刀，将肌肉与肌肉或骨骼分离，避免损伤原料，从而保证所取原料的完整性。

2. 掌握分割加工的先后顺序

家禽家畜由于骨骼组织结构的因素，分割加工时应掌握下刀的先后顺序。否则，不但操作困难，原料易损坏，而且容易造成不必要的损失和浪费。

3. 刀刃紧贴骨骼，重复刀口要一致

出骨取料时，刀刃要紧贴骨骼，主要是断开骨骼与腱膜，这样可以避免损失。另外，重复的刀口必须在原来的刀口上运行，这样肌肉组织损伤较少，可以有效地保证原料的完整性。

（三）分割加工及用途

分割加工主要指动物性原料经分割加工后各部位的名称、特点及各自的用途，即适合哪些烹调方法和可以制作何种菜肴。分割加工主要以猪、牛、羊、鸡、鱼等为代表，分割加工的家畜，主要是指屠宰后去头、去内脏，一剖二的家畜胴体。目前，分割加工主要指皮肉部位，具体分割如下。

1. 猪

猪的皮肉部位如图 2－5 所示。

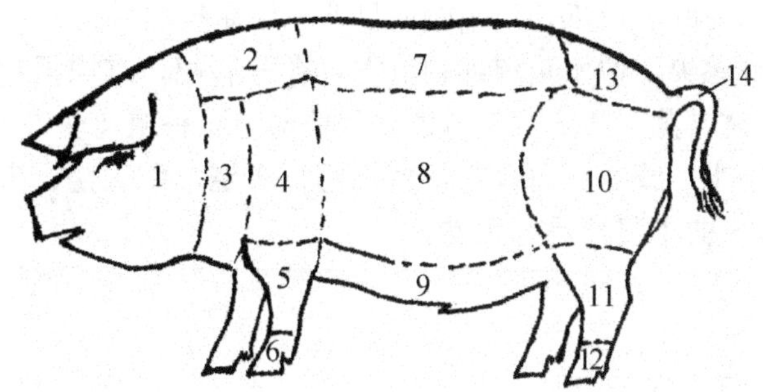

1. 猪头；2. 上脑；3. 颈肉；4. 前腿肉；5. 前肘；6. 前足；7. 脊背；
8. 肋条肉；9. 奶脯肉；10. 后腿肉；11. 后肘；12. 后足；13. 臀尖；14. 尾

图 2－5 猪的皮肉部位

（1）猪头，包括上下牙颌、耳朵、上下嘴尖（拱嘴）、眼眶、“核桃肉”（猪脑中的一种瘦肉，形似核桃）等。猪头皮厚、质老、胶原蛋白含量较高，适合扒、烧、拌、卤、酱、煮、腌腊等烹调方法，如烧扒整猪头、猪头焖子、红油水磨丝、美味糟舌、五香拱嘴等菜肴。

（2）上脑，又称风头皮肉、肩颈肉，位于肩胛骨处。此肉质地较嫩，瘦中夹肥，适合炒、熘、炸、爆、炖、汆、焖、烧等烹调方法，如盐煎肉、糖醋肉段、酱爆肉丝等菜肴。

（3）颈肉，又称糟头肉、血脖，位于猪耳与猪第一颈椎骨下端的脖子肉，肉质较差，肥瘦不分，而且带有淋巴，一般多用于制作肉馅。

（4）前腿肉，又称前夹心、肩胛肉（哈力巴肉），位于颈肉下方的肉，肉质较老，肉中带筋，瘦中夹肥，吸水性强。适合烧、焖、煨、炒、酱、熏、拌等烹调方法，如粉蒸肉、熘肉段、咕噜肉等菜肴。

（5）前肘，又称前蹄膀，位于前腿肉下方，前肘肥少瘦多，瘦肉中夹带筋。肉质较老，皮厚，胶原蛋白含量较高。适合烧、扒、酱、煨、拌、熏等烹调方法，如红烧蹄膀、虎皮肘子、砂锅蹄膀、锅烧肘子等菜肴。

（6）前足，又称前蹄、前爪，位于前肘下端，前足肉少骨多，皮厚筋多，胶原蛋白含量高。适合酱、卤、拌、炖、烧等烹调方法，如红烧猪爪、酱猪手、猪爪黄豆汤等菜肴。

（7）脊背，又称里脊皮肉，包括小里脊、通脊或外脊，带骨切割又称大排。此肉质地嫩，肉纤维细，色泽浅。适合炸、炒、熘、烧、爆等烹调方法，如炸大排、滑炒里脊丝、菊花里脊、板筋炝芹菜等菜肴。

（8）肋条肉，又称五花肉，位于脊背下方处，肋条肉肥瘦相间，上部肥肉多于瘦肉并连着子排，被称为硬肋，下部瘦肉多于肥肉称软肋。适合烧、焖、蒸、煨、煮等烹调方法，如东坡肉、百花酒焖肉、金牌扣肉、蒜泥白肉、龙眼烧白、酸菜氽白肉等菜肴。

（9）奶脯肉，又称肚囊子，位于肋条肉下方，猪的腹部。奶脯肉质量差，肉质以肥肉为主，肥肉呈泡状，一般用于烤油，也可绞蓉作为制馅的辅料，能起松软作用。

（10）后腿肉，包括底板肉、黄瓜肉、上三岔、下三岔、磨档肉等部位，统称材料肉。后腿肉，肉质坚实、细嫩。适合于炒、熘、炸、烹、爆等烹调方法，如宫爆肉丁、京酱肉丝、螺丝肉等菜肴。

（11）后肘，又称后蹄膀，质量较前肘差，肥肉多于前肘，用途基本相同。

（12）后足，又称后蹄、后爪，质量较前足差，用途基本相同。

（13）臀尖，又称尾尖，位于猪臀部的上方，脊背后端。其肉质地细嫩，略带筋。适合炒、熘、炸、爆、烧、蒸、扒等烹调方法，如糟蒸肉、香辣肉丝等菜肴。

（14）尾，皮多肉少，胶原蛋白含量较多，适合于烧、卤、酱、煮等烹调方法，如红烧猪尾、猪尾栗子煲、曲米酱猪尾等菜肴。

2. 牛

牛的皮肉部位如图 2-6 所示。

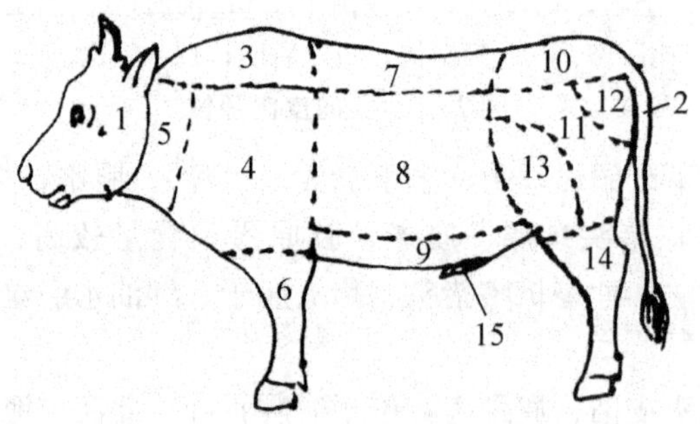

1. 牛头；2. 尾；3. 上脑；4. 前腿；5. 颈肉；6. 前腱子；7. 外脊；8. 肋条；
9. 白奶；10. 米龙；11. 里子盖；12. 子盖；13. 和尚头；14. 后腱子；15. 牛鞭

图 2-6 牛的皮肉部位

（1）牛头，包括舌、耳等。牛头皮多、骨多、肉少，有瘦无肥。适合酱、卤、扒、烧、拌等烹调方法，如三元扒牛头、云腿油卤牛头、酱牛舌、扒口条等菜肴。

（2）尾，骨多肉少，肉质肥美。适合炖、煮、烧等烹调方法，如砂锅牛尾、瓤牛尾、清炖牛尾等菜肴。

（3）上脑，位于牛的前腿最上方和脊背部相连的部位。上脑肥瘦相间，肉质肥嫩。适合焖、烤、炒、涮、爆等烹调方法，如焖烤牛肉、葱爆牛肉、蒜薹炒牛肉等菜肴。

(4) 前腿，位于上脑下方，包括前胸和前腱子的上方，肉质较老。适合烧、卤、煨、煮、炖等烹调方法，如红烧牛肉、汤煨牛肉、土豆炖牛肉等菜肴。

(5) 颈肉，又称牛脖子肉。此肉质地较老，适合制馅或煮汤、红烧等，如红烧牛肉、牛肉包子、牛肉炖萝卜等菜肴。

(6) 前腱子，又称卷子肉、花腱肉，位于前膝的下部，筋肉相连，肉质老。适合酱、卤、煮、拌等烹调方法，如五香酱牛腱、红油拌牛腱子等菜肴。

(7) 外脊，又称通脊，包括里脊。它位于上脑的后端和通脊的斜下方。此两种肉，质地细嫩、肉纤维细。适合炒、熘、炸、爆、烧等烹调方法，如滑蛋牛肉、蚝油牛肉、圆葱煎牛里脊、炸牛排、茄汁挂炉牛肉等菜肴。

(8) 肋条，又称腑肋。此肉带有筋，肉质较老。适合烧、炖、煨等烹调方法，如土豆烧牛肉、鸡腿炖牛肉等菜肴。

(9) 白奶，又称白腩，位于肋条下方，牛腹部。此肉肉层较薄，附有白筋膜。适合烧、炖、炸等烹调方法，如酥炸牛腩、清炖牛肉等菜肴。

(10) 米龙，位于后腿的最上方，前连外脊、后接尾根的地方。肉质细嫩，适合炒、熘、炸、烹、爆、烧等烹调方法，如锦绣牛肉丝、金钱牛柳、炸五香酥牛肉等菜肴。

(11) 里子盖，位于米龙的下部。肉质细嫩，可替代米龙。

(12) 子盖，位于里子盖的下面。肉质细嫩，可与米龙通用。

(13) 和尚头，里子盖的下方，有一块肉俗称和尚头，它是由五条筋合拢而成，肉质较嫩，炒吃较好，如清炒牛肉丝、牛肉末炒粉丝等菜肴。

(14) 后腱子，质地与用途同前腱子。

(15) 牛鞭，即公牛的生殖器，胶质含量高，多用于烧、炖、煨等烹调方法，如红烧牛鞭、栗子炖牛鞭、鹿蓉牛鞭花等菜肴。

3. 羊

羊的皮肉部位如图 2-7 所示。

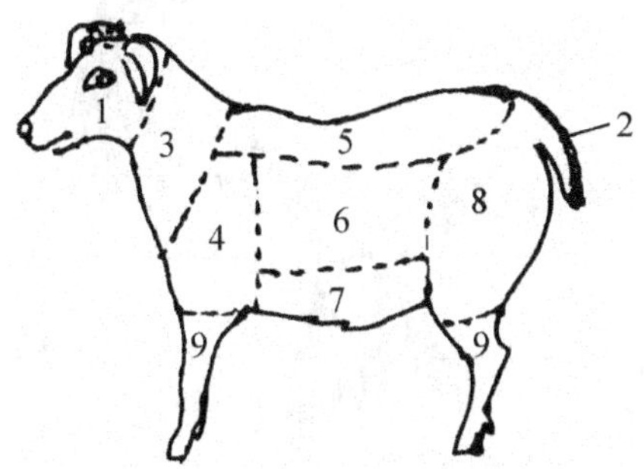

1. 羊头；2. 尾；3. 颈肉；4. 前腿；5. 脊背；6. 肋条；7. 胸脯；8. 后腿；9. 前腱、后腱

图 2-7 羊的皮肉部位

(1) 羊头，皮多肉少，胶原蛋白含量较高。适合酱、卤、煮、拌等烹调方法，也是全羊席重要的原料之一，如迎风扇（羊耳尖）、玉珠灯（羊眼睛）、采灵芝（鼻尖上的一块圆肉）、落水泉（羊舌头）等菜肴。

(2) 尾，绵羊尾多油、肥嫩。适合炸、卤、拔丝、炖、烧等烹调方法，如炸羊尾、拔丝羊尾、炖羊尾、红烧羊尾巴等菜肴。

(3) 颈肉，又称脖子，位于羊头后端，肉质较老，夹有细筋。适合制馅和酱、卤、扒、炖等烹调方法，如扒颈脖、焦炒羊肉等菜肴。

(4) 前腿，位于脖子后端下方，上连脊背，下接前腱。肉质脆嫩，肥多瘦少。适合烧、炖、卤、酱、蒸、煮、拌、烤等烹调方法，如冻小羊肉、腊羊肉、锅烧羊肉、东坡羊肉、生扒羊肉等菜肴。

(5) 脊背，又称通脊、外脊，肉质细嫩。适合炒、熘、炸、烹、爆等烹调方法，如菊花羊肉、凉拌里脊丝、纸包羊肉等菜肴。

(6) 肋条，又称方肉、羊肋，位于脊背下方，前腿后端。肉质较嫩，外有一层云膜。适合焖、炖、煨、扒等烹调方法，如砂锅羊肉、清炖羊肉、扒羊肉条等菜肴。

(7) 胸脯，包括腰窝肉，位于肋条下方，肉质较好，肥多瘦少，无皮筋。腰窝肉位于腹部肋骨近腰处，肉中夹有3层筋膜，肉质较老，质量较差。适合烤、爆、烧、炖、扒、酱、卤等烹调方法，如红烧羊肉、茄汁扒羊肉、五香酱羊肉等菜肴。

(8) 后腿，包括臀尖、磨档肉、黄瓜肉、元宝肉等。肉质细嫩，大都数可作为材料肉使用，个别部位可代替外脊肉。适合炒、烹、爆、烤等烹调方法，如涮羊肉、氽锅底、大葱炮羊肉、烤羊肉串等菜肴。

(9) 前腱、后腱，其肉中夹筋，肉质较老，适合卤、烤、炖等烹调方法，如五香羊腱、红焖羊腱、白煮羊腱。

4. 鸡

鸡、鸭、鹅等家禽的骨骼和肌肉特征基本相同。以鸡为例，如图2-8所示。

1. 脊背；2. 腿；3. 胸脯；4. 翅膀；5. 爪；6. 头；7. 颈

图2-8 鸡的皮肉部位

(1) 脊背，两侧各有一块肉，俗称“核桃肉”或“栗子肉”。此肉质地细嫩，形状较小。适合炸、炒、熘等烹调方法，如串炸鸡球、油爆鸡花、香熘栗子肉等菜肴。

(2) 腿，肉多筋多，骨骼多，适合炸、烧、扒、爆、炒等烹调方法，如鸡腿扒海参、香酥鸡腿、辣酱油焗鸡腿、五味鸡腿等菜肴。

（3）胸脯，包括里脊肉，又称鸡芽肉、鸡柳肉，也是家禽肌肉中最嫩的肉。适合炒、熘、炸、烹、爆、烧等烹调方法，如软炒鸡蓉干贝、熘鸡脯、芫爆鸡丝、软炸鸡条等菜肴。

（4）翅膀，骨多肉少、筋多，但其肌肉组织均为活肉，质地细嫩，带有筋膜。适合烧、炖、炸、酱、焖、蒸等烹调方法，如贵妃鸡翅、鲍鱼焖鸡翅、章鱼炖鸡翼、汽锅凤翅、咖喱葱油鸡翅等菜肴。

（5）爪，又称凤爪，一般鸭和鹅称掌。皮多骨多筋多，肉少，胶原蛋白含量高。适合酱、卤、拌、冻、扒等烹调方法，如酱凤爪、凤爪扒鸡腰、冻鸭掌、芥末鸭掌、雪耳扒酿鹅掌、鲍汁鹅掌等菜肴。

（6）头，包括舌头，皮多肉少，骨多。一般鸡头用途不多，多用于制汤。鸭头和鹅头适合于烧、糟、酱、卤等烹调方法，如麻辣鹅头、香糟鸭头、鲍裙扒鸭舌、烧凤肝拌鸭舌、酱鸭舌等菜肴。

（7）颈，又称脖，皮多骨多，肉少，鸡颈一般淋巴较多。适合于制汤或炸、烧、炖、蒸等烹调方法，如酥炸鸡颈卷、彩酿鸡项、金钱鸡项、葡萄酒焗鸡颈等菜肴。

5. 鱼

鱼的分割加工，一般选用形体较大的鱼，可分为三部五档，如图 2-9 所示。

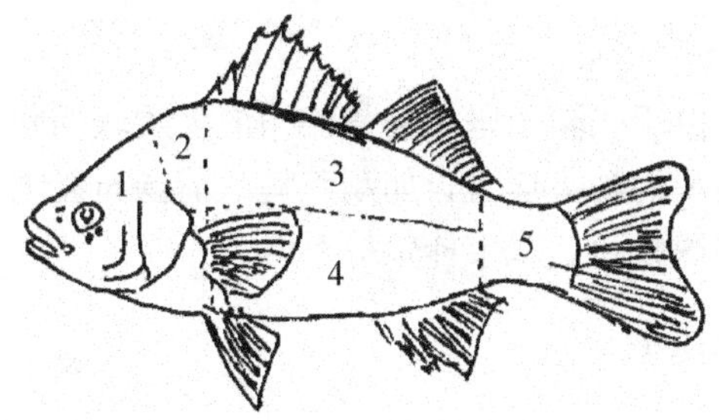

1. 头颅；2. 颈圈；3. 脊背；4. 腹部；5. 尾部

图 2-9 鱼的皮肉部位

（1）头部，包括头颅和颈圈两档。头部肉少骨多刺少，鱼吻较肥美，除个别特殊菜用颈圈（烧颈圈、松鼠鱼），一般鱼头整个使用或与鱼尾配合使用。适合烧、烩、炖等烹调方法，如干锅鱼头、折烩鲢鱼头、砂锅鱼头、鱼头烧粉皮等菜肴。

（2）中躯部，又称中段，包括脊背和腹部两档。中躯部肉多、刺多、骨少。适合炸、烧、熘、爆、炒、蒸等烹调方法，如菊花鱼、碧绿桂鱼卷、红烧肚档、烧滑丝、抓炒鱼片、干烧中段等菜肴。

（3）尾部，又称甩水，肉少骨多，一般与鱼头配合使用。适合烧、蒸、炖、焖等烹调方法，如葱油甩水、扇形鱼尾、烧头尾、孔雀鱼等菜肴。

三、整料出骨技术

整料出骨就是指将整只原料中的全部骨骼或主要骨骼剔出，而仍然保持原料原有的完整形状。整料出骨具有良好的封闭性，不仅便于食用，而且便于菜肴的造型和滋味的融合。整料出骨是一项操作精细、难度高的技术。

（一）整料出骨的要求

1. 选料精

作为整料出骨的原料，必须选用健壮、大小适宜的原料，如家禽必须是仔禽，体重在1 250～1 750g。仔禽肉质细嫩，含水量较高，而且，皮肤弹性强，韧性足，整料出骨时不易破损，加热时不易爆裂。

2. 初加工要严

凡用于整料出骨的家禽，初步加工时必须严格控制水温、浸泡时间，烟毛和刮鳞过程，严防出现表皮破损等现象，影响整料出骨。

3. 熟悉骨骼结构，下刀准确

整料出骨要熟悉原料的骨骼结构，根据烹爆的要求有顺序地将骨骼剔出。下刀时要精确，严防骨骼带肉过多，造成不必要的损失或浪费。

（二）整料出骨的作用

1. 便于造型，增加美观

整料出骨后的原料，由于去除了坚硬的骨骼，成为柔软的状态。便于改变其状态，使其成为造型新颖、形态美观的精美佳肴，如葫芦鸭、清汤布袋鸡、鸭包鱼翅、三套鸭、双皮刀鱼、怀胎鲤鱼、三鲜脱骨鱼、八宝桂鱼等菜肴。

2. 便于成熟、入味及食用

整料出骨后原料中的躯干骨去除，体积缩小，便于热能的快速传递，有利于调味品的渗透，促使原料和滋味的融合。同时，躯干骨的去除，便于人们咀嚼和食用，也避免了食用时吐骨、吐刺的情况发生。

（三）整料出骨的步骤

1. 鸡的整料出骨步骤

鸡整料出骨如图 2－10 所示。

图 2－10　鸡整料出骨示意

（1）出颈椎骨（划破颈皮，斩断颈骨）。出颈椎骨前必须剁下翅膀尖的指骨和腿部的爪。然后顺颈椎骨与两肩之间竖划一刀（3～4cm），分离颈椎骨与颈皮，从宰口处斩断颈椎骨和气管、食管，从肩颈的刀工处抽出。

（2）出翅膀骨。颈皮向下翻剥，使肩关节裸露，并将肱骨从肩关节处断开，划开肱骨的骨膜，然后抽出肱骨。

（3）出躯干骨。将颈肉和翅膀肉朝外向下翻剥，划开胸椎和锁骨腱膜，剥到龙骨突前，手指伸进龙骨突两侧将肌肉与骨分离。断开龙骨突前上缘骨骼腱膜，将肉体剥落到双侧腿骨处，将两腿向上屈起，使大腿肱骨脱离坐骨，再剥落到尾棕骨处，并在尾棕骨与尾椎的关节处断开，取出躯干骨。

(4) 出腿骨。在大腿的内侧剔开股骨的骨骼腱膜，抽出股骨，再在股骨与胫骨处剔开骨骼腱膜，再抽出胫骨斩断。

(5) 复原。将全部骨骼或主要骨骼剔净后，即可翻转，使其恢复原形，并检查表皮是否有破损，如小漏洞、刀口撕裂等。

2. 鱼的整料出骨步骤

(1) 脊出骨。从鱼的背鳍两侧剖开鱼脊背，取出鳍骨与椎骨，用斜刀剔出肋骨或保留肋骨，如图 2-11 所示。

(2) 颈出骨。从鱼体的一侧颈圈处直切一刀，切断椎骨，在鱼体的肛门处直切一刀，切断椎骨，如图 2-12 所示。用出骨刀由颈圈进刀，沿胸肋肌肉贴骨向肛门处运行，剔开胸肋骨和椎骨，使骨骼与肌肉分离，再从肛门处进刀向颈圈运行或从颈圈的另一面进刀，剔开另一侧骨骼，将全部骨骼从颈圈抽出。颈出骨技术难度相当大，特别对鲚鱼（又称刀鱼、凤尾鱼），颈出骨难度更大，正如林苏门诗曰："皮里锋芒肉里匀，精工搜剔在全身。"扬州名菜"双皮刀鱼"的加工就采用颈出骨的方法。

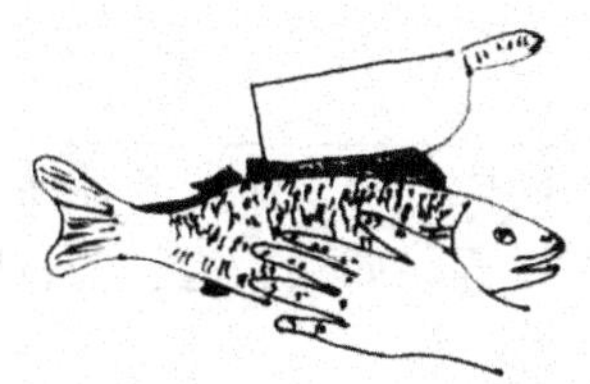

图 2-11　脊出骨方法示意

图 2-12　颈出骨方法示意

第三节　干货原料的涨发

干货原料是中国烹饪又一个重要的原料来源，它不仅是中国烹饪的重要组成部分，也是构成中国菜点的重要基础，更是制作中国名菜不可缺少的原料之一。干货原料是为了运输、贮藏或某种风味的需要，采用各种干制方法，使新鲜的食物原料脱水干制而成的干制品，统称为干货原料或干料。干货原料一般可分为动物性干制品和植物性干制品两大类。常用的动物性干制品有鲍鱼、鱼翅、海参、鱿鱼、鱼肚、干贝、燕窝、蹄筋、猪皮等；植物性干制品有玉兰片、发菜、菌类、莲子、腐竹、金针菜、粉条等。这些干制品因其细胞组织处于基本脱水状态（含水量一般在 3%～25%），达到抑制微生物繁殖和酶的水解作用，不仅提高了贮藏性能，而且形成了特殊的风味。干制品具有干缩、干裂，组织结构紧密，表面硬化、老韧等特点。植物性干制品内部还具有多孔的特征。有些干货原料还带有苦涩、腥臭等不良气味。

一、干货原料涨发的目的和原理

（一）涨发的目的

干货原料具有干、硬、韧、老等特点，所以不能直接作为烹饪原料，必须对其进行涨发才能使其恢复到原有状态。干货原料涨发就是利用水、油、盐作为介质或溶液，通过对干货原料加热或不加热，使其重新吸收水分，最大限度地恢复原有鲜嫩、松软的状态，同时去除腥臊异味和杂质，使其成为烹饪原料，有利于烹调、食用及人体消化吸收。

干货原料涨发主要是通过某些理化因素，如酸碱度、温度等作用，促使原料中的细胞膜充分吸收水分或胶原蛋白质变性形成蜂窝形的海绵状，从而达到柔软、膨胀的状态。

要想把干货原料涨发到最佳状态，涨发时要求做到以下3点。

1. 熟悉原料的产地与性质

干货原料种类繁多，产地不同，干制方法不同，性质各异。因此，必须了解上述情况，根据干货原料的实际情况选择适宜的涨发方法，达到最佳的涨发效果，如干鱼翅有吕宋黄、香港老黄等品种。这些鱼翅翅板较大，翅根较厚，质地坚硬，表面沙层紧密，涨发时必须采用反复浸、泡、煮、焖等方法，才能彻底去除其表面沙层、杂质和腥臊味，使其回软到最佳状态。

2. 掌握干货原料涨发程序

干货原料涨发程序一般可分为3个阶段，即预发阶段、涨发阶段和辅助涨发阶段。

（1）预发阶段，即在原料正式涨发前的一种准备过程，如浸、泡、洗、烘焙或烧烤和修整等，其目的是为涨发扫除障碍或做好基础准备。

（2）涨发阶段，就是利用适宜的温度和碱浓度影响干货原料，使其基本膨胀，形成疏松、饱满、柔软的质态。涨发阶段主要采用炸、炒、浸、泡、煮、焖、蒸等方法，促使干货原料涨发后形成特定的品质。

（3）辅助涨发阶段，即涨发结束后，干货原料基本涨大，但某些介质或碱溶液仍然存在于涨发后的原料中，有必要进行彻底的清理，使其符合卫生和食用的要求。辅助涨发阶段主要采用浸、泡、漂等方法，促使干货原料达到烹饪的要求。

3. 选用适当的容器

涨发干货原料的容器最好选用搪瓷、不锈钢和陶瓷，并且不得附有油脂、盐、碱等物质，避免这些物质影响涨发或造成腐烂变质等现象。

（二）涨发的原理

干货原料涨发的原理，一般有两种。

1. 水渗透涨发原理

将干货原料放入水中，干货原料就能吸水膨胀，质地由干、硬、韧、老变为柔软、细嫩或脆嫩、黏糯，从而达到切配和烹调的要求。那么，干货原料如何吸水膨胀？其涨发原理有 3 个方面因素。

(1) 毛细管的吸附作用。原料干制时由于水分的失去会形成多孔状，干货原料浸水后，水分会沿着原来的孔道进入原料中。这些孔道主要由生物组织的细胞间隙构成，呈毛细管状，固具有吸附水和保持水的能力。

(2) 渗透作用。干货原料内部含水量较低，细胞中可溶性固形物的浓度较大，渗透压高。而外界水的渗透压较低，就形成了渗透与反渗透，使水分通过细胞膜向细胞内渗透，即形成吸水膨胀过程。

(3) 亲水性物质的吸附作用。原料中的糖类和蛋白质分子结构中，都含有大量的亲水基团，它们能与水以氢键的形式结合。亲水性物质的吸附作用则是一种化学作用，它对被吸附的物质具有选择性，即只要与亲水基团缔合成氢键的物质才可被吸附。另外，其吸水速度慢，而且多发生在极性基团暴露的部位。

2. 热膨胀涨发原理

热膨胀涨发就是采用多种工艺，促使原料的组织结构变性，膨胀成蜂窝状，再使其复水，成为松软的半成品原料。那么，为什么干货原料会膨胀成蜂窝状？其原因与原料中水分存在的形式有关。水在原料中存在的形式有两种：

(1) 自由水。采用压榨的方法从食物中挤出的水分或干制时所失去的水分均为自由水。

(2) 束缚水。因与原料组织通过氢键结合成一体，通常条件下不易失去（不具有一般水的理化性质，在原料体内不流动、不表现为溶剂的作用等）。氢键是束缚水与原料中亲水基团相结合的纽带，它主要由水中氧原子这类电负性较高的原子与亲水基团中的氢原子缔合而成。而干货原料在涨发过程中，随着温度的不断升高，积累的能量大于氢键键能（200℃左右即可破坏氢键）时，就能破坏氢键，使束缚水脱离组织结构，变成游离的水。这时的水在高温条件下快速气化膨胀，促使干货原料形成气室。并在一定温度下焙制一段时间，使组织结构彻底变性，气室定型成为固定的蜂窝状，这就是热膨胀的原理。

二、干货原料涨发的方法

干货原料的涨发方法因介质和溶剂的影响，主要有以下 6 种。

(一) 水发

用水作为助发溶剂，直接将干货原料浸润到膨胀、松软、柔嫩的一种涨发方法，统称为水发。根据涨发所用水的温度不同，又分为冷水涨发和热水涨发两种。水发的原理是利用水的溶解性、渗透性及原料成分中所含亲水基团，使原料失去的水分得到复原，并使可溶性风味物质得以再现。同时，使其组织结构、口感等方面更加适合烹调和食用的要求。其吸水途径有以下 3 个方面：细胞膜的通透性，亲水基团因素和毛细管现象。

1. 冷水涨发

冷水涨发又称自然涨发，用纯净清水直接浸、漂，促使其缓慢吸收水分，达到柔软，接近新鲜时的状态。冷水涨发适合植物性干料，如银耳、黄花菜、口蘑等。对动物性干料的涨发，冷水涨发只是其重要的预发阶段，其目的是通过冷水涨发促使其表面回软，为涨

发做好基础准备。同时，冷水涨发还是油发、碱发、盐发的辅助涨发方法。当然，对于形体较小的动物性干料也可采用此方法，如虾皮、海蜒等。冷水涨发一般夏季为常温、冬季为温水，即温度在60℃左右，故又称温水涨发。

冷水涨发常采用的方法是浸发和漂发。

(1) 浸发。就是把干货原料洗涤干净，放入冷水中直接浸泡，使干货原料充分吸收水分，恢复到原有软、嫩、脆等状态的过程。

(2) 漂发。就是将经过涨发后的干货原料放在清水中，利用水的对流性去除残余异味和杂质，并使干燥的凝胶块遇水吸收水分，从而达到或保证使原料膨润、饱满的目的。

2. 热水涨发

热水涨发是对预发后的干货原料通过升温加热，即煮、焖、蒸、泡等方法，提高水分子的渗透能力，强化蛋白质充分吸收水分，促使其体积膨胀，达到柔软或接将新鲜时的状态。热水涨发适应动物性干料和少数植物性干料，如鱼翅、海参、鲍鱼、干贝、熊掌、猴头蘑、玉兰片等。因为，上述干货原料具有组织紧密、蛋白质含量高、脂肪多的特点，还具有干、硬、厚、大等特点。采用冷水涨发难以达到预期效果，而热水涨发可提高水分子渗透能力，具有涨发快、出品率高、品质优良的特点。热水涨发采用的加工方法是煮发、焖发、蒸发和泡发4种。

(1) 煮发。将预发后的干料放入冷水锅内，逐步加热到沸腾，并保持10～20min微沸，这一过程称为煮发。这时水分子运动激烈，促使原料加速吸收水分和将水分强力地向体外排出。对体大质厚或特别坚韧的原料，必须采用反复煮发的方法，保持干料外部和内部水化程度达到平衡状态，避免一次性长时间煮发，外部水化程度过快，而造成不必要的损失，即表面糜烂。

(2) 焖发。将煮发后的干料放置在密闭容器中，保持一定温度，使热量持久地渗透到干料内部，达到温度平衡的要求，这一过程称为焖发。由于动物性干料都具有腥臊气味，煮发后必须换开水焖发。这样可以通过煮发去除干料的部分腥臊气味，再通过焖发促使干料重新吸收净水，使涨发后的干料具有良好的味感。

(3) 蒸发。将预发后的干料装入容器内，添加鲜汤、葱姜和料酒，放入蒸屉内利用蒸汽加热促使干料迅速膨胀回软，这一过程称为蒸发。蒸发一般适合体小、质薄、无味和带有鲜味的动物性干料，如干贝、虾子、乌鱼蛋、蛤士蟆及猴头蘑等。通过蒸发能有效地保持干料鲜味或增加干料鲜味，能有效地保持原料形态，避免原料破损。

(4) 泡发。将预发后的原料装入容器内，用沸水进行浸泡，使原料迅速膨胀回软，这一过程称为泡发。泡发一般适合植物性干料和体小的动物性干料，如粉条、腐竹、木耳，以及海米、虾皮等。通过泡发能有效地使热水分子渗透到干料内部，促使变性蛋白质或糊化淀粉迅速膨胀回软。同时，在泡发时必须加盖，避免温度过快冷却，影响膨胀效果。

在涨发过程中，泡发称为“一次性涨发”，煮发、焖发和蒸发称为“反复多次性涨发”。无论哪种涨发，都必须适应原料的特性，在涨发过程中避免油、盐、碱等物质的混入而影响涨发效果。特别在“反复多次性涨发”中，某些原料需要煺沙、去内肠、去骨和残肉等杂质，必须勤观察，勤换水，分质提取，最后浸漂干净。在浸漂过程中利用水的对流去除杂质和异味，使原料恢复到最佳状态或接近新鲜时的形状。

（二）碱发

碱发是在预发的基础上采用强化方法，达到涨发目的，即为了缩短涨发时间，提高成品涨发率和涨发质量，在水溶液中添加适量的碱性物质，使坚硬的原料迅速膨胀回软，达到质地柔、软、嫩的要求，恢复其原来状态的一种方法，称为碱发。碱发的原理是利用碱是一种强电解质，具有很强的腐蚀性，促使原料表面膜发生水解和皂化等反应，腐蚀原料表面保护膜。同时，增强蛋白质分子间亲水基团电荷，提高了亲水基团的水化能力和蛋白质的凝胶作用，可使水分扩散在蛋白质中，使原料迅速地得到复原，并具有一定的形状、弹性和风味，更有利于切配、烹调和食用的需求。

1. 碱发溶液配制

碱发用的碱发溶液一般有单一碱溶液和混合碱溶液两种。

（1）单一碱溶液配制

单一碱溶液是一种碱性溶剂配制而成，常用的有以下3种。

① 碳酸钠溶液。在饮食业称为生碱水溶液或生碱水发料法。碳酸钠溶液腐蚀性较弱，配制浓度为1%～10%，如燕菜和猴头蘑等高档原料的提碱涨发（热碱水提质）。

② 氢氧化钠溶液。腐蚀牲较强，配制浓度为0.4%～0.5%，如鱿鱼干、海螺干、乌贼鱼干等的涨发。

③ 硼砂溶液。是弱碱性的两性介质，腐蚀性小，对干货原料的水化作用能稳定较持久进行。配制浓度为1%～4%，如鲍鱼、蹄筋等的涨发。

（2）混合碱溶液配制

混合碱溶液是指两种碱性溶剂配制而成，常用的有以下几种。

① 氧化钙＋碳酸钠＋水＝熟碱溶液。饮食业称此为熟碱水发料法，一般氧化钙200g，加碳酸钠500g，再加4 500mL沸水搅拌，溶解后再加4 500mL冷水搅匀，澄清后过滤，即为熟碱溶液，如乌贼鱼干、八带鱼干、鱿鱼和海螺等的涨发。

② 硼砂＋氢氧化钠＋水＝混合碱溶液。一般硼砂15g，加氢氧化钠25g，再加水1 000mL搅拌均匀，即为混合碱溶液，如鲍鱼、鱿鱼等的涨发。

2. 碱发注意事项

（1）碱发必须根据季节和干货原料的形状、质地、硬度确定碱溶液的浓度和温度。一般来说，碱溶液浓度高，涨发时间短，浓度低、水温高，涨发时间也短。但水温不宜超过60℃，否则碱溶液易使原料表面糜烂，达不到原料内外碱浓度平衡的要求，严重影响涨发，并造成不必要的损失。

（2）碱发必须根据干货原料的等级情况，分别进行浸泡。干货原料用清水浸泡回软，可避免碱溶液对原料表面的直接腐蚀，有利于水分子向原料内部渗透。由于原料等级不同，渗透的速度也各不相同，就容易造成外部糜烂、内部干硬等情况。为了使涨发后的原料达到富有弹性、体态饱满、质地脆嫩、软滑的半透明状，就必须分等级进行涨发。

（3）碱发过程中避免油、盐等其他物质的混入和使用不净的容器。油、盐等物质易使碱发的原料表面糜烂，其主要原因是油由脂肪构成、盐是电解质，碱发时混入了这些物

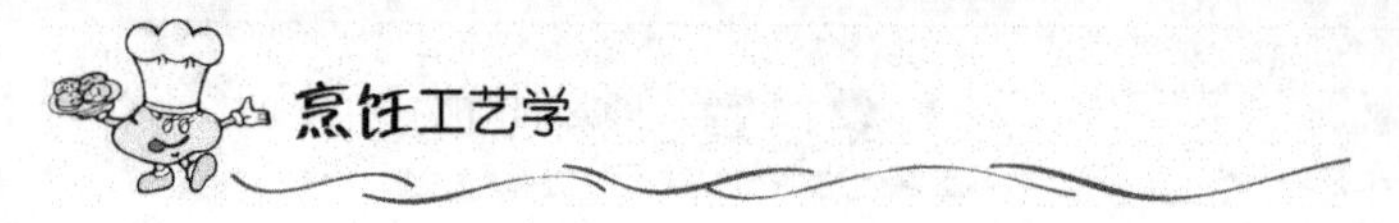

质，易产生化学变化，造成原料表面糜烂。所以，在碱发过程中避免上述情况的发生，才能保证碱发的顺利进行。

（三）油发

油发就是将干货原料放入油锅中，利用油的传热作用，促使原料膨胀涨大，形成空洞结构的一种涨发方法。油发的原理是利用油的热传导作用，促使胶原蛋白变性形成气室。胶原蛋白属于糖蛋白的一种，在水中加热即溶解成胶，故称胶原蛋白。胶原蛋白含有一定量的水，当原料放入热油中，由于油的沸点较高，促使原料结构中的水分气化膨胀，形成无数气室，使胶原蛋白失去了凝胶作用，表面蛋白质迅速变性脆化产生完全与水发不同的品质及结构特征，即表面的胶原蛋白内的连接键——氢键受热断裂，螺旋状结构被破坏，形成分散的多肽链。衡温时胶原蛋白收缩，热量继续向中心传递，多肽链进一步交联收缩，使体积收缩结构更加紧密。同时，内部的热量受到压缩产生压力，使原料周围出现小气泡。当温度升高，原料组织内部的压力加大，部分胶原蛋白变性，水分气化，原料体积增大，形成膨松酥脆的组织结构。

油发程序为烘干、油焐、炸发、浸泡 4 种。

1. 烘干

油发的干货原料由于贮藏或干制的原因，不可避免表面带有灰尘和杂质或原料受潮等现象。涨发前必须将干货原料用温水或碱水洗净表面，再进行烘干处理或其他干燥处理，使干货原料的含水量严格地控制在 10%以下。

2. 油焐

烘干后的干货原料同冷油一起加热，到油温 70℃左右时原料收缩，到 110～115℃时原料中胶体呈半熔状态，保持衡温一段时间，使干货原料表面热量与内部热量基本相同，即形成收缩和压力。将干货原料置于衡温的多量油中，这一过程称为油焐。

油焐的目的是折断肽键之间的联系键，破坏胶原蛋白的螺旋状结构，使胶原结晶区域“熔化”而收缩，具有弹力和足够的张力，为原料在炸发中骤然遇高温产生爆发式汽化膨松奠定基础。油焐不彻底，阻碍炸发，影响成品涨发率。油焐时间则根据原料而定，一般要求油焐后的原料，重量减轻，具有弹性，手捏有空松感，目测有白色条丝或具有透明度。

3. 炸发

炸发是将油焐后的原料投入 180～210℃的热油锅内，使之骤然受热产生爆发式气化膨松现象，即原料中所含的水分在高温下迅速气化，逐步形成气室，随着温度的升高及时间的延长气室越来越大。当胶原蛋白变性失去弹性，强度降低完全丧失了凝胶特性而将气室固定下来，从而形成酥脆的质感。炸发时间可根据原料而定，一般要求炸发后的原料重量变轻，色泽浅黄或金黄，体态饱满膨松，质地酥脆，空洞结构分布均匀。

4. 浸泡

原料经油发后只是半成品，还需要放入温水中浸泡使之吸水回软，回软后再加入适量

纯碱，去除原料表面的油脂，经过两三次碱水漂洗，投净后放入清水中浸泡，使空洞组织结构中的毛细组织吸收水分，达到柔软、松嫩的状态。一般要求浸泡后的原料，色泽洁白或浅黄，质地柔软、松嫩呈富有弹性的海绵状。

（四）盐发

盐发就是将干货原料放入加热的多量盐粒中，通过盐粒的翻炒、焐焖使原料受热，逐渐膨松胀大的一种涨发方法。盐发是利用盐粒能吸收热量和保持热量的原理，通过对干货原料的焐焖，将热能传导给干货原料，促使干货原料中的胶原蛋白变性和水分气化，从而迅速破坏体内维系蛋白质空间结构的键链，使胶原纤维由于水分的完全丧失而显得极脆，呈不可逆变性。

盐发程序有预热、焐焖、炒发、浸泡 4 种。

1. 预热

预热是将盐粒翻炒加热，完全脱水后盐粒温度保持在 100℃左右。

2. 焐焖

焐焖是按 1∶5 的比例，将干货原料焐焖在盐粒中。由于盐粒完全脱水具有较高的热能，促使干货原料中的水发蒸发，破坏了键链，焐焖到干货原料具有热能、重量减轻，即可翻炒。

3. 炒发

焐焖使盐粒与干货原料的温度基本达到平衡，加热炒发可促使干货原料中的水分充分汽化，原料体积逐渐膨胀，胶原蛋白彻底变性，形成空洞的结构，使其外部和内部的构象与油发的半成品相似。

4. 浸泡

炒发后的半成品，需要清水浸泡回软，回软后用清水冲洗干净表面杂质，洗净后放清水中浸泡，促使空洞的海绵状充分吸收水分。

（五）火发

火发就是通过直接加热或间接加热的方法，把僵皮、毛、鳞、角等富含角蛋白的原料表面焦化，为水发提供基础的一种涨发方法。火发原理是利用火烧、火烤，促使角蛋白变性。角蛋白分子量很大，由多条肽链排列而成，链与链之间主要是硫键。同时，角蛋白极稳定，只有在火烧等情况下，才能使硫键氧化还原，失去坚固性、稳定性，达到去除表面角蛋白的目的。火发程序有烧烤和刮或剥两种。

1. 烧烤

某些特殊的干货原料，如乌皱参、岩参、熊掌、犴鼻等，因僵皮坚硬或带毛、鳞、角等物质，不易直接水发或涨发不开，可采用烧烤的方法。将其烧烤，但不易烧烤过焦影响涨发质量和造成浪费。由于干货原料品种不同，烧烤时一般可分为直接烧烤和间接烧烤

（泥包烧烤）。乌皱参、岩参等海参僵皮原料直接烧烤；熊掌、犴鼻等带毛原料间接烧烤。

2. 刮或剥

烧烤的干货原料，如直接烧烤，采用刮的方法将烧焦的僵皮刮净；如间接烧烤，采用剥的方法将泥与毛质剥落。洗涤干净后再采用水发的涨发方法。

（六）混合涨发

混合涨发是将两种以上不同性质的介质，对一种干货原料进行涨发，也称半油半水涨发。这种涨发方法主要针对体形较小，质地较薄，含胶原蛋白丰富的干货原料，如蹄筋、鱼肚、海参等。促使干货原料在两种以上不同性质的介质作用下快速达到膨胀的目的。目前，采用混合涨发有油炸法和油焐法两种方法。

1. 油炸法

油炸法是将干货原料（洗净烘干），直接投入180℃的油锅内，余炸到原料表面起泡，内部仍呈僵硬状捞出，再投入3%当量浓度的碱溶液中，水温保持在60℃左右，涨发4h左右，待原料基本涨大捞出，洗净碱溶液，再放入冷水锅中加热，保持80～85℃焖发2h左右，见原料松软，取出浸泡在清水中待用。

2. 油焐法

油焐法是将干货原料（洗净烘干），直接放入凉油中加热，加热到110℃左右时，衡温焐焖30min左右，见原料收缩周围有小气泡捞出，投入冷水锅中加热煮沸，并保持微开40min左右。原料有弹性后捞出，放入5%当量浓度的碱溶液中，水温保持在50℃左右，涨发6h，见原料基本涨大捞出，洗净碱溶液，再放冷水锅中加热，保持80℃焖发4h，见原料呈软滑状，分质提取，浸泡在清水中待用。

另外，也有用酶涨发干货原料的，并已获得了优化的工艺条件（温度条件、时间、对比浓度、pH等）。由于，在饮食业运用很少或不运用，在此不作介绍。

三、常见干货原料涨发的加工实例

（一）菌类

1. 木耳、黑木耳、银耳

以木耳为例。将黑木耳用清水冲洗干净，用15～25℃的冷水长时间浸泡，使木耳组织结构缓慢地吸收水分（水分渗透缓慢，越接近生长状态，涨发率就越高）。涨发出来的木耳脆嫩爽口，便于存放。如急用，可用温热水涨发，但涨发出来的木耳绵软发黏，涨发率低，不易存放。待木耳胀足发透，去除杂质，摘去耳根，再用清水反复漂洗，即可用凉水浸泡待用。

2. 香菇、花菇、冬菇、毛菇、草菇、口蘑、牛肝菌

以香菇为例。将香菇表面的浮灰和杂质擦净或清水冲洗干净，倒入70～80℃的热水

焖至 2h 左右，待水温冷却，用手循着一个方向搅拌，使菌褶中的泥沙落下。将香菇控净水分，凉水浸泡待用。

原汤汁沉淀后滤出泥沙等留用（香菇细胞内含有核糖核酸，受热 70℃以上，使酶失去活性，使核糖核酸分解成 5′-鸟苷酸）。此物味鲜，鲜度比味精鲜度高 160 倍，可用于烹饪调味。

3. 猴头蘑、竹荪、松蓉菌、羊肚菌

以猴头蘑为例。将猴头蘑用温水或冷水冲洗干净，再用温水浸泡 24h，待其基本回软后，修去根部和杂物，洗净后放入开水锅内煮焖或蒸制，待猴头蘑基本恢复，控净水分装盆，加鲜汤、葱姜、料酒、精盐和猪板油，上屉蒸 1h 左右。待猴头蘑入味呈松软状，即可捞出，将原汤滤出杂质，把猴头蘑仍浸泡在原汤中待用。

4. 发菜

发菜的杂质较多，涨发时应先择去较明显的杂质，再用开水浸泡。胀发后，用温水漂洗，边洗边拣去杂质，然后再用凉水浸泡待用。

（二）笋类

1. 玉兰片

将玉兰片用清水冲洗干净，用温水浸泡回软，再切成片状，放盆内加热水浸泡至水温凉时再换热水浸泡，连续三四次浸泡，待玉兰片胀足发透，再用冷水浸泡备用。

2. 笋干、黄笋干、板笋

以笋干为例。将笋干洗净后用清水浸泡 12h 左右，再用 90℃热水浸泡 6h 左右，待笋干表面基本回软，放入冷水锅中，煮沸后保持微开 20min 左右，离火后自然冷却。再放入冷水锅中煮焖 10min，捞出后放入淘米水中浸泡 12h，再连淘米水一起煮 10min，反复两三次，待笋干无硬芯，洗净后放入清水中浸泡 4h，再洗净后凉水浸泡待用。

（三）海味类

1. 鱿鱼干、墨鱼干、章鱼干

以鱿鱼干为例。

（1）碱水发。将鱿鱼干洗净后用冷水浸泡 3～5h（夏冷水、冬温水），待鱿鱼干基本回软，放入混合碱溶液中浸泡 4～6h，待鱿鱼基本胀开，恢复其原有形态，并富有弹性时捞出，用清水反复冲洗，去净鱿鱼表面碱溶液。再放入清水中浸泡 10～12h，使鱿鱼体内碱溶液吐出，体积膨胀，呈结实而富有弹性的透明状鱿鱼，漂洗干净放清水中浸泡待用。

（2）碱面发。将鱿鱼干用冷水浸泡回软，撕下明骨、血膜和头足，改刀成形，用碱面拌和均匀装盆（8h 后即可使用，如不马上用可放阴凉干燥处存放 7～15 天，随用随取）。使用时，开水烫泡，待鱿鱼缩卷时盖上盖，焖到水冷，将碱水倒出一半，再冲入等量的开水焖至鱿鱼干完全膨胀，分质存放于清水中浸泡待用。用此法涨发的鱿鱼不宜久存。

2. 海米

将海米（虾干）用冷水洗净，再用温水或冷水泡透。如急用，可将海米放入小碗内，加水没过原料，再加葱、姜和料酒，上屉蒸到海米松软，自然冷却后即可使用。一般可将海米保存在原汤里。

3. 虾子或蟹子

先将虾子用冷水漂洗干净，澄去泥沙，放入小碗内，加水没过原料，放入葱、姜和料酒，上屉蒸熟即可使用。一般保存在原碗内。

（四）其他类

1. 腐竹

腐竹是豆腐衣加工而成的干制品。将腐竹放置在容器中加入冷水或温水（冬季），浸泡 2～4h，待腐竹回软胀透，再冲洗并挤出水分待用。

2. 莲子

将干莲子放入开水锅中加碱（每 500g 干莲子加碱 25g 左右），再用竹丝帚不停地在锅中搓莲子红皮衣，见水呈红色时即倒入另一开水锅，仍不停地搓莲子直至搓尽红衣（中间需换开水两三次），然后用热水浸泡，先去两头，捅出莲心，换水入笼屉蒸 20min 左右取出，换水浸泡待用。

3. 白果

白果涨发方法有两种。

(1) 水发。将白果冲洗后，砸至外壳裂开，放入冷水锅煮熟，然后剥去硬壳和红皮衣。将果仁洗净，放入容器内加沸水浸泡待用。

(2) 油发。将白果硬壳除去，洗净晾干后放入温油内氽炸，并不停用手勺底在油锅中不停地搓动旋转，待果衣煺尽，捞出沥净余油待用。用此法果仁色泽淡绿宜人。

四、名贵干货原料涨发的加工实例

（一）山珍类

1. 蛤士蟆

将蛤士蟆用温水洗净泥沙或杂质，用温开水浸泡 4h 左右，待蛤士蟆表层回软，择净表面黑膜，洗净后装容器加清水上屉蒸制，蒸制到蛤士蟆膨胀，达到柔软状态，取出自然冷却。饮食业使用的蛤士蟆是指雌性蛙的卵巢、输卵管等干制品，又称蛤士蟆油，而不是指整只蛤士蟆。

2. 熊掌

熊掌（熊是国家保护动物，熊掌涨发的加工不作教学之用，仅供参考。）有干、鲜之分。涨发熊掌必须采用冷水浸泡或淘米水浸泡的方法，先将干熊掌浸泡回软或将鲜熊掌泡

出血水，一般 1～3 天（经常换水）。然后用温碱水刷洗净熊掌皮毛上的油脂和杂质，冲洗干净后可采用两种方法涨发。

（1）火发。将湿黄泥逆毛方向均匀地抹在熊掌表面（包裹上一层黄泥），采用烘烤的方法，把湿黄泥烘烤干或呈裂纹状，趁热剥去黄泥，将熊毛和掌老皮去除，作为水发的基础原料。

（2）水发。将洗净的熊掌放入大水锅中，加热烧开，保持微开煮焖 3～4h（中间换水数次），待掌皮鼓起后捞出，放入温水盆内拔净熊毛和去净掌皮，冷水洗净后放入容器，加葱、姜、料酒，继续煮焖或蒸 1～2h，待熊掌内大骨棒松动，将熊掌放温水盆内拆除掌骨和爪尖，去骨时要保持熊掌的完整性。然后，用纱布包扎起来，装容器加调味品和鲜汤上屉蒸透，一般熊掌异味较重，必须反复加调味品和鲜汤等蒸几次，待熊掌无异味、皮色洁白、质地酥烂，即可使用（如暂不食用可与原汤一起冷冻待用）。

3. 鹿筋、鹿鞭、鹿尾

鹿筋、鹿鞭有干、鲜之分。涨发干料时，应先用酒精灯将干料表面的残毛燎净，洗净后再用冷水浸泡 12～24h（冬季），回软后放入大水锅中煮焖，保持微开 2h 左右，煮到软熟后捞出，在温水中去除残肉和皮膜（鹿鞭用剪刀或小刀破开尿道，刮净尿道内的一层皮膜），再用温水洗净，放入容器加葱、姜、料酒等蒸制 2h 左右，以无硬心为标准，捞出凉水冲洗，存放时用冷水浸泡即可。涨发鲜鹿筋、鹿鞭时，只要洗净后直接放入冷水锅中煮焖，熟软后去残肉和皮膜（尿道内），洗净后加葱、姜、料酒等蒸制柔软即可。

鹿尾的干料涨发，是先用清水洗净表面杂质，再用冷水浸泡回软，回软后用猪网油或菜叶包裹起来，装盆干蒸。蒸时用小火，需反复蒸几次，待鹿尾彻底回软，放入砂锅内加鲜汤、葱、姜、料酒等，用小火煨制到柔软状态，即可使用（如不使用，浸泡在原汤中）。

4. 犴鼻

犴鼻有干、鲜之分。涨发干犴鼻一般需要冷水浸泡 36h，鲜犴鼻冷水浸泡 12h。然后放入温碱水中刷洗，冲洗干净后放入大水锅中，煮开并保持微开 4～6h，待拔毛时将毛根和表面黑皮扯掉，捞出放入温水中拔毛，毛拔净后用冷水冲洗干净，去除鼻中软骨，再洗净装盘，加鲜汤、葱、姜、料酒和调味品等，反复蒸几次，待犴鼻无异味后，自然冷却待用。

知识链接

珍稀菌茹——松露菌和松茸菌

松露菌主要产自意大利、法国，是一种生长在橡树须根部附近的泥土下、一年生的天然真菌类植物。其中白松露、黑松露最为美味，白松露较黑松露少，故价格高于黑松露，多用于西餐的制作，以生食为多，国产松露味道稍淡，价格较低。

松茸菌是一种纯天然的珍稀名贵食用菌，多产于我国云南及长白山等地，出口居多。据说在第二次世界大战中被原子弹袭击后的日本，首先发现的植物就是松茸，故松茸在日本很受推崇。松茸菌菇体肥大，肉质细腻，香味浓郁，富含蛋白质、多种氨基酸、不饱和脂肪酸、核酸衍生物及肽类物质、稀有元素等。在美食记录书《舌尖上的中国》第一集《自然的馈赠》中，首先介绍的食品就是松茸菌。

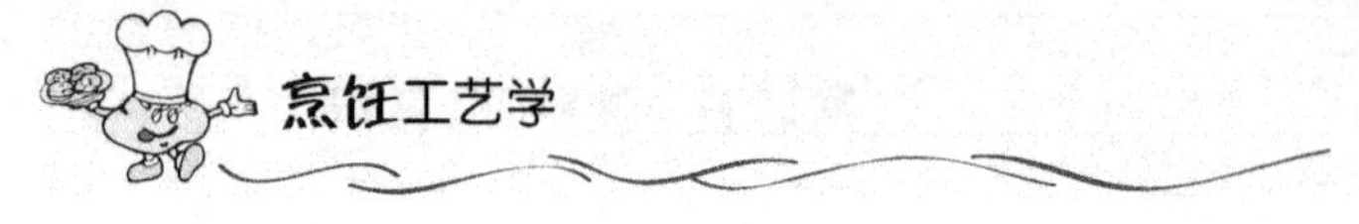

(二) 海味类

1. 燕窝

将燕窝放在白色搪瓷盆或陶器里，用水（冬温夏凉）浸泡2～3h，待其回软后用清水漂洗，将燕窝内的细小杂质、绒毛等漂洗掉一部分，控净水分，将燕窝放在盆内放入温水浸泡，待其松软，用镊子择净燕毛和杂质，漂洗干净后用沸水略烫，烫泡几次使燕窝糯软，捞出浸泡在冷水中待用。另外，也可采取提碱的方法，即在沸水略烫中加入少量的食碱（15g燕菜加食碱3～6g，开水750～1 000g，可分两或三次提碱），使燕窝体积涨大呈软柔滑嫩的状态，用冷水反复漂洗，去净碱味再浸泡于清水中待用。

2. 鱼翅类

（1）鱼翅（黄肉翅、群翅、白沙翅）。用剪刀剪去鱼翅的边缘，洗净后放入大水锅内浸泡12h，换水用小火加热煮焖1～2h，待鱼翅表面沙粒突起，将鱼翅捞出放温水盆内刮净或搓擦，去净鱼翅表层沙粒和黑皮，切下翅根，洗净后用小火煮焖4～5h离火，待水温下降后去除残肉和翅骨，反复冲洗。然后换开水浸泡12h，待鱼翅回软收缩，吐出腥味即可使用。另外，也可将上述鱼翅装盆加葱、姜、料酒和鲜汤，上屉蒸2h左右，待鱼翅糯软，分质提取，分别浸泡在清水中待用。

（2）杂翅（青翅、小翅）。用剪刀剪去鱼翅边缘，洗净后放入大水锅内，用85～90℃的热水浸泡（中间可换水两次、约2～3h）。待鱼翅表面沙粒突起，将鱼翅搓擦净表面沙粒和黑皮，清水冲洗后去净翅根和残肉，分质装锅加水煮焖3～4h，待鱼翅糯软，捞出分别浸泡于清水中待用。

（3）散翅或翅饼。用清水将其冲洗干净，以纱布包裹或直接装盆，加葱、姜、料酒、鲜汤和调味品蒸制，蒸2h左右，待散翅或翅饼糯软入味，自然冷却后即可使用。

3. 海参

（1）刺参。将刺参先用冷水冲洗干净，再用冷水或温水浸泡12h左右，放入锅内加多量的水，加热煮焖20min左右（保持微开），捞出装盆再倒入开水浸泡10～12h，待刺参回软，剖腹去内脏和腔膜，洗净后装锅再加水煮焖15～20min（保持微开），捞出装盆再倒入开水浸泡12h左右，反复煮焖4～6次，即2～3天。待刺参富有弹性，柔软滑软，捞出用冷水浸泡待用。一般每天换水两或三次或放入0℃的冰箱中保存。

（2）乌皱参。将乌皱参先用火烧至表层焦脆，用小刀刮净焦皮，洗净后放入冷水中浸泡12h左右，回软后装锅加水煮焖20min左右，离火浸泡10～12h，待乌皱参回软后，剖腹去内脏和腔膜，洗净后再用水煮焖20min左右（保持微开）。捞出装盆再倒入开水浸泡12h左右，反复多次，待乌皱参柔软、富有弹性时，即可捞出用冷水浸泡待用。

（3）梅花参。将梅花参表面洗刷干净，用冷水或温水浸泡12～24h，再上火煮焖20min左右，倒出脏水加入开水浸泡10～12h。待梅花参基本回软剖腹去内脏和腔膜，洗净后装盆加水或鲜汤反复蒸制或煮制，待梅花参柔嫩、富有弹性，即可使用。一般鲜汤煮或蒸的梅花参必须当天使用，不易保存，但能增加梅花参的滋味，排除涩、苦等异味。

4. 鱼肚

(1) 油发。将整块鱼肚用温水洗涤干净、晾干，再放入温油锅内浸软，切成一寸见方的小块，放入油锅内加热，经常翻动鱼肚，使其全面受热（110～115℃），待鱼肚表面出现气泡温焐一段时间，使鱼肚内外温度基本相等。逐步加热促使鱼肚迅速膨胀或等油温上升到 180～210℃再投入鱼肚，促使鱼肚快速膨胀，待鱼肚完全膨胀后，再衡温一段时间，使鱼肚内胶原蛋白完全变性，即用手勺敲打响声松脆或用筷插入无阻碍。证明鱼肚已发透，捞出用温水浸泡回软，再用热水加食碱洗净鱼肚表面油脂，再用温水漂洗多次，无碱味和油腻感后，放入清水中浸泡待用。

(2) 水发。将鱼肚用冷水浸泡，泡到鱼肚回软，把回软的鱼肚放入冷水锅中煮焖（保持微开 10～20min），捞出放入米汤中浸泡，反复多次煮焖，待鱼肚富有弹性呈洁白色、无硬心即可，捞出洗净后用清水浸泡待用。水发鱼肚一般用于扒菜，如白扒广肚、乌龙扒广肚等。

5. 鲍鱼

将鲍鱼先用温水或冷水浸泡 12h，换水后反复搓洗，放入铝锅中煮一昼夜（锅底应放两三个竹箅子，水要宽）。待其发软，即鲍鱼的边缘容易撕下时，放入温水盆中（原汤留用，去掉边和嘴），再洗一遍放原汤中继续煮，直到煮透能用为止（如急用，第二次煮时可加碱，每 5kg 干鲍鱼加碱 25g）。鲍鱼发好，待汤凉后，放冰箱保存。

6. 干贝

将干贝先剥去筋（它与干贝的颜色不同，并突出于干贝的外围），用冷水洗净表面泥沙，装入小碗，加水葱、姜和料酒，上屉蒸约 2h，直到干贝松散时，把它捞出，原汤留下澄清。将干贝在冷水中揉洗两三遍，无细沙为止，将澄清的原汤徐徐倒入盛干贝的容器即可使用。

7. 鱼皮

将鱼皮放入温水锅内用小火微开煮焖，待鱼皮表面沙质软化离火。待水温下降后，用手搓掉表面的沙粒，刮净黑膜，洗净；再用宽水焖煮，煮到鱼皮发软时离火。然后在温水中轻轻剪掉残肉和边沿，洗净，再用宽水煮透，原汤自然冷却，再用清水冲洗，漂去鱼皮的腥味即可使用。一般浸泡在清水中待用。

第四节　刀具、刀工与刀法

一、刀具的种类

为了适应不同种类原料的加工要求，就必须掌握各种刀具的性能与用途，并选择相应的刀具，保证切割的方便性和实用性。常用的刀具种类有切刀、片刀、砍刀、专用刀四种。

1. 切刀

切刀一般呈长方形，刀身上厚下薄，刀口锋利，使用方便灵活，具有前批、后剁、中间切的特点。最适用于切片、条、丝、丁、粒等形状，刀后部也可用于加工带小骨原料，如剁鸡块、斩鱼段等。切刀，由于使用的地区不同，形状上也略有区别。例如，广州地区使用的双狮刀，刀身呈长方形；杭州地区使用的方刀，刀刃部分略带有弧度；上海地区使用的是前圆刀；北京地区使用的是后圆刀。这些地区刀的形状如图 2-13 所示。

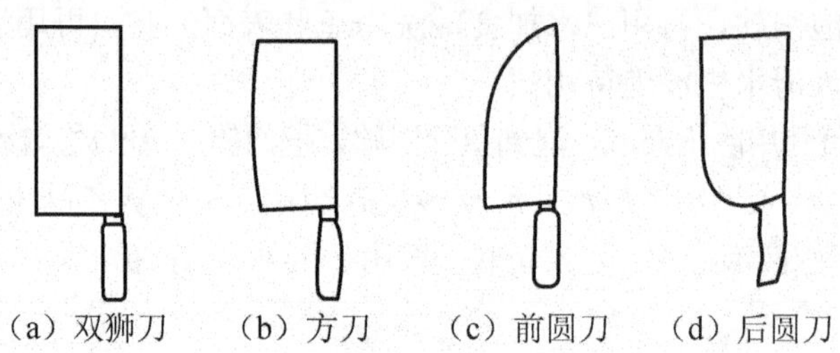

（a）双狮刀　（b）方刀　（c）前圆刀　（d）后圆刀

图 2-13　不同地区刀的不同形状

2. 片刀

片刀又称批刀，分为大片刀和小片刀，如图 2-14 所示。大片刀适用于切片、切丝，加工冷菜熟制品，在制作花式拼盘时多使用大片刀。小片刀刀身较窄、较轻便，刀刃较长，刀口锋利，多用于批烤鸭片。

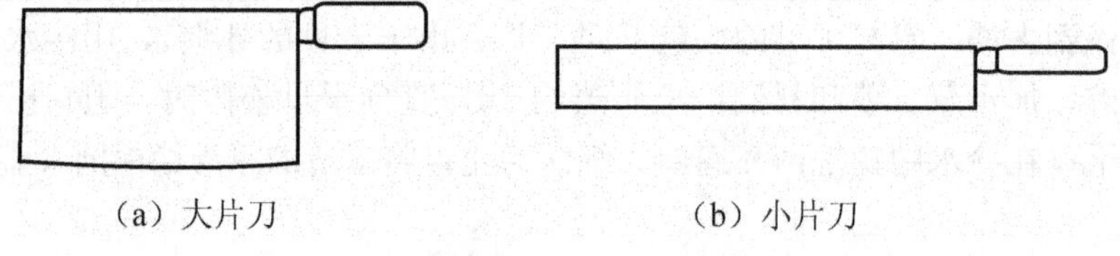

（a）大片刀　（b）小片刀

图 2-14　片　刀

3. 砍刀

砍刀，刀形较大、分量重、刀背厚，如图 2-15 所示。宜用于砍、斩带骨或冷冻的大原料，如砍火腿爪。砍刀一般有两种：一种为大砍刀，形状与方刀相似；另一种为前圆砍刀，也叫斩刀，比大砍刀轻便，常用于切鸡块、剁排骨。

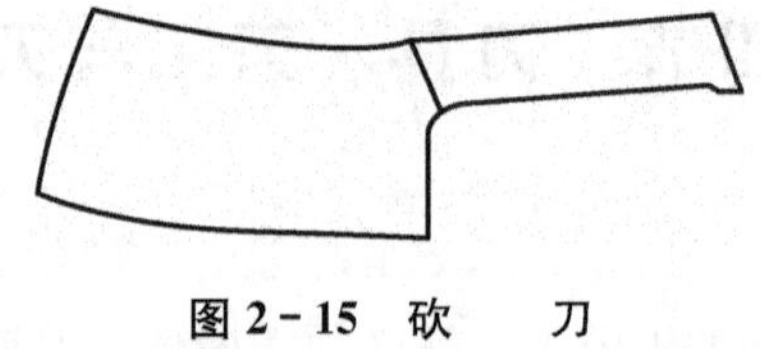

图 2-15　砍　刀

4. 专用刀

专用刀，是指针对某种工作需要而特制的一种刀具，如涮羊肉刀、小刻花刀等。

常见刀具的特点和用途如表 2－1 所示。

表 2－1 常见刀具的特点和用途

名　称	特　点	主要用途
切刀	刀口锋利，重量适中，用途最广	适宜于加工片、丁、条、丝、粒、块等，以及加工带小骨和质地较硬的原料
大片刀	又称批刀，刀刃平直，刀口锋利，体薄轻巧	适宜于加工凉菜熟制品，以及薄片，丝、丁、条、块等
小片刀	刀身较窄、刀刃较长，刀口锋利	多用于批烤鸭片等
砍刀	又称劈刀、斩刀，刀身较重，背厚、膛厚	适宜于加工带骨原料骨、体积较大和坚硬的原料
专用刀	针对某种工作需要而特制的一种刀具	适宜于刻花、剔骨头、切涮羊肉片

知识链接

刀具的保养

刀具的保养方法一般分为 3 种：一是在使用时要根据原料的软硬程度选择刀具进行加工；二是在使用后必须清除刀面的残物，擦干后放置在干燥的通风处，如加工盐、酸、碱含量较多的原料后，刀具必须用热水清洗干净，擦干后放置在干燥的通风处，避免其潮湿而生锈；三是如遇要长期存放的刀具，一般使用后要清洗擦干，涂抹上一层油脂，以防其生锈。

为了保证刀具的锋利程度，一般要经常磨刀，灵活运用平磨、翘磨和平翘结合磨技法，使刀口常保锋利。作为专业人士的刀具要经常保持刀具的平整锋利，并做到天天磨，时时亮。在磨刀时，无论是采用竖磨还是横磨，永远是图 2－16 中朝自左向右的目标挺进。

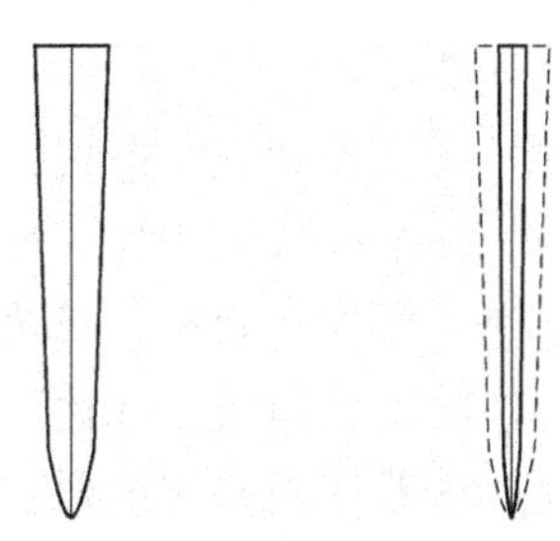

(a) 出厂时的刀锋截面　(b) 目标刀锋截面

图 2－16 刀锋截面

二、刀工的意义与要求

刀工是按照食用和烹调的要求，使用不同的刀具，运用不同的刀法，将烹饪原料或半成品原料，切割成各种不同形状的一项操作技术。由于烹饪原料品种繁多、性质各异、形状较大，不能直接用来烹调。所以，必须根据食用和烹调的要求，将食用原料切割成形状大小一致、厚薄均匀的小型形态，更有利于烹调和食用。因此，刀工的目的就是对完整或大型的原料进行分解切割，使之成为配菜所需的基本形状，便于烹调、食用。

随着人们生活水平的提高和烹饪技术的不断发展，对于刀工技术的要求已不局限于改变原料的基本形状和食用要求，而是希望成品能达到形态美观、赏心悦目的境界。因此，刀工技术自然成为中国烹饪最为重要的技术之一，同时也是衡量厨师技术水平的一项重要指标。

烹饪原料经过刀工处理，不仅具有各种不同的形状，更为重要的是为烹调提供了方便，为原料成熟度一致提供了前提。所以，刀工的意义是对烹饪原料进行分解切割，使之成为配菜所需的基本形状，便于传热、便于入味、便于形状多样化，以及便于人体消化吸收和有效地提高其营养价值。为了达到这 4 个便于，刀工的基本要求必须做到以下 4 个方面。

（一）必须掌握原料的不同特性

烹饪原料种类繁多，在分解切割原料时，必须了解加工对象的原料特性，并根据原料的不同部位和质地，采取不同的加工处理手段，如猪瘦肉中有里脊肉、材料肉之分。一般猪里脊肉结缔组织少、含水量较多、肉纤维细，相对来讲肉质细嫩，一般可采取顺纤维切割的方法来加工肉丝。而猪材料肉相对来讲肉中结缔组织较多、肉纤维较粗、含水量较少，因此，肉的质地自然较猪里脊肉要老。为此，烹饪行业自然采取斜切的方法加工肉丝，这样烹制出来的鱼香肉丝或滑炒、滑熘类的肉丝菜肴，才能保持软嫩或鲜嫩的食用标准。

（二）必须整齐划一，清爽利落

刀工处理后的原料形状，要均匀一致、清爽利落，绝不出现藕断丝连的现象。这样有利于菜肴形状的美观，有利于加热和调味。即可避免菜肴成品出现生熟不均、老嫩不均、滋味渗透不均等现象，防止影响菜肴的属性标准。为此，无论切割任何原料，都必须达到形状整齐划一、清爽利落的操作标准。

（三）必须与烹调方法相适应

烹饪原料种类繁多，质地各有差异。在对原料进行刀工处理时，必须根据烹调方法的特性或特点，将原料切割成相适应的基本形状。例如，炒、熘、炸、烹、爆等烹调法，一般使用的火候要求是旺火、操作迅速、加热时间短、成菜快。因此，切割的原料形状一定要小、薄、细，而且要均匀。反之，就不容易成熟或达不到软嫩、滑嫩、鲜嫩和脆嫩的要求。再如，炖、焖、煨等烹调方法，一般使用的火候要求是文火、加热时间长，成品要求达到形状完整、酥烂入味等特点。因此，切割的原料形状一定要大、厚、粗，不然就容易出现碎烂、散形等现象，严重影响到成品的质量。

（四）必须合理用料，物尽其用

合理用料，物尽其用，是指烹饪原料在刀工技术的处理下，做到各取所需的要求，尽可能体现每一部分原料的食用价值和营养价值。因此，在刀工处理时，必须充分认识原料的特性，注意原料合理应用，做到大材大用，小材小用，边角余料的综合利用，达到物尽其用的目的。例如，板筋（猪通脊底板）在餐饮业一般不使用，如果在加工猪里脊时，将

板筋处理干净，再切割成丝状，就可以与芹菜段、青椒丝等原料，制作成板筋炝芹菜、板筋炝青椒等冷菜。

磨刀石

磨刀石主要有粗磨刀石和细磨刀石。粗磨刀石质地粗糙、摩擦力大，多用于给新刀开刃或磨有缺口的刀。刀经粗磨刀石磨后，再转用细磨刀石磨。细磨刀石颗粒细腻，硬度适中，便于出锋。现在人们常采用金刚砂合成的油石作为粗石，先在油石上研磨，再在细腻的人造青砖上打磨出锋。

三、刀法的种类

刀法是指刀具对原料切割的具体运用方法。由于烹饪原料种类繁多、质地和形状各有差异，加上烹调方法对原料的规格要求不同。因此，根据刀刃、原料和菜墩的接触角度，刀法可划分为直刀法、平刀法、斜刀法、其他刀法和混合刀法五大类。

（一）直刀法

直刀法是指刀刃与原料（包括砧板）呈垂直角度的一类刀法。根据用力大小的不同，可分成切、剁、砍 3 种。其具体方法演示如图 2－17 所示。

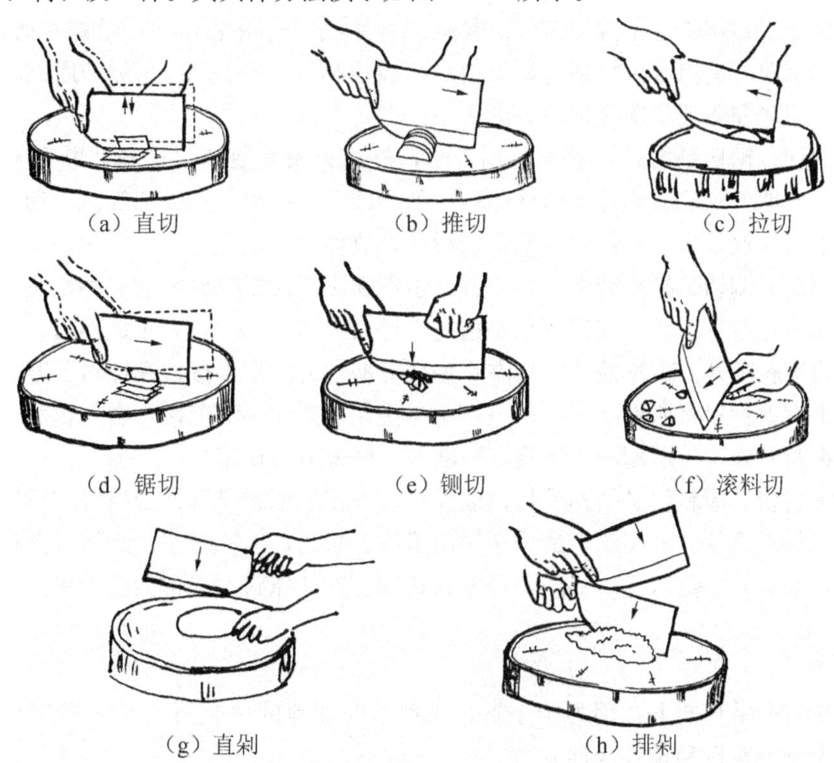

图 2－17　直刀法示意

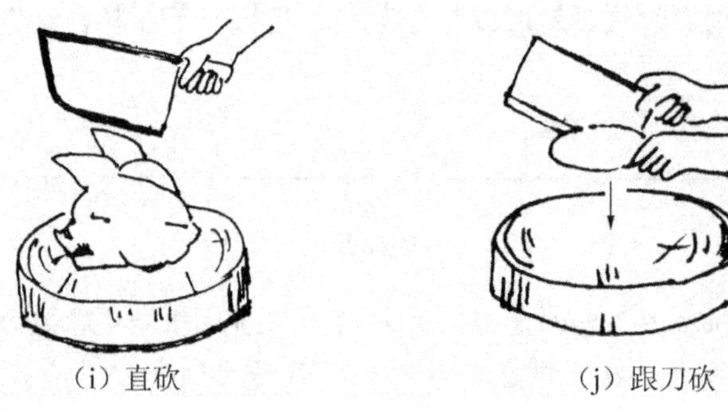

（i）直砍　　（j）跟刀砍

图 2－17　直刀法示意（续）

1. 切

切是指刀刃对原料进行垂直切割的一种方法。由于用力的方向不同又可分为直切、推切、拉切、锯切、铡切、滚料切 6 种。

（1）直切。直切是指垂直上下运动的一种切法，适用于质地脆嫩的植物性原料，如莴笋、茭白、卷心菜等。直切时下刀要垂直，左手按住原料不断地等距后退，右手持刀，运用腕力上下运动，连续迅速地跳跃式切割原料，故又称跳切。

（2）推切。推切是运用推力切断原料的一种切法，适用于质嫩的、无骨的动植物原料，如卷心菜、土豆等。推切时刀由后向前推动，一刀推到底，由刀刃后端断开原料，一般视原料厚薄和质地状况决定推力的大小。

（3）拉切。拉切是运用拉刀切断原料的一种切法，适用于质嫩、无骨的动植物原料，如猪肝、鸡脯肉、猪肉等。拉切时，刀由前向后拉动，一拉到底，由刀刃前端断开原料，一般视原料厚薄和质地状况决定拉力的大小。

（4）锯切。锯切是指刀刃垂直，用力小，靠刀刃来回地多次运动切断原料的一种切法，适用于质地松软、易碎的动植性原料，如羊糕、熟白肉、熟火腿等。锯切时，刀的着力点轻，来回次数要多，好像拉锯木头的形式，故称“锯切”。

（5）铡切。铡切是指刀刃垂直、交替、击掌和压下而断开原料的一种切法，适用于花椒、仔蟹和松花蛋等原料。交替铡切是指左手握住刀前端刀背，右手握住刀柄，两手交替用力垂直将原料断开。击掌铡切是指右手握住刀柄，刀刃垂直按放在原料断开处，然后左手用力猛击在刀背上将原料断开。压下铡切是指左手握住刀背前端，右手提起刀柄，刀刃垂直放置在断开处，然后用力压下将原料断开（好似铡刀切草）。

（6）滚料切。滚料切是指左手控制住原料，并按照原料成形的规格要求滚动原料，刀刃垂直将原料断开的一种切法，适用于质地脆嫩、软嫩，体积较小的圆形或圆柱形的动植物性原料，如莴笋、黄瓜等。一般，经滚料切加工好的原料习惯称为滚刀块。

2. 剁

剁是指刀刃垂直向下，用力于小臂，迅速击断原料的一类刀法。根据用力状况的不同，一般可分为直剁和排剁两种方法。

（1）直剁。直剁是指左手按稳原料，右手持刀对准原料断开部位，猛力一刀断开原料的

一种剁法，适用于带骨和质地较坚硬的动物性原料，如鸡翅膀、猪肋骨、整鱼、大块肉等。采用剁的原料不宜太大，一般原料为一刀能剁断，因此带大骨和坚硬原料不宜使用此刀法。

(2) 排剁。排剁是指单手持刀或双手持刀，举刀不易过高，用力不易过大，有节律、连续地上下运动的一种方法。适用于质地软嫩、无骨的动植物性原料，如净鱼肉、净鸡肉、净猪肉或热水焯过的蔬菜等。一般在进行中需要调换排剁的方向或翻动原料，便于原料快速剁碎。

3. 砍

砍是指刀刃垂直向下，手握刀具，手臂上扬，猛力击断原料的一种方法。根据用力形式的不同，砍一般可分为直砍和跟刀砍两种。

(1) 直砍。直砍是指刀刃对准原料断开处，猛力向下用力，将原料断开的一种方法(如同劈柴，故某些地区又称劈)。适用于形状大、质地坚硬和带骨的动物性原料，如猪头、整爿猪、大排骨等。直砍时原料要放置平稳，一刀不能砍断的原料，可对准断开部位连续运刀直至断开。

(2) 跟刀砍。跟刀砍是指刀刃对准原料，先轻轻砍一刀，让刀刃嵌在原料中，然后左手拿稳原料，右手持刀，左右手共同举起，向下用力，将原料断开的一种方法。适用于带骨的动物性原料，如整鸡、鱼头等。原料需对剖平分的，多采用跟刀砍刀法。

(二) 平刀法

平刀法是指刀刃与原料和菜墩呈平面，着力点平行的一类刀法。根据用力方向的不同可分为推刀片、拉刀片、平刀片和抖刀片 4 种。具体演示如图 2-18 所示。

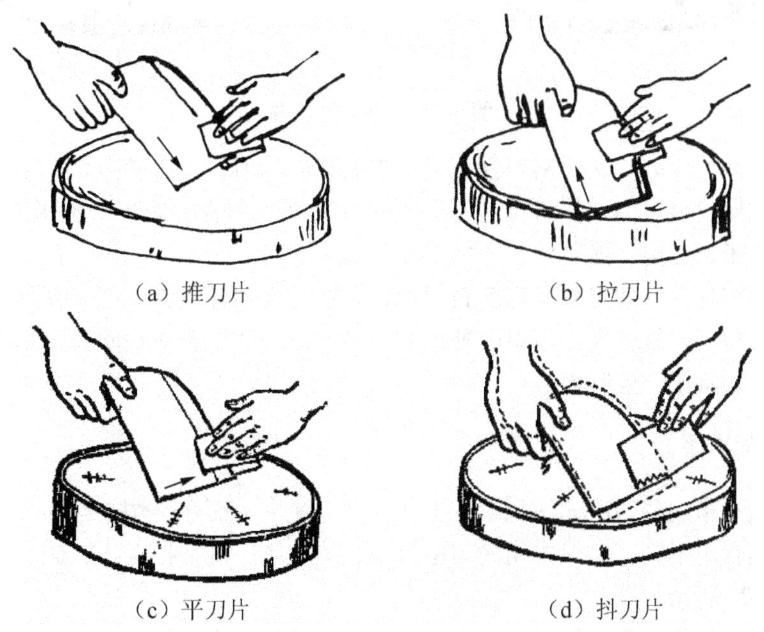

(a) 推刀片　(b) 拉刀片

(c) 平刀片　(d) 抖刀片

图 2-18 平刀法示意

(1) 推刀片。推刀片又称推刀批，是指刀面与墩面平行，落刀在原料的右侧向左侧推进的一种方法。适用于形状小、质地脆嫩的植物性原料，如冬笋、莴笋、榨菜等。一般右侧落刀，即用刀前部落刀，由刀后部断开原料的一种片法。

(2) 拉刀片。拉刀片又称拉刀批，是指刀面与墩面平行，落刀在原料的右侧向左侧拉回的一种方法。适用于质嫩、无骨，形状小的动植物原料，如鸡脯肉、猪里脊肉、猪材料肉等。一般右侧落刀，即用刀后部落刀，由刀前部断开原料的一种片法。

(3) 平刀片。平刀片又称平刀批，是指刀面与墩面平行，落刀在原料右侧向左侧平行、缓慢地片进的一种方法。适用于质地软嫩，易碎散的动植物原料，如豆腐、香豆腐干、血块等。一般右侧落刀，即用刀中部落刀，平行推进断开原料的一种片法。

(4) 抖刀片。抖刀片又称抖刀批，是指刀面与墩面平行，落刀在原料右侧向左侧上下晃动推进的一种方法。适用于质地软嫩或柔软细嫩的动物性原料，如腰子、蛋糕、皮冻、午餐肉、西式火腿等。一般右侧落刀，即用刀中部落刀，上下晃动刀刃，使原料表面呈波浪状，是推进断开原料的一种片法。

(三) 斜刀法

斜刀法是指刀面与原料和菜墩呈一定的倾斜度，用力断开原料的一类刀法。根据用力方向的不同，一般可分为斜刀片和反斜刀片两种。具体演示如图 2-19 所示。

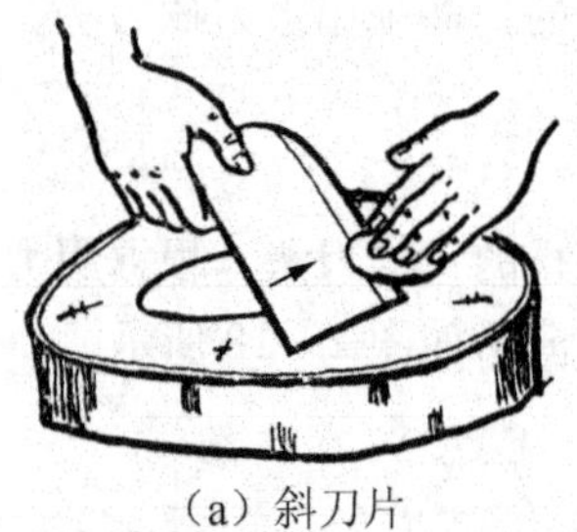

(a) 斜刀片

(b) 反斜刀片

图 2-19 斜刀法示意

(1) 斜刀片。斜刀片又称斜刀批，是指刀面朝内倾斜，刀刃朝内，左手按稳原料，右手持刀呈一定倾斜度，由外往里拉的一种方法。适用于无骨、质嫩、脆嫩的动植物原料，如鸡脯肉、腰子、鱼肉、熟猪肚、大白菜叶、油菜叶等。

(2) 反斜刀片。反斜刀片又称反斜刀批，是指刀面朝外倾斜，刀刃朝外，左手按稳原料，右手持刀呈一定倾斜度，由里向外推的一种方法。适用于质地脆嫩的植物性原料，如芹菜、玉兰片、腰子、熟肚等。

(四) 其他刀法

其他刀法是指这些刀法无法包含在上述 3 类刀法中，而在烹调中运用又较多的一类刀法。根据使用状况不同，一般常用的刀法有削、旋、剔、刮、拍、排、起、敲 8 种。具体演示如图 2-20 所示。

(1) 削。削是指左手拿稳原料，右手持刀，去除原料表皮的一种方法。根据用力方向的不同，削一般可分为斜刀削和反刀削两种。斜刀削是刀刃朝内，去除茄子、黄瓜皮的一种方法（刀具一般是片刀，用拇指紧压刀身，形成削刀形状，将原料表皮削去）。反刀削是刀刃朝外，去除土豆、萝卜皮的一种方法。

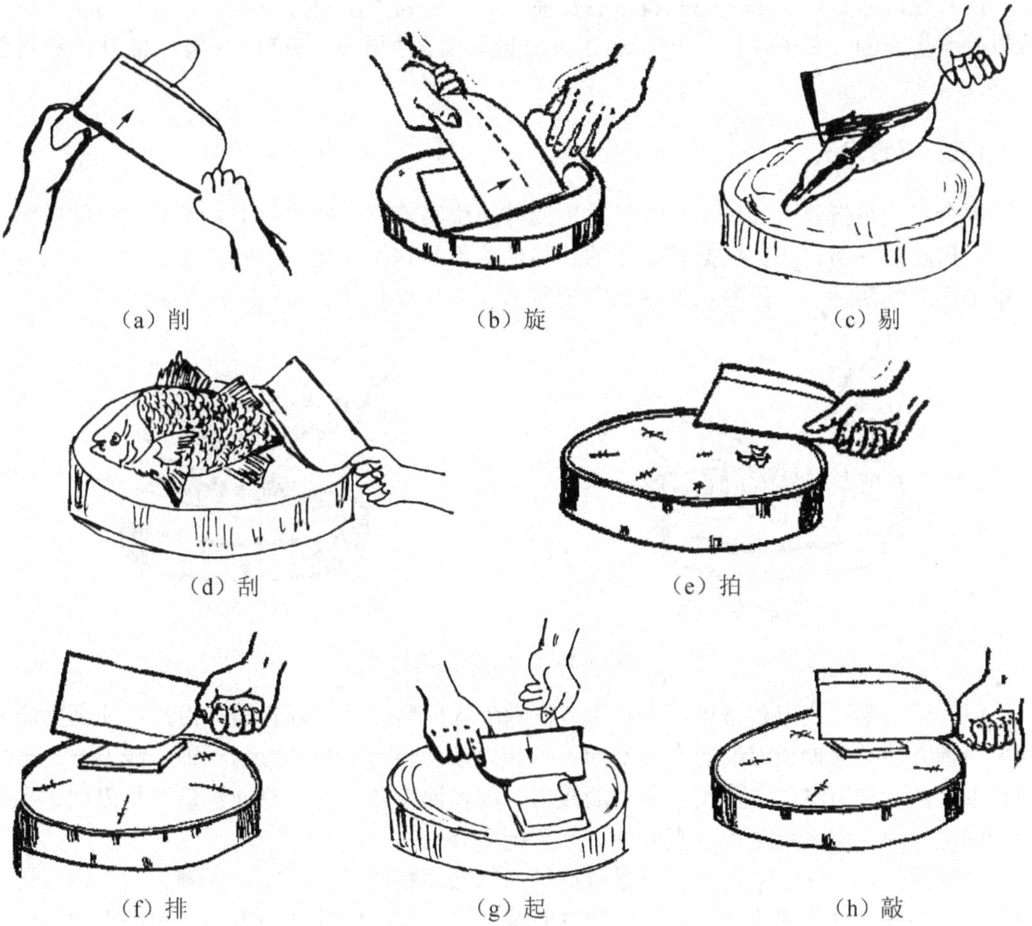

（a）削　（b）旋　（c）剔

（d）刮　（e）拍

（f）排　（g）起　（h）敲

图 2-20　其他刀法示意

（2）旋。旋是指左手拿稳或按稳原料，右手持刀从原料右端进刀，一边转动原料，一边推进刀具，去除原料表皮的一种方法。根据使用情况不同，一般分为墩上旋和手中旋两种。适用于质地脆嫩、圆柱形的植物性原料，如山东菜中的炝瓜皮，就是采用旋的方法加工黄瓜，使黄瓜皮呈一定厚度的大片状，再改刀成条状作为炝瓜皮的原料形状。

（3）剔。剔是指左手按稳原料，右手持刀，利用刀刃前端去除骨骼的一种方法。适用于动物性原料，如鸡腿、鸡翅、猪蹄髈和鱼的出骨等。

（4）刮。刮是指左手按稳原料，右手持刀，利用刀刃去除废料的一种方法。根据用力方向的不同，一般可分为顺刮和逆刮两种。适用于动物性原料，如刮鱼鳞、刮鱼蓉和鸡蓉等。

（5）拍。拍是指将原料放置在菜墩上，右手持刀，将刀身平行后用力拍砸成较薄形状的一种方法。适用于无骨的动植物原料，如拍姜块、拍猪排等。

（6）排。排是指左手按稳原料，右手持刀，将刀刃在原料上有顺序地进行垂直运动，使原料表面疏松，而不断开原料的一种方法。适用于无骨质嫩的动物性原料，如炸百花大虾、酱爆肉丁等均采取排的刀法。

（7）起。起是指左手拿住原料一角，右手持刀，切至一定深度，刀刃朝外用力，将原料分离的一种方法，适用于猪肉、鱼肉的去皮等。

(8) 敲。敲是指左手拿稳原料，右手持刀，刀背朝下用力猛击原料，导致肉质由厚变薄或骨骼折断的一种方法。适用于加工无骨或带骨的原料，如猪里脊肉、材料肉和猪腿骨等。

(五) 混合刀法

混合刀法是指刀工处理原料时，运用两种刀法实施在一种原料上，使加工后的原料呈现一定形状的一类刀法。根据其加工的原料性质不同和深浅度的不同，混合刀法一般有浅刀剞和深刀剞两种。具体演示如图 2－21 所示。

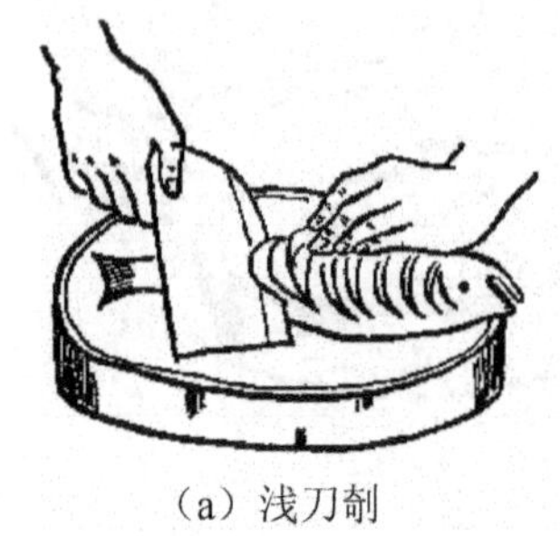
(a) 浅刀剞

(b) 深刀剞

图 2－21　混合刀法示意

(1) 浅刀剞。浅刀剞是指刀刃垂直或倾斜切入原料，然后顺骨骼平刀片，使其肉质翘翻的一种方法。根据浅刀剞的方向不同，有直刀剞、斜刀剞和平刀剞三种。浅刀剞是美化原料形状的一种刀法，主要用于整鱼的改刀，如黄河糖醋鲤鱼、葱油鲈鱼（斜刀剞、平刀剞）和浇汁鱼、醋椒鳜蒸鱼（直刀剞、平刀剞）等。

(2) 深刀剞。深刀剞是指刀刃垂直或倾斜切入原料的 2/3 深度，再调换一个角度切入原料 2/3 深度，后改成块状，加热后使其收缩卷成一定形状的一种方法。根据剞的方向不同，可分为直刀剞、斜刀剞和平刀剞 3 种。适用于质地脆嫩的动物性原料，如猪腰、鸡肫、鱿鱼、墨鱼、猪肚、带皮鱼肉等。

知识链接

砧板种类与消毒

砧板属切割枕器，是用刀进行烹饪原料加工时使用的垫托工具，包括砧墩和案板。砧板的种类繁多，主要有天然木质、塑料复合型两类，还有竹子合成、新型玻璃等材料制成。形状通常有方形、圆形，人们习惯称方形的为砧板（见图 2－22）；称圆形的为墩头（见图 2－23），墩头多为天然树木的横截段，利于剁斩。

塑料砧板颜色多，种类多，可分为生食砧板、熟食砧板、水产砧板、畜肉砧板、蔬菜砧板等。近年来，还出现便捷式砧板，便于家庭使用和厨师出门演示时携带使用。

无论哪种砧板，在使用时应保持其表面平整，在使用中保证食品加工的卫生安全，在使用后要及时刮洗擦净，晾干水分后用洁布罩好。一般消毒方法为酒精燃烧消毒和沸水冲洗消毒。

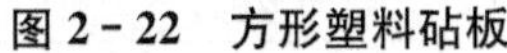

图 2-22 方形塑料砧板

图 2-23 圆形塑料墩头

不同颜色的砧板适合加工的不同食品，如表 2-2 所示。

表 2-2 砧板颜色所对应的加工食品

砧板颜色	适合加工食品
蓝色	水产
红色	畜肉
绿色	蔬菜
黄色	家禽
白色	水果或熟食
咖啡色	奶制品、巧克力
黑色	辛辣及有异味原料

注：根据加工食品的不同，砧板色彩也可根据需要调整，有些白色砧板切水果，有些切熟食，也有些用来切奶制品。但关键要认准生食砧板和熟食砧板。

四、烹饪原料的基本成形

烹饪原料的基本形状，主要通过刀工处理后产生，把大型或整形的原料加工成小块，便于烹调和食用。一般成形的有块、片、条、丝、丁、粒、末、蓉、泥等。

(一) 块

块就是烹饪原料经刀工处理后，成为各边基本相等的立方体。块在成形过程中主要运用切、剁、砍等刀工方法加工而成。常用的块状有正方块、长方块、菱形块、骨牌块和滚刀块等多种，其具体内容如表 2-3 所示。

表 2-3 不同块状的比较

料形名称	用　　途	长×宽×厚/(cm×cm×cm)	运用刀法	适宜原料
正方块	烧	3×3×3	推切	熟牛肉
	烧	5×5×5	推切	猪肉
	烧、蒸	6×6×3	直切	鸡鸭、南瓜、冬瓜

续表

料形名称	用　　途	长×宽×厚/(cm×cm×cm)	运用刀法	适宜原料
长方块	烤	25×20×4	推切	猪肋排
	酱腌	40×15×5	推切	猪肉
	蒸	15×10×3	直切	鱼块
菱形块	炒	2.5×2.5×1.5	直切	山药
骨牌块	蒸、冷菜小碟	3.5×2×1.5	锯切	火腿、咸肉
滚刀块	炒	边长 3.5，整长 6	滚刀切	莴笋、春笋

(二) 片

片就是烹饪原料经刀工处理后，成为厚度均匀的扁薄体。片在成形过程中主要采用直刀法、平刀法和斜刀法加工而成。常用的片有柳叶片、菱形片、月牙片、斜刀片、梳子片、佛手片、长方片、蝴蝶片和灯影片等多种，其具体内容如表 2-4 所示。

表 2-4　不同片状的比较

料形名称	用　　途	长×宽×厚/(cm×cm×cm)	运用刀法	适宜原料
柳叶片	滑炒 清蒸（辅料）	8×3×0.3 7×3×0.2	平刀片 拉切 直切	鸡脯肉、猪腰 冬笋尖
菱形片	烩、炖 炒（辅料）	8×4×0.7 6×3×0.2	直切 斜刀片 直切	鱼肚、鱼皮 胡萝卜、莴笋
月牙片	炒、凉菜	原料直径×原料半径×0.3	直切	藕、土豆、扎蹄
斜刀片	炒	7×3×自然厚 7×3×0.2	斜刀片	熟肚 墨鱼、鱼肉 玉兰片
梳子片	凉拌	原料直径×2×0.8	直切（其中一端相连，5～6cm 处切断）	黄瓜
佛手片	围边	原料直径×2×0.8	直切（其中一端相连，切 7～9 片后切断，间隔一片向内折）	黄瓜

续表

料形名称	用　　途	长×宽×厚/(cm×cm×cm)	运用刀法	适宜原料
长方片		5.5×3×0.2	直切 锯切	萝卜 方腿
蝴蝶片		7×3×0.2	斜刀片（双刀片，其中一刀底部相连）	鱼肉
灯影片		16×104×0.1	拉切	牛肉

（三）条

条就是烹饪原料经刀工处理后，成为长方体。条在成形过程中主要采用直刀法和平刀法等刀法加工而成。常用的条状有长条、短条、细长条、象牙条（条长）和筷子条（条长）等多种，其具体内容如表 2－5 所示。

表 2－5　不同条状的比较

料形名称	用　　途	长×宽×厚/(cm×cm×cm)	运用刀法	适宜原料
长条	烧 炸	6×1.6×1.6 6×1.4×1.4	直切 直切	萝卜、冬瓜 土豆
短条	炒	5×1.2×1.2	直切	胡萝卜、莴笋、山药
细长条	炸	8×1×1	直切	土豆
象牙条	炒	4×1×1	直切	冬笋
筷子条	炒	5×0.6×0.6	直切	胡萝卜

（四）丝

丝就是烹饪原料经刀工处理后，成为截面边长小于 4mm，长度大于 5cm 的绳状体。丝在成形过程中主要采用直刀法和平刀法等刀法加工而成。常用的丝状有头粗丝、二粗丝、细丝、银针丝和加长丝等，其具体内容如表 2－6 所示。

表 2－6　不同丝状的比较

料形名称	用　　途	长×宽×厚/(cm×cm×cm)	运用刀法	适宜原料
头粗丝	清炒、滑炒	10×0.4×0.4	直切、拉切	萝卜、鱼
二粗丝	滑炒	8×0.3×0.3	平刀片、直切	猪肉、莴笋
细丝	生炒	6×0.2×0.2	直切	土豆、胡萝卜、笋
银针丝	炸	6×0.1×0.1	直切	土豆
加长丝	滑炒	30×0.3×0.3	平刀片、拉切	鱼

（五）丁

丁就是烹饪原料经刀工处理后，成为扁方体或正方体。丁在成形过程中主要采用平刀法和直刀法等刀法加工而成。常用的丁状有扁丁、大丁、细丁等，其具体内容如表 2－7 所示。

表 2－7　不同丁状的比较

料形名称	用　　途	长×宽×厚/(cm×cm×cm)	运用刀法	适宜原料
扁丁	滑炒	2.5×2.5×0.6	平刀片、拉切	畜肉、禽肉
大丁	滑炒	1.5×1.5×1.5	平刀片、拉切	猪肉、萝卜
细丁	生炒	1×1×1	直切	香干、胡萝卜

（六）粒

粒就是烹饪原料经刀工处理后，成为边长小于 0.6cm 的正方体或菱形体。粒在成形过程中主要采用平刀法和直刀法等刀法加工而成。常用的粒状有黄豆粒、绿豆粒和米粒等多种，其具体内容如表 2－8 所示。

表 2－8　不同粒状的比较

料形名称	用　　途	长×宽×厚/(cm×cm×cm)	运用刀法	适宜原料
黄豆粒	滑炒、生炒	0.6×0.6×0.6	平刀片、直切	猪肉、蒜苗
绿豆粒	生炒	0.4×0.4×0.4	平刀片、直切	青椒、红椒
米粒	用作辅料	0.3×0.3×0.3	直切	笋、马蹄

（七）末

末就是烹饪原料经刀工处理后，成为边长小于 0.2cm 的小立方体，一般形状不规则的形状称为末。末在成形过程中主要采用剁、铡、切等刀法加工而成。其具体内容如表 2－9所示。

表 2－9　不同末的比较

料形名称	用　　途	长×宽×厚/(cm×cm×cm)	运用刀法	适宜原料
末	用作辅料	0.2×0.2×0.2	切、剁	猪肉、鱼肉
细末	用作辅料	0.1×0.1×0.1	切	姜、蒜

（八）蓉、泥

蓉、泥就是烹饪原料经刀工处理后，成为无明显颗粒状的形状称为蓉、泥。蓉、泥在

成形过程中主要采用剁、刮、捶、排等刀法加工而成。习惯上动物性原料加工而成的称为蓉，如鱼蓉、鸡蓉、脊蓉等；植物性原料加工而成的称为泥，如土豆泥、南瓜泥等。其具体内容如表 2-10 所示。

表 2-10 蓉、泥的比较

料形名称	用　　途	形　　状	运用刀法	适宜原料
蓉	汤、烩、贴	粉状	切、剁	鱼、虾、禽肉
泥	炒、烩	粉状	切、剁	土豆、南瓜、芋艿

（九）球、珠

烹调常用的球、珠有青果形、蛋珠形等，一般采用植物性原料加工而成（莴笋、马蹄、胡萝卜、萝卜、冬瓜、菜头等实心原料）。青果形是先将坯料加工成长方形，再修理成青果形状（削的刀法）；蛋珠形是用规格不同的专用挖球器，在坯料上剜挖而成，其规格大小可根据菜肴的需要而定。另外，某些球还采用镂空雕刻的方法加工而成。其具体内容如表 2-11 所示。

表 2-11 球、珠的比较

料形名称	用　　途	切制规格/mm		运用刀法	适宜原料
		长	直径		
青果	烩、烧	45	15	切、剁	土豆、胡萝卜
蛋珠	炒、烩、炖	—	20～30	切、剜	土豆、冬瓜
镂空球	炒、烩	—	30～40	刻	胡萝卜

（十）料头

料头是菜肴的小辅料，是为菜肴除去异味、增加香味、增色添彩而准备的，一般料头有葱、姜、蒜、辣椒，刀工成形有段、丝、末多种。其具体内容如表 2-12 所示。

表 2-12 不同料头的比较

料形名称	用　　途	切制规格/mm			适宜原料
		长	宽	厚	
葱花	点缀、增香	5	自然形		小葱
小段	炝料、增香	15～20	自然形		小葱
长段	炝料、增香	30～45	自然形		葱、青大蒜、香菜
丝	点缀、增香	40～60	1～2	1～2	葱、姜、红椒
小姜片	去腥	10	10	1	生姜
姜料片	去腥	自然形		2	生姜
末	去腥、增香	1～2	1～2	1～2	姜、蒜头、香菜

续表

<table>
<tr><th rowspan="2">料形名称</th><th rowspan="2">用　　途</th><th colspan="3">切制规格/mm</th><th rowspan="2">适宜原料</th></tr>
<tr><th>长</th><th>宽</th><th>厚</th></tr>
<tr><td>蒜片</td><td>增香</td><td></td><td>横截面</td><td>1</td><td>蒜头</td></tr>
<tr><td>干辣椒段</td><td>增味、增色</td><td>10～15</td><td colspan="2">自然形</td><td>干辣椒</td></tr>
<tr><td>干辣椒末</td><td>增味、增色</td><td>5</td><td>5</td><td>自然形</td><td>干辣椒</td></tr>
<tr><td>红椒段</td><td>增味、增色</td><td>10</td><td colspan="2">自然形</td><td>鲜青红辣椒</td></tr>
<tr><td>红椒丁</td><td>增味、增色</td><td>15～20</td><td>15～20</td><td>自然形</td><td>鲜青红辣椒</td></tr>
</table>

五、烹饪原料的剞花工艺

（一）剞花工艺的性质和目的

剞花工艺又称锲花工艺，它一般由浅刀剞和深刀剞两种混合刀法构成。剞花工艺是指在原料的表面切割成某种图案条纹，使之受热均匀或收缩成一定形状的加工方法。剞花工艺既是烹调的需要，更是为了满足消费者的审美需要，即产生形态美的效果，能给消费者带来美的享受。因此，剞花工艺的目的：①缩短成熟时间；②使热渗透均匀；③使成品内外成熟度趋于一致或成品质感相似；④易于成形，便于入味。剞花工艺不仅能使菜肴受热均匀、质感一致，还能改变菜肴的表象，使菜肴达到千姿百态美的要求，而且，这些形态美的菜肴还能满足不同层次要求、不同口味要求、不同质感要求和不同年龄要求的消费需求。例如，选用一条鱼制作菜肴，由于剞花工艺不同、烹调方法不同及调味品不同，就能设计出千变万化的菜品。

（二）剞花工艺的原料要求

并不是所有的烹饪原料都适用于剞花工艺，它必须符合剞花工艺的要求。剞花工艺在具体实施过程中必须符合 3 个方面的要求。

（1）具有剞花工艺的必要。所用原料由于体积较厚或质地紧密，不利于热的均衡渗透，或过于光滑不利于裹覆卤汁，或带有异味的原料不易在短时间散发，均具有剞花工艺的必要。

（2）利于剞花工艺的实施。所用原料必须具有一定面积的平面结构，有助于剞花工艺的实施和成品的成形。

（3）突出刀纹的表现力。所用原料应具备不易松散、破碎，还有一定韧性和弹力的条件，具有受热收缩或卷曲变形的性能（原料表面必须带有结缔组织和膜），才能展现剞花工艺形态美的特点。

根据上述 3 个方面的要求，剞花工艺的原料一般可分为两大类，即表面带有结缔组织和膜的原料（鱿鱼、墨鱼、腰子、鸡肫、鱼等）及质地紧密的原料（豆腐干等）。

（三）剞花工艺的形状

剞花工艺的刀法主要是浅刀剞和深刀剞，使改刀后的原料形状呈现出花刀形和花刀块两种形态。

1. 花刀形

花刀形主要用于整鱼的表面，运用浅刀剞形成各种花刀形。由于浅刀剞的深度较浅，成品表面的形状主要靠刀纹体现。常用的花刀形有10种。

(1) 秋叶花刀形。在鱼体表面剞上象征树叶筋脉的刀纹（直剞），深度至鱼的脊椎骨。适合较窄的鱼体，如白鱼、鲚鱼、鲻鱼等，一般适合于蒸。

(2) 波浪花刀形。在鱼体表面剞上象征波浪形的曲线刀纹（直剞），共3层，深度至鱼的脊椎骨。适合较宽的鱼体，如鳊鱼、鲳鱼、鳜鱼等，一般适合于蒸。

(3) 蚌纹花刀形。在鱼体表面剞上象征河蚌壳纹理的刀纹（直剞），深度至鱼的脊椎骨。适合较宽的鱼体，如鳊鱼、鲳鱼、鳜鱼等，一般适合于蒸。

(4) 人字花刀形。在鱼体表面剞上象征人字的刀纹，为相背五对人字形（直剞），深度至鱼的脊椎骨。适合较宽的鱼体，如鳊鱼、鲳鱼、鳜鱼等，一般适合于蒸。

(5) 双十字与一字花刀形。在鱼体表面剞上象征双十字或一字的刀纹（直剞），深度至鱼的脊椎骨。对体厚的鱼体宜用此法，双十字为扇面鱼头尾的花形；一字为一般头尾的花形。一般适合于红烧（红烧青鱼头尾）、干烧（干烧岩鲤）等方法。

(6) 小字花刀形。在鱼体表面剞上象征小字的刀纹（直刀剞），深度至鱼的脊椎骨，呈弧形排列。适合于窄而厚长的鱼体，如青鱼、草鱼、鲮鱼和大马哈鱼。一般适合于烧、煎等方法。

(7) 散线花刀形。在鱼体表面剞上3条单线1组、共6组呈“八”字排列（直剞），深度至鱼的脊椎骨。适合于体壁宽薄的鱼，如鲫鱼、鲳鱼等，一般适合于烧、炖等方法。

(8) 牡丹花刀形。在鱼体表面斜剞上弧度刀纹（斜刀剞），深度至鱼的脊椎骨，使鱼肉翻翘呈花瓣状。适合于形大体厚的鱼，如鲤鱼、鳜鱼等，一般适合于焦熘、醋熘等方法。

(9) 瓦楞花刀形。在鱼体表面斜剞上横向刀纹（直刀剞），深度至鱼脊椎骨，再平剞进2～2.5cm，使鱼肉翻翘呈瓦楞排列状。适合于体轴长窄、肌壁较薄的鱼，如黄鱼、鲈鱼、鲷鱼、鲤鱼等，一般适合于焦熘、醋熘等方法。

(10) 菱格花刀形。在鱼体表面斜剞上相叉十字刀纹（直刀剞），深度至鱼的脊椎骨，使刀纹呈菱格图案，刀距约2cm。适合于体轴长窄、肌壁较薄的鱼，一般适合于炸、烤。但是，在制作过程中原料一般要拍粉、挂糊和上浆，加热时可防止表皮脱落。

2. 花刀块

花刀块主要用于鱿鱼、乌贼鱼、腰子、肚子、鲍鱼和带皮方肉的表面，运用深刀剞形成各种花刀块。由于深刀剞的深度为原料的2/3或3/5，再加上表面有结缔组织或膜，使原料受热后卷曲，形成一定的形状。常用的花刀块有12种。

(1) 麦穗花刀块。逆肌纤维排列方向斜剞深2/3，刀距约0.2cm的平行刀纹，再顺向直剞同等深度和刀距，顺向切成5cm×2.5cm的块状，一般厚度为原料的自然厚度。适用于鱿鱼、乌贼鱼、腰子等，如火爆麦穗腰花、油爆鱿鱼卷等。

(2) 卷筒花刀块。顺肌纤维排列方向，略斜向直剞交叉十字刀纹，深2/3，刀距约

0.2cm。顺向切成约5cm×3cm的块状。适用于乌贼鱼、鱿鱼等，如爆鱿鱼卷筒等。

(3) 荔枝花刀块。在原料表面直剞十字交叉刀纹，深2/3，刀距0.25cm，切成3.5cm长的菱形块。适用于腰子、肫、肚子等原料，如爆炒荔枝腰花等。

(4) 蓑衣花刀块。在原料表面斜向直剞一字刀纹，再翻过原料在直剞一字刀纹，使刀纹两面交叉，深度各为2/3、刀距约0.2cm，再切成3.5cm×3.5cm的块状。适用于腰子、肚子，如蓑衣腰花等。

(5) 菊花花刀块。在厚度2.5cm以上的原料上，用直刀剞0.4cm宽的垂直交叉十字花纹，深度为原料4/5，再切成约2.5cm见方的块，受热卷曲呈菊花状。适用于鱼肉、里脊肉、鹅肫等原料，如菊花里脊、菊花鱼等。

(6) 竹节花刀块。将原料切成4cm×2.5cm的长方块，顺长直剞4条深约4/5的平行刀纹，再横向在原料两端约1cm处各直剞两道深约2/3，刀距0.2cm的平行刀纹，受热卷曲呈竹节状。适用于鱿鱼、猪肝等原料，如炒竹节腰花等。

(7) 眉毛花刀块。又称梳子花刀块、鱼鳃花刀块。在原料表面先直剞深约2/3，刀距约0.25cm平行刀纹，再顶纹切或斜批成片，单片为梳子片、三片连刀片呈眉毛状。适用于乌贼鱼、鱿鱼等原料，如花枝炒双椒、雪菜目鱼花等。

(8) 葡萄花刀块。在原料表面交叉斜剞深约4/5，刀距1.2～1.5cm的斜向平行刀纹，受热卷曲呈一串葡萄状。适用于带皮、肉质较厚的净鱼肉（不带骨刺），如葡萄鱼等。

(9) 万字、回字、棋格花刀块。在原料的表面直剞为万字、回字和棋格的刀纹，深度一般为2/3，受热后原料收缩呈现出上述形状。适用于生猪肉和熟猪肉等原料，如乳方、樱桃肉等。

(10) 螺旋花刀块。从原料一侧进刀，平剞至3/4深度，旋转平剞至3/4深度，再反复旋转平剞，直至中心，受热后原料收缩呈现出螺旋状。适用于生猪肉和熟猪肉等原料，如螺旋肉、螺旋肫花等。

(11) 水草丝花刀块。从原料两侧各平剞一刀，使原料中心部位相连，再将两侧各用刀切成0.25cm的丝状，改成4cm宽的块状，受热后卷曲呈现水草丝状。适用于鱿鱼、乌贼鱼等原料，如芫爆鱿鱼丝等。

(12) 金鱼花刀块。将原料先改成金鱼形（鱼身和3条鱼尾），在鱼身上纵向斜刀剞、横向直刀剞，深度2/3、刀距0.4cm；鱼尾用刀尖剞上秋叶花形，受热后卷曲呈金鱼状。适用于鱿鱼、乌贼鱼等原料，如双色金鱼、金鱼戏莲等。

第三章　烹调基本知识

学习目标

了解厨房的各种厨具设备和加工器械，了解各传热介质的导热作用，掌握各传热介质的导热方法，能熟练掌握火候对烹饪原料进行初步熟处理。

第一节 厨具设备的准备

烹饪工艺的实施离不开厨具设备，选择合适的厨具设备是保证菜肴质量不可忽视的一个必要条件。实施烹调工艺的工具设备很多，主要有临灶工具和切配工具两大类，此外还有制冷设备、清洁和消毒设备等。

一、临灶使用的厨具设备

临灶使用的厨具设备是指在不同炉灶台岗位（如灶台岗、蒸锅岗、发制原料岗等）工作中，使用的各种烹调设备器具及辅助器具等。广义上包括蒸锅、大锅灶的煮锅在内的各种加热炊灶器具；狭义上专指临灶岗位工作中所用的加热器具和辅助器具，如炒锅（炒勺）、手勺、滤器、调料罐等。

（一）炉灶设备

炉灶设备按使用热源的不同可分为固体燃料炉灶、液体燃料炉灶、气体燃料炉灶、电热炉灶和其他热源炉灶五大类。固体燃料炉灶有柴草炉、煤炉、新型固体燃料炉、炭炉等；液体燃烧炉灶有柴油炉、煤油炉、酒精炉等；气体燃料炉灶，有天然气灶、石油气灶、沼气灶；电热炉灶有电灶、电烤箱、电磁炉、微波炉等。炉灶设备以节约能源和能够自由控制火候者为佳。从全国看，固体燃料还是主要的能源，气体燃料的使用量正在逐步增加。

（二）锅具

锅是用于煎、炒、烹、炸、烧、扒、炖、蒸等各种烹调方法的加热工具。按质地可分为铁锅（生铁锅、熟铁锅）、铜锅、铝合金锅、不锈钢锅、砂锅、搪瓷锅等；按用途可分为炒锅、蒸锅、卤锅、汤锅、煎锅、笼锅、火锅、压力锅等。此外，炊灶具合一的电锅、微波炉也属此类。京锅和广锅如图 3－1 所示。

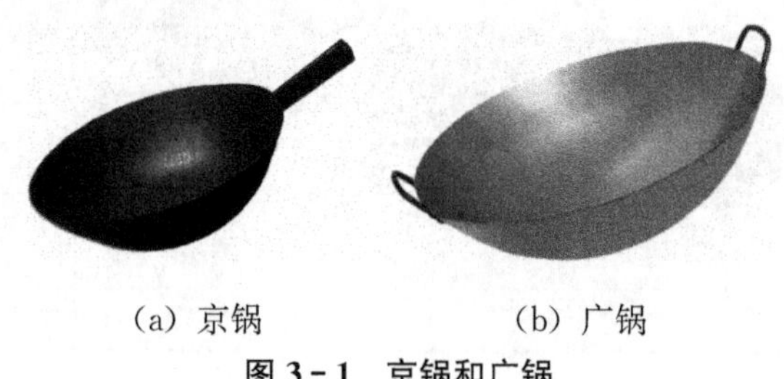

（a）京锅　　（b）广锅

图 3－1　京锅和广锅

（三）辅助器具

辅助器具是指在临灶烹调的过程中使用的烹调辅助器具，如手勺、手铲、锅刷子、锅勺枕器、锅盖、钩、叉、签、筷、铁丝网、油罐、漏勺、笊篱、箩筛、调料罐等。

二、加工器械与盛装器具

原料加工的厨具设备主要是刀具、磨刀石、砧板、案板、原料加工机械、盛装器具。

刀具在第二章第四节中已提及，在这里不再赘述。

（一）加工机械

在现代厨具设备中，食品加工机械占有重要位置，它大大减轻了厨师的劳动强度，使工作效率成倍增长，包括初加工机械、切割加工机械、搅拌机械等。初加工机械主要是指用来对原料进行清洗、脱水、削皮、脱毛等的设备，如蔬菜清洗机、脱毛机、蔬菜脱水机、蔬菜削皮机等。切割加工机械主要有切片机（见图 3－2）、锯骨机、螺蛳尾部切割机等。切片机采用齿轮传动方式，外壳为一体式不锈钢结构，维修、清洁极为方便，所使用的刀片为一次铸造成型，刀片锐利耐用。切片机是切、刨肉片，以及切脆性蔬菜片的专用工具。该机虽然只有一把刀具，但可根据需要调节切刨厚度。切片机在厨房常用来切割各式冷肉、土豆、萝卜、藕片，尤其是刨切涮羊肉片，所切之片大小、厚薄一致，省工省力，使用频率很高。搅拌机械主要有绞肉机（见图 3－3）和多功能搅拌机。

图 3－2　切片机

图 3－3　绞肉机

绞肉机由机架、传动部件、绞轴、绞刀、孔格栅组成。使用时要把肉分割成小块并去皮去骨，再由入口投进绞肉机中，启动机器后在孔格栅挤出肉馅。肉馅的粗细可由绞肉的次数决定，反复绞几次，肉馅则更加细碎。该机还可用于绞切各类蔬菜、水果、干面包碎等，使用方便，用途很广。多功能搅拌机结构与普通搅拌机相似，多功能搅拌机可以更换各种搅拌头，适用的原料范围更广。

（二）盛装器具

我国菜肴的盛器种类特别多，按质料的不同分，有瓷器、陶器、玻璃器皿、搪瓷器皿，以及铜器、锡器、铝器、银器、不锈钢器皿等，其中以瓷器应用最为普遍。实际应用中，一般按盛器的形状和用途将它们分为盘、碟、碗、盆、锅、钵、铁板、攒盒、竹器、藤编等。其中以盘的种类最为丰富，有平盘、凹盘等品种；有圆盘、腰盘、长方盘、异形盘（如船形盘、叶形盘、方形盘、蟹盘、鸭盘、鱼盘）等形状。碗有汤碗、蒸碗（扣碗）、饭碗、口杯。锅有品锅、火锅、汽锅、砂锅，每一种又有型号不一的各种规格。

（1）普通餐具。包括平盘、腰盘、品锅、勺、匙、碟、烟缸及牙签瓶，如图 3－4 所示。

（2）各客餐具。有小砂锅和瓷鼎，分别如图 3－5 和图 3－6 所示。

（3）金银餐具。如图 3－7 所示。

（4）砂锅。如图 3－8 所示。

图 3-4　普通餐具

图 3-5　小砂锅

图 3-6　瓷鼎

图 3-7　金银餐具

图 3-8　砂锅

(5) 铁板。牛头铁板如图 3-9 所示。

(6) 自助餐炉。方形半翻盖自助餐炉如图 3-10 所示。

图 3-9　牛头铁板

图 3-10　方形半翻盖自助餐炉

(7) 多用盘。不锈钢多用盘如图 3-11 所示。

(8) 镜面盘。不锈钢镜面盘如图 3-12 所示。

图 3-11　不锈钢多用盘

图 3-12　不锈钢镜面盘

(9) 水果、刺身盘如图 3－13 所示。

(10) 异形盘。其中的龙凤盘如图 3－14 所示。

图 3－13　水果、刺身盘

图 3－14　龙凤盘

第二节　火候的运用

烹调离不开加热，而在制作菜肴的过程中，“加热”这一词被“火候”取代，并赋予了更深刻的含义。同时，火候被视为烹调技术的核心。

火候是指根据原料的性质、形态和菜肴的特点或要求，给予原料的加热量。而构成加热量的因素主要有 3 点：一是火力的大小，二是加热时间的长短，三是传热介质及传热炊具的传热速度。这 3 种因素对菜肴特点或风味的形成都起着极其重要的作用，也是形成菜肴特色的重要因素之一。因此，火候的作用主要表现在以下两个方面。

1. 使烹饪原料发生质的变化

生的原料变为熟的菜肴，就其原料本身来说，发生了质的变化。但这里的质变，并不单指由一种物质变成另一种物质的化学变化，主要指由不符合生理需要的原料变为易咀嚼、好消化、滋味美的食物，如蛋白质的热变性、淀粉的糊化性等。这种变化是客观的，是加热产生的基本变化，也是人类饮食最基本的要求。

2. 使菜肴的属性改变

菜肴的属性由菜肴本身所具有的特性所决定，而火候是构成菜肴属性的重要因素之一。无论是菜肴的形状、色泽和质地等都离不开火候。例如油爆鱿鱼卷，如果切后不加热就不可能呈现麦穗花形；糖醋鲤鱼，如果不加热就不可能形成跃跃欲跳的形态；北京烤鸭，如果不加热就不可能形成外酥脆、里鲜嫩的口感。由此可见，火候是形成菜肴质感的重要因素，也是人类对烹饪艺术追求的结果。

一、热的传递方式及传热介质

(一) 热的传递方式

烹调时加热可促使原料发生质的变化。原料由生变熟需要获得热量，而原料获得热量则需要热量传递的过程。在烹调过程中热的传递方式有 3 种。

1. 传导换热

传导换热只发生在固体物质之中，热的传递过程则是由固体的高温区域影响或转移到低温区域的过程。不同固体之间的传导过程，只有在它们接触时才能发生。

传导的基本原理是一切物体的分子总是处于振动的状态。由于分子的加速振动，能量逐步扩散，传导给能量较低的分子，如盐焗鸡。热量由外部向内部传递，一直传到鸡的中心部位，最终达到内外温度相似的要求。

2. 对流换热

对流换热只限于液体和气体这样的物质。其实质是在一个加热系统中（水锅），由于温度的关系，其物质的密度产生了差异，密度高的向密度低的移动，密度低的向密度高的移动，这种流体微团或气体微团改变空间位置的移动被称为对流，如煮肉。水的高温移动到肉的表面，并通过传导向中心部位渗透，而肉的中心部位低温则移动到肉的表面，从而形成了一种对流传导的形式，最终达到内外温度相似的要求。

3. 辐射换热

辐射换热是由热源发射高频振动，并在空间快速传播的能量波产生的。当这种能量波被碰到的物体吸收后，便加快了自身的振动，从而逐步提高温度。

这几种热传递方法，在烹调中往往交叉作用。通过各种热能之间的变化才能使食物变性成熟，食物吸收热的过程称为热传递的综合效应过程。热传递多数由媒介完成，这种媒介就是烹调的传热介质。

（二）传热介质

烹调中使用的传热介质主要有水、油、蒸汽、固体（盐粒）和空气5种。这些传热物质由于它们的组织结构和化学成分的不同，在传热过程中具有不同的特点。

1. 水

水是烹调中最常用的传热介质，也是构成菜肴必不可少的一部分。纯水是无色无味的流动液体，在1标准大气压（360mmHg，101千帕）下，纯水的沸点为100℃。当锅中的水加热时，锅底受热的水体积变大，密度变小而上升，而锅面冷水向下运动，形成热量对流。通过对流作用把热量传递给原料，使原料温度不断升高，最终达到原料成熟的要求。

2. 油

油是烹调中常用的传热介质，也是形成菜肴质感不可缺少的一部分。油在常温下为液体，在低温下为固体。油的加工原料不同，有豆油、菜籽油、花生油、葵花油等多种。饮食业习惯把动物的脂也称为油，又有猪油、鸡油、牛羊油等。油的密度小于1，不溶于水。当油内混入水，加热到一定程度就会产生爆炸声。油的密度随着温度的升高会加大，密度大的地方向密度小的地方渗透，密度小的地方向密度大的地方靠拢，形成温度的对流，最终达到温度一致的目的。

3. 蒸汽

以蒸汽作为传热介质，其实质是气化了的水，所以它是水传热的延伸。当水的温度不

断上升，水分子的平均动能不断增大，其中有一部分动能较大的分子离开液面成为蒸汽，这个过程称为汽化（蒸汽）。由于水分子不断蒸发，水蒸气的压力不断增大，当水蒸气的压力等于外界压力时，水开始沸腾，刚离开液面的水蒸气由于自身能量较高、温度较高，内部的密度较小，所以向上运动。当这些水蒸气遇到比自己温度低的原料时，便发生导热现象，这时蒸汽动能降低变成液体，这个过程称为冷凝，如清蒸鱼、粉蒸肉等菜肴，容器内存有的汤汁，就是冷凝现象形成的。而绝大部分蒸汽由于失去了部分热量，密度增大，则向下运动，这样就形成了冷热气体的对流。通过对流换热，促使原料逐步成熟。

4. 固体

以固体作为传热介质，具有较差的导热性，对流亦较慢，但具有蓄温较高（200℃以上）、放热平稳的特点。当固体加热到一定温度时，把原料埋入，一般以盐粒作为固体介质，把热量传递给原料，促使原料中的水分因表面温度的逐步升高而迅速散出，形成外熟内嫩或外干香、内酥脆的特点，如东江盐焗鸡、盐焗乳鸽、盐炒花生等。

5. 空气

以空气作为传热介质，一方面是热辐射直接将热量散射到原料表面，另一方面又依靠空气的对流形成炉内的高温环境，将热量均匀地传播，在辐射与对流并存的作用下使原料变性。辐射温度随着燃烧气化的强度而升降，温度越高气体分子活动越快。当气体分子与温度较低的原料接触时，便把热能传递给原料，促使原料表面水分蒸发，表层凝结形成酥脆焦香的风味，如烤乳猪、北京烤鸭、挂炉烤鸭等。

二、火候的掌握与运用

由于烹饪原料种类繁多，形状各异，加工方法又多种多样，成品的质感也千变万化，所以火候的恰当掌握是烹调中较为艰难的一项技术。如何掌握好火候，前人已总结出一些规律，供大家参考。

（一）火力

中国烹饪的最大特点之一，就是使用明火加热（燃烧热源）。燃料燃烧的程度、热辐射及热气的强弱，通常被称为火力。燃烧处于剧烈状态或燃料充足时，其火力就大，热辐射就强；反之，则小而弱。根据这一特征，把可用的火力分为旺火、中火、小火、微火 4 种。

（1）旺火。旺火又称武火、急火、猛火，是火力最强的一种火，火焰高而耀亮，热辐射强，热气逼人。要想达到外焦里嫩等质感要求的菜肴，一般都需要用旺火。其适用的烹调方法主要有炸、烹、爆、汆等。

（2）中火。中火火力小于旺火。要想达到熟而不烂、质嫩入味的菜肴，一般都需要用中火。其适用的烹调方法主要有烧、熘、扒、熬、煮等。

（3）小火。小火是火力较小的一种火，火焰低，热辐射弱。要想达到原料入味、汤汁浓稠或为了达到一定的色泽和保持原料的嫩度，一般都需要用小火。其适用的烹调方法有煎、贴、煸、烤等。

（4）微火。微火火力小于小火，热辐射很弱。一般用于较长时间的烹调，促使原料吸收汤汁，达到质地酥烂的要求。其适合的烹调方法主要有炖、焖、煨、酱、卤等。

（二）火候的掌握

在加热过程中，由于原料性质的不同、形状大小的不同、成品要求的不同及各地饮食习惯的不同，确定火力大小及成熟时间长短的方法叫掌握火候。

1. 掌握火候的原则

（1）必须适应烹调方法的需要。不同的烹调方法对火候的要求各不相同，必须根据不同的烹调方法选择相应的火候。例如，快速成菜的烹调方法（炒、爆、炸），一般要求旺火。

（2）根据原料种类及其性质确定火候。不同种类的原料由于性质不同，加热时对火候的要求也不同。质嫩的原料需旺火烹制，质老的原料需小火或微火烹制。

（3）根据原料形状大小确定火候。加工后的原料形状，形体较大的一般选用小火、微火，长时间加热的烹调方法；而形体较小的一般选用旺火和中火，短时间加热的烹调方法。

（4）根据原料投入量确定火候。菜肴的投料标准不同，其投入量也有差异。一般原料投入量大，原料所需热量也大，就必须选用旺火、中火进行操作，使其在较短的时间内达到成熟，反之则用小火。

（5）根据饮食习俗不同确定火候。我国是一个地广人多的多民族国家，由于气候、生活习惯、物质等众多因素的影响，人们在饮食上的要求和标准也存在着很大的差别。所以，必须根据饮食习俗确定火候。例如，广东人吃蔬菜要求脆嫩爽口，那么，就必须选用旺火、短时间加热的方法进行制作，从而符合广东人的饮食习俗。掌握火候的一般原则如表 3 - 1 所示。

表 3 - 1　掌握火候的一般原则

可变因素		火　力	加热时间
原料性状	质老或形大	小	长
	质嫩或形小	旺	短
成品要求	脆嫩	旺	短
	酥烂	小	长
汤色要求	奶汤	旺	长
	清汤	小	长
投料要求	数量多	旺（中、小）	长
	数量少	中、小（旺）	短
加热要求	以油作传热介质	旺 中、小	短 长
	以水作传热介质	中、小 旺	长 短
	以蒸汽作传热介质	旺 中	短 长

续表

可变因素		火　力	加热时间
烹调方法	炒	旺	短
	烧	旺、小、中	长
	焖	旺、小、中	长

2. 掌握火候的方法

掌握火候的方法也就是如何运用火候，一般有 4 种方法。

（1）根据原料的形体变化和颜色变化确定火候。食物原料多为热的不良导体，传热的速度较慢，当热量从原料表面传到中心，形体小的原料由软嫩变为脆嫩，即具有一定硬度和弹性（动物性肌肉）。而颜色也由鲜红转变为浅灰色或灰白色。

（2）根据原料的形状变化确定火候。食物原料有一部分表面带有较多的结缔组织，经过刀技处理，使其表面形成有规律的小形状，加热时结缔组织迅速收缩，而表面小形状在此温度下已达到成熟，形成一定的形态。

（3）根据原料质地情况确定火候。食物原料的质地存在着一定的差异，加热时必须根据原料的质地情况决定加热时间或原料投放顺序。一般韧性的原料需采用旺火、短时间加热，使其达到脆嫩的要求。

（4）根据菜肴的风味特点确定火候。我国地域广阔，人口众多，饮食习俗也各不相同，对菜肴的要求也各不相同，从而形成不同特色的地方菜，加热时必然根据地方菜的菜肴标准选择火候。例如，江苏名菜清炖狮子头（小火、长时间加热）；四川名菜宫爆肉丁（旺火、短时间加热）；山东名菜九转大肠（旺火、微火，长时间加热）；广东名菜四宝炒鲜奶（小火、短时间加热）。由此可见，火候的运用必须根据每一道菜肴的标准来掌握，才能保证成品的质量和特点，达到美食的要求。

三、原料在受热时的变化

加热可以改变原料的性质，使其由生变熟成为烹调重要的一种形式。原料在加热过程中往往会产生多种的物理变化和化学变化，研究这些变化对减少原料营养素的流失，以及菜肴风味的形成都具有一定的意义。原料在加热过程中的变化往往与原料的性质和加热方法密切相关，一般来说，加热可以对原料产生以下 6 种作用。

（一）分散作用

食物受热所产生的物理变化，包括吸水、膨胀、分裂和溶解等。生的植物性原料，细胞与细胞之间有丰富的果胶物质，把各个细胞互相连接。所以，在未加热前，大部分原料含水量丰富，组织结实。加热后，组织结构被损坏，果胶物质溶解，细胞质膜受热变性，增加了细胞的通透性，使细胞中的水分和无机盐大量外流，细胞之间的连接被破坏或消失，使植物性原料的果胶组织结构发生变化（脆嫩变为软嫩）。另外，淀粉在凉水中形成一种暂时性的悬浮物，加热后淀粉颗粒不断吸水膨胀，再分裂再吸水膨胀，最终与水溶解形成黏性状态（糊化现象）。所以，淀粉含量高的植物性原料，经过较长时间的加热，能使其组织失去硬度，成为柔软、黏性的状态，如土豆、芋艿。

（二）水解作用

食物在水中加热，很多营养成分会引起水解作用，使这些不易被人体消化吸收的大分子物质分解为小分子物质。例如，鸡、鱼和肉类等动物性原料，在水中加热时，一部分蛋白质逐步分解生成脲、蛋白胨、缩氨酸、酞等中间产物。这些肽类物质再进一步水解，最后分解成各种氨基酸，使汤汁具有较浓的鲜味。另外，结缔组织中的生胶质分解为动物胶，动物胶具有较强的亲水力，能吸收水分而成凝胶。所以，结缔组织含量高的动物性原料经过较长时间的加热，结缔组织的生胶质被水解，蛋白质纤维束分解，从而使结缔组织含量高的动物性原料，成为柔软酥烂的状态。如果动物胶的含量较高，冷却后还会形成冻（水晶肴蹄）。肥膘肉在水中加热，水解后生成甘油；淀粉水解后生成葡萄糖。甘油和葡萄糖易被人体消化吸收。

（三）凝固作用

食物受热后，有些水溶性蛋白质逐步凝固，凝固属于蛋白质变性现象，即蛋白质的空间结构改变，使水溶性蛋白质在热能的传递下，表面蛋白质逐步凝固，形成一定硬度的凝固层，如煮鸡蛋。鸡蛋清就会逐步受热凝固，形成凝固层——熟蛋白。再如，蒸黄鱼，鱼体表面逐步受热，蛋白质凝固形成一定的硬度层，避免了鱼体易碎等现象的发生。另外，溶解中有电介质存在，加速了蛋白质的凝固。例如，豆浆中加入石膏（$CaSO_4$）或盐卤（$MgCl_2$）等电介质，豆浆马上凝固，成为豆花。所以，煮豆、制汤或煮制动物性原料时，不易过早加入盐，避免蛋白质过早凝固，影响汤的鲜味或影响成品的成熟时间（原料表面蛋白质过早凝固，影响到热能的传递，加热时间相对要延长）。

（四）酯化作用

食物在加热过程中常常会生成一些酸类物质，如脂肪酸、柠檬酸、苹果酸等。特别是脂肪在水中加热，一部分水解为脂肪酸和甘油。烹调时加入酒和醋等调味品，便能生成具有芳香气的酯类物质。酯类物质易挥发，从而形成菜肴的香味。由于食物在加热过程中生成的酸类物质不同，所以酯化后的产物也不同，从而形成了各种菜肴特有的香味。

（五）氧化作用

氧化作用又称氧化还原作用，氧化作用在加热过程中变化较多。例如，动物的肌肉组织因含有肌红蛋白，加热前是血红色或鲜红色，当温度达到56℃的临界温度时，肌红蛋白随着温度的逐步升高，颜色也变为浅灰色或灰褐色，这是因为肌红蛋白受热变性，血色素被氧化成变性的肌红蛋白。另外，动植物原料中含有的维生素，加热或与空气接触也易被破坏，特别在碱、盐、铜等物质的影响下，还会加快其氧化的速度。一般脂溶性维生素比水溶性维生素损失略小。为此，在烹制水溶性维生素为主的原料时，要求加热时间不易过长，不要放碱，不要过早加调味品和不要使用铜制炊具。

（六）其他作用

食物在加热时除了上述5种主要的作用外，还会发生其他各种各样的变化。例如，糖

在高温下可变化成糊精而发黄或炭化成焦黑色，这一现象称为焦糖化作用或炭化作用。糖在焦糖化过程中，也会生成很多香味物质，主要有呋喃衍生物、酮类、醛类和丁二酮等，从而使加入糖色的菜肴不仅具有一定的色泽，而且还带有特殊的香味。另外，酶的活性作用。酶活性在30～40℃时受到促进，40℃以上酶活性被抑制，60℃左右酶蛋白变性而被破坏。因此，采用不同温度加热原料时，原料也会产生不同的变化，烹调效果也不一样。例如，动物肌肉中的核苷酸常常会被磷酸酯酶分解，使其失去鲜味，但加热到80℃左右，酶活性被破坏。所以，用旺火快速成菜的烹调方法，制作出来的菜肴滋味更加鲜美。

四、动物性原料的理化性质

（一）动物性原料的一般物理性质

动物性原料在一般情况下都是热的不良导体，在加热过程中热量从原料表面渐渐渗透到内部，使之变性成熟。但是，原料内部温度的提高十分缓慢，又由于原料的形状大小、厚薄、黏稠程度和比重的不同，其传热速度也各不相同。一般来说比较薄的大型动物性原料，主要以对流方式传热，导热速度较快（导热面宽，热量能较快传导到原料内部），使其较快成熟。而成块的动物性原料，由于原料比较厚，虽然也采用对流方式传热，但导热速度缓慢，短时间内达不到成熟的要求。例如，一块1.5kg的牛肉在沸水中煮90min，其内部温度才能达到62℃；一块3kg的火腿，置于冷水中逐渐加热到100℃，其内部温度仅有25℃；一条大黄鱼放在油中炸，当油温180℃时，鱼表面温度达到100℃，而其内部的温度才60～70℃。因此，必须掌握动物性原料加热时的导热系数，并遵循以下规律操作。

（1）运用旺火速成的加热方法，必须将动物性原料分解成小型的片、条、丝、丁等形态。有些还必须通过上浆或挂糊的方法保持动物性原料的质地（软嫩、鲜嫩或滑嫩的要求）。同时，应充分注意对流情况，运用翻锅、搅拌的方法，使原料受热均匀。

（2）运用中、小火的加热方法，一般采用的动物性原料形状较大，如块、段或整只的形态。一般要求急火烧开，中、小火长时间加热，使成品达到软嫩、酥烂的要求。

（二）动物性原料的吸热变化

动物性原料本身的香味是很弱的，但是加热后，不同种类的动物性原料就会产生很强的特有风味或香味。一般认为，这是由于加热导致了动物性原料的水溶性成分和脂肪的变化而形成了特有风味和香味。具体的变化主要反映在以下5个方面。

1. 动物性原料受热后风味的变化

动物性原料（肉）的风味，在一定程度上因加热的方式、温度和时间的不同而存在着一定的差异，这与氨、硫化氢、胺类羰基化合物、低级脂肪酸有关。例如没有经过成熟的牛肉，风味淡薄，在空气中加热，游离脂肪酸的量显著增加。根据测定，牛肉在未加热前每克含月桂酸、豆蔻酸、油酸、亚油酸、亚麻酸等游离脂肪酸的总量为15.47mg，加热后总量增至37.37mg；猪肉未加热前各类游离脂肪酸的含量仅为29.42mg，加热后则增至55.47mg。当肉加热到80℃以上时，就会产生硫化氢。随着加热时间和温度的不断提高，硫化氢产生的数量也逐渐增多。由此证明，加热温度对风味和香味的影响较大；加热时间也会影响到其风味和香味（有报道说在3h以内，随着加热时间的增加，风味和香味

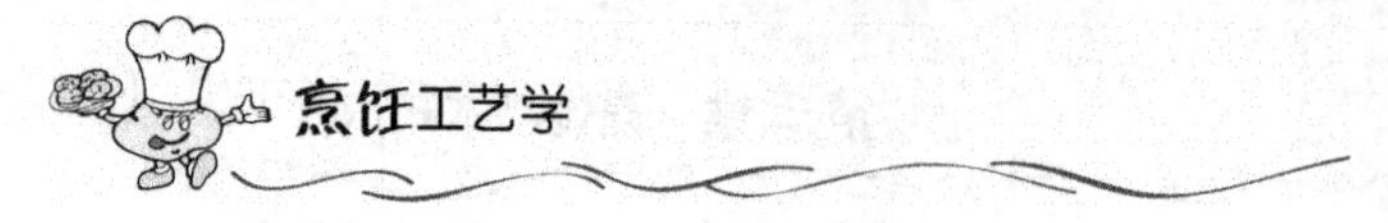

也增加，时间过长则会减少风味和香味）。

2. 动物性原料受热后颜色的变化

动物性原料（肉）的颜色，在一定程度上受加热方法、时间、温度的共同影响而有明显的变化，但以温度的影响最大。肉内部温度在60℃以下时，几乎没有什么变化，65～70℃呈粉红色，75℃以上则变为灰褐色。肉的颜色变化是由肉中的色素蛋白质的变化所引起的，肌红蛋白在受热时，逐渐发生蛋白质的变性，构成肌红蛋白辅基的血红素中的微量元素——铁，由二阶转变为三阶，使血红素变为灰褐色高铁血色原，它是高铁血红素与变性球蛋白的结合物，在高温长时间加热时所产生的完全褐变或部分的氧化现象。

3. 动物性原料受热后蛋白质的变化

动物性原料（肉）经加热，有多量液汁分离、体积缩小，这是构成肌纤维的蛋白质凝固所决定的。首先，肌球蛋白的热凝固温度是45～50℃，肌溶蛋白的热凝固温度是55～65℃，肌球蛋白变性凝固再继续受热则发生收缩，肉的持水性降低，其收缩幅度随温度不同而有一定差异。例如，牛肉在20～30℃时持水性没有变化，30～40℃时开始降低，40℃以上急速下降，到50～55℃时基本停止，但在55℃以上还会出现继续下降的情况，至60～70℃大体结束。其次，有些水溶性蛋白质加热时间越长，凝固得越硬。例如，鸡蛋中的蛋白和动物血液，加热时间越长质地越坚硬。有些原料含结缔组织较多，短时间加热会使肉质变得更加坚韧，但在70℃以上的水中长时间加热，结缔组织多的肉反而比结缔组织少的原料柔软。这是由于结缔组织受热软化的过程在决定肉的柔软度方面，起着更为突出的作用。结缔组织的蛋白质主要是胶原蛋白和弹性蛋白。弹性蛋白在一般加热的情况下很难发生变化，而起到柔软作用的主要是胶原蛋白。胶原蛋白在长时间加热的情况下，受热变性分解可分为3个阶段：

（1）在某特定温度时，胶原纤维的长度突然收缩到1/3或1/4的长度，分子结构发生变化；

（2）温度继续升高，胶原纤维吸水膨润而变得柔软；

（3）长时间保持恒温，促使柔软的胶原纤维分解，产生可溶于水的明胶。最后，在加热过程中蛋白质变性脱水，使肉中分离出汁液，汁液中含有浸出物，赋予熟肉特有的口味性质和香味。例如，煮制时有1/3的肌酸转化为肌酐，肌酐与肌酸形成适当的量，形成了良好的风味。但形成肉的鲜味的主要物质还是谷氨酸和肌苷酸，有研究认为，肉味是由氨基酸（或低分子肽）与糖反应的生成物所形成，浸出物中酪氨酸、亮氨酸等的游离状态比较多量地存在于动物体内。因此，采用炖、焖、煮、煨、烧等长时间加热的烹调方法，能使其溶解度增大。

4. 动物性原料受热后脂肪的变化

动物性原料受热，包着的脂肪结缔组织由于受热迅速收缩，从而给脂肪细胞大量的压力，导致了细胞膜破裂，溶化的脂肪流出组织，并释放出某些挥发性的化合物，使汤汁具有芳香味。有些脂肪水解生成脂肪酸，并能发生氧化作用，生成过氧化物。水煮肉时，肉的数量较多、火候过猛（沸腾），易形成脂肪的乳浊化，使汤汁具有黏稠度。

5. 动物性原料受热后维生素的变化

动物性原料受热，各种维生素均有氧化作用。肉在水中加热时，随着加热时间的增加、水量的增多，与空气接触面增大，矿物质的损失也增多。由于矿物质的化学结构比较稳定，损失的矿物质一般以析出形式溶于汤汁，因此宜连汤汁一起食用。

第三节 初步熟处理

烹饪原料多数是热的不良导体，具有抗烹性。为了达到快速烹调的目的，往往需要对烹饪原料进行初步熟处理。所谓“初步熟处理”，就是根据烹调的需要，对加工整理后的原料进行加热处理，使之成为半熟或刚熟状态的半成品，为正式烹调做好准备的工艺操作过程。原料的初步熟处理方法很多，主要有焯水、油炸、汽蒸、走红 4 种方法，如图 3－15所示。

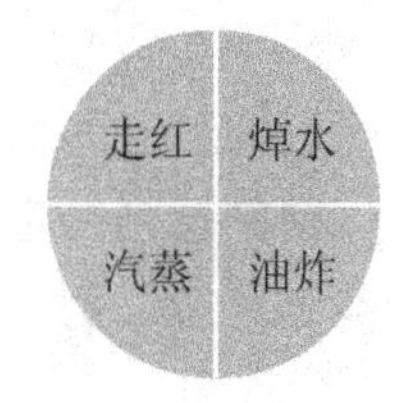

图 3－15 初步熟处理的四种方法

一、目的与要求

(一) 目的

原料经过初步熟处理，可以使烹饪原料发生质的变化，有利于正式烹调，其目的有以下 5 个方面，如图 3－16 所示。

图 3－16 初步熟处理的目的

1. 去腥解腻，消除异味

部分烹饪原料带有一些不适宜口味要求的性状。例如，动物性原料的腥、膻、臊、臭等异味或有些原料过于油腻；植物性原料带有的涩、苦等异味。这些原料经过初步熟处理，可以去除异味和油腻，使菜肴达到成品所要求的标准。

2. 杀菌消毒，利于卫生

原料在生长的过程中，农药、化肥残留在原料表层；烹饪原料在生长、加工、运输、储存等过程中，不可避免地被微生物所污染；人们对菜肴的质感和口味追求不同，有些菜肴加热时间很短，不可能将嗜热细菌或病原菌全部杀死。以上皆可能造成菜肴不卫生。因此，在烹调前对原料进行初步熟处理，就能起到杀菌消毒的作用，为正式烹调提供安全、卫生的半成品原料。

3. 美化菜肴，增加色泽

菜肴的色泽是衡量菜肴质量的一项重要标准，对人的食欲也有着直观的作用。烹饪原料经过初步熟处理可以增加和改变原料的色泽，使其更加鲜艳或色彩更加丰富，从而达到菜肴成品美观的要求。

4. 老嫩兼顾，同时成熟

大多数的菜肴是由主料和辅料构成，而主辅料的质地往往不尽相同。因此，为了保证菜肴的成品质量或质感的一致性，就必须在烹调前对不同质地、不同形状的烹饪原料进行初步熟处理，使主辅料的质地基本趋于一致，便于烹调成菜。

5. 提前准备，便于烹调

烹饪原料有些形状较大、质地较老，不便于短时间成菜。就必须提前对其进行初步熟处理，使其达到一定的成熟度。这样，烹调时就可以缩短加热时间或省去加热时间，以便突出调味环节。例如，走油肉和八宝莲籽等菜肴，在正式烹调时，都是以调味为主。

(二) 要求

原料的初步熟处理必须根据原料的性状和成品的要求，选择处理方法和掌控加热时间，才能保证菜肴的质量或标准。因此，原料初步熟处理的要求主要有以下 3 个方面。

1. 根据原料性状，选择处理方法

烹饪原料种类繁多，初步熟处理的方法要根据原料性状而定。例如，新鲜脆嫩的植物性原料，绝大多数采用沸水锅、短时间的初步熟处理方法；而挂糊的动物性原料则需要过油，上浆的动物性原料则采用划油的方法；一般要求原汁原味和清淡爽口的菜肴，则选用汽蒸的方法。这就要求操作人员在初步熟处理时，必须根据原料的性质和成品的特点，有目的地选用适宜的初步熟处理方法，才能保证成品的质量达到菜肴属性的标准。

2. 根据原料性状，掌控加热时间

烹饪原料的形状大小、质地老嫩，对加热时间的要求各不相同。例如，肉鸡、仔鸡的肉质较嫩，而产蛋鸡、老母鸡的肉质较老；肉片、肉丝的形状较小，而肉块、猪排的形状较大。这就要求在初步熟处理时，必须掌握好加热时间和原料的成熟度，使原料经过初步熟处理达到所要求的标准。

3. 根据烹调要求，掌控加热时间

人们对于菜肴的口感存在着不同的追求，同一种原料有些要求吃其脆嫩，而有些则要求吃其酥烂。例如，猪肚，如果做“椒麻脆肚丝”则吃其脆嫩；如果做“芥末肚丝”则吃其酥烂。因此，这就要求在初步熟处理时，必须根据烹调的要求，掌握好初步熟处理的加热时间，使菜肴成品达到所要求的标准。

二、焯水

焯（chāo）[①] 水又称水焯、出水或水锅等，行业内称其为打水焯。焯水就是把经过初步加工的原料，放入水锅内氽或煮，使之成为半熟或刚成熟状态，为正式烹调做好准备的一种熟处理方法。焯水的应用范围较广，无论动植物原料，只要烹调需要都可以进行焯水。

（一）焯水的作用

焯水是常用的一种初步熟处理的方法，这种熟处理的方法对菜肴属性的形成起着重要的作用。但焯水也容易造成部分的营养素损失和呈味物质的流失，如水溶性维生素、脂肪、蛋白质及部分含氮物质。所以，焯水时应注意尽可能减少营养素和呈味物质的损失。焯水的作用有以下 6 个方面。

（1）可使蔬菜的色泽更加鲜艳、质地脆嫩和味道醇正

首先，蔬菜中含有叶绿素和胡萝卜素。通过焯水使蔬菜中的蛋白质遇热变性，色素释放出来遇热后迅速沉淀，形成碧绿或鲜红的色泽。其次，蔬菜中的苦、涩、辣味成分，遇热后一部分挥发，另一部分溶解在水中，使焯水后的原料味道更加醇正。例如，冬笋的涩味，焯水后涩味减弱或部分去除，更有利于菜肴制作。

（2）可使肉类原料排出血污、除去异味

肉类原料多数都带有血水和腥、膻、臊气味。在焯水过程中，随着水的温度不断升高，使血红蛋白排出并变性凝固，使部分异味物质溶解于水，部分异味物质挥发，从而达到排出血污和除去异味的目的。

（3）可调整不同性质原料的成熟时间，使质地相近

烹饪原料性质各异，加热所需的时间也各不相同。为了保证加热时间和质地趋于一致，就必须对烹饪原料进行加热处理，使其主辅料的质地均达到烹调的要求。这样才能保证在最后烹制的同等温度下、在同等加热时间下，使菜肴的质地相近，同时成熟，从而保证成品的质量符合菜肴属性的要求。

（4）可以排除原料中部分的水分

在烹调中为了减少原料的含水量，行业内往往采用焯水的方法。焯水的实质就是将原料放入沸水锅内略煮，以排除原料中部分的水分，以便烹调时容易入味或汤汁不宜过多。例如，水发海参、碱发鱿鱼等，在正式烹调时，均要进行打水焯。这样既可去除原料中的异味，同时也可排除原料内部的水分，更有利于加热和调味。

（5）使原料便于去皮，便于切配加工

烹饪原料有些生时不易去皮或去皮比较困难，通过焯水，原料表面成熟或全部成熟，这样有利于去皮和切配加工。例如，芋艿生时不易去皮，焯水后外皮容易去除；板栗生时不易去壳，焯水后外壳易剥落。同样，笋经过焯水再进行改刀，比生时容易改刀，而且改刀后的形状更加整齐。

---

① “焯”读音为“chāo”，另一读音为 zhuō，与灼相通，但习惯上，北京称焯为 chāo，广东一带称灼为 zhuó。

(6) 可缩短正式烹调的时间

原料经过焯水成为半熟或刚熟的半成品原料，最后烹调的加热时间就可以相对减少。既缩短了菜肴制作的时间，使菜肴迅速达到成熟的标准，而且，也使消费者等待菜肴的时间相对缩短，更有利于餐饮经营。例如，扒肘子、金牌扣肉、走油蹄髈等菜品，均采用初步熟处理的方法加工菜肴，使菜肴最后烹调时间加快。

(二) 焯水的方法

烹饪原料由于质地、形态，以及烹调方法的不同，焯水的方法也有所不同。在实际工作中根据水的温度不同，焯水可分为冷水锅和沸水锅两种。

1. 冷水锅

冷水锅又称冷水打焯，就是将烹饪原料与冷水同时加热，使其达到预期成熟度，捞出后备用的一种打焯方法。

(1) 适用的范围

冷水锅适用于一些形体较大、质地紧密、腥膻等异味较重、血污较多的烹饪原料。通过冷水打焯，使其血污和异味在逐步加热的过程中排出体外，有利于刀技处理或烹调。例如，植物性原料的笋、萝卜、芋艿；动物性原料的牛、羊肉，内脏等均可采用冷水锅打焯。

(2) 操作要点

冷水锅打焯水量要没过烹饪原料；加热过程中要经常翻动原料；加热成熟度必须根据原料的性质和烹调的要求确定；根据原料成熟度分别出锅；严格控制火候。

2. 沸水锅

沸水锅又称沸水打焯，就是将烹饪原料投入沸水中加热，使其在短时间内达到预期成熟度，捞出备用的一种焯水方法。

(1) 适用的范围

沸水锅适用于一些形体较小、质地软嫩或脆嫩的烹饪原料。通过沸水打焯，使其失去表面水分、脆嫩程度，有利于烹调制作。例如，植物性原料的芹菜、胡萝卜、菠菜；动物性原料的肉片、鸡块、小排骨等，均可采用沸水打焯。

(2) 操作要点

沸水锅打焯水量要多，火要旺；投入的原料量要少；加热时间不宜过长；加热成熟度必须根据原料性质和烹调要求确定；沸水锅打焯的原料必须凉水投晾。

(三) 焯水的原则

1. 根据原料的不同性质，掌握焯水的时间和水温

烹饪原料由于老嫩、软硬的程度不同，烹调的要求也各不相同。在打焯时应区别对待，分别控制好打焯的时间和焯水的温度。例如，形体大、质地老的烹饪原料，一般焯水的时间要长一些；而形体小、质地嫩的烹饪原料，一般焯水的时间要短一些，焯水的温度要高一些；个别原料（鲜贝、蜇头等），焯水时水温不易过高，加热时间不易过长。

2. 有特殊气味的原料与一般原料应分别打焯

烹饪原料有些带有较浓的腥膻气味或某些异味，打焯时应分别进行。例如，牛羊肉、内脏、海鲜、萝卜、芹菜等，这些原料都带有腥膻味或异味。如果将这些原料与其他原料同锅打焯，容易造成互相“污染”，从而影响菜肴的滋味。

3. 深色原料与浅色原料应分别打焯

烹饪原料有些色泽较深，打焯时其色素会溶于水中，如果再用此水去打焯其他色浅的烹饪原料，其溶于水中的色素就会影响色浅的原料或“污染”浅色原料，就会影响到原料的本色或成品的色泽。

4. 先打焯后改刀，避免营养素损失

烹饪原料中的营养素，多数溶于水。为了减少其损失，应采取先打焯后改刀的方法，有效地保护营养素或防制营养素流失。另外，在打焯时水要宽、火要旺、投入量要少、加热时间要短，这样也可防止或减少营养素的损失。

除了上述 4 点之外，加热时间长的焯水方法，饮食行业又称水煮。由于其传热介质、工艺流程与焯水基本相同，只是加热时间较长（急火烧开后用小火保持微开，长时间加热），成品质感以酥烂、鲜嫩为主。例如，凉菜中的白斩鸡、蒜泥白肉、棒棒鸡丝、芥末肚丝，热菜中的回锅肉、走油蹄髈、金牌扣肉等，均采用水煮的方法。水煮时烹饪原料必须事先打焯；水要一次性加足，不易中途加水；控制好火候，保持汤面微开；不同质地的烹饪原料应分别出锅或存放在汤锅内自然冷却，保证原料的质地和原料表面滋润的光泽。

三、油炸

油炸又称过油或开油锅，就是将加工整理后的烹饪原料投入油锅内，加热到半熟或刚熟状态的半成品的一种熟处理方法。

油炸在烹调中是一项很重要的环节，对菜肴的质量影响较大。例如，烹饪原料在油炸时，火力、油温、加热时间不同均会形成不同的质感。只有严格地掌握上述环节，才能烹调出符合成品质量要求或标准的菜肴。

（一）油炸的作用

1. 能增加或改变菜肴的色泽

烹饪原料经过不同的油炸方法处理，能增加或改变菜肴的色泽，其原因有以下几方面。

（1）原料本身的变化

首先，原料的色泽在油温的作用下，可发生自身的变化。例如，肉由血红色变为灰褐色，其主要原因是肉中呈红色的肌红蛋白受热变性，失去了防止血色素氧化的作用，使肉在很短的时间内被氧化而失去血红色。其次，原料表面在失水的情况下发生炭化（焦糖化和羰胺反应），而产生新的色泽（黄褐色或褐色）。再次，油炸所使用的油脂，均带有一定的色泽。

（2）糊浆所引起的变化

油炸的目的之一，是增加菜肴的色泽。而糊浆在不同油温的作用下，所产生的色泽也各不相同。例如，在低温油的作用下，蛋清粉浆呈洁白色、全蛋粉浆呈浅黄色；在高温油的作用下，脆皮浆呈枣红色、湿淀粉糊呈浅黄色、全蛋粉糊呈金黄色。

2. 能形成菜肴不同的质感

菜肴的质感是人们对菜肴所要求的一种标准，油炸是形成菜肴质感的重要因素之一。由于糊浆种类的不同、火候不同、油温不同、加热时间不同，从而形成焦、酥、脆、软和嫩等不同的质感。其形成原因如下。

（1）焦、酥、脆的形成

焦、酥、脆是一种口感，其形成的主要原因是糊浆在高温油炸的作用下完全脱水，产生了美拉德反应和焦糖化反应，从而形成成品表面一种焦、酥、脆的质感。

（2）软、嫩的形成

软、嫩包括松软、软嫩、滑嫩、鲜嫩等。菜肴软、嫩的形成除了原料本身的因素外，其形成的主要原因是原料与油的温差。温差越大，在相同的时间内传递的热量就越多，使原料表面的糊浆迅速凝结，将水分、鲜味成分封闭在原料中，从而形成软、嫩的质感。

3. 能形成菜肴的形状

烹饪原料在油炸时，由于温度的影响，促使原料表面的蛋白质或淀粉迅速凝结成一层硬壳，不但保留了原料内部水分和鲜味成分的流失，而且还能形成和改变原料的外形，便于烹调（烹制过程中还可防止原料的破碎，起到保护层的作用）。另外，各种花刀块在高温油炸的作用下，还能改变菜肴的形状。例如，菊花鱼、卷毛金狮鱼和松鼠鳜鱼等，均采用高温油炸的方法制作菜肴。当然，这些菜肴在油炸前还必须使用煨口、上浆或挂浆的方法对其进行加工处理。

4. 能丰富菜肴的风味

首先，烹饪原料在油炸时，由于温度的影响，促使原料中部分水分的流失，也促使了调味品的进一步渗透，从而形成风格各异的菜肴。其次，原料在油炸时，原料表面吸附了部分油脂，增加了菜肴的香味（油脂的风味主要是挥发性成分的前体，如低分子脂肪醛、酮、酸等物质，经高温加热发生分解，产生挥发性香味）。再则，原料中的一些呈香味的前体物质，在高温油炸的作用下，产生特殊的香味（蛋白质产生香味以羰基化合物为主，胺类是以硫化氨为主的含硫化合物）。

（二）油温的认别与掌握

1. 油温的认别

要掌握好油炸技术，就必须要识别油的温度。所谓油温，就是锅中的油经过加热达到各种温度。在实际工作中虽然可用温度仪器测定，但大多是凭经验、靠感观鉴别。根据油温的不同和操作的不同，将油温划分为 3 个类别，以便了解掌握，如表 3－2 所示。

表 3-2 油温的认别

项目	油温	鉴别	运用
温油锅	三四成热	油的温度为 80～120℃，无响声、无青烟、油面平静	适用于滑熘、滑炒等方法，原料周围会出现少量气泡
热油锅	五六成热	油的温度为 130～180℃，有少量青烟、油从四周向中间翻动	适用于软炸、松炸等方法，原料周围出现大量气泡，无爆声
旺油锅	七八成热	油的温度 190～240℃，有青烟，油面平静，搅动时有响声	适用于焦熘、酥炸、爆炒、炸烹等方法，原料周围出现大量气泡，并有轻微的爆炸声

2. 油温的掌握

过油时不仅要正确地认识油温，而且还要根据原料的性质、形状、投入量，以及火力的大小等情况，来正确地掌握油温、利用油温、使用油温。

（1）根据火力大小掌握油温

用旺火加热时，原料下锅的油温应低一些（滑熘、滑炒等方法）。因为，油温过高或火力过猛，易造成沾黏或外焦内生的现象。如果火力不旺，相对来讲油温要高一些。因为，油温过低或加热时间过长，易造成原料脱浆和失水等现象。所以，要根据火力大小灵活地掌握油温。

（2）根据原料的性质和形状掌握油温

烹饪原料的性质有老嫩之分，其形状又有大小之分。所以，使用的油温也有所不同。一般形大、质老的原料，下锅时油的温度要高一些，其目的主要是为了上色和定型。而形小、质嫩的原料，下锅时油的温度要低一些，其目的主要是达到原料成熟，形成滑嫩或鲜嫩的质地。无论哪种原料、哪种形状，都要根据烹调要求和成品的特点正确掌握油温。

（3）根据原料的投料量掌握油温

原料的投料量的多少则意味着吸热量的多少。所以，一般投料量多，下锅时油的温度应高于所需的油温。其目的主要是油的温度不要下降过大，造成脱浆、脱糊等现象。反之，投料量少，下锅时油的温度应低于所需的油温，其目的主要是避免原料表面粘黏外焦内生。投料量必须与油量成正比：投料量多，油量也多；投料量少，油量也少，就不会出现上述问题。

（三）油炸的方法

根据原料性质、形状、投料量，以及油温、油量、火力和成品的特点不同，饮食业将油炸划分为划油和走油两大类。

1. 划油

划油又称滑油、拉油，就是将烹饪原料投入温油锅内划散，断生成熟即可捞出的一种油炸方法。划油主要用于滑炒、滑熘等烹调方法，适用于形小质嫩的动植物原料。划油的

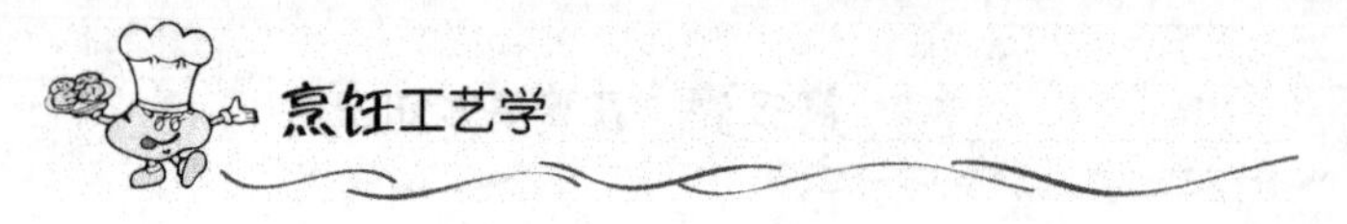

目的是形成特殊的风味，通过温油划散，不仅保护了其营养成分和水分，而且形成柔软鲜嫩的风味。

划油的操作要点如下。

（1）油锅要洗净，并要炼制油锅，否则易产生粘锅等现象。

（2）使用的油脂必须是熟油，否则易产生上色等现象，严重影响成品的色泽和味道。

（3）用油量适中，原料下锅应分散。划油的油量一般是原料的3～5倍，油温为三四，原料分散下锅，可使其受热均匀，防止沾黏。

（4）菜肴成品是白色的，必须用精炼油、色拉油或熟猪油，使原料通过划油仍保持洁白的程度。

2. 走油

走油又称过油、跑油，就是将烹饪原料投入热油锅内汆炸，使其外表形成酥脆状态的一种油炸方法。走油主要用于炸、烹、爆、烧、焦熘等烹调方法，适用于形状较大的动植物原料。走油的目的是为了上色、定型或不同质感的特殊风味需要。通过热油汆炸，不仅保护了其营养成分和水分，而且形成外焦里嫩的风格。

走油的操作要点如下。

（1）走油时，锅中的油量要多。否则原料翻动不便、受热不均匀，易产生不同的质感和色泽。

（2）走油时，要根据原料性质和成品的特点控制油温，否则易产生外焦内生的现象。需要达到外焦里嫩的成品，必须采用两三次过油的方法，才能保证成品外酥脆、内鲜嫩的特点；对于带皮的原料，下锅时应皮朝下，使其多受热，达到松酥起泡的要求；对于本身带有较多水分的原料，走油时必须待其表面水分基本蒸发，才能翻动原料。

（3）走油时，要根据原料表面的硬度和色泽，决定走油的时间和油温。否则易产生过硬或过软、过深或过浅的现象。

（4）走油时，一定要注意安全，防止热油飞溅，否则易造成烫伤事故。操作时，一要将走油的原料表面水分擦干，二要缩小走油原料与油面的距离，防止热油飞溅，造成人员受伤。

四、汽蒸

汽蒸又称汽锅、蒸锅，就是将加工整理后的烹饪原料放入蒸锅中，利用蒸汽加热使其成熟的一种熟处理方法。汽蒸在烹调上是颇有特色的加热方法，不仅可以独立成菜，而且也是其他成菜方法的一种辅助方法。因为在封闭状态下加热，就要求操作人员必须掌握好原料的性质、原料受热程度，以及成品特点等要求，否则，很难达到菜肴所要求的标准。

（一）汽蒸的作用

1. 能使菜肴的质地达到酥烂、鲜嫩的要求

酥烂、鲜嫩是一种质感，是烹调菜肴所要达到的目的之一。原料在蒸汽的作用下受热均匀，随着蒸汽压力的不断增高，温度也不断上升，其原料内部的温度超过水加热的温度，易产生酥烂或鲜嫩状态。再加上蒸汽加热属于一种湿加热，有利于结缔组织中的胶原

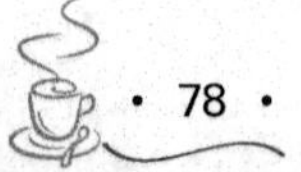

蛋白溶胀和水解，容易使原料酥烂、鲜嫩。所以，对于一些既要酥烂或鲜嫩，又要保证形体完整的菜肴，一般都选用蒸汽加热。例如，山东名菜“神仙鸭子”、北京名菜“香酥鸭子”、四川名菜“旱蒸灯笼鸡”等均能达到上述要求。

2. 能使菜肴保持本味

对于一些滋味鲜美的烹饪原料，为了保持其特有的滋味，最佳的加热方法就是汽蒸。蒸汽加热属于湿加热，滋味鲜美的烹饪原料在蒸汽加热中，其鲜味成分、营养物质不会大量流失，也不会受其他传热介质的影响，有利于保持原料的本味。例如，云南名菜“汽锅鸡”预蒸后也能达到保持本味的要求。

3. 能使菜肴保持形状

烹调中需要造型或保持原料形状的菜肴，多数都是选用汽蒸方法制作菜肴。这是因为原料在蒸锅内呈相对的静止状态，不会受到外力的冲撞（水的沸腾会使原料上下翻动），也不受水、油的侵蚀。而且原料又是在湿度饱满的状态下加热，防止原料表面因受热脱水而变型。所以，有利于菜肴形状的形成。例如，山东名菜“百鸟朝凤”、陕西名菜“八卦鱼肚”等均能达到保持形状的要求。

4. 能缩短正式烹调时间

首先，蒸汽的温度高于水，而且又是湿加热，有利于原料的酥烂和成熟。相对缩短了加热时间，便于正式烹调。其次，原料放入蒸锅内，只要掌握好原料的性质、加热时间和成品的特点，就可以节省人力，达到菜肴所要求的标准。

（二）汽蒸的方法

汽蒸是根据原料的性质、加热时间和成品特点的不同，划分为两种汽蒸方法。

1. 旺火沸水蒸

旺火沸水蒸就是利用旺火足汽来蒸制原料，一般适用于体形大、质老或整只的鸡、鸭和鱼等原料。由于烹饪原料性质不同、要求不同、成品的特点不同，旺火沸水蒸又可分为旺火沸水长时间蒸和旺火沸水快速蒸两种方法。一般成品要求酥烂的菜肴均采用旺火沸水长时间蒸，如香酥鸭、走油蹄髈、扒虎皮肘子等菜肴。一般成品要求鲜嫩的菜肴均采用旺火沸水快速蒸，如凉拌茄子、姜汁螃蟹等菜肴。通过蒸制时间的有效控制，使成品达到不同的质感。

2. 小火沸水蒸

小火沸水蒸就是利用小火徐徐加热蒸制原料，达到软嫩或保温的目的，一般适用于体形小、质嫩或艺术造型的菜肴。由于成品的要求不同，小火沸水蒸又可分为小火沸水徐徐蒸和小火沸水保温蒸两种。一般成品要求软、鲜嫩的菜肴，可选用小火沸水徐徐蒸的方法，如竹荪肝膏、芙蓉三鲜、玉兔大虾等菜肴。一般成品上桌时要保持一定的热量，而又不会影响到其质感的菜肴，可选用小火沸水保温蒸的方法，如莲蓬豆腐、清蒸蟠龙鳗等菜肴。通过蒸制的火候控制和蒸汽控制，使成品达到软、嫩的质感，并保持原料最佳的热度。

（三）汽蒸的操作要点

（1）根据原料不同的性质和成品的不同特点选择蒸制方法和蒸制时间。

（2）蒸锅内水量必须充足，蒸制的原料必须少加汤汁或不加汤汁。

（3）几种原料同时蒸制，必须分别对待。例如，不易成熟的菜肴放在下面，色浅的菜肴放在上面。对于有特殊异味的原料，应分别蒸制，避免影响其他菜肴。

五、走红

走红又称红锅、酱锅或卤锅，即将烹饪原料投入有色的汤锅中上色，或表面挂上一层调味品炸至上色的一种熟处理方法。

（一）走红的作用

1. 增加菜肴的色泽

各种家畜、家禽的肉品及蛋品通过走红，能使原料染上一层浅黄、金黄、橙红、金红的颜色，这些颜色能丰富和增加菜肴的色泽，起到刺激食欲的作用。烹饪原料的固有颜色往往不能满足人的食欲需求，为了丰富或改变原料的色泽，采用有色调味品或焦化作用，使菜肴达到丰富多彩的要求。例如，酱汤中加酱油、糖色、红曲米，就可以使原料色泽各不相同。

2. 增加菜肴的滋味和香味

原料走红既可在卤汁中走红，也可在热油锅中走红。这对原料的滋味和香味都有一定的影响。例如，在卤汁中走红，卤汁中的调味品和香料，就会渗透到原料中去，使成品具有滋味和香味；在热油锅中走红，原料表面的蛋白质和高热油脂，就会发生美拉德反应，使成品表面具有浓郁的特殊香味。

3. 便于成形

原料在走红的过程中，由于原料表面的蛋白质受热迅速凝固，形成了一定的坚硬度，从而形成了菜肴固有的形状，更有利于菜肴的造型或保护成品形状的完整性。

（二）走红的方法

1. 卤汁走红

卤汁走红就是将烹饪原料放入有色的酱汤或卤汤中加热，通过原料的吸附作用形成原料表面一层颜色的一种上色方法。例如，北京谭家菜的卤酥鸡，就是将鸡放入红卤汤内上色，待鸡上色成熟后捞出，再在鸡表面撒上少量干淀粉，投入热油中氽炸，炸至鸡表皮酥脆即为成品。卤汁走红一般都用酱油、糖色、红曲米等调味品和香料。

2. 过油走红

过油走红就是将烹饪原料表面抹上调味品，投入热油中汆炸，并通过炸使其表面通过焦糖化作用形成颜色的一种上色方法。过油的原料一般为大件，如鸭子、蹄膀，若原料沉在锅底炸，则会导致表皮焦煳，所以要用工具使原料汆炸。北京谭家菜的葱油扒鸭，就是将鸭表面抹上酱油再投入热油中汆炸，待鸭表面上色后捞出，再与京葱一起扒至鸭子酥烂，淋芡翻勺后即为成品。过油走红一般都用酱油、麦芽糖、蜂蜜等调味品。

（三）走红的操作要点

1. 控制上色调味品的用量

卤汁走红应控制上色调味品的用量，使卤汁颜色的深浅或色彩符合菜肴标准的要求。过油走红也要控制上色调味品的用量，使其焦化作用产生的色彩或颜色符合菜肴制作的要求。严防过多或过少使用有色调味品。

2. 卤汁走红必须先旺火后小火加热

卤汁走红是靠烹饪原料的吸附作用达到上色的目的。通过旺火烧开、小火加热，促使有色调味品的色泽缓慢地渗透到原料表面，使其具有一定黏稠度的卤汁，吸附在原料的表面，形成一定色彩的原料表皮。

3. 过油走红必须采用热油

过油走红是靠热油的温度促使调味品产生焦糖化作用，达到原料上色的目的。通过热油的温度，促使调味品中的糖类成分焦化，使原料表面的调味品形成一定的色彩。过油走红，一要涂抹均匀，二要掌握好调味品的性质和浓度，三要掌握好油温、火候和加热的时间。只有掌握好上述 3 个方面要求，才能使过油走红的半成品原料，符合菜肴制作的要求或成品属性的要求。

第四章 烹调工艺技法

学习目标

了解各种烹调技法及它们的相互关系，熟悉掌握热菜、冷菜的烹调技法，并能结合火候进行烹调加工。

烹调工艺技法是指将经过初步加工或切配后的原料，再通过加热、调味使之成熟，制成不同风味的菜肴。烹调技法是烹饪过程的核心，菜肴的色、香、味、形、质大部分是通过各种烹调技法的运用而体现的。

正确掌握和熟练运用烹调工艺技法，适当运用美学原理对菜肴进行造型，并与器皿和谐搭配，对于菜肴的质量保证、显现特色、促进食欲，都具有极其重要的意义。所以说烹调技法同时也肩负着美化菜肴、增加菜肴附加值的重任。本章着重讲述热菜的烹调工艺技法与造型工艺技法。

第一节　烹调工艺技法分类

烹调工艺技法有多种分类方法。根据原料加工时的传热介质的不同，可分为液态介质传热法、气态介质传热法、固态介质传热法、特殊混合烹调法 4 种；根据成菜的性质，可分为热菜制作工艺、冷菜制作工艺两种；根据烹调的工艺特点和风味特色，可分为炸、炒、熘、爆、烹、炖、焖、煨、烧、扒、煮、汆、烩、煎、贴、煸、蒸、烤、涮等几十种；还有根据烹调工艺操作程序划分，有只调不烹的非热调味工艺、既烹又调的热熟烹调工艺。

一、烹调技法综述

在此选取具有代表性的中国菜肴的传统分类方法作一介绍，一是由中华人民共和国商业部教材编审委通过的《中国烹调工艺学》中的分类方法，二是由杨昭景主编的台湾华杏出版股份有限公司出版的《中华厨艺——理论与实务》中的分类方法，供大家参考。

1. 1990 年中国大陆分类法

1990 年中国商业出版社出版的《中国烹调工艺学》，根据商业部制定的烹饪专科教学计划和教学大纲要求编写，由四川烹饪高等专科学校罗长松任主编，并经中华人民共和国商业部教材编审委通过，具有一定的权威性。但由于时代和地域的局限，此分类法在现在看来，还不够全面，如图 4－1 和图 4－2 所示。

2. 2005 年台湾地区分类法

2005 年台湾地区华杏出版股份有限公司出版的《中华厨艺——理论与实务》，由台湾高雄餐旅大学的杨昭景任主编。此书中的分类法名为中华料理分类法，如图 4－3 和图 4－4所示。

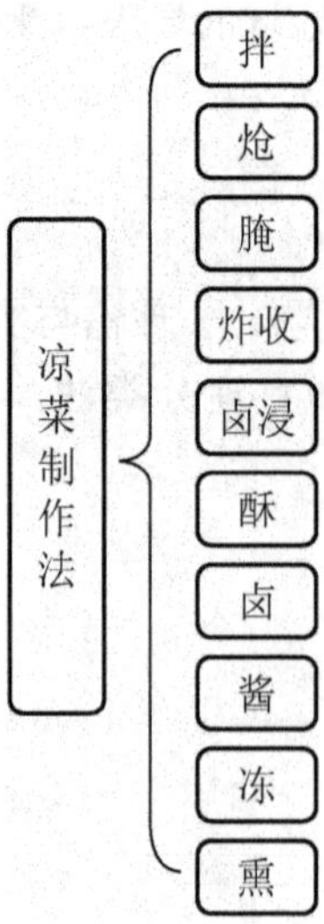

- 凉菜制作法
  - 拌
  - 炝
  - 腌
  - 炸收
  - 卤浸
  - 酥
  - 卤
  - 酱
  - 冻
  - 熏

图 4－1　1990 年出版的《中国烹调工艺学》中的凉菜制作法

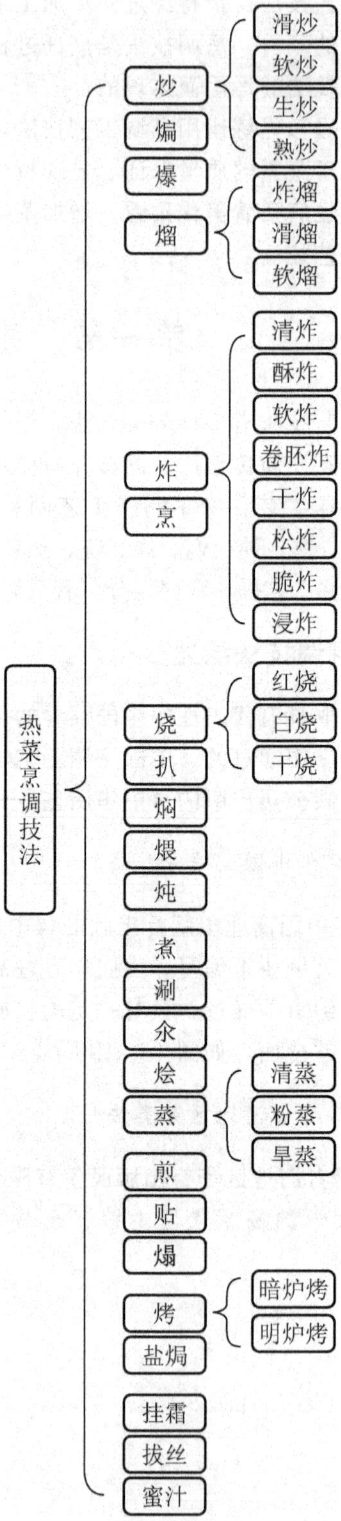

- 热菜烹调技法
  - 炒
    - 滑炒
    - 软炒
    - 生炒
    - 熟炒
  - 煸
  - 爆
  - 熘
    - 炸熘
    - 滑熘
    - 软熘
  - 炸
    - 清炸
    - 酥炸
    - 软炸
    - 卷胚炸
    - 干炸
    - 松炸
    - 脆炸
    - 浸炸
  - 烹
  - 烧
    - 红烧
    - 白烧
    - 干烧
  - 扒
  - 焖
  - 煨
  - 炖
  - 煮
  - 涮
  - 氽
  - 烩
  - 蒸
    - 清蒸
    - 粉蒸
    - 旱蒸
  - 煎
  - 贴
  - 煽
  - 烤
    - 暗炉烤
    - 明炉烤
  - 盐焗
  - 挂霜
  - 拔丝
  - 蜜汁

图 4－2　1990 年出版的《中国烹调工艺学》中的热菜烹调技法

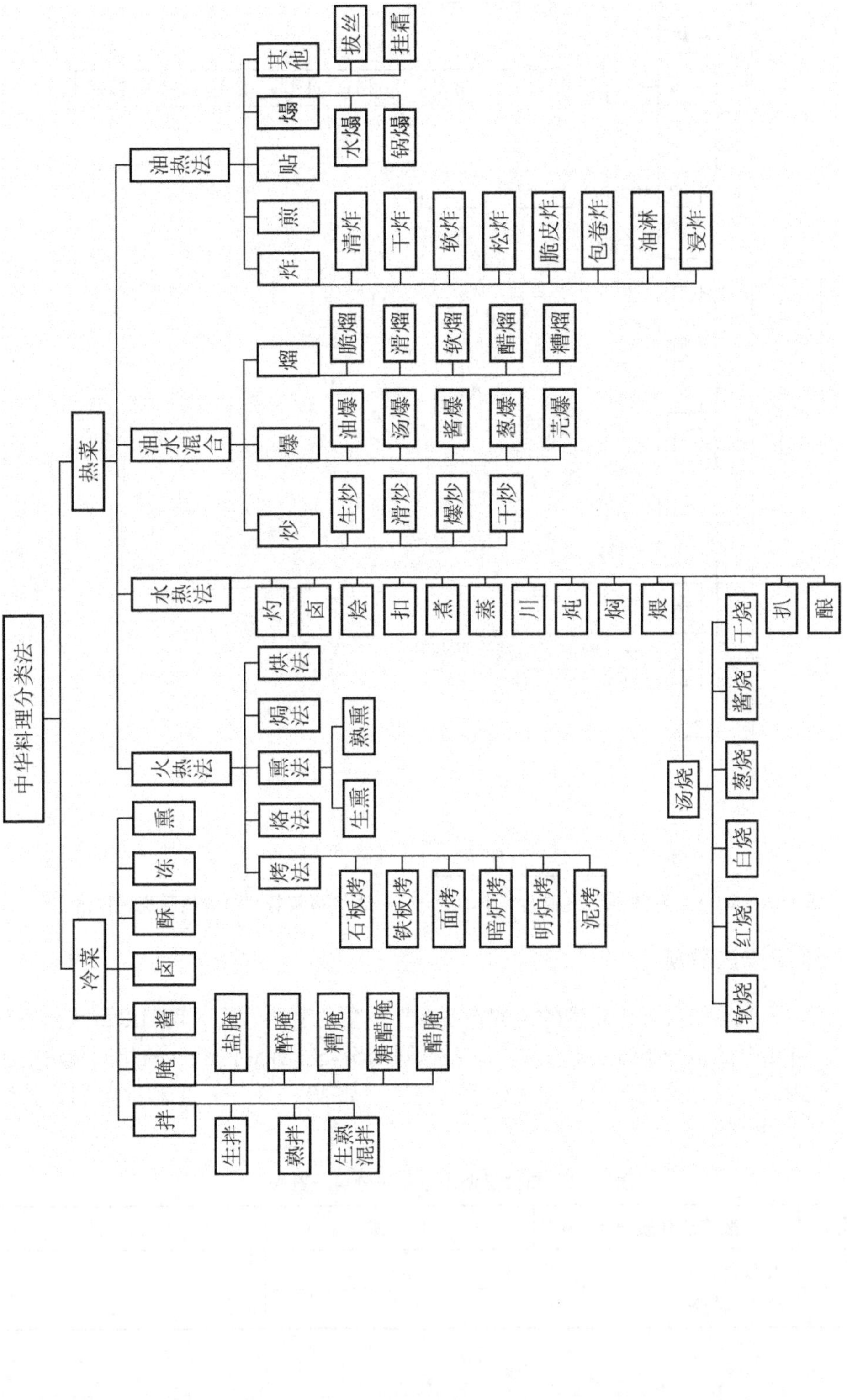

- 中华料理分类法
  - 冷菜
    - 拌
      - 生拌
      - 熟拌
      - 生熟混拌
    - 腌
      - 盐腌
      - 醉腌
      - 糟腌
      - 糖醋腌
      - 醋腌
    - 酱
    - 卤
    - 酥
    - 冻
    - 熏
  - 热菜
    - 火热法
      - 烤法
        - 石板烤
        - 铁板烤
        - 面烤
        - 暗炉烤
        - 明炉烤
        - 泥烤
      - 烙法
      - 熏法
        - 生熏
        - 熟熏
      - 焗法
      - 烘法
    - 水热法
      - 灼
      - 卤
      - 烩
      - 扣
      - 煮
      - 蒸
      - 川
      - 炖
      - 焖
      - 煨
      - 汤烧
        - 软烧
        - 红烧
        - 白烧
        - 葱烧
        - 酱烧
        - 干烧
      - 扒
      - 酿
    - 油水混合
      - 炒
        - 生炒
        - 滑炒
        - 爆炒
        - 干炒
      - 爆
        - 油爆
        - 汤爆
        - 酱爆
        - 葱爆
        - 芫爆
      - 熘
        - 脆熘
        - 滑熘
        - 软熘
        - 醋熘
        - 糖熘
    - 油热法
      - 炸
        - 清炸
        - 干炸
        - 软炸
        - 松炸
        - 脆皮炸
        - 包卷炸
        - 油淋
        - 浸炸
      - 煎
      - 贴
      - 煸
        - 水煸
        - 锅煸
      - 其他
        - 拔丝
        - 挂霜

图 4－3　2005 年台湾地区出版的《中华厨艺——理论与实务》中的中华料理分类法

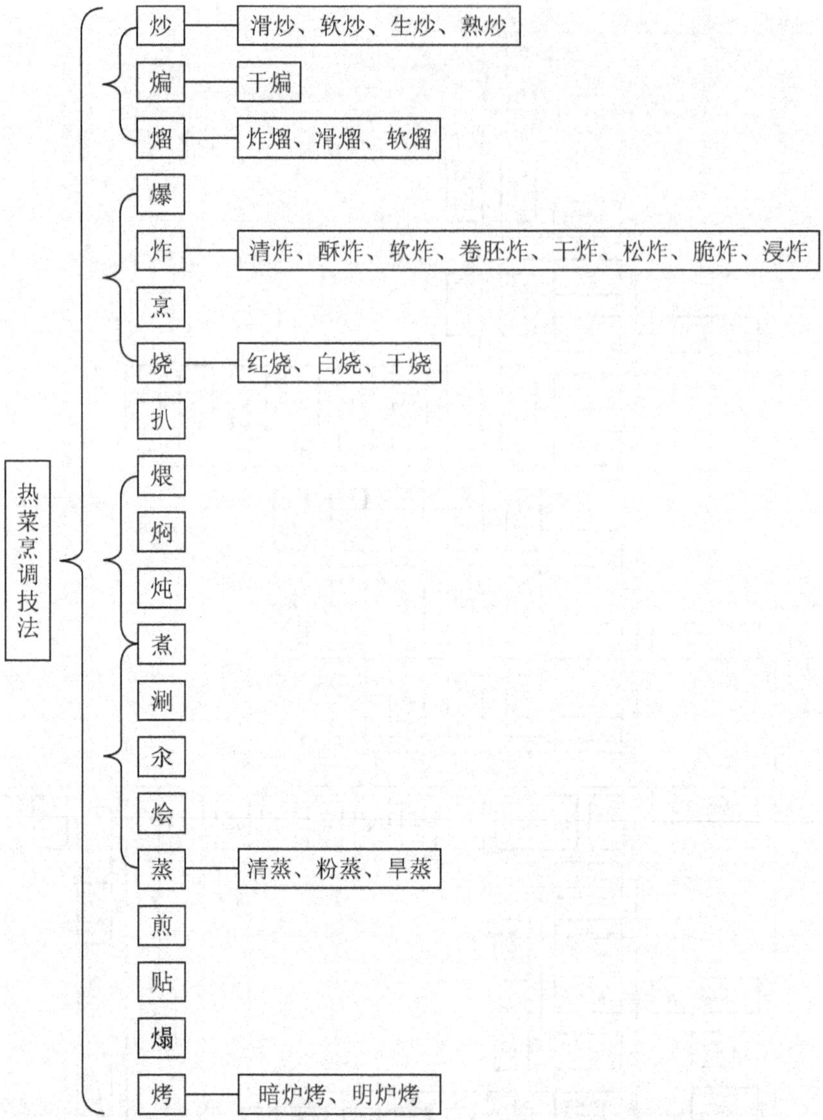

热菜烹调技法
- 炒：滑炒、软炒、生炒、熟炒
- 煸：干煸
- 熘：炸熘、滑熘、软熘
- 爆
- 炸：清炸、酥炸、软炸、卷胚炸、干炸、松炸、脆炸、浸炸
- 烹
- 烧：红烧、白烧、干烧
- 扒
- 煨
- 焖
- 炖
- 煮
- 涮
- 汆
- 烩
- 蒸：清蒸、粉蒸、旱蒸
- 煎
- 贴
- 煸
- 烤：暗炉烤、明炉烤

图 4-4　2005 年台湾地区出版的《中华厨艺——理论与实务》中的热菜烹调技法

二、烹调技法分类

综上所述，为了结合现代新型的烹调设备和新产生的烹调方法，我们以传热介质分类方法为主，并结合其他分类方法对烹调工艺技法进行分类，并对区域性的相同技法的不同称谓进行整理。详见热菜烹调工艺技法分类一览表（如表 4-1 所示）和冷菜制作技法分类表（如表 4-2 所示）。

表 4-1　热菜烹调工艺技法分类一览表

序　号	按传热介质分类		技　法	备　注
1	液态介质传热烹调技法	水传热	水焐	
2			水浸	

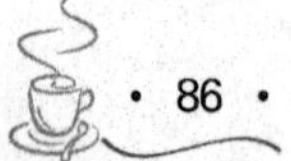

续表

序　号	按传热介质分类		技　法		备　注
3	液态介质传热烹调技法	水传热	氽		也称“汤爆”
4			煮		按汤的色泽又分清煮和白煮
5			炖		分带水炖和隔水炖，习惯称清炖
6			煨		
7			烧	红烧	也可根据配料称葱烧和酱烧
8				白烧	
9				干烧	
10			焖		根据色泽和调味的不同，又有黄焖、红焖和油焖之称
11			扒		
12			焐		
13			烩		
14			软熘		
15			涮		
16		油传热	油焐		
17			油浸		
18			炸	清炸	
19				干炸	
20				软炸	
21				酥炸	
22				香炸	
23				纸包炸	
24				卷包炸	
25				脆炸	
26				松炸	
27				油淋	
28			炒	滑炒	
29				爆	根据佐料又分为油爆（蒜爆）、葱爆、酱爆和芫爆

续表

序号	按传热介质分类		技法		备注
30			炒	煸炒	
31			炒	软炒	
32			炒	生炒	
33			炒	熟炒	
34			烹		
35			熘	脆熘	又称焦熘和炸熘
36			熘	滑熘	根据加入的调料不同，称为糟熘、茄熘、酸熘
			熘	软熘（见水传热）	
37			煎		
38			贴		
39			塌		
40	气态介质传热烹调技法	热空气传热	烤	明炉烤	
41	气态介质传热烹调技法	热空气传热	烤	暗炉烤	
	气态介质传热烹调技法	热空气传热	烟熏		
42	气态介质传热烹调技法	水蒸气传热	蒸	清蒸	
43	气态介质传热烹调技法	水蒸气传热	蒸	粉蒸	
44	气态介质传热烹调技法	水蒸气传热	蒸	包蒸	
45	气态介质传热烹调技法	水蒸气传热	蒸	上浆蒸	
46	气态介质传热烹调技法	水蒸气传热	蒸	隔水蒸	
47	气态介质传热烹调技法	水蒸气传热	蒸	带水蒸	
48	固态介质传热烹调技法	金属传热	铁板烧		
49	固态介质传热烹调技法	金属传热	烙		
50	固态介质传热烹调技法	沙石传热	石烹（沙炒）		
51	固态介质传热烹调技法	盐传热	盐焗（盐炒）		
52	特殊混合烹调技法	油、水传热	蜜汁		
53	特殊混合烹调技法	油、水传热	挂霜		
54	特殊混合烹调技法	油、水传热	拔丝		
55	特殊混合烹调技法	油、水传热	琉璃		
56	微波辐射烹调技法	微波加热	微波		

表 4－2　冷菜制作技法分类表

<table>
<tr><th>序号</th><th>按技法分类</th><th colspan="4">技　法</th><th>备　注</th></tr>
<tr><td>1</td><td rowspan="32">冷菜独有技法</td><td rowspan="2">蘸</td><td colspan="3">生蘸</td><td></td></tr>
<tr><td>2</td><td colspan="3">熟蘸</td><td></td></tr>
<tr><td>3</td><td rowspan="3">拌</td><td colspan="3">生拌</td><td></td></tr>
<tr><td>4</td><td colspan="3">熟拌</td><td></td></tr>
<tr><td>5</td><td colspan="3">混合拌</td><td></td></tr>
<tr><td>6</td><td rowspan="2">炝</td><td colspan="3">生炝（醉）</td><td></td></tr>
<tr><td>7</td><td colspan="3">熟炝</td><td></td></tr>
<tr><td>8</td><td rowspan="13">浸渍</td><td colspan="3">盐水浸</td><td></td></tr>
<tr><td>9</td><td colspan="3">糖水浸</td><td></td></tr>
<tr><td>10</td><td colspan="3">卤水浸</td><td></td></tr>
<tr><td>11</td><td colspan="3">果汁浸</td><td></td></tr>
<tr><td>12</td><td colspan="3">醋浸</td><td></td></tr>
<tr><td>13</td><td colspan="3">鱼露浸</td><td></td></tr>
<tr><td>14</td><td rowspan="3">酒浸</td><td rowspan="2">湿浸</td><td>生醉</td><td></td></tr>
<tr><td>15</td><td>熟醉</td><td></td></tr>
<tr><td>16</td><td>干浸</td><td>干醉</td><td></td></tr>
<tr><td>17</td><td rowspan="2">糟</td><td colspan="2">生糟</td><td></td></tr>
<tr><td>18</td><td colspan="2">熟糟</td><td></td></tr>
<tr><td>19</td><td rowspan="2">泡</td><td colspan="2">水泡</td><td></td></tr>
<tr><td>20</td><td colspan="2">干泡</td><td></td></tr>
<tr><td>21</td><td rowspan="7">腌制</td><td rowspan="4">盐腌</td><td colspan="2">生料干腌</td><td rowspan="4">俗称咸肉，如咸火腿、咸鸡</td></tr>
<tr><td>22</td><td colspan="2">熟料干腌</td></tr>
<tr><td rowspan="2">23</td><td colspan="2">生料湿腌</td></tr>
<tr><td colspan="2">熟料湿腌</td></tr>
<tr><td>24</td><td rowspan="2">酱油腌</td><td colspan="2">干腌</td><td rowspan="2">俗称酱肉，如酱鸭、酱鲫鱼</td></tr>
<tr><td>25</td><td colspan="2">湿腌</td></tr>
<tr><td>26</td><td colspan="3">碱腌</td><td></td></tr>
<tr><td>27</td><td rowspan="5">热制</td><td colspan="3">卤</td><td></td></tr>
<tr><td>28</td><td colspan="3">冻</td><td></td></tr>
<tr><td>29</td><td colspan="3">炸收</td><td></td></tr>
<tr><td>30</td><td colspan="3">酥</td><td></td></tr>
<tr><td>31</td><td colspan="3">制松</td><td></td></tr>
</table>

续表

序　号	按技法分类	技　法	备　注
32	借用热烹技法	蒸	
33		煮	
34		烧	
35		蜜汁	
36		琉璃	俗称琥珀，如琥珀桃仁
37		挂霜	
38		炸	
39		烟熏	
40		烤	

第二节　热菜烹调工艺技法

热菜烹调工艺技法又称热熟烹调技法，是指将原料通过加热、调味成熟的烹调技法。下面按传热介质分类的方法进行介绍，传热介质分类可分为液态介质传热法、气态介质传热法、固态介质传热法及特殊混合烹调法、微波辐射烹调技法5种。

一、液态介质传热

液态介质传热烹调法是以液态的水或油作为传热介质，从而对原料进行加热使之成熟的工艺技法。液态介质传热法包括水传热法和油传热法两种。

（一）水传热

水是一种极性分子，它易与食物中的极性基因形成引力而吸附它们，使食物中的许多基因（如蛋白质、淀粉）分散到水中。另外，水能吸引电解质中的离子，使一些电解质（如盐）溶解于水中，并随水的迁移进入食物内部。同时水的导热性好，一经加热立即发生对流传热作用，迅速形成包括整个容器及所有物料在内的均匀温度场，使原料受热均匀。水的化学性质稳定，又是人体的重要营养物质，所以不会因受热而产生有害人体健康的有毒物质。水是无色无味的液体，又能溶解多种物质，因此食物原料经水处理后，对食品的风味通常不会产生不良的影响，但也要防止某些水溶性营养素的流失，特别是水溶性维生素的流失。水传热是中国烹饪中最重要的一类技法，它使菜肴成品具有软、烂、嫩、醇、厚、湿润等多种风味。

1. 水焐

概念：水焐是将加工切配后的原料，放入冷水或温水中，用小火或中火加热，水温保持在85～95℃，使其缓慢成熟的一种加工技法。

特点：汤宽味鲜，质地细腻。

原料：多选用极嫩的蓉泥状原料制成丸、珠形的半成品，如鸡片、虾珠、鱼丸。

烹调程序：原料—入冷水（温水）中—小中火加热—原料成熟—加调味品—出锅装盆。

把原料加工成丸、片、珠等状，逐个放入冷水或温水中，用小、中火加热至汤水升温，保持85～95℃的水温约2min，使原料成熟，加入调味品，起锅装盆。

说明：①整个加热是缓慢升温的，水不能沸腾，防止冲散原料。②烹制时是否勾芡可根据成菜要求而定。③此法也可以作为涨发中的辅助程序，如涨发海参。将海参加热至水沸，再离火保持85℃左右的水温进行加热涨发。

2. 水浸

概念：水浸是将原料投入沸水中，使水温保持在90～100℃，让原料缓慢成熟的一种加工技法。

特点：肉质细腻，质感嫩滑。

原料：多选用已成片、块状或整形的，质地较嫩的动物性原料，如鱼、虾。

烹调程序：原料—入热水中—中火加热—原料成熟—出锅装盆—淋味汁和热油。

选用鱼虾类原料，加工成片块或整形，投入量大的热水中，中火加热，使原料成熟，出锅装盆，淋入调味汁，撒上葱、姜、蒜、椒丝、胡椒、香菜等料，再淋上热油。

说明：①水浸比水氽的温度要低，需反复加热保持水温。②水浸比水焐的温度略高，区别在于水浸是热水至沸腾再放原料，保持90～100℃的水温，而水焐则是原料与水一起缓慢加热使原料成熟。

3. 氽

概念：氽是将质地较嫩的小型原料，经过加工切配，上浆或不上浆，再投入量大的沸水和鲜汤中，短时间加热使之成熟的一种加工技法，也称为“汤爆”。

特点：汤宽量多，滋味清鲜，质地爽口。

原料：多选用已加工成片、丝、条状的动、植物原料，如猪肚仁、鸭肫、猪肉丸、牛肉丸。

烹调程序：原料—投入沸水中—大火加热—原料成熟。

炒锅置旺火上，放入清水或鲜汤烧沸，将上浆或不上浆的原料抖散下锅，放入辅料、调味品，再烧至沸起，撇去浮沫，盛入汤碗成菜。将制成的半成品丸子投入烧沸的清汤内氽熟，并加辅料、调料等，同时起锅成菜。

说明：①氽比其他的水介质加热的时间都快，往往原料一变色即被捞出，所以原料加工的形状都是小型的。②有些较嫩的原料可以上浆后再氽，以保持其嫩度。③如果氽时使用鲜汤，则实际沸腾时水温会略高于100℃，故称为“汤爆”或“水爆”。④汤爆（水爆）与油爆相仿，是将主料放入开水快速焯至半熟（或不焯），再投入调好味的沸汤（沸水）中至烫熟，捞出成菜（或需另起锅，烹入兑汁翻拌成菜）的一种加工技法。

4. 煮

概念：煮是将原料或经初步熟处理后，放入量大的汤水中，先用旺火至沸，再用中火或小火使原料成熟、调味成菜的一种加工技法。煮的水温一般控制在100℃，加热时间在30min之内。

特点：汤宽味鲜，汤菜合一，口味醇正，不勾粉芡。

原料：多选用丝、片、条、块状的猪肉、豆制品、蔬菜，以及整形的鱼等类原料。

烹调程序：原料—入冷水中—大火加热至水沸—中小火加热—原料成熟—调味—入味—起锅装盆。

锅内先放入汤或水，投入原料，用旺火烧沸，移小火或中火继续加热使之断生，调味后，再煮至入味，起锅装盆。有些菜肴加热过程中不加调味，上桌后以调料蘸食。

说明：①煮与烧较类似，但汤汁比烧宽，所以煮菜一般注重汤的质量，但作辅助加热或煮白切肉、白斩鸡时，才有可能使用清水加热。②按汤的色泽煮，又分清煮和白煮，清煮汤清见底，白煮汤汁浓郁。

5. 炖

概念：炖是将经过加工处理的大块或整形原料，放入足量水中，大火加热至水沸后，用小火长时间进行加热，使原料熟软酥糯的一种加工技法。

特点：汤多味鲜，原汁原味，形态完整，软熟不烂。

原料：多选用已加工成条、块状或整形的禽、畜类和食用菌原料。

烹调程序：原料—沸水焯水—入砂锅大火加热至沸—小火长时间加热—原料成熟。

将洗净的原料放入沸水中焯一下，除去血腥浮沫，捞出放入炖锅或陶瓷器皿内，加足热水用旺火烧沸，撇去浮沫，加盖移至小火或微火加热至熟软酥糯，待汤汁浓香时，按菜肴要求调味（或不调味）成菜。

说明：①一般加热的时间为1～3h，加热工具多用砂、陶器。②为保持原料的香味，有时以桑皮纸封住器皿盖口。③因炖的加热时间长，故绿色植物不宜采用。④为使菜肴汤汁清澈，采用隔水长时间加热（目前一般使用蒸汽），虽采用了蒸的技法，但习惯也叫"清炖"。

6. 煨

概念：煨是将原料经炸、煸、炒、焯水等初步熟处理，放入汤水中，大火加热至沸后，用微火长时间加热至原料成熟的一种加工技法。一般加热的时间在1～2h，比炖法的时间略短。

特点：形态完整，味醇汁宽，熟软酥香。

原料：多选用已加工成块、段或整形的动物性原料。一般以禽、畜、鳖龟类原料为主。

烹调程序：原料—入冷水中—大火加热至沸—微火长时间加热—原料成熟。

陶罐内加入鲜汤，放入原料后用旺火烧沸，撇去浮沫，加入调味品烧沸加盖，用微火加热使之酥软，装盘成菜。

说明：①同一菜肴有多种原料的，除采用初步熟处理、调剂成熟程度外，还可用投料先后的办法，使其成熟程度一致。②在制作鱼类菜肴时，由于质地较嫩，故煨制的时间在10min左右。③煨与炖一样重菜也重汤，大火加热至沸后，等蛋白质溢出，汤汁浓白后，再改用微火。④煨制菜肴的复合味以咸鲜味、咸甜味、香糟味为主，色泽不宜过深，味感要醇香鲜美，突出主料本身的滋味。

7. 烧

烧是将经切配加工熟处理（炸、煎、煸、煮或焯水）的原料，加适量的汤汁和调味品，先用旺火烧沸，再用中火或小火烧透至浓稠入味成菜的烹调技法。一般加热的时间在30min以内，原料质地软老的可适当延长时间。按工艺特点和成菜风味，烧可分为红烧、白烧、干烧，以及根据配料和调味不同，分为葱烧和酱烧。

（1）红烧

概念：红烧是将原料加入有色调味品，用中小火加热，收汁起稠成菜的一种加工技法。

特点：色泽红亮，质地酥软，鲜香味厚。

原料：多选用已加工成块、条形或整形动植物原料。

烹调程序：原料—放入水中—大火加热至沸—改中小火加热至入味—大火加热收汁成菜。

将切配后的原料，经过焯水或炸、煎、炒、煸、蒸等方法制成半成品，入锅加鲜汤，旺火烧沸，撇去浮沫，再加入有色调味品，改用中火或小火，烧至熟软汁稠，收汁起锅，成菜装盆。

说明：①烧制前可在锅内垫上竹垫或加入葱结、姜块等，以防粘锅。②烧制时可二次调味。第一次在撇去浮沫后进行基础调味，第二次在收汁前进行定味调味。③收汁的时机应控制在菜肴恰好成熟至酥的阶段，并采用自然收汁方法，不另勾芡。④如烧整形原料，应保持菜肴的形态完整。

（2）白烧

概念：白烧是将原料加入无色调味品，用中小火加热，收汁起稠成菜的一种加工技法。

特点：色白素雅，本香本味，汤淡宽薄，鲜而不腻。

原料：多选用加工成块、条状或整形的新鲜无异味、质地细嫩的动植物原料。

烹调程序：原料—放入水中—大火加热至沸—改中小火加热至入味—大火加热收汁成菜。

将切配后的原料，经过焯水或炸、煎、炒、煸、蒸等方法制成半成品，入锅加鲜汤，旺火加热至沸，撇去浮沫，再加入无色调味品，改用中火或小火，加热至熟软汁稠，收汁起锅，成菜装盆。

说明：①白烧汤汁较红烧的宽薄。②动物性原料烹制时一般汤汁浓白，有时在烹制植物性原料时加入虾干、鱼干也会使汤汁浓白。

（3）干烧

概念：干烧是将原料加入豆瓣辣酱等调味品，先用旺火加热至沸，再用中小火使之浓稠入味，自然收汁成菜的一种加工技法。

干烧的汤汁基本收干（或尚留有少许），其汤汁（包括滋味）已渗入原料内部或黏附在原料表面。

特点：色泽红亮，香辣醇厚。

原料：多选用牛、鹿、蹄筋、鱼、虾、鸡，以及部分茎、荚豆、茄瓜类蔬菜等块状或整形原料。

烹调程序：原料经油炸—入锅—放入炒香的豆瓣辣酱及调味品—旺火烧沸—中小火烧透至浓稠入味—收汁装盆。

豆瓣辣酱炒香出味，放入经油炸或滑油的以条、块和自然形态为主的鱼、虾、鸡、蔬菜等原料，再加入黄酒、酱油等调味品，先用旺火加热至沸，再用中小火加热至浓稠入味，自然收汁成菜。

说明：①面酱应以中火温油炒香后，用汤汁搅散再放入原料烧制，豆瓣辣酱亦应以中火温油炒香至油呈红色后，掺入汤汁烧沸出味，去除豆瓣渣，再放入原料烧制。②原料经油炸或滑油的方法处理，使其固定形状不易烧烂，既增加菜肴的香味，又能缩短烹调时间。③对易碎的原料可用勺舀汁淋在原料面上，使其入味，如遇全鱼则待汤汁收干，先把全鱼装盘，再把少量油汁淋于鱼上。④干烧不能让菜肴呈现汤汁，而是让油汁呈略带水分的状态。

8. 焖

概念：焖是将初步熟处理的原料，投入汤汁用旺火加热至沸，投入调味品加盖用小中火长时间加热，使之成熟并收汁至浓稠成菜的一种加工技法。

特点：形态完整，汁浓味醇，熟软醇鲜或软嫩鲜香。

原料：多选用质地老韧、加工成大块的动植物原料，如鸡肉、鸭肉、鹅肉、兔肉、猪肉、鱼肉、蘑菇、鲜笋、蔬菜等。

烹调程序：原料—加入汤汁—大火加热至沸—加调味品—改中小火长时间加热—成熟入味—大火加热收汁成菜。

将经炸、煸、煎、炒、焯水等熟处理的原料投入鲜汤中，旺火加热至沸，撇去浮沫，加入调味品至沸，基本定味后，盖严锅盖，移至小火至软熟。根据原料含胶质的轻重、菜肴软嫩质感等具体情况，决定收汁是浓是淡、是否勾芡。

说明：①根据色泽和调味的区别，又有黄焖、红焖、油焖三种。②多用砂锅，并且加盖，含有“闷”的意味。

9. 扒

概念：扒是将初步熟处理的原料，经切配后整齐地叠码成形，放入锅内，加入汤汁和调味品，加热使之入味，勾芡后大翻勺，保持原形装盘的一种加工技法。扒比烧的时间略长。

特点：外形美观，汁少味浓，酥软香醇。

原料：多选用无骨、扁薄、整形的干制品动植物原料，如驼掌、鱼翅、海参、鲍鱼、鱼肚、猴头等。

烹调程序：将原料叠放整齐—入锅后加汤汁调味品—旺火烧沸—中小火加热至入味—收汁勾芡—翻锅—原形装盆。

烹调前按菜肴的成形要求，将加工切配的原料，采取叠、排、摆等手法，分别码在盘

内（或碗内、竹垫）成形，再将姜、葱等调料炝锅制汤，至沸出味，拣去姜葱，加入调味品，将原料从盆内滑入（或连竹垫放入），中小火加热原料入味熟透，酌情勾芡收汁，边收汁边转动菜肴，成菜时大翻勺装盘。用竹垫扒制的菜肴，可直接取出翻扣在盘内，锅内收浓汤汁，再浇淋在菜肴上。

说明：①扒的方法有多样，根据色泽分为红扒、白扒，从形态上又分为整扒、散扒；按烹调器皿可分为蒸扒（用碗摆好原料上笼蒸制）、烧扒（用盘摆好原料滑入锅内）、排扒（用竹制锅垫摆好原料入锅扒制）；按调味的不同特色又可分为鸡油扒、奶油扒、葱油扒、香油扒等。②蒸扒的菜肴，在蒸制入味成熟后，另起炝锅后将碗内原汁滗入收浓，碗内菜肴翻扣在盘内，浇淋收浓的原汁成菜。

10. 焙

概念：焙是将经过加工成形、不上浆、不挂糊的原料，经热处理后加入调料和汤汁，先用旺火加热至沸，再用中小火加热至浓稠入味成菜的一种加工技法。

特点：具有质地酥嫩，汤少汁浓，色红味醇的特点。

原料：多选用加工成小块的动植物原料。

烹调程序：原料经炸或煎—加调味品和汤汁—中火加热至沸—改小火入味—收汁起锅。

先将原料炸或煎等热处理后，放入锅内（或原煎锅内），加调味品和汤汁，用中火加热至沸，马上改小火入味，待汤汁减少时收汁起锅。

说明：①在焙制时，多用小火，防止焦糊。②运用此法需要收干卤汁，所以加工前要先炸或煎，减少原料中的水分，使卤汁能渗入原料中或黏附在原料之上。

11. 烩

概念：烩是将多种易熟或初步熟处理的小型原料，放入锅内，加入鲜汤和调味品，用中火加热至沸，勾入宽芡的一种加工技法。

特点：用料多种，汁宽芡厚，菜汤合一，滑腻爽口。

原料：多选用加工成片、丝、丁、粒、蓉泥的小件原料，如鸡肉、鱼肉、虾仁、鲍鱼、鱼肚、海参、虾潺、乌鱼蛋、冬笋、蘑菇、火腿、木耳、蚕豆、荔芋、番茄等。

烹调程序：锅内加汤加热至沸—投入预熟处理的原料—中火短时间加热—调味—勾入宽芡—起锅装入深盆。

选用鲜香细嫩、易熟无异味的原料，经焯水初步熟处理晾凉，切配成相宜的丝、片、条、丁等规格（或先切配成形，经上浆滑油），炒锅洗净置于中火，油下锅烧至三成热，放姜、葱炒出香味，倒入鲜汤烧沸出味，撇去姜、葱和泡沫，投入原料，调味品短时间加热入味，用水淀粉勾芡成菜起锅。

说明：①对有些本身无鲜味（或有异味）的原料，如水发海参、鱿鱼等，可先用鲜汤煨制一下。②有些不宜过分加热的原料，如番茄、蚕豆、菜心等，可在烩制的后期或起锅前加入。③预熟处理的原料，要控制在八九分的成熟度为宜。④芡汁的稀薄浓稠度，以食用时清爽不糊，不掩盖色彩为宜。

12. 软熘

概念：软熘又称蒸熘、煮熘，是将质地柔软细嫩或加工成半成品（有固态状和流体状）的主料，先经蒸汽（或沸水）加热至熟，再淋上芡汁成菜的一种加工技法。

特点：鲜嫩滑软，汁多味美。

原料：多选用质地软嫩的鱼、虾、鸡脯肉、里脊肉等原料。

烹调程序：原料经煮（蒸、焐）加工成熟—装盘—淋入调好的芡汁成菜。

说明：①软熘用水加热成熟，炸熘用油加热成熟，但后期方法相同。②熘制的卤汁比炸熘稍宽、稍薄。

13. 涮

概念：涮是用火锅将汤汁烧沸，食者自行夹住成形的原料放入汤汁内，烫至成熟后直接（或蘸调味料）食用的一种加工技法。

涮是用火锅将调制好味的卤汁，或特制的清汤、奶汤、鲜汤烧沸，将切成薄片的各种主辅料放入卤汁内，或清汤、奶汤、鲜汤内烫至刚熟，随即蘸调味品食用或直接食用的一种加工技法。

特点：原料丰富，鲜嫩醇香，口味自选。

原料：多选用加工成小型的片、条、段、丸、花和小型的畜肉、禽蛋、水产、蔬菜、豆制品类原料。

烹调程序：切配原料—分类装盆—与调制好的汤汁一起上桌—食者自行夹烫—蘸调料（或直接）食用。

说明：①不选用新鲜度差、有异味、质老筋多的原料。一些需用水浸漂的原料，如鸡鸭肠、血、脑花、豆腐、海参、鲸鱼等，要不时更换清水，防止变味变质。②涮制过程中可放入大白菜、细粉丝、酸菜等辅料；涮制完毕后（除红汤以外），还可以放入面条或水饺食用。

（1）卤汁火锅

程序：首先要调制好火锅卤汁，然后再配各种主辅料，边烫边食。

特点：原料多种，麻辣味厚，汤鲜味浓，质感多样。

（2）涮羊肉火锅

程序：用火锅将鲜汤烧沸，把切成薄片的主料放入沸汤烫至断生刚熟，随即蘸上调味品食用的方法。

特点：料精肉薄，调料多样，鲜嫩醇香。

（3）奶汤火锅

程序：首先制好清汤或奶汤、鱼汤，调制好汤味后再将各生片、时令蔬菜等放入，边烫边食。

特点：原料精细，质嫩清香，汤鲜醇厚。

（4）原汤火锅

程序：将切配后的主辅原料，在配盘中整齐而有艺术性地摆出图案，如“梅兰竹菊”、“诗琴书画”，随后上桌，食者边欣赏边夹着原料在沸汤中烫熟，蘸调料食用。这种火锅又

称“四生火锅”、“八生火锅”。另“什锦火锅”、“什锦砂锅”是将原料切成薄片，直接有顺序地排入火锅或砂锅后，放入相宜的调味品，掺入鲜汤烧沸出味。此类不属于涮。

特点：原料多样，汤宽菜热，原汁原味，鲜香醇厚。

（二）油传热

油传热法采用的食用油脂有豆油、菜油、棉子油、花生油、芝麻油、猪油、羊油、牛油、鸡油、奶油、葵花油、茶油、椰子油、棕榈油、橄榄油等。食用油脂根据种类和纯度不同，燃点也不同，芝麻油的燃点在220℃左右，豆油的燃点在330℃左右。行业习惯以300℃为燃点，每成油温为30℃，通常讲的五成油温为150℃，低油温为两三成，高油温为七八成。所以我们要利用油的高温特性，适度地调节和控制油温，使食物最终达到脆、酥、焦、嫩、滑等口感。但是高温也易对食物营养造成破坏，因此若用油作传热介质，原料一般需要经过挂糊、上浆、拍粉等预处理。

为了减少原料中的水分和营养的流失，如何调节油温显得至关重要，一般可以通过火力与投料的数量控制油温。如果炉火旺，下料时，油温应略低些；如果炉火低，下料时，油温应略高些。如果原料数量少，油温可略偏低；如果原料数量多，油温应略高些。

1. 油焐

概念：油焐是将原料投入大油量的冷油锅中，用中小火缓缓加热，油温一般控制在两三成。

油焐是由冷油到温油的加热过程，多作为干制原料用油涨发的一种辅助手段。

特点：成形完整，细腻油润。

原料：多选用加工成块、条、粒的植物原料和动物原料中的干制类。

烹调程序：原料—入冷油中—中小火加热—原料成熟—起锅。

将原料投入多油量的冷油锅中，缓慢加热到油温100℃左右，待原料成熟后起锅。

说明：油焐的加热过程中要尽量控制温度。

2. 油浸

概念：油浸是将原料投入100℃左右的油锅中，保持油温，使投入的原料缓慢成熟的一种加工技法。与油焐的区别在于焐是将原料投入冷油中加热。

特点：色泽自然，软嫩香滑。

原料：多选用质地较嫩的小型动物性原料或整形鱼类原料。

烹调程序：原料—投入已升温的油中—原料成熟—起锅。

将原料投入100℃左右的油锅中，保持油温，小幅降温、升温直到原料成熟，起锅后调味食用。

说明：①油浸时用油要多于原料，一般为4∶1，使原料浸没于油中。②有时为保持原料的嫩度，在加工前尽可能不调味，以防水分流失，使肉质变老。

3. 炸

概念：炸是将经过加工处理的原料，放入大油量的中高油锅中加热至成熟的一种加工技法。

炸应用的范围很广，是一种既能单独成菜，又能配合其他烹调技法成菜的加工技法。一般炸的菜肴由于油温较高，所以有些原料要挂糊、拍粉，防止水分过多地流失。为此，炸法又分为清炸、干炸、软炸、酥炸、香炸、纸包炸、卷包炸、脆炸、松炸、油淋等。

特点：旺火，中高油温，大油量，无汁。

原料：多选用加工成片、条、块和整形的动植物原料。

烹调程序：原料—投入中温油中加热—根据需要二次入油锅—使原料达到应有目的和要求。

将原料投入多油量的油锅中，经两次加热使原料成熟的加工技法。一般两次炸法的油温有两种，一种是中温（120～150℃）将原料加热成熟；另一种是高温（180～240℃）将原料加热至脆。

说明：①要形成外脆里嫩的口感，初次加热的温度不宜太高，否则外部脱水速度大于内部成熟的速度，会形成外焦里生的现象。②为了饮食安全和营养的需要，尽量避免用240℃以上的油温加热。③一般对于质地较嫩的原料，加热时间稍短，使其外脆里嫩；对于质地较老的原料，加热时间稍长，使其里外酥脆。

（1）清炸

概念：清炸是将原料加工处理后，用调味品码味腌渍，不经挂糊上浆，直接用旺火热油加热使之成熟的一种加工技法。有时也在原料上涂抹饴糖等调味料，使原料上色增脆。

特点：口感清爽，外香脆、里鲜嫩。

原料：多选用新鲜易熟、质地较嫩的原料，或是已蒸煮酥烂的原料。

烹调程序：原料刀工处理—腌渍—用中油温加热—成熟后起锅—待油温高—复炸至香脆—捞出装盘。

原料用精盐、黄酒、姜、葱等调味腌渍，根据原料的大小确定油温高低，一般控制在六成油温，投入原料加热至成熟后起锅，待油温升到七成以上，复入油锅使至香脆，捞出装盘。

说明：①清炸原料宜选用黄酒、食盐腌渍为主，慎用酱油，为防止原料经油炸上色变黑。②整形原料因形体较大，不易熟透，应选用间隔下锅使之成熟，达到菜肴呈外香脆、内鲜嫩的质感。③清炸成菜后是整形原料的要迅速改刀装盘，及时上桌，保证菜肴质感的食用效果。

（2）干炸

概念：干炸是将原料加工处理后，用调味品码味腌渍，再拍粉或挂糊，投入热油用旺火加热使之成熟的一种加工技法。

特点：色泽浅黄，咸鲜干香。

原料：多选用质地较嫩，已加工成形的块、条状原料。

烹调程序：原料腌渍后拍粉或挂糊—用中油温加热—成熟后起锅—待油温升到七成—复入油锅使之香脆—捞出装盘。

说明：干炸油锅要勤过滤，去尽粉渣等物，防止粉渣焦煳，影响菜肴质量。

（3）软炸

概念：软炸是先将原料码味腌渍后，挂上蛋糊，再用旺火热油炸制，最后复入油锅、

使之香脆成菜的一种加工技法。

特点：外香脆、里软嫩，色泽浅黄。

原料：多选用加工成片、块、条状，质嫩而去骨的动植物原料。

烹调程序：原料腌渍—挂蛋糊—用中油温、大油量加热使之成熟后捞出—待油升温后再次入锅—起锅装盘。

小型无骨原料经腌渍后，再均匀地挂上蛋糊，逐个放入四五成油锅中，避免相互黏连，待原料定型成熟后捞出，当油温上升至七成时再次投入油锅，使之成金黄色后，装盘。

说明：可配椒盐味碟，随菜上桌。

（4）酥炸

概念：酥炸是将鲜嫩原料挂上酥粉糊，或将原料码味蒸至软熟或烧煮入味至软熟，放入热油锅内加热使之成熟的一种加工技法。

特点：色泽深黄，表层酥松、内部酥嫩。

原料：多选用加工成片、块、条和整形的动植物原料。

烹调程序：将生料挂糊（熟料不挂糊）—放入中高温油锅加热—定型成熟—待油升温后再次入锅—起锅装盘。

① 将生料挂糊，放入中温油锅内炸至外表定型，内部成熟，待油温上升到七成时再行复炸至表皮酥脆，起锅装盘。

② 原料腌渍，蒸至酥烂，不挂糊，放入中温油锅内，逐渐升高油温，炸至表皮酥脆，起锅装盘。

说明：①一般酥炸的为整形动物原料，在腌渍时可加花椒等增加香味。②可配椒盐味碟，随菜上桌。

（5）香炸

概念：香炸是将加工成片、条、球等形状的原料，用调味品腌渍，蘸干面粉，拖蛋液，再黏上沾料后，用旺火热油加热使之成熟的一种加工技法。

特点：外香脆、里鲜嫩，松香可口。

原料：多选用加工成片、块、条的动植物原料。

烹调程序：原料腌渍后—拍干面粉—裹上蛋液—黏上沾料—中油温初次加热—待油升温后再次入锅—起锅装盘。

原料腌渍后，拍干面粉，然后裹上蛋液，再均匀地沾上沾料（面包屑、桃仁末、芝麻、松子等），用手压实，下四成油温炸至成熟起锅，待油温上升到七成时再行复炸，起锅装盘。

说明：①如是植物、水果原料，则要加快加热速度，以防内部酥软。②为了提高加工速度，可将蛋液加面粉，增加蛋液稠度，原料直接涂蛋液后，蘸上面包渣。③也可用吉士粉替代面粉，增加香味。

（6）纸包炸

概念：纸包炸是将加工成细小的原料用调味品腌渍后，用特殊纸张包裹成形，再用中油温加热使之成熟的一种加工技法。

特点：外形整齐，原汁原味，鲜嫩细腻。

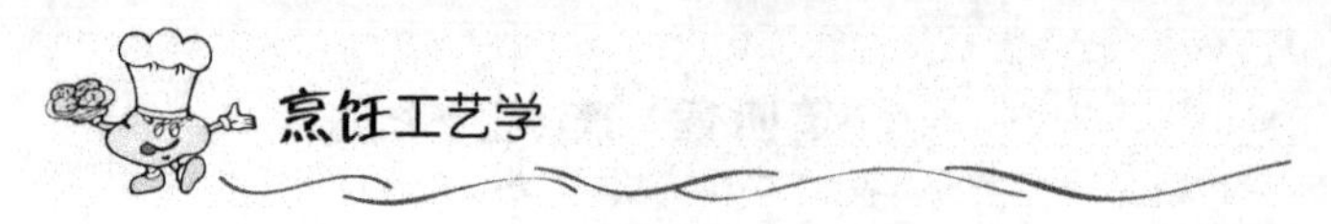

原料：多选用加工成细小的丝、粒、丁、末、泥等动植物原料。

烹调程序：原料腌渍（或上浆）—用纸等包裹—三四成油温下锅—成熟装盆。

将加工成碎小的原料用调味品腌渍（或上浆）后，用锡纸、玻璃纸等包裹成形，投入中油温至成熟，起锅装盆。

说明：①用纸包裹原料时，应纸上抹油，以免主料与纸相连，影响食用。②用纸包裹原料时，要留下一个开包的小角，方便食用时打开。③包裹时要求每块分量一致，大小均匀。④炸制时，油温不宜过高，否则包裹材料容易爆裂。

（7）卷包炸

概念：卷包炸是将加工成细小的原料经调味腌渍后，用猪网油、春饼等原料卷成各种形状，外表挂糊（或不挂糊），然后用旺火热油加热使之成熟的一种加工技法。

特点：外皮焦脆，里边细嫩，口味咸鲜，色泽金黄。

原料：多选用加工成碎小的丝、粒、丁、末、泥等动植物原料做馅料。

烹调程序：主料腌渍或上浆—用其他原料包裹—挂糊（或直接）—入五成油温加热—成熟装盆。

① 主料腌渍，或上浆或成熟，用猪网油、威化纸、蛋皮等原料包裹后，拍粉挂糊，入大油量五成油温中，成熟后捞出，待油升温后再次入锅，起锅装盘（大块的需改刀装盘）。

② 主料腌渍，或上浆或成熟，用豆腐皮、春饼等原料包裹后，直接入五成油温使之至成熟，最后升高油温至表皮酥脆、色泽金黄，起锅装盘。

说明：①用猪网油包大卷时，加温前需用刀尖在表皮上扎几个小眼，防止炸裂，起锅后改刀装盘。②用豆腐皮卷包时，入锅油温要适当降低，以防焦苦。

（8）脆炸

概念：脆炸是将原料挂上脆皮糊，投入中火热油中加热使之成熟的一种加工技法。

特点：外壳饱满，气孔细密，色泽中黄，外脆里嫩。

原料：多选用加工成块、条、丸等无骨的动植物原料。

烹调程序：原料—挂糊—中火热油加热—成熟装盆。

原料加工成块、条、丸等状，挂上用面粉、淀粉、植物油、发酵粉、清水调制的脆皮糊，投入中火、热油锅内，加热成熟至中黄色，出锅装盆。

说明：脆皮糊多搅容易起筋，不宜挂糊；少搅，会影响炸制品的丰满度。

（9）松炸

概念：松炸是先将原料调味，并挂上蛋泡糊，用小中火温油加热至表面浅黄色成菜的一种加工技法。

特点：色泽浅黄，膨松绵软。

原料：多选用加工成条、块等小型的动植物和水果原料。

烹调程序：小型原料—调味—挂蛋泡糊—小中火温油加热—呈浅黄色起锅—装盘。

选用软嫩无骨的原料，加工成片、条或块状，经调味，拍少量的粉，挂上蛋泡糊，用小中火温油加热至原料成熟，表面呈浅黄色起锅，装盘成菜。

说明：①蛋清打起泡后，要加淀粉成糊，淀粉多了影响口感，少了使蛋泡缺少支撑，原料难以挂上，成菜后亦难以定型。②松炸与其他炸法的不同之处是，温油加热，成品不脆。

(10) 油淋

概念：油淋是将原料用调味品腌渍后（有些不腌渍），先行成熟，而后置于漏勺上用手勺反复淋入热油，使之脆亮，装盆后再淋上味汁的一种加工技法。

特点：色泽红亮，外皮脆香，内部鲜嫩。

原料：多选用整形的鸡、鸽等禽类原料。

烹调程序：原料加工成熟—反复淋上热油（或入中温油锅加热）—使表皮脆亮—改刀装盆—淋上味汁。

将鲜活质嫩的原料，先用调味品腌渍后（有些不腌渍，有些涂糖浆），先行成熟，再置于漏勺上用手勺反复淋入热油（或入中温油锅加热），使之表皮脆亮，起锅后沥尽油，改刀装盆，再淋上味汁。

说明：①原料在加工时，要保持原料表皮的完整。②原料表皮涂抹糖稀或酱油时，要求均匀。③味汁一般由葱末、姜末、酱油、白糖、醋、麻油、味精、鲜汤调制。

4. 炒

概念：炒是将小型原料，用少油量，以旺火快速翻拌成熟的一种加工技法。根据工艺特点和成菜风味，炒又分为滑炒、软炒、生炒、熟炒、爆炒和煸炒等。

特点：清爽滑嫩，少汁干香。

原料：多选用加工成丁、丝、片、条、粒等小型的动植物原料。

烹调程序：原料—加工成小型料—快速加热—原料成熟。

说明：植物性原料在炒制时一般上浆、不勾芡；动物性原料在滑炒、爆等加工时要上浆、勾芡。

(1) 滑炒

概念：滑炒是经刀工处理后的原料，码味上浆，投入中温油中油量中火加热至熟，再与配料翻拌并勾芡的一种加工技法。

特点：柔软滑嫩，芡汁紧包。

原料：多选用加工成丁、丝、片、条、粒和花形的动物性生原料。

烹调程序：原料上浆—滑油—加配料、调料、芡汁翻炒—出锅装盘。

原料切配后用盐、蛋清、芡粉上浆（也有不上浆），投入中、小油量的温油锅中滑散沥油，另炝锅后放入配料、调料，再放芡汁与原料一起快速翻炒，出锅装盘。

说明：也有使用水替代油加热的，因为滑炒时的油温与沸水的水温非常接近，故效果相仿，且滑嫩不腻，称为“水滑”。

(2) 爆

概念：爆是将原料处理后，投入大油量高油温的锅中快速短时间加热成熟，并用兑汁芡调味勾芡的一种加工技法。爆根据使用的佐料不同又有油爆（蒜爆）、葱爆、酱爆、芫爆之分。此以蒜爆为例。

特点：脆嫩滋润，汁紧油亮。

原料：多选用质地较嫩、成熟较快的动物性原料。

蒜爆、芫爆类菜肴一般都选用脆嫩性动物原料。具有爽脆性动物原料，如鱿鱼、墨鱼、海螺、肚尖、肫、猪腰等；具有韧嫩性动物原料，如鸡肉、鸭肉、猪瘦肉、牛肉等；

也有一些用蔬菜或豆制品类的原料制作油爆类菜肴，如蒜爆豆腐。

酱爆工艺适合各种脆嫩的、加热后不易出水的动植物原料。

葱爆工艺的菜肴多以鲜嫩的牛肉、羊肉为主。

烹调程序：原料剞花刀—高温快速加热—另锅烹兑汁翻拌—出锅装盘。

将原料剞上花刀（也有少数不剞的），码味上浆（或不上浆），调好加入蒜泥、盐、酒、味精芡粉的兑汁芡，要掌握好汁水与湿淀粉的比例，原料投入中量高温的油锅中快速加热，起锅沥尽余油，再投入留有底油的锅内，倒入兑汁芡，快速翻拌起锅装盆。

说明：①不上浆的原料，在入油锅前先入沸水锅中致使其花纹定型，捞出再油爆成菜。②上浆时湿淀粉宜干宜少，码匀拌匀。③在加热后起锅要沥尽余油，使原料均匀裹上芡汁，最后不淋明油或少淋明油。④成菜达到稠而不干，芡汁紧包，油亮滋润，食毕盘内无余汁为佳。

（3）煸炒

概念：煸又称干煸、干炒，是指将原料直接用旺火热油，快速翻拨加热，使之干香滋润成菜的一种加工技法。

特点：干香滋润，酥软脆嫩，亮油无汁。

原料：多选用加工成丝、条、丁的动植物性原料。

烹调程序：选料—切配—滑锅—中油温下锅—放入辅料、调料—翻拌入味—起锅装盆。

选用细嫩无筋的瘦肉或新鲜脆嫩根茎类蔬菜，切成粗细均匀的丝、条、丁状，炒锅滑油后，投入原料，用中火热油（120～150℃）翻炒至干香，滗出余油，放入调辅料继续颠拌均匀入味，起锅装盆。

说明：①煸具有不码味、不上浆挂糊、不勾芡的特点。②煸与爆炒和滑炒的区别在于用油量的多少，煸使用的油量最少，但油温最高。③干煸与生炒相似，生料不上浆，但干煸的时间比生炒时间长。

（4）软炒

概念：软炒是指将经加工成流体、泥状、颗粒的半成品原料，先与调味品、鸡蛋、淀粉调成泥状或半流体，再用中小火热油匀速推动，使之凝结成菜的一种加工技法。

特点：细嫩软滑，鲜香油润。

原料：主料多采用鸡蛋、牛奶、鱼、虾、鸡肉、豆腐、豆类、薯类等原料；辅料多采用火腿、菜心、蘑菇等原料。

烹调程序：原料加工—组合调制—滑锅下料—和炒成菜—装盆。

把原料剔净筋络，捶砸成细蓉（豆薯类预熟后，制成细泥），加入鸡蛋、淀粉和水搅拌，炒锅滑锅后，下多量油加热至三至五成，缓慢放入调好的原料，用手勺匀速地来回推动，使其凝结，起锅沥油，另炝锅放入辅料、调料、芡汁和凝结成片状的主料，和匀后出锅装盘。

说明：根据成菜是半凝固或软固体的要求，视主料的吸水性、淀粉的糊化性能，掌握蛋清、牛奶、鲜汤的比例。

（5）生炒

概念：生炒是指将切配后的小型原料，不经上浆挂糊，直接用旺火热油快速颠翻成菜

的一种加工技法。

特点：鲜香嫩爽，汁薄入味。

原料：多选用加工成丝、丁、片、条状的肉类、豆制品和各类蔬菜原料。

烹调程序：原料加工—切配码味—滑锅下料—生炒（加入辅料）—调味勾芡—淋上明油—成菜装盆。

生料直接下锅用旺火热油加热，加调味料，翻炒均匀，至断生或刚熟，勾芡或不勾芡均及时出锅装盆。

说明：①如荤蔬合炒，则将荤料先行炒熟起锅，再炒蔬料近成熟时放入荤料一起合炒成菜。②根茎等类蔬菜如需要保证成菜后有嫩脆的口感，烹制前须码适量的精盐，码味的时间不宜过长，不使清香鲜味受到损失，以不渗透出过多的水分为宜。③勾芡要薄，以能蘸味为度。④生炒烹制，一般在烹调过程中迅速使原料受热一致，以利保持鲜嫩。

（6）熟炒

概念：熟炒指将经初步熟处理再切成丝、丁、片、条等状后的小型原料，不经上浆、挂糊，直接用旺火热油快速颠拌，加调配料成菜的一种加工技法。

特点：酥香滋润，见油不见汁。

原料：主料多采用加工成丝、片状的香肠、腌肉、酱肉、半成品料肉等原料，辅料宜用青蒜、大葱、柿子椒、蒜薹、鲜笋等香辛味浓郁且质地脆嫩的原料。

烹调程序：选料—熟处理—切配—滑锅下料—颠翻烹制—调味起锅—装盆成菜。

热锅少油中火，将原料反复翻拌，加入调味品、辅料，待出香味后即可出锅装盆。

说明：①有些一时不易迅速成熟的辅料，如蒜薹、鲜笋等，可预先加工成熟。②若使用豆瓣酱、甜酱、豆豉等调味品，颠翻至出香味，才有理想的调味效果。

5. 烹

概念：烹是将原料经炸或煎，在原料上淋入不加芡粉的味汁，使之入味的一种加工技法。

特点：外酥香，里鲜嫩，略带汤汁，爽口不腻。

原料：多选用质地细嫩、粗纤维较少的动植物原料。

烹调程序：原料—投入中高温大油量中快速炸至外脆—沥尽油—烹入调味汁颠翻入味—出锅装盆。

原料改刀成条、块状拍粉（或不拍粉），投入中高温大油量中快速炸至外脆断生，起锅沥尽油，原锅炝锅，放回原料，淋入调味汁颠翻入味，出锅装盆。

说明：①烹又称炸烹，俗有“逢烹必炸”之说。②“烹”多选动物性原料，“炸”则加工成段、块、条等形状，“煎”则加工成扁平状。③用于烹菜的复合型味汁有茄汁味、咸鲜味、糖醋味、家常味、荔枝味等，不加芡粉。④烹法菜肴有时也可以将淋汁的过程移到餐桌上，以增加进餐的气氛，如锅巴系列菜肴。

6. 熘

概念：熘也称溜，是将经加工成熟的原料，淋上稠汁，或将原料投入卤汁中搅拌，使原料入味的一种加工技法。熘菜根据操作不同一般可分为脆熘、滑熘、软熘，以及根据调味不同分为糟熘和醋熘等。

特点：卤汁较宽，风味独特。

原料：多选用加工成形或整形的动植物原料。

烹调程序：原料—投入热油中加热—成熟后淋稠汁。

说明：软熘因加工时传热介质不同，故在水传热法中介绍。

(1) 脆熘

概念：脆熘又称炸熘、焦熘，是将加工成形的主料用调味品腌渍入味，挂上水粉糊或拍干粉等，然后用旺火热油加热使之松脆，淋上卤汁的一种加工技法。

特点：外脆里嫩，味浓汁宽。

原料：多选用质地细嫩的动植物原料。

烹调程序：原料改刀—拍粉（挂糊）—入大油锅炸至成熟到金黄—起锅沥油—另炝锅后勾调味汁—倒入原料翻拌（或淋于原料上面）—装盆。

原料改刀，用适量调味品腌渍入味，拍粉（挂糊），入大油锅炸至成熟到金黄，起锅沥尽余油，复炸，另炝锅后勾糖醋（柠檬、甜辣）调味芡汁，倒入原料翻拌（或淋于原料之上）成菜。

说明：①主料一般多加工成片、条、块、球等形状，若是整条或整只的原料需剞上花刀。②多量生产时一般主料先炸熟待用，之后再用旺油复炸，淋汁成菜。

(2) 滑熘

概念：滑熘就是将加工成小型的无骨原料经上浆，滑油成熟后，调以较多卤汁并勾芡的一种加工技法。

特点：汁宽滑嫩，鲜香醇厚。

原料：多选用加工成丝、片、条状的动植物原料。

烹调程序：切配成形—码味、上浆—用油滑至断生—另炝锅后勾调味汁—倒入原料翻拌—装盆。

原料加工成丝、片、条状，用盐、蛋清、芡粉上浆，投入中、小油量的温油锅中滑散沥油，另炝锅后放入配料、调料、主料，勾宽芡出锅装盘。

说明：在调料中加入酒糟，称为“糟熘”；加入茄汁，称为“茄熘”；加入柠檬汁，称为“酸熘”。

7. 煎

概念：煎是用锅底或平锅，用少量的油加热扁平状的原料，用低温分别将原料两面加热至金黄色而成熟的一种加工技法。

特点：外松脆、里鲜嫩。

原料：多选用扁平状的块或加工成扁平状的丝、粒、蓉等动植物原料。

烹调程序：原料腌渍—放入小油量的油锅—用小火加热—翻面至两面金黄—成熟—烹汁（或不烹汁）—出锅装盘。

把扁平状原料或加工成扁平状的原料，加酒、胡椒、盐腌渍，放入小油量的油锅中用小火加热，至两面金黄内部成熟，滗去余油，淋入味汁（或不淋汁），出锅装盘。

说明：①在加热前，一定要滑锅，防止原料粘锅。②煎制中，原料多半是半露半没，有时可加热到原料定型后，加入多量油使原料内部完全熟透，再沥尽油，继续加热至两面金黄。

8. 贴

概念：贴是将多种原料叠加后，放入少量油的锅中单面加热至成熟，再加味汁成菜的一种加工技法。

特点：色形美观，菜肴底面油润酥香，表面鲜香细嫩。

原料：多选用鱼肉、虾肉、鸡肉、猪肉、豆腐等原料，或加工成扁平状方形、圆形无骨原料。

烹调程序：将几种原料相叠粘合—放入小油量的油锅中用小火加热—底面加热至金黄并内部成熟—烹汁（或不烹汁）—出锅装盆。

将原料加工成长方形片，码味上浆，一般底部为肥膘，上面放两层以上的片（多为鸡肉、鱼肉、虾肉等），中间用鱼蓉黏合，最上面一般涂抹鱼蓉，并缀以图案。底部加热至结壳时，加水、酒略加盖，利用蒸汽使原料成熟，最后水分蒸发至原料底部金黄，起锅装盆，并淋上亮芡。

说明：①在粘合前，肥膘上戳几个小洞，撒上干淀粉，防止加热后变形与主料脱离。②有些不宜成熟的原料或整形原料，采用蒸汽加热至七八分熟后，再放入少量油的锅中单面加热至成熟。

9. 煽

概念：煽是指将原料挂糊后放入油锅内加热至两面金黄，再加入调味品，掺入适量鲜汤，用小火收干汁水，或勾芡淋明油成菜的一种加工技法。

特点：质酥鲜嫩，味香醇厚，色泽金红。

原料：多选用鱼肉、虾肉、鸡肉、猪肉、豆腐等加工成扁平状或长方形无骨原料。

烹调程序：将原料加工成长方形—码味挂糊—放入小油量的油锅中用小火加热—两面分别加热至金黄并内部成熟—加入味汁—小火收汁—出锅装盆。

将切配成形的原料，先用精盐码味，拍上一层面粉，在鸡蛋液内拖一下，放入锅内使之呈金黄色起锅。另一锅在原料中掺入鲜汤适量，加入调味品用小火收浓汤汁，勾或不勾芡，淋明油起锅装盆。

说明：①需选用细嫩易熟的原料。②面粉不宜拍得太厚。

二、气态介质传热

气态介质具有其特殊的传热性质，主要利用热辐射或热对流方式进行。在气态介质中加热原料，不会产生在水加热中出现的溶解与扩散现象，但是气态介质中加热调味料，很难进入原料内部，所以气态介质加热一般在加工前或加工后进行调味。

气态介质传热主要分为热空气传热和水蒸气传热两种。

（一）热空气传热

热空气传热是利用干热空气或辐射热能直接将原料加热成熟。热空气传热的设备有炭炉、电烤箱、熏盆等。它的最大特点是能使原料脱水变脆、肉质坚实、香味诱人。从目前加热的介质上划分，热空气传热包括烤和烟熏两种。

1. 烤

概念：烤是将经过腌渍或加工后的半成品原料，放入炉具中利用热空气加热，使原料成熟的一种加工技法。

根据烤炉设备及操作方法的不同，烤分为明炉烤、暗炉烤两种。

特点：色泽美观，形态大方，皮酥肉嫩，香味醇浓。

原料：多选用扁平状或整形的鱼肉、禽肉、畜肉和粮食类原料。

烹调程序：原料腌渍—放入火炉—控制在一定的温度和时间内进行加热—至原料成熟—出炉装盆。

原料经过腌渍或加工成半熟制品后，一般采用大块或整形原料，放入以柴、炭、煤、液化气、天然气为原料的烤炉或红外线烤炉中，此为暗炉烤。如用明炉烤，则将原料用铁叉叉上，放在敞开的烤炉上，根据原料的大小、质地，决定温度的高低和时间的长短。小型原料要经常转动，大型原料要根据要求，在翻动的同时掌握关键部位着重加热，加热至原料内部成熟，表面黄亮，出炉装盆或改刀装盘。

说明：①根据成菜的要求有些原料在腌渍后，表面涂以糖色或蜂蜜，经过风吹结壳后再行加热，有些在加热过程中进行调味，而有些在装盆后，随跟味碟蘸食。②明炉烤和自助烤在原料的成块上应酌情加工，多加工成小型原料。③有些原料用纸或荷叶包裹后，外面涂上泥巴，再行烤之。通过酒糟泥和荷叶油的包裹隔热，使原料受热均匀，既保持本味，又增添了包裹材料的香味。

2. 烟熏

概念：烟熏是将成熟或接近成熟的原料置于加热设备中，利用制烟材料所释放的烟气加热，使菜肴带有烟香味，同时使原料成熟的一种加工技法。

特点：风味独特、色泽红黄。

原料：多选用鸡肉、鸭肉、鱼肉动物性原料和少数的植物性原料。

烹调程序：原料调味、腌渍—蒸至成熟或即将成熟—放入加热设备—点燃制烟燃料使之冒烟—封闭后加重烟浓度—使原料成酱红色成熟—出锅改刀装盘。

原料加工成小件或薄片，蒸至成熟或即将成熟，放入容器或放在设备中的铁网上，点燃在容器的底部制烟燃料，产生浓烟（无明火），加盖或关门使浓烟充分与原料接触。保持 5～10min 的浓烟，使原料带有制烟燃料的特殊烟香味，同时使原料充分成熟，出炉后装盘或改刀装盘。

说明：①制烟燃料一般有茶叶、竹叶、木屑及松树枝等，在实际运用中便于取材有时也使用锅巴、大米、糖等原料替代，但香味不及树叶与树枝。②民间熏制原料一方面是为了增加风味，另一方面是为了便于保藏。因为原料经熏制后，既减少了外部水分，又能使制烟燃料中所含的酚、甲醛、醋酸等物质渗入食品内部，抑制微生物的繁殖。③烟熏的菜肴多少含有一些对人体不利的成分，故使用时应有选择性。④有些地方也有经腌渍的大块生原料用制烟燃料熏制风干，使用时另行加工成熟。

（二）水蒸气传热

水蒸气传热主要是利用水沸后形成的蒸汽加热原料使之成熟，也就是人们常说的蒸。蒸与其他技法相比，更能保持原料的水分和成品的原味，能使质地较嫩的原料成菜极为鲜嫩，使质地较老的原料又可加工成酥烂。因此根据原料的性能和成菜的要求，要适当调整加热的气压，按蒸汽的气压又可分为弱气加热、中气加热和强气加热3类。

1. 蒸的概念和分类

概念：蒸是利用水沸后形成的蒸汽加热经过加工的原料，使原料成熟达到一定品质的一种加工技法。

特点：原形不变、原味不失、原汤原汁。

（1）弱气加热

概念：弱气加热是将原料放入低气压蒸汽设备中，快中速加热使原料成熟的加工技法。

特点：鲜嫩细腻。

原料：多选用加工成蓉泥或蛋奶制品。

烹调程序：原料调味制成蓉状或液体状—放入蒸箱（或蒸笼）—用低压气体对原料短（中）时间加热—成熟后出笼。

原料调味制成蓉状或液体状，放入蒸箱（或蒸笼），用低压气体对原料加热，如使用管道蒸汽，一般保持在0.1kg左右。并且还要使加热设备留出缝隙，将部分蒸汽逸出，使蒸汽在不饱和状态下，用短（中）时间加热成熟。

说明：①成熟蛋泡糊，则加热时间控制在30～60s。②如成熟蛋糕，则加热时间控制在30min左右。③成熟鱼蓉菜，则加热时间控制在3～5min。

（2）中气加热

概念：中气加热是将原料放入饱和的蒸汽设备中加热，使原料成熟的加工技法。中气加热的时间根据原料的性质，又分为快速加热法与慢速加热法。

特点：润滑鲜嫩，或软熟酥糯。

原料：多选用加工成形的或整形的动植物原料。

烹调程序：原料调味—放入蒸箱（或蒸笼）—用中压气体对原料加热—达到品质要求后出笼。

刀工成形或整形的原料，经调味后放入蒸箱（或蒸笼），用中压气体对原料加热，根据原料的质地和形体的大小，掌握加热时间。一般整鱼类为5～7min，质地较老的禽畜类为2～3h，达到符合品质要求时出笼。

说明：①中气加热是将原料放入饱和蒸汽中加热，蒸汽处于动态平衡中，生成的蒸汽数量与逸出的蒸汽数量相一致，比弱气蒸的压力大大增加，加热温度较高，所以在开盖或开门时要注意安全。②中气加热的菜肴多为预先装盆，出笼后可直接上桌，但有时为了防止高档餐具在加热过程中破损，可在上桌前换盆。

（3）强气加热

概念：强气加热是将原料放入高压蒸汽中加热，使原料成熟的加工技法。

特点：柔软、酥烂，快速便捷。

原料：多选用质地老、体形大、质地要求酥烂的禽畜类原料。

烹调程序：原料调味—放入高压锅—用高压气体对原料加热—达到酥烂后出锅装盘。

刀工成形的或整形的原料，经调味后放入高压锅，用高压气体对原料加热，等小孔出气后加高压阀。根据原料的质地和形体的大小，掌握加热时间，一般为 5～20min，达到酥烂后出锅装盆。

说明：①离开火口后，等高压锅自然冷却（或用凉水冷却）至无气压时，才能开盖，确保安全。②对于不采用蒸的方法，直接放入高压锅内加热焖制的原料，不能超过容器的 2/3，以防浮沫堵住气孔，出现意外。③灵活调节加压和保温时间。

2. 蒸的运用技法

水蒸气传热的蒸在实际运用中的范围较为广泛，像前面所述质老难熟、质嫩易熟的原料，都可以运用蒸的技法。根据原料的加工程度，蒸还可分为清蒸、粉蒸、包蒸、上浆蒸等。根据原料在蒸汽中的加热过程，蒸还可分为隔水蒸、带水蒸等。

(1) 清蒸，指单一原料不加调料或加入单一调料（一般为咸鲜味），放入蒸汽中加热。具有质地细嫩、清淡适口的特点。

(2) 粉蒸，指原料改刀后腌渍，再粘上一层米粉，放入蒸汽中加热。具有软糯滋润、醇浓香鲜的特点。

(3) 包蒸，是原料码味后外裹粽叶、荷叶后，放入蒸汽中加热。具有香味独特、形状美观的特点。

(4) 上浆蒸，是将原料用蛋清、淀粉上一层厚浆后，放入蒸汽中加热。具有色泽光亮、口感滑嫩的特点。

(5) 隔水蒸，是指原料加调味后不加汤汁，为了防止蒸汽水进入，器皿上还要加盖或包上保鲜膜，然后放入蒸汽中加热。具有造型完整、原汁原味的特点。

(6) 带水蒸，是将原料放入容器中加入适量的汤水，加盖或不加盖，放入蒸汽中加热。具有形态不变、汤清汁宽的特点。

三、固态介质传热

固态介质传热的主要方式是传导，因而在烹调中大多不作为快速加热的介质（金属除外），又由于使用起来并不方便，所以除非特殊需要，一般被使用的频率很低。通常固态介质传热的种类有金属、沙石、盐粒等几种。

(一) 金属传热

1. 铁板烧

概念：铁板烧是将原料放在金属（铁板）之上，利用金属的温度加热原料，使原料成熟的一种加工技法。

特点：风味别致、浓香鲜嫩。

原料：多选用经过加工调味成半熟的小型动植物原料。

烹调程序：将铁板烧红—倒入调味过的半熟原料—利用铁板的热度使原料成熟。

将鲜嫩原料加工成小块，调味烹制成八九成熟，另将铁板烧红，放上少量油、红葱圈或葱白（防止粘锅、增加香味），倒入半成品，马上加盖，利用铁板的温度二次加热原料，约 1～2min，开盖食用。

说明：一般为了增加气氛，将铁板烧红后，端到餐厅台面上完成后续程序。

2. 烙

概念：烙是将原料放在铁锅上，利用铁锅金属的温度加热原料，使原料成熟的一种加工技法。

特点：干香松软，酥脆适口。

原料：多选用粮食类原料。

烹调程序：薄形原料—放在铁锅上—两面加热—使原料成熟。

粉质的粮食类原料，加水调成分团，摊成薄形，铁锅烧红滴入几滴油或用油纸涂抹锅底，放上薄饼，用铁锅的热量，两面（或单面）加热使之成熟，起锅食用或另行他用。

说明：烙一般少用或不用油，主要传热介质是金属。

(二) 沙石传热——石烹

概念：石烹是将原料放在烧红的石锅内（或烧红的石头上），利用石材的温度加热原料，使原料成熟的一种加工技法。

特点：风味独特，口味香醇。

原料：多选用虾、牛蛙等小型易熟的动植物原料。

烹调程序：将石锅（石头）烧红—倒入原料—利用石头的热度使原料成熟。

① 将鲜嫩原料加工成小块，调味烹制成八九成熟，另将石锅烧红，放上少量油、红葱圈、葱白或生菜（防止粘锅、增加香味），倒入半成品，利用石锅的温度两次加热原料，约 1～2min，即可食用。

② 鹅卵石烧烫烧红，放入坚固的陶罐中，上桌后将鲜活的虾、生鱼片和加热的调味汁倒入陶罐中，加上盖子，用石头的热量使汤汁沸腾产生热气，使原料成熟。

说明：①石锅的加热原理与铁板烧类似，只是加热的固体介质不同。②盛放鹅卵石的容器选用坚固结实的陶罐等。

(三) 盐传热——盐焗

概念：盐焗是将原料放在盐中，通过盐的传热使原料成熟的一种加工技法。

特点：肉质结实，香味独特。

原料：多选用禽类和水产原料。

烹调程序：原料调味—将原料埋入盐中—用中、小火缓慢加热—原料成熟。

① 锅内放入量为原料 4～5 倍的粗盐，埋入经过调味腌渍、用纸包裹的原料，用中、小火缓慢加热，使原料成熟。

② 锅内放入粗盐，炒烫后倒入另一盛放小型原料的餐具，使原料正好置于盐的中间，用盐的温度使原料成熟。

说明：①此种加热法由于用盐作为介质，所以加热前原料要用锡纸或韧性好的棉纸包裹起来，以防成菜过咸。②如不用纸包裹，则要选用颗粒较大的盐为介质和易熟带壳的原料，并采用快速加热法。③目前为了快速成菜，采用微波盐焗法，在原料上面施一层薄的粗盐，两者数量之比大约相等。

四、特殊混合烹调——油、水传热

特殊混合烹调技法是将糖、油、水混合加热调味的一种特别技法。特殊混合烹调技法是将糖与水、油介质加热，使糖受热产生一系列的变化，最终形成不同状态的成品。烹调中一般运用的有 4 种技法：①起黏——习惯称蜜汁；②出霜——习惯称挂霜；③出丝——习惯称拔丝；④结壳——习惯称琉璃。这 4 种状态是一个连续的过程，将糖投入水中使糖颗粒溶解于水，经过一定时间的加热，糖汁起黏，形成蜜汁；继续加热，水分蒸发，溶液开始过饱和，糖晶体析出冷却后，形成糖霜；如果继续加热到颜色变化，则是糖的熔化阶段，黏性增大，在冷却前拉出晶莹的糖丝；如将原料裹上糖浆后冷却，就会形成一层玻璃状外壳。

(一) 蜜汁

概念：蜜汁是将原料投入糖水中加热，使之甜味渗透，糖汁收浓而成菜的一种加工技法。

特点：表面光亮，酥糯香甜。

原料：多选用水果、蔬菜和畜肉腌制品。

烹调程序：原料加水、加糖—加热入味—熬浓汁包裹原料。

将原料加糖加水，用火加热或用蒸汽加热，滗出糖汁，再用大火使糖汁起黏，淋浇于原料上或倒入原料拌匀。另是将原料加糖加水，用火加热，直接收浓汁成菜。

说明：熬糖法一般有两种：一种是白汁的，多用水为介质，针对无色的甜菜；另一种是红汁的，多用油为介质，使糖先上色再熬汁，针对有色的甜菜。

(二) 挂霜

概念：挂霜是将经加工熟处理过的原料，倒入熬制的糖浆中，冷却后形成一层类似白霜的一种加工技法。

特点：洁白似霜，松脆香甜。

原料：多选用小型的干果仁和挂糊炸制的水果、蔬菜和畜肉。

烹调程序：糖加水熬成浓汁—倒入原料—翻拌起霜—出锅装盘。

将糖放水中，用小火缓慢加热使糖充分地溶解，根据糖液中起泡的变化，掌握温度，从大泡变成小泡，即放入原料翻拌至冷却出霜成菜。原料裹上酱汁，再滚上糖粉，也是一种方法。

说明：①挂霜的糖与水的比例一般为 3∶1。原料与糖液的比例为 1.5∶1。②在加热中应注意火力的控制，开始的火力不能太大，否则，溶解的速度小于蒸发的速度，使糖还没溶解就被提前析出，结晶的颗粒变得很大，将造成挂霜失败。当糖液的温度达到 110℃左右时，是结晶的最佳温度，一旦糖液冷却到 80℃左右时，糖霜开始出现。③挂霜菜肴既可作为热菜，也可作为凉菜。

(三) 拔丝

概念：拔丝是将经油炸的半成品，放入白糖熬制的液体中，翻拌出锅，拔动原料出丝成菜的一种加工技法。

特点：色呈琥珀，外脆里嫩，口味甜香。

原料：多选用水分少、纤维少的果蔬原料。

烹调程序：将糖放水或油中—用中火加热—至颜色酱红色—放入原料，颠翻—出锅装盘。

原料加工成小块或圆球，经拍粉、挂糊、油炸成熟；另锅内将糖放水或油中，用中火加热至颜色变酱红色，当舀一勺再徐徐倒出，用嘴吹气能使流质变成丝状时，放入成熟的原料，颠翻至糖液均匀包裹原料，出锅装盆，即可上桌。

说明：①拔丝中一般糖与水的比例为 6∶1，糖与油的比例为 30∶1，原料与糖液的比例为 3∶1。②在加热中应注意火力的控制，开始的火力不能太大，否则，糖色发黄将无法判断。③当糖液的温度达到 160℃左右时，即能出丝，冷却后糖液就迅速冷凝成玻璃状，形成淡黄、透明、脆硬的糖丝。

(四) 琉璃

概念：琉璃是将原料放入白糖熬制的液体中，裹上糖液，冷却后原料外表形成一层脆糖的一种加工技法。

特点：明亮晶莹，口味甜香。

原料：多选用水分少、纤维少的果蔬原料。

烹调程序：将糖放水中—用小火加热—蒸发水分至糖液浓稠—放入原料裹上糖液—出锅冷却。

选用小型的整形原料或加工成小块、圆球的原料，挂糊油炸成熟（也有可生食的原料不挂糊油炸）；另锅内将糖放水中，用中火加热，熬至水分蒸发糖液浓稠，放入原料，裹上糖液后冷却成菜。

说明：①琉璃熬糖与拔丝相同，只是只能用水不能用油。②在加热中也要注意火力的控制，使糖液中间沸于四周，熬制的浓度大于等于拔丝糖汁的浓度。③一般原料用沾汁法裹上糖液，这样能使原料之间不粘连，形状美观。

五、微波辐射烹调技法——微波加热

概念：微波加热就是利用微波原理，采用蒸煮烧、蒸烤烘对原料进行加工成熟的一种技法。

特点：快捷便利、适用度高。

原料：多选用经过初加工的动植物原料。

烹调程序：将经过初加工的动植物原料—调味或不调味—放入微波炉—根据需求选择功率—控制时间使原料成熟—出炉装盘。

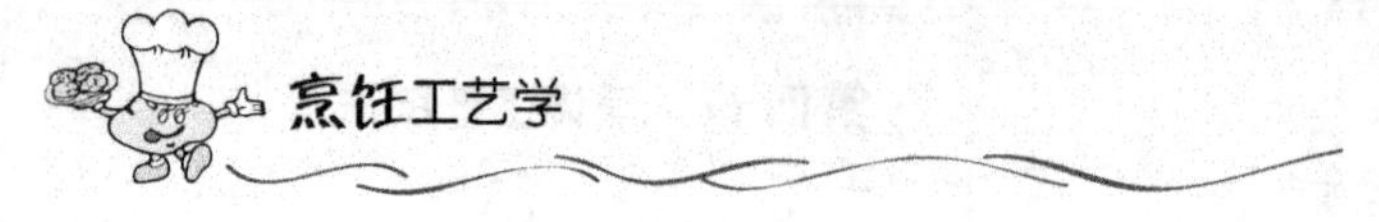

（一）认识微波

微波是指频率为300MHz～300GHz的电磁波，波长0.001～1m，通常作为信息传递而用于雷达、通信技术之中。而现在将微波扩展应用到食品生产领域——微波炉，为食品生产提供了一种烹调设备。

（二）微波加热原理

微波加热原理是在微波电磁场作用下，原料中的极性分子（一般指水）从原来的热运动状态转为跟随微波电磁场的方向交变而排列取向，产生激烈摩擦而生热。在这一微观过程中，交变电磁场的能量转化为原料内的热能，使原料温度出现宏观上的升高，导致原料成熟。微波加热具有受热均匀、消毒杀菌等功能。

（三）微波的适用度

微波加热适用度高，可煮可炖可烧可烤，根据烹制不同菜点的原料，调节功率。例如，高功率可加热液体、烧菜、烧鱼；中高功率可烤制食品和烘焙点心；中功率可炖煮食品；小功率可解冻保温和加热奶油、乳酪。目前，带蒸汽功能的微波炉已投放市场，使用更为便捷。

（四）微波炉器皿的选择

微波炉器皿是指能盛装食物在微波炉中加热的餐具或盛器。一般能在微波炉中使用的容器必须具备3个要素：易于微波穿透，耐高温不变形，符合食品卫生要求。在材质上有玻璃器皿，陶、瓷器皿，PP塑料器皿，PE保鲜膜和袋。

（1）玻璃器皿。由于微波穿透性能好，玻璃器皿被列入常选器皿之一，但由于一般的玻璃制品物理化学性能欠稳定，不耐高温，宜裂宜爆，所以要选用微波专用的玻璃器皿（硼硅酸玻璃、微晶玻璃、氧化钛结晶玻璃）。

（2）陶、瓷器皿。是微波使用的首选，但其也有耐热陶瓷和普通陶瓷之分：耐热陶瓷制成的煲、盘等器皿，适宜在微波炉中长时间使用；而普通陶瓷器皿只能做短时间加热使用。

（3）塑料器皿。一般不建议使用，因为不宜识别塑料器皿是否有毒，是否耐高温、耐油脂。如要选用，需带PP标志的塑料盒，耐高温，且不会释放有毒物质；但PP塑料盒盖子一般非PP材料，微波时要取下盖子。

（4）保鲜膜和保鲜袋。是微波常用产品，要选用PE标识的聚乙烯塑料制品。例如，烹饪蔬菜时可用来覆盖蔬菜，亦可当容器的盖子使用，但勿直接包裹肉类和油炸食品。

微波炉附带的煎碟是用作煎、炸烹饪的特制器皿，其表层涂敷微波吸收材料，以便吸收微波使它发热，食物放在器皿表面受热而产生煎、炸烹饪效果。

除了正确选用器皿以外，还要注意忌选用含金、银线的陶瓷器皿，以防打火花；忌使用封闭容器进行微波，以防容器引起爆炸；忌微波带壳食物，如鸡蛋、板栗，以免食物破裂飞溅。

塑料制品的安全常识

塑料是以合成树脂为主要原料，加入某些添加剂（如增塑剂、稳定剂、润滑剂、色素等）后，在一定温度和压力下加工成一定形状的食具、容器和包装材料。这样制得的塑料制品具有质软、绝缘、坚固、不透水、耐腐蚀等优点，故广泛应用于食品工业、家庭日常生活中。由于制造塑料产品过程中，加入许多化学合成的添加剂，因此，国家对塑料食品容器、食具和包装材料都应有一定的卫生要求。根据中华人民共和国国家质量监督检验检疫总局和中国国家标准化管理委员会公布的国家标准 GB/T 18455—2010《包装回收标志》要求，目前市面上可降解的塑料制品必须标注三角形标志，三角形内的数字 1～7 和英文字样组成一个标志，用来指代塑料所使用的树脂种类，每一种编号代表一类材料。例如，只有标注“5”的容器，才能进入微波炉使用。其具体内容如表 4－3 所示。

表 4－3　包装回收标志注解

编　码	物　料	应用例子	注意事项
1 PET	聚对苯二甲酸乙二醇酯塑料，又名聚酯（宝特瓶）	一般制成矿泉水瓶和碳酸饮料瓶	耐热 70℃，无毒，但在聚合中使用含锑、锗、钴、锰的催化剂，因此应防止这些催化剂的残留，所以尽量不循环使用，不用它灌装热水和调料
2 HDPE	高密度聚乙烯塑料	一般制成盛装清洁用品、沐浴产品的容器	这些容器通常清洗后仍残留原有的清洁用品，且易变成细菌的温床，不宜循环使用
3 PVC	聚氯乙烯塑料	一般制成塑料鞋、电缆，也有加入辅助材料制成薄膜、雨衣、购物袋等	属硬塑料，易分解和老化，分解产物毒性大，可致癌。不能用作食品容器和包装材料，不要燃烧，燃烧后会产生有毒气体氯化氢
4 PE	低密度聚乙烯塑料（LDPE）	一般制成保鲜膜、保鲜袋或奶瓶、水桶等，其制品耐煮沸	在制造过程中，很少使用化学添加剂，无毒，对人体无害。但某些聚乙烯树脂，含低分子聚乙烯或乙烯单体，不宜长期盛装食用油或含油脂高的食品，会将其低分子成分溶出，而使食品带有蜡味，影响食品质量

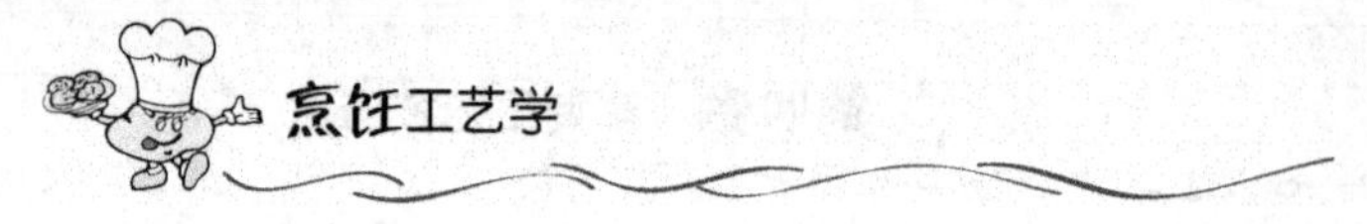

续表

编　码	物　料	应用例子	注意事项
5 PP	聚丙烯塑料	一般制成微波炉餐具、食品瓶、啤酒桶等食品容器包装材料	是丙烯单体的高分子聚合物，透明度差，耐 130℃高温。性质与聚乙烯基本相同，无毒，对人体无害；其耐热性、耐油泩比聚乙烯好，但容易老化
6 PS	聚苯乙烯塑料	一般制成一次性餐具、泡面盒、糖果盒、梳子、玩具、购物袋	是由苯乙烯单体聚合而成的高分子聚合物，耐水、耐酸碱性能好，低温性，不耐热，较脆易破裂，且在常温下对油脂不稳定。本身无毒，但在制作中常使用含重金属添加剂，与水、醋、油接触会溶解，对人体有害，并可致癌，所以厨房要远离 PS，禁用购物袋和一次性餐具
7 OTHER PC	聚碳酸酯及其他所有未列出的树脂和混合料	一般制成太空杯、奶瓶	PC 水瓶不宜盛热水，不加热，不在阳光下直射，不用洗碗机、烘碗机清洗，一旦老化和破损即停止使用。其他未列出的树脂或混合料要慎用
其　他	三聚氰胺甲醛塑料 MF（密胺树脂）	一般制成餐具、茶具、容器	色泽鲜艳、耐光无毒，可耐 120℃高温，安全性较高。但不宜在微波炉中使用，表面有损尽快报废。有些劣质的密胺餐具，内材是其他廉价物质，对人体有害。在购买时要注意品质和价格

第三节　冷菜烹调工艺技法

冷菜又名凉菜，冷菜制作工艺是将经过初步加工或切配后的半成品原料，通过调味或加热调味晾凉制成不同风味菜肴的过程。冷菜一般有蘸拌、浸渍、腌制等手法，也有通过加热烹制手法，再晾凉成菜，还有通过借用热菜的烹调方法制作的冷菜。在此将冷菜独有的技法整理了 31 种，但借用的热菜技法不再赘述。

（一）蘸

“蘸”又分生蘸和熟蘸两种，将新鲜原料直接加工成小块装盆。或将原料经加热成熟，经改刀装盆，将调料跟随上桌。

1. 生蘸

概念：生蘸是将经刀工处理后的原料，直接装盆，由食者自行选蘸调味食用的一种加工技法。

特点：清香鲜嫩，清脆爽口。

原料：多选用可生食的新鲜蔬果和水产原料。

制作程序：将原料经刀工处理成片、条、段状—直接装盆（随跟味碟）—由食者自行选蘸调味食用。

选用可生食的新鲜蔬果和水产原料，经刀工处理后直接装盘，搭配甜酱、芥末酱、千岛汁、酱油等，由食者自选蘸食。

说明：一般放有多种调料，食者自选蘸食或调和蘸食。

2. 熟蘸

概念：熟蘸是将原料加热成熟（不加调料），冷却后直接装盆或经刀工处理后装盆，由食者自行选蘸调味食用的一种加工技法。

特点：原汁原味，香醇味美。

原料：多选用畜肉、禽蛋、水产和新鲜蔬果原料。

制作程序：通过蒸、煮、氽等方法致使原料成熟，晾凉后成片、块、段状—装盆—随跟味碟—由食者自行选蘸调味食用。

选用鸡鸭鹅肉、牛羊肉、新鲜蔬果和水产原料，经刀工处理后直接装盘，跟随酱油、辣酱、椒盐、白糖等，由食者自选蘸食。

说明：蘸料多种，食者自选蘸食或调和蘸食。

（二）拌

“拌”又称凉拌，分为生料凉拌（生拌）、熟料凉拌（熟拌）和生熟料混合凉拌（混合拌），是将原料加工成丝、片、条、块等较小的形状，调味拌匀后装盆。

1. 生拌

概念：生拌是将生料，用调味品拌匀成菜的一种加工技法。

特点：制作方便，成菜清鲜爽口。

原料：多选用已加工成丝、片、条、块等状，质地较脆的动植物原料。

制作程序：生料洗净—加工成形—放入调味品—搅拌均匀—装盆成菜。

说明：①生食原料的清洗一般为凉开水、过滤水、矿泉水。②凉拌菜的调味料多为盐、酱油、醋、麻油、味精或糖。

2. 熟拌

概念：熟拌是将晾凉的熟料，用调味品拌匀成菜的一种加工技法。

特点：卫生快捷，除异留香。

原料：多选用已加工成丝、片、条、块等状，质地较嫩的动植物原料。

制作程序：将加工成形的熟料—放入调味品—搅拌均匀—装盘成菜。

① 原料清洗，蒸、煮成熟后晾凉，加工成丝、片、条、块形，放入调味品搅拌均匀，装盘成菜。

② 原料清洗后，加工成丝、片、条、块形，在通过氽、煮成熟后，放入调味品搅拌均匀，装盘成菜。

说明：绿色蔬菜原料为了保色，在焯水时水量要大，沸水中可加少量的盐，成熟后应及时出锅，用凉（冰）水过凉。

3. 混合拌

概念：混合拌是将生料和晾凉的熟料，用调味品拌匀成菜的一种加工技法。

特点：荤蔬搭配，清香爽口。

原料：为荤蔬搭配，荤料多选用畜禽类底料制熟成丝片状。蔬料多选用新鲜蔬菜或水果。

制作程序：荤蔬料煮熟—加工成丝（片）—与加工成形的蔬料一起拌匀—加调味—装盘成菜。

说明：混合拌也可蔬菜在下，荤料在上，用调味汁淋在上面。

（三）炝

“炝”分为生炝和熟炝两种。炝有些地方也称炝拌，炝与拌方法类似，不同之处是“炝”的调料为麻、醉等辛辣重口味调料。

1. 生炝

概念：生炝，又称醉炝，习惯简称醉，是将鲜活水产原料，放入白酒、黄酒及辛辣调味品，短时间腌渍成菜的一种加工技法。

特点：口味醇厚、肉质鲜嫩。

原料：多选用鲜活的虾、蟹等水产原料。

制作程序：将鲜活虾、蟹（切碎）—放入白酒焖至片刻—加入调味品—短时间腌渍即可食用。

将鲜活虾蟹洗净（蟹要切碎），放入容器中，倒入一勺白酒焖至片刻，倒出余水与白酒，加入黄酒、酱油、大蒜、辣椒、胡椒粉、糖、醋等调味品腌渍。虾的蹦跳速度减缓时（蟹的腌制略长 2～3min）即可食用。

说明：鲜活原料在醉制前要放在清水内，让其尽吐腹内杂质，再行制作。

2. 熟炝

概念：熟炝是将小型的生料用沸水烫熟后，用带有花椒油（面）调味品拌匀成菜的一种加工技法。

特点：鲜嫩味醇、香辣清脆。

原料：多选用已加工成片、块状的动植物原料。

制作程序：原料加工成形—焯水成熟沥净水—放入调味品—搅拌均匀—装盘成菜。

原料清洗后，加工成丝、片、条、块或花刀形，焯水成熟后放入复合型调味品，搅拌均匀，装盘成菜。

说明：热炝原料焯水后趁热加调料拌匀，调味料多为花椒、胡椒面、胡椒油、酱油、味精，口味比凉拌要重。

（四）浸渍

浸渍是将原料浸于溶液中经过物理和化学变化，使之入味或入味“成熟”的加工技法。

1. 盐水浸

概念：盐水浸是将原料加调味料煮熟后凉透成菜，或将熟料放入调好味的盐水中，使之入味成菜的一种加工技法。

特点：湿润入味，皮脆爽口。

原料：多选用已加工成片、块状或整形的动物原料。

制作程序：将原料煮熟—晾透—放入调味水中——天后即可食用。

将原料煮熟，晾透，有些切成薄片、块或花刀形，放入调好味的汁水中。汁水一般由盐、水或盐、水、少量酒组成，浸泡 1 天后，原料入味即可食用。

说明：盐水浸不可采用浓鸡汤、肉汤，因胶质厚冷却易结冻，影响菜肴的美观。

2. 糖水浸

概念：糖水浸是将原料放入调好的浓糖水中，使之入味成菜的加工技法。

特点：口感爽脆，适口不腻。

原料：多选用可生食的水果蔬菜类原料，如萝卜、藕、黄瓜等原料。

制作程序：原料清洗加工—放入容器—倒入浓糖水—腌渍 12～24h 即可食用。

选用可生食的水果蔬菜类原料，清洗消毒后，加工成片、丝、卷，放入容器内，排紧或压实，倒入饱和糖水或浓糖水，腌渍 12～24h 即可食用。

说明：①根据原料内在的水分，决定糖水的浓度。②在糖水中可加入少量的盐、醋、柠檬酸等，增加风味。③原料直接加糖拌制，属于凉拌，不在此列。

3. 卤水浸

概念：卤水浸是指将煮熟或炸过的半成品，放入调制的卤汁中浸泡入味或与卤水一起加热再行浸泡，使之入味成菜的一种加工技法。

特点：色泽红亮，醇香味浓。

原料：多选用猪肉、鱼、豆制品，以及禽和禽蛋类原料。

制作程序：原料加工成熟—浸于卤汁之中—待卤汁的滋味渗透入味—即可食用。

原料加工成熟，浸于调制的卤汁之中（也有原料直接与卤水烧制），待卤汁的滋味渗透入味，取出改刀装盆，或酌淋卤汁即可食用。

说明：原料投入卤水时，二者的温度要相同。

4. 果汁浸

概念：果汁浸是将原料放入水果浓汁中，使之入味成菜的加工技法。

特点：色泽艳丽，酸甜适口。

原料：多选用可生食的水果和爽脆的蔬菜类原料，如莲藕、黄瓜、梨、马蹄、山药等原料。

制作程序：原料清洗加工—放入容器—倒入果汁—腌渍—食用。

选用合适的原料，清洗消毒（或成熟）后，加工成片、丝、卷，放入容器内，倒入果汁，腌渍数十分钟。

说明：有些不浸入果汁之中，直接装盆淋上果汁。

5. 醋浸

概念：醋浸是利用酸醋对原料的腌渍而使之入味的一种加工技法，如醋蛋、醋花生、醋黄瓜、醋蒜等。

特点：香酸可口，风味奇特。

原料：多选用禽蛋和蔬菜类原料。

制作程序：整料或加工原料—投入酸醋内—浸 5～10 天—入味后即可食用。

说明：①醋渍的口味较为特殊，有时为了使人们能够适应，可添加些糖以缓解酸味。②醋渍是利用醋的酸味使之入味，整个加工中原料不发酵，而泡制是利用发酵产酸，同时使原料成熟形成风味。

6. 鱼露浸

概念：鱼露浸是将煮熟的半成品，放入鱼露中，浸泡入味成菜的一种加工技法。

特点：香醇味鲜，皮脆肉糯。

原料：多选用家禽、家畜及其内脏等原料。

制作程序：原料—加鱼露—密封—食用。

将原料洗净加工成熟后晾凉，切成大块，放入容器内，鱼露加鲜汤加热后晾凉，倒入容器，浸渍原料至 5～6 天，即可食用。

说明：鱼露是鱼酱和虾酱制成，故鱼露也称虾油露。

7. 酒浸

概念：酒浸是用酒、盐对原料浸渍入味或成熟入味的一种加工技法。一般用酒浸 5 天以上，即可食用。酒浸习惯称醉，根据原料的生熟分为生醉、熟醉及干醉，根据干湿度，又分为湿浸和干渍。

特点：酒香浓郁，味鲜细嫩。

原料：多选用禽畜原料和鱼、蟹等水产原料。

制作程序：原料—加酒—密封—食用。

(1) 生醉：原料洗净沥干，放入容器内，加黄酒、酱油、糖等调制的调料，腌至数天，即可食用。

(2) 熟醉：原料洗净加工成熟后晾凉，放入容器内，加黄酒、酱油、糖等调制（或加白酒、盐调制）的渍水，浸渍至1～2天，即可食用。

(3) 干醉。干醉是生醉的一种，只是对腌制的原料再加酒，起到杀菌保质、增加香味的作用。

说明：①生醉一般为鲜活水产原料，如醉湖蟹。在醉制前将蟹放在清水内，让其吐尽腹内杂质，再行制作。调料一般以黄酒为主，辅以酱油（增味）、糖（去酒的苦味、去酱腥味），浸数天可食。②熟醉原料一般为禽畜类熟料和熟制香螺、玉螺等原料。③干醉一般用于腌制品的再加工，如咸鱼、咸鲞切段后，喷入白酒或黄酒，密封以增加香味和延长保存期。

8. 糟

概念：糟是将原料置于糟和盐的浸渍液中密闭入味增香的一种加工技法。使用的原料有生、熟之分，故有生糟、熟糟两种，其糟也有红糟、香糟、酒酿之分。

特点：酒香浓郁，酥糯不腻。

原料：多选用鸡、鹅及其内脏和水产原料。

制作程序：原料晾凉—加入酒糟汁（或裹上酒糟）—数天后即可食用。

① 生糟。原料洗净，加入红糟，压实密封，10天后可取之，熟处理后食用。

② 熟糟。原料煮熟晾凉，切块，放入容器内，加入香糟汁，上放香糟包，（也可放入酒酿卤）压实密封，数天即可食用。

说明：①香糟汁的配比：香糟500g，黄酒2 000mL，白糖15g，搅拌后用纱布包住过滤成汁。②酒酿卤的配比：酒酿1 500g（不计汁），白酒1 500mL，白糖100g，炒制花椒2g，搅拌均匀。

9. 泡

概念：泡分水泡和干泡两种，是将新鲜的蔬菜原料在一定浓度的盐溶液中厌氧发酵至熟的一种加工技法。

特点：咸酸微辣，蒜香浓郁。

原料：多选用卷心菜、大白菜、萝卜、胡萝卜、黄瓜、莴笋、豇豆等新鲜蔬菜。

制作程序：

① 水泡。蔬菜洗净后切片晾干—塞入坛子压紧—倒入盐水淹没原料—密封发酵——5天后即可食用。

蔬菜洗净后切片，与配料（大蒜、红椒）拌匀，塞入特制的泡菜坛，装满压紧，倒入盐水淹没原料，并且加盖密封，造成缺氧的环境，抑制了有害微生物的生长。同时创造了有利于乳酸发酵的条件，促使乳酸菌生长，使坛内原料产生酸味，5天后即可食用。

② 干泡。蔬菜洗净后对剖几刀—涂抹酱料—塞入缸坛压紧—密封发酵—7天后即可食用。

干泡的酱料一般用蒜末、辣椒面、盐、香油、白糖、梨末等调和而成。

说明：①原料清洗后，要晾干水分再行制作。②制作泡菜要使用特制的坛子，在口径的凹口处可以用水封口，这样完全杜绝了外界空气的进入，使厌氧的乳酸菌更好地发酵。

③如原料发酵过火，酸味太重，食用时则可加糖减轻酸味。

（五）腌制

腌制是利用盐、糖等溶液的渗透作用，使原料中的水分脱出，味汁进入原料内部，同时，又可以将细菌细胞体中的水分渗出，细菌细胞内因大量失水，原生质萎缩，从而使细菌细胞的原生质分离，导致细菌的“质壁分离”，不能繁殖或死亡，从而保持原料不变质。

1. 盐腌

概念：盐腌是利用盐的渗透作用，长时间腌制使之入味的一种加工技法。盐腌又分干腌和湿腌。蔬菜经盐腌后可直接食用。

特点：风味别致，咸香入味。

原料：多选用水产、禽畜和蔬菜等动植物原料。

制作程序：原料略干—放入容器—撒上盐—压实压严—数天至月余—生食或熟食。

（1）干腌

① 生料干腌。把洗净的鱼类、禽畜类生料滴净血水，放入容器，一层原料一层盐，并且压实压严，甚至在原料上面再压数块石头，腌至数天，启缸吊挂风干半月，食用时另行熟处理。

② 熟料干腌。把禽畜类原料煮熟后晾凉，放入容器，裹上盐，密封存放数天，改刀加工即可食用。

（2）湿腌

① 生料湿腌。蔬菜类原料放入容器，一层原料一层盐，并且压实压严，甚至在原料上面再压数块石头，一天内原料就溢出水分，腌至月余后生食或另行加工成熟食用。禽蛋类原料加饱和盐水浸20余天，煮熟可食。

② 熟料湿腌。把水产类原料用浓盐水浸没原料，腌至1天，改刀食用。

2. 酱油腌

概念：酱是利用酱油的渗透作用，长时间浸没在酱油之中使之入味，晾干后蒸制成菜（或直接食用）的一种加工技法。

特点：色红味咸，酱香浓郁。

原料：多选用禽畜及其内脏和鱼类等原料。

制作程序：①干腌：原料略干—浸入酱油—数天后挂起晾干—食用时另行熟处理。把禽畜类生料滴干血水，放入容器，用酱油浸没，腌至数天，吊挂风干半月，食用时另行熟处理。②湿腌：原料略用盐脱水，或和捏脱水—浸入酱油—数小时或数天后滤去酱油—食用时添加调味料（如香油、糖、味精等）。

说明：①干腌酱制工艺一般选用禽畜类原料，宜在冬天进行。吊挂风干时最好用太阳晒两次，以增加香味。②有些在酱油内放入八角、姜、酒等，增加风味。③湿腌酱制工艺一般选用蔬菜类原料，如萝卜、黄瓜。

3. 碱腌

概念：碱腌是利用纯碱、石灰、食盐、氧化铅等材料构成混合制剂，对鲜蛋浸拌而使之变性成熟的一种加工技法。

原料：多选用鸭蛋、鹌鹑蛋等禽蛋类原料。

工艺说明：变蛋的工艺流程与配方很多，如一般将变蛋分为溏心与硬心两大类，前者叫京彩蛋，后者叫湖彩蛋，这两类变蛋的变制、配料均不相同。另外，鸡变蛋、鸭变蛋、鹌鹑变蛋乃至鹅变蛋的加工方法亦有区别。在配料上，又有无铅、有铅、无铅增锌等不同。在致变剂介质方面，有泥和水两种，用泥者叫泥包致变法，用水者叫浸泡致变法。前者多用于硬心变蛋（湖彩蛋），是传统方法；后者多用于溏心变蛋（京彩蛋）。常用的变制原料有生石灰、纯碱、食盐、茶叶、松柏枝和水。

说明：现在制作变蛋已成为食品工业加工的范畴，既能大批量生产，又能保证产品的安全可靠，所以一般不列入烹饪工艺。

（六）热制

热制凉菜指的是加热烹调晾凉后成菜，是冷菜制作中常采用的技法。这些技法与热菜技法有所不同，具有冷菜的特色和风味。

1. 卤

概念：卤是指将大块或整形原料，放入卤汁中，中火加热使之入味成熟，晾凉后装盆的一种加工技法。

特点：色红酱香，滋润醇厚。

原料：多选用畜肉、禽蛋类原料及其内脏。

制作程序：禽畜类或其内脏、禽蛋等整形或大块原料—放入卤汁—中火加热—使之成熟入味—晾凉后改刀装盘。

锅底先放竹垫和葱姜，再放整形或大块原料，加入调料与老卤，大火加热至沸，中火使之成熟入味，至原料酥软起锅，晾凉后改刀装盘。

说明：①卤水一般由酱油、黄酒、糖、葱姜、香料熬制。②原料起锅后留下卤水，第二次卤制时加入，这习惯称老卤，能起色增香。③动物内脏建议焯水后卤制。

2. 冻

概念：冻是指利用原料的胶质（或酌加含胶质原料），经加热蒸煮使胶质充分溶化，再经冷却凝固成菜的一种加工技法。

特点：外形晶莹透明、口感柔嫩爽口。

原料：多选用已加工成小块的畜肉、鱼虾、水果、禽蛋类原料。

制作程序：

① 把含胶质的原料趁热倒入容器中—冷却后凝固—覆扣装盘—把含胶质较多的鱼、羊肉烧好—趁热倒入容器中—冷却后凝固—覆扣装盘。

② 原料放在容器中—倒入溶化后经调味的胶质—冷却后凝固—覆扣装盘。

把水果、虾仁、鸡等原料加工成丝、丁状放入容器，倒入用猪皮（琼脂）熬制的胶质液体，冷却凝固后，直接食用或改刀装盘食用。

说明：如外加胶质，一般荤菜采用猪皮、鱼胶制咸鲜味冻菜，水果类采用琼脂胶制甜味冻菜。

3. 炸收

概念：炸收是指将用油处理后的半成品入锅，加调味用中火或小火加热，使之入味收汁成菜，晾凉后装盘的一种加工技法。

特点：色泽棕红，醇厚酥松。

原料：鱼类、畜肉类、豆制品、禽及禽蛋类原料。

制作程序：原料经刀工处理—用油熟处理—调味收汁—晾凉—两次调味—装盘。

原料加工成丝、条、片、丁、块、段等形，经油炸后沥尽油，放入复合调味，中火加热，使之酥烂入味，收汁起锅，倒入容器晾凉。因晾凉后色无光泽，再加香油或辣椒油拌匀后装盆。

说明：炸收的口味多为复合味，如咸甜味、五香味、麻辣味、怪味、鱼香味、茄汁味、豉香味、糖醋味、咸鲜味及咖喱味等。

4. 酥

概念：酥是指将经油熟处理后的原料有顺序排列于锅内，加含醋的调料，用小火焖至酥软，晾凉后装盘的一种加工技法。

特点：骨酥肉烂，香酥适口。

原料：多选用整形或加工成块的鱼、排骨和海带等原料。

制作程序：原料加工洗净—用油加热至酥脆—沥尽余油—加醋等调料—小火焖至酥软收汁—晾凉后食用。

原料加工洗净，炸制酥脆沥尽余油，另锅内加酱油、糖、酒、香料及醋等调料，小火焖至酥软收汁成菜，晾凉后装盘食用。

说明：收汁时为了使成菜湿润光泽，有时打破常规使用热菜中的芡粉，但要少而薄，只起光泽而看不到芡汁。

5. 制松

概念：制松是将原料通过油炸、烘烤、翻炒等方法，使之脱水成菜的一种加工技法。

特点：形似细蓉，质地酥松。

原料：多选用鱼类、禽蛋类、豆制品及蔬菜类原料。

制作程序：原料加工处理—经油炸、翻炒、烘烤处理—沥净油—调味—装盆。

原料加工成丝、块、液等形，经油炸、翻炒后沥尽油，放在纸巾上吸净余油，拌入调味装盘。

说明：液体原料在加热前调味。

制熟工艺篇

烹饪工艺是一项实践性非常强的技术，但这项技术离不开深厚的理论知识积累。只有实践和理论相结合，才能使学习更为有效，更为快捷。

本篇紧紧围绕一个个制熟工艺为任务目标，在强烈的探索动机驱动下，通过专业教师的演示，进行主动学习。里面甄选了一批各地职业技能鉴定的考核菜肴。要求学习者通过各项任务的操作，了解典型菜肴的制作规律，与其操作要领，从中悟出道理。从而提高分析问题和解决问题的能力，为今后学习打下扎实的基础。

——大师箴言

第五章　上浆、挂糊和勾芡、调汁

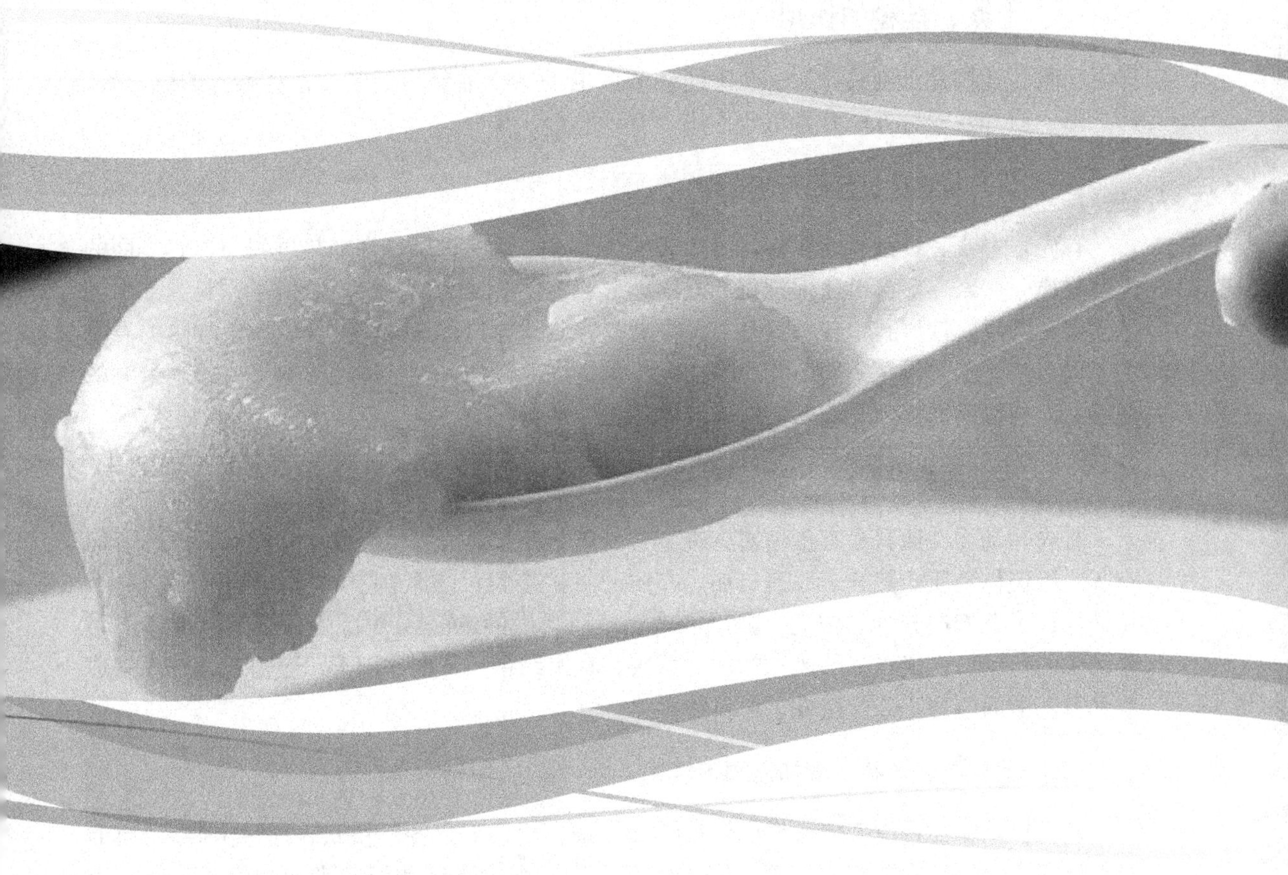

学习目标

上浆、挂糊和勾芡是烹调的基本工艺，通过学习，了解上浆、挂糊和勾芡的作用、种类和技法，以及它们的相互关系，熟记其使用方法，并能结合实际进行实践运用。

第一节　上浆、挂糊的知识和技能

上浆、挂糊，就是将经过刀工处理的烹饪原料，在其表面挂上一层黏性的流体物质或半流体物质。由于原料表面挂上了一层黏性物质或一层保护性物质，故在饮食业又被称为“着衣”。浆、糊主要用于炸、烹、熘、炒、爆、烧等烹调方法。另外，煎、贴、煸、烩等烹调方法中的一部分工艺，有时也要采用上浆和挂糊的方法，保证成品的特点。

一、上浆、挂糊的作用

上浆、挂糊是烹制菜肴的一个中间环节，也是一个重要的工序。它对菜肴的色、香、味、形、质和营养等方面有着重要作用。

（一）保持原料的水分和鲜味

首先，上浆、挂糊后的原料，由于表面增加了一层保护层，在加热过程中，其表面的流体物质——浆、糊会迅速地糊化和凝固，形成不同质地的保护层，阻碍了原料内部水分的流失和外溢，使原料中各种氨基酸损失减少，确保原料的鲜味。其次，由于加热的温度的不同，浆、糊的厚薄不同，其产生的效果也不同。例如，上浆能使原料形成柔软滑润的质感；而挂糊能形成原料松软、酥脆或外焦里嫩的不同质感。

（二）保持原料的营养成分和风味物质

首先，动物性原料含有蛋白质、维生素、脂肪等营养成分。上浆、挂糊后，原料表面有了一层流体物质，隔绝了原料与加热介质的直接接触，使原料中的营养成分不易溢出，从而保护了营养成分少受损失。其次，动物性原料中的ATP（腺嘌呤核苷三磷酸）经过各种酶的作用，生成重要的风味物质。再次，在组织蛋白酶的作用下，蛋白质部分水解成肽和氨基酸而游离出来，改变了原料的风味。

（三）保持原料形状，增加光润饱满度

动物性原料经过改刀后，形成较小的片、条、丝、丁和各种块状。通过上浆、挂糊，不仅保持了原料固有的形状，而且糊、浆在不同的温度下还能形成光润饱满的形状。例如，蛋白质加热凝固，尤其卵蛋白的凝固，使菜肴表面滑嫩光亮；流体物质糊化膨胀形成酥脆饱满的形状，从而达到形体光润饱满的目的。

（四）促使成品色泽鲜艳、色调丰富

浆、糊虽然以淀粉为主，但有些浆糊配料不同，还有蛋液、面粉和发酵粉等物质。所以，浆、糊在不同的油温下会形成不同的色泽，使菜肴成品色泽鲜艳、色调丰富。

二、浆、糊的原料和种类

（一）浆、糊的原料

浆、糊的主要原料有淀粉、面粉、鸡蛋。制浆时淀粉所起的作用是最重要的，淀粉的糊化能形成一定的保护层和黏稠度，一般选用的淀粉为马铃薯淀粉、玉米淀粉、甘薯淀粉等，以糊化速度快、糊化效果好、黏度上升快、透明度高的淀粉为首选淀粉。当然淀粉还有绿豆淀粉、糯米淀粉，这些一般不作上浆、挂糊用，绿豆淀粉制作粉丝，而糯米淀粉制作汤圆。

鸡蛋是上浆必需原料，选择鸡蛋一要新鲜，二不要冷冻。因为有的浆、糊只用鸡蛋清或鸡蛋黄，如果鸡蛋不新鲜就不容易分离，将会影响菜肴色泽。

（二）浆、糊的种类

1. 浆的种类

（1）水粉浆

水粉浆主要是用干淀粉和水调制成稀浆状，加入码味的原料中，拌匀抓透。适用于熘、炒、氽等烹调方法，如炒猪肝、爆腰花等菜肴。

（2）蛋清粉浆

蛋清粉浆主要是用鸡蛋清、水淀粉，加入腌制的原料中，拌匀抓透。适用于滑熘、滑炒、软炒等烹调方法，是常用的浆料，如滑熘里脊、滑炒鸡丝冬笋、糟熘鳜鱼卷、水晶虾仁、四宝炒鲜奶等菜肴。

（3）全蛋粉浆

全蛋粉浆主要是用全蛋液、水淀粉，加入码味的原料中，拌匀抓透。适用于熘、炒、爆等方法烹制的有色菜肴，如熘肉片、钱江肉丝、酱爆肉丁等菜肴。

（4）苏打粉浆

苏打粉浆主要是用鸡蛋清、水淀粉、苏打粉、水、精盐和白糖，直接加入原料中，拌匀抓透，促使原料充分吸收浆水，达到嫩化的目的。适用于熘、炒等烹调方法，如蚝油牛肉、尖椒牛柳、沙茶牛肉等菜肴。

（5）脆皮粉浆

脆皮粉浆主要原料有酵母或发酵粉、面粉、淀粉、饴糖、水、醋、盐和油等调制而成。饮食业常用的有 3 种。

① 酵母脆皮粉浆。主要是将酵母、面粉、淀粉、荸荠粉、精盐和水，放入容器内搅拌均匀，静置发酵 4h 左右，使用前加油搅拌均匀。适用于炸、烹等烹调方法，如炸春卷、香烹凤尾虾、炸生蚝等菜肴。

② 发酵脆皮粉浆。主要是将发酵粉、面粉、精盐、淀粉、水和油，放入容器内搅拌均匀，静置发酵 4h 左右。常用于炸的烹调方法，如脆炸肉丸、脆皮大虾等菜肴。

③ 脆皮粉浆。主要是将米醋、水淀粉和饴糖等搅拌均匀，然后抹在半熟或全熟的热原料的表面，挂通风处吹干或晾干。适用于炸、烤等烹调方法，如大同脆皮鸡、脆皮大肠、微波炉烤鸡等菜肴。

2. 糊的种类

糊的调制较为复杂。由于使用原料性质的不同、比例不同，糊的种类也有一定的差异。常用的糊有以下 8 种。

（1） 水粉糊

水粉糊主要是用干淀粉和水调制而成（200g 干淀粉加 160g 水调和）。适用于干炸、熘、烹等烹调方法，如干炸肉段、炸烹肉片、糖醋鲤鱼等菜肴。

（2） 全蛋糊

全蛋糊主要是用全蛋液、淀粉、面粉调制而成（面粉与淀粉的比例为 6∶4）。适用于炸、熘、烹、锅烧等烹调方法，如软炸虾仁、糖醋鱼块、清烹鸡条、锅烧肘子等菜肴。

（3） 蛋清糊

蛋清糊主要是用鸡蛋清、淀粉调制而成。适用于软炸、拔丝等烹调方法，如软炸鸡脯、酥白肉等菜肴。

（4） 蛋泡糊

蛋泡糊（又称“高丽糊”）主要是将鸡蛋清搅打成蛋泡状（将空气搅打在蛋清中，形成泡沫液膜，将空气截留住，逐步形成稳定性的泡沫），再加入淀粉搅拌均匀，即为蛋泡糊。适用于松炸、蒸等烹调方法，如高丽大虾、鸳鸯飞龙汤等菜肴。

（5） 干粉糊

干粉糊没预先调糊，实际上是一种将原料码味，或网油卷包成形后，直接沾干淀粉或面粉的一种方法。适用于煎、炸、烹、炒等烹调方法，如松鼠鳜鱼、抓炒豆腐等菜肴。

（6） 拍粉拖蛋糊

拍粉拖蛋糊没预先调糊，是一种将面粉或淀粉先拍沾在原料表面，然后再拖上一层鸡蛋液的一种方法。适用于煎、煽、焖等烹调方法，如锅煽豆腐、油泼鱼扇等菜肴。

（7） 拍粉拖蛋沾料糊

拍粉拖蛋沾料糊也是一种将码味后的原料，先沾上面粉，后拖上鸡蛋液，再均匀沾上各种沾料（面包糠、椰蓉、芝麻、花生仁、核桃仁、松子和粉丝等原料）的一种方法。主要适用于炸，如奶油鸡球、椰蓉鱼片、芝麻肉条、果仁鸭方、松子大虾、银丝鸡球等菜肴。

（8） 发粉糊

① 发粉糊。一种是用面粉、发酵粉和水调制而成，适用于酥炸，如苔菜拖黄鱼。

② 脆皮糊或脆皮浆是用面粉、淀粉、发酵粉、色拉油、蛋清调制，一般为 24∶1∶1∶4∶4 的比例加水调成薄浆，适用于脆炸，如脆皮大虾、脆皮鲜奶。

三、上浆、挂糊的操作要领

（一）上浆的操作要领

上浆前原料必须先进行码味（基本调味），再放入浆料，调匀抓透。由于上浆时原料性质不同、质地不同、品种不同和烹调方法不同，上浆的操作要求亦不同，详细要领如下。

1. 掌握浆的浓稠度

浆的浓稠度，主要是根据原料性质和烹调的要求确定。

质嫩形小的原料，浆要稠一些；质老形小的原料，浆要稀一些。因为质嫩的原料一般含水量较多，吸水性能较差。所以，上浆时浆要稠一些，既可防止原料失水，又能避免脱浆。反之，质老的原料，含水量较少，吸水能力较强。所以，上浆时浆要稀一些，有利于纤维充分吸收水分，达到嫩化的目的。冷冻的原料，浆要稠一些；新鲜的原料，浆要稀一些。立即烹调的原料，浆要稠一些；等待烹调的原料，浆要稀一些。

2. 掌握上浆的顺序

上浆的原料一般以鸡蛋液、淀粉等为主，这两种原料由于性质的不同，上浆的顺序也有先后。上浆的原料，一般在上浆前码味（用料酒、精盐、葱姜汁、味精等)。因为，盐是电介质具有渗透性，促使盐分与原料内部水分的结合，形成了原料表面的黏稠度。而鸡蛋液具有良好的亲水性，上浆时加入鸡蛋液，鸡蛋液的水分与原料表面的黏稠度马上融合，产生胶黏物质而包裹在原料表面。因淀粉在冷水中呈粉末状的悬浮物，亲水性能较差，所以淀粉必须后加，使淀粉与胶黏物质搅拌均匀，形成一层混合状的保护层。这层保护层在一定温度（56～80℃）下就会产生糊化作用，形成原料表面柔软滑嫩的黏性物质，有利于保护营养成分和水分。

上浆的步骤如图 5－1 所示。

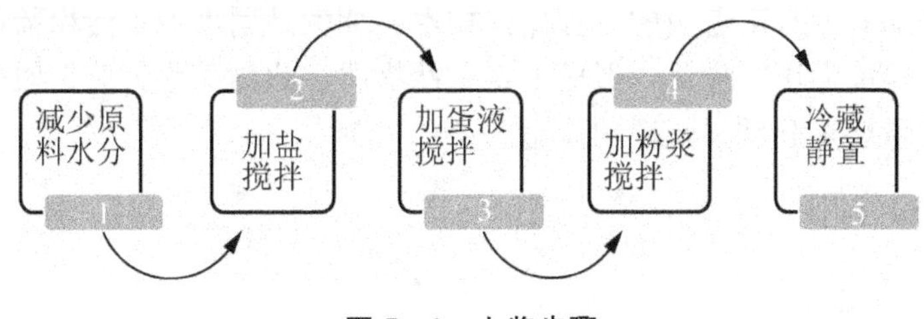

图 5－1 上浆步骤

3. 掌握上浆的时机

上浆的时机与均匀度也影响着成品的质量，这是因为加入淀粉后，短时间不可能和原料的胶黏物质达到充分融合，所以，首先，必须有一个静置过程，使胶黏物质与淀粉颗粒有充足的融合时间完成上浆全过程。其次，上浆必须抓拌均匀，使浆均匀地包裹在原料表面，防止加热时因上浆不均匀而产生失水现象。

（二）挂糊的操作要领

1. 掌握浓稠度

糊的浓稠度，主要是根据原料性质、烹调的要求和成品的特点确定。

(1) 鲜嫩或软嫩的原料，糊应稠些；质较老、含水量小的原料，糊应稀些。因为糊稠可以保护原料中的水分、鲜味和营养成分，使其快速达到酥脆、鲜嫩的要求；反之，糊稀可促使表面水蒸气向内传热，从而达到酥脆鲜嫩的目的。

(2) 冷冻的原料，糊要稠一些；新鲜的原料，糊要稀一些。因为冷冻的原料，内部的水分（结合水、不易流动水和自由水），还没有彻底缓解过来，易形成失水现象，所以糊必须稠一些，以使原料内部水分化解后，形成混合或适度的糊状；反之，糊要稀一些，补充原料水分。

(3) 挂糊后立即烹调的原料，糊要稠一些；不立即烹调的原料，糊要稀一些。因为挂糊后立即烹调的原料，不受环境与温度等的影响，水分不会散发。另外，淀粉中的小颗粒还没有彻底溶解，所以，糊可以稠些；反之，糊要稀一些。

2. 掌握均匀度

调糊时必须先慢后快、先轻后重、先厚后薄，使面粉颗粒充分调匀，糊虽呈稠厚但均匀细腻，无颗粒。这样加热时就不会造成炸爆现象，成品外观美观，均匀度强。

3. 均匀包裹

挂糊时要把原料表面均匀地包裹起来，形成一个完整的保护层，避免造成失水，导致色泽不一。所以，糊一定要把原料表面包裹均匀，使成品达到菜肴所要求的标准。

第二节 勾芡调汁的知识和技能

勾芡就是根据烹调的要求，在菜肴接近成熟或成熟装盘后，将调好的粉汁淋入锅内，使汤汁浓稠以增加对原料附着力的一种操作技术。芡就是用水把干淀粉稀释成粉汁成水淀粉，水淀粉在一定的温度下糊化，形成一定黏性物质，此物质称为芡。勾芡是否合理、恰当，对成品的质量要求起到关键性的作用。

一、勾芡的作用

（一）能增加菜肴的滋味

勾芡能增加菜肴的滋味，其原因是原料内部的呈鲜味物质溶于水，所加的鲜汤和调味品在短时间没有完全入味，故大部分鲜味和调味品在汤汁中。通过勾芡促使汤汁黏稠度增大，使芡汁均匀地吸附在原料的表面，使菜肴具有滋味。

（二）能增加菜肴的光泽

菜肴通过勾芡，使淀粉糊化产生溶胶体。这种溶胶体不仅具有透明度，而且具有一定的光泽，使菜肴增添光泽。

（三）能突出菜肴的风格

有些羹汤菜肴，勾芡后再加主料，使主料不沉底，浮游于羹、汤之中，既增加了菜肴的美观，又突出了主料的特点。另外，勾芡使菜肴具有一种滑润的口感，从而形成了菜肴不同的风格。

（四）能保持菜肴的温度

俗语"一热顶三鲜"，菜肴的温度直接关系到菜肴的质地和味道。芡汁能使菜肴具有较好的蓄热性，延缓了菜肴热量的散发，起到了保温作用。

二、粉汁的调制

芡和汁是两种不同的概念。芡是指经过加热后具有一定黏稠度的淀粉溶胶体；而汁是在进行勾芡前调制的粉汁，粉汁经加热使之成为黏稠的液体而变成芡。

（一）单纯粉汁

单纯粉汁是用淀粉和水调制而成。这种粉汁主要用于炒、烧、烩、焖、扒等烹调方法，一般用于菜肴定味。在汤汁适量时淋入单纯粉汁，使剩余的汤汁浓稠，增加成品的光泽、色泽、滋味和质感。

（二）调味粉汁

调味粉汁是用鲜汤、调味品和淀粉调制而成。这种粉汁主要用于滑炒、熘、爆等烹调方法，一般在菜肴接近成熟时，将调味粉汁加入菜肴中，使菜肴达到所要求的标准。

三、芡的种类

由于菜肴的烹调方法、要求不同及菜肴成品特点不同，其芡的浓稠度、使用方法也应不同。芡可分为包芡、流芡、米汤芡 3 类。

（一）包芡

包芡又称紧芡、厚芡和抱芡。芡汁中淀粉含量较多，加热成熟后可使菜肴的汤汁成为黏稠的淀粉溶胶体，将原料均匀地包裹起来。适用于爆、熘等烹调方法，如油爆双脆、焦熘肉段、糖醋里脊等菜肴。

（二）流芡

流芡是一种能够流动的芡（浓稠度较包芡要稀）。芡汁中淀粉的含量较少，加热成熟后芡汁具有一定的黏稠度，能增进菜肴的滋味和色泽。适用于烧、扒、焖等烹调方法，如扒肘子、红烧鱼、黄焖鱼翅等菜肴。

（三）米汤芡

米汤芡是一种很稀的芡汁，类似米汤，故称米汤芡。米汤芡透明度强、黏度小。适用于羹、汤等菜品，如酸辣汤、海参黄鱼羹、八珍海味羹等菜肴。另外，许多造型菜肴的浇芡也是选用米汤芡，如一品豆腐、鸳鸯荷花虾等菜肴。这种芡使菜肴的造型不被破坏，而且还能增加菜肴的光泽，故也称玻璃芡。

四、勾芡的方法

勾芡是烹调菜肴最后的一道工序，也是一个重要的关节。只有掌握勾芡的方法和要求，才有可能掌握好菜肴芡汁的多少和稀稠，使其达到成品所要求的标准。

一般勾芡的方法是根据烹调方法的要求和成品的特点确定的，在烹饪行业常用的方法有拌、淋、浇3种。

(一) 拌

拌是使用最广的一种勾芡方法，具体又可分为调芡、兑芡、卧芡3种。

1. 调芡

调芡就是在菜肴的口味、色泽确定之后，用粉汁加入锅内，与原料和汤汁一起加热搅拌均匀的一种勾芡方法。主要适用于炒、烧、焖、烩等烹调方法，如宋嫂鱼羹、碎烧鱼块、虾籽烩豆腐等菜肴。调芡是勾芡中使用频率最多的一种方法。

2. 兑芡

兑芡是使用调味粉汁，等菜肴接近成熟时，将调味粉汁倒入菜肴搅拌，使原料表面均匀地包裹上一层芡汁的一种方法。主要适用于炒、熘、爆等烹调方法，如滑熘里脊、油爆肚仁等菜肴。兑芡是勾芡中使用较多的一种方法，具有操作迅速、简便的特点。

3. 卧芡

卧芡也是使用调味粉汁，将兑好的芡汁先倒入锅内加热成芡，再倒入原料搅拌均匀的一种方法。主要适用于熘、炒、爆等烹调方法，如抓炒豆腐、焦炒肉条、油爆双花、樱桃肉等菜肴。卧芡成芡把握大，适用于量大的菜肴。

(二) 淋

淋是使用单纯粉汁，就是在菜肴接近成熟时，一面淋入粉汁，一面晃动锅中菜肴，使菜肴汤汁浓稠，并均匀地吸附在原料的表面的一种勾芡方法。主要适用于扒、烧、焖等烹调方法，如扒鸡腿海参、扒原壳鲍鱼、扒鸡蒙三白、红烧鱼、黄焖鱼翅等菜肴。淋是勾芡中难度最大的一种方法，既要芡汁均匀，又要使原料相互黏合，更要大翻勺，使成品具有形状整齐、形体完整的特点。

(三) 浇

浇是使用调味粉汁，在成品装盘后将调味粉汁加热成芡后，浇在成品上的一种勾芡方法。主要适用于炸、熘、蒸、焖等烹调方法，如黄河糖醋鲤鱼、五柳鱼、西湖醋鱼、八宝莲籽等菜肴。浇是勾芡中使用较多的一种方法，具有形状美观、操作简便的特点。

五、勾芡的基本要求

（一）掌握勾芡的时机

勾芡必须在菜肴接近成熟或成熟时进行，过早或过迟均会影响菜肴的质量。其原理是淀粉糊化需要一定时间，过早或过迟勾芡均会降低菜肴的质量。所以，勾芡要根据烹调要求和成品特点，在菜肴接近成熟或成熟时进行。

（二）掌握勾芡的黏稠度

勾芡必须根据烹调方法和成品特点的要求进行。过多的汤汁或过少的汤汁，以及火候的大小对成品的质量均会产生影响。所以，勾芡必须在锅内的汤汁沸腾、汤汁适量的情况下进行，而且加入的淀粉数量不宜过多或过少，以达到菜肴所要求的黏稠度。

（三）确定菜肴的滋味、色泽后再进行勾芡

勾芡必须在菜肴的口味、色泽等确定后再进行，这样，芡汁和调味品能均匀地包裹在成品表面，使成品不仅具有滋味、色泽，而且具有一定的光泽度。反之，勾芡后再弥补口味或色泽就很困难。另外，含油量过多，芡汁不能均匀地包裹成品，易造成流芡等现象，达不到理想的勾芡效果。

（四）使用得当

首先，勾芡虽然是形成菜肴属性的一项重要手段，但使用不当也会降低菜肴质量。例如，炒蒜苗、炒豆芽、炒西红柿等菜肴勾芡，反而会影响成品的质量。其次，使用有黏性的调味品或糖类调味品，一般也不需要勾芡或少用淀粉勾芡，如酱爆鸡丁、钱江肉丝、京酱鸭条、干烧鱼、焅大虾等菜肴。最后，含胶原蛋白多的或淀粉含量高的烹饪原料，一般也不需要勾芡或少用淀粉勾芡，如猪肉炖粉条、红烧蹄髈、肉末粉丝等菜肴。

第六章　直接水传热制熟工艺

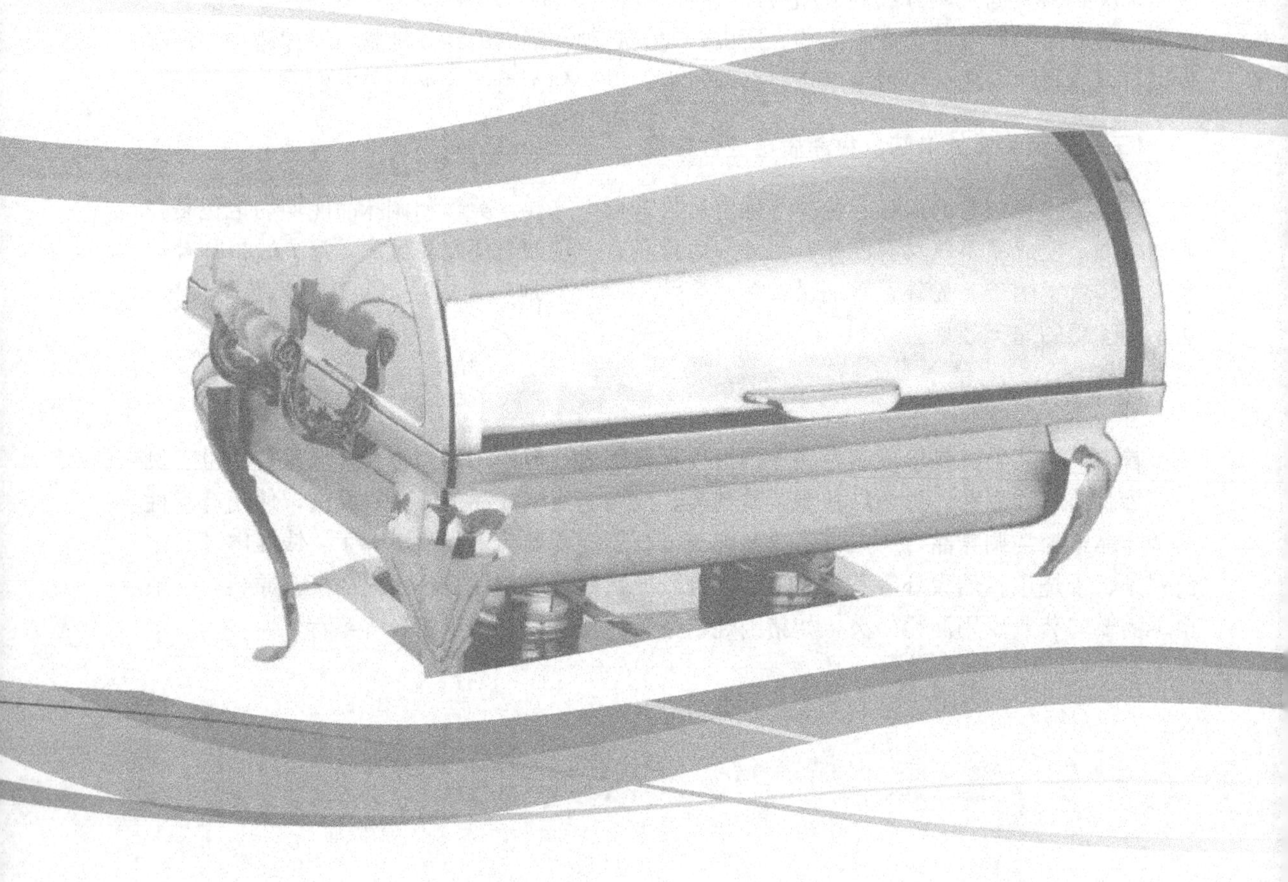

学习目标

通过对本章的学习，了解其工艺原理和制作规律，掌握其典型菜肴的制作流程、制作关键和操作要领，并学会分析菜肴制作成功和失败的原因。

水传热制熟工艺是液态介质传热烹调法的一种，有直接制熟和初步热处理后制熟两类。本章的任务主要是学习直接制熟工艺。直接制熟就是原料不经任何热处理直接用水加热制熟的工艺，如焐制工艺、汆制工艺、煮制工艺、炖制工艺及烩制工艺等。

第一节　焐制工艺、汆制工艺

一、焐制工艺——实践操作

(一) 清汤鱼圆工艺

原料：净鲢鱼肉200g、熟火腿片3片（25g）、熟冬笋片3片（25g）、水发熟香菇1朵、豌豆苗（或青菜心）25g、精盐17g、味精2.5g、清汤750g、熟鸡油2.5g。

制法：

(1) 将鱼肉先切片、再切丝、切粒，后用双刀轻轻排剁至鱼泥起黏性，盛入器钵中，放入精盐15g、味精1.5g，陆续加入清水400mL，顺一个方向搅拌至鱼泥起小泡，静置10min，让其发胀。

(2) 锅中置冷水1500mL，将鱼蓉挤成鱼圆24颗直接入锅，中火加热至水温升高，当鱼圆稍结实，用勺逐个翻转鱼圆，使其受热均匀。当水温升至90多度，改用微火加热5min。

(3) 将清汤舀入炒锅，置于旺火上烧沸后，把鱼圆轻轻放入锅中，加精盐2g、味精1g及豌豆苗。然后，将鱼圆及汤倒入汤碗内，熟火腿片和熟冬笋片置于鱼圆上面，摆成三角形，中间摆上熟香菇，四周以豌豆苗点缀，淋上熟鸡油，即成。

特点：汤清、味鲜、滑嫩、洁白。

说明：

(1) 传统制蓉一般用刀锋将鱼肉慢慢刮下，再排剁。现在多为将鱼块直接投入粉碎机，打成蓉。

(2) 根据地区习惯，有些厨师直接用手把鱼蓉挤成球，有些则使用汤勺成形。

(3) 要掌握火候。鱼圆加热过程中不能大沸，否则鱼圆表面结皮，汤不清。

演绎：类似的菜肴有杭州名菜“斩鱼圆”、阳光酒店招牌菜“鸳鸯狮子头”、湖州浙北大酒店的“蟹黄鱼蓉蛋”等。

(二) 白斩鸡工艺

原料：嫩公鸡1只、姜5g、葱白5g、精盐0.5g、花生油6mL。

制法：

(1) 葱、姜切成细丝并与精盐分盛两个小碟，拌匀。用中火烧热炒锅，下油烧至微沸，取出，分别淋在两个小碟上，供佐膳用。

(2) 将鸡洗净，放沸水中浸煮，中间提出两次，倒出腔中的水，以保持内外温度一致。约浸15min至熟（以斩出来的鸡块骨髓带血为适），用铁钩勾起，放在冰开水中浸没冷却透，并洗去绒毛、黄衣。捞起晾干表皮，刷上熟花生油，斩成小块，盛入碟中，蘸着调料佐食。

特点：成菜色泽金黄，皮脆肉嫩（骨髓带血为适），滋味异常鲜美，百吃不厌。

说明：

（1）白斩鸡通常选用鲜嫩的三黄鸡。

（2）焐制前最好在沸水中提两下，避免破皮。

（3）应严格掌握火候。

（4）鸡断生后，应趁热放入冰水（可直饮的）中浸没冷却，才能做到皮脆。

演绎："醉鸡"，通常是将"白斩鸡"斩件后浸入糟卤汁中而成的。"手撕鸡"只是装盘的方式不同而已。

(三) 焐制操作要领

（1）焐制工艺因加热时间不长，故原料必须新鲜。

（2）应严格掌握火候，保证菜肴质感和菜肴成形。

二、汆制工艺——实践操作

(一) 榨菜肉丝汤工艺

原料：猪里脊肉丝 100g、榨菜 80g、生姜 1 片、小葱结 1 个、精盐、味精 1g、肉清汤 250mL。

制法：

（1）肉丝放入碗内，加入冷水，浸出血水；将榨菜洗净，切成细丝，用冷水浸泡出咸味，待用。

（2）炒锅上火，加入肉清汤烧沸，立即将榨菜、肉丝下锅汆熟，用漏勺捞起，放入干净的汤碗中。

（3）待锅中肉汤再沸时，倒入泡过肉丝的血水、生姜、葱结，待血水凝固浮起，将锅半离火，用手勺撇去浮沫、生姜、葱结，加入味精，将汤倒入汤碗中，即可。

特点：汤清见底，榨菜爽脆，肉丝鲜嫩。

说明：

（1）榨菜丝和肉丝要粗细均匀、长短一致。

（2）要掌握好榨菜丝和肉丝的加热时间，汤切忌旺火沸腾而造成汤浑浊。

演绎：类似的菜品有"西湖莼菜汤"等。

(二) 三片敲虾工艺

原料：大河虾 500g、熟火腿片 40g、熟鸡脯肉 40g、水发香菇 50g、绿色蔬菜 50g、绍酒 15mL、精盐 8g、味精 3g、清汤 800mL、干淀粉 200g。

制法：

（1）将河虾去头（留尾）剥壳，剔除沙线，用清水洗净，沥干水，拍上干淀粉，用小木槌逐只轻轻排敲成扇形片。然后，入锅用旺火沸水汆熟，捞起转入清水中过凉。熟火腿、香菇、熟鸡脯肉均切成菱形片。

（2）将炒锅置旺火上，舀入清水烧沸，再将虾片入锅焯一下，沥去水。另取炒锅一只置中火上，舀入清汤，将沸时放入虾片，加精盐、绍酒、火腿片、鸡脯片、香菇片和绿色

蔬菜，烧沸后撇去浮沫，放入味精，即成。

特点：鲜美爽滑，清澈见底。

说明：

(1) 选料要新鲜，可用明虾等代替。

(2) 当虾较大时，可先剖开成大片，再去沙线。

(3) 敲虾时要厚薄均匀，不破碎

(4) 虾片汆制时间要短。

(5) 清汤不能大沸，否则清汤不清。

演绎：类似的菜肴还有“清汤燕窝”、“汤爆双脆”、“汤爆螺片”、“三丝敲鱼”、“蝴蝶鱼片”等。“蝴蝶鱼片”是将片好的鱼片不拍粉，直接贴在盛器底部和四周，鲜汤烧沸、调味后倒入盛器中即可。

(三) 汆制操作要领

(1) 原料必须新鲜。

(2) 刀工成形为薄片或小型块条。

(3) 灵活掌握火候，保证汤清鲜醇、质地鲜嫩或脆嫩。

(4) 所用的调料除葱、姜、酒外，只用精盐、味精，一概不用有色调料。

第二节 煮制工艺、炖制工艺、烩制工艺

一、煮制工艺——实践操作

(一) 鱼头浓汤工艺

原料：花鲢鱼（鳙鱼）头 750g、火腿 25g、小白菜 50g、小葱 10g、姜 10g、黄酒 20mL、盐 5g、味精 3g、炼制猪油 30g、鸡油 5g、姜汁醋 10mL。

制法：

(1) 带肉鱼头，对剖，鳃肉处各轻剐一刀，用清水洗净。

(2) 小白菜择洗干净，大的一开四，小的对剖开；熟火腿切薄片；姜去皮拍松。

(3) 将鱼头先用沸水烫一下，备用。

(4) 炒锅置旺火上烧热，滑锅后下熟猪油，至五成热时，将用沸水烫过的鱼头剖面朝上放入炒锅略煎，翻转鱼头；再放入黄酒、葱结、姜块，加沸水 1 750mL，盖上锅盖，用旺火烧约 5～7min；再加入小白菜心略滚，约 1min。

(5) 再将鱼头取出盛入品锅，菜心放在鱼头的四周；捞去汤中的葱姜，撇去浮沫，加精盐和味精调味。

(6) 将汤汁用细筛滤过，倒入品锅，排放好火腿片，淋上熟鸡油。

(7) 上桌随带姜汁醋一碟。

特点：此菜汤浓如奶，鱼肉油润嫩滑，鲜美可口，别有风味。

说明：

(1) 鱼头必须新鲜。

(2) 原料需经油煎制，最好使用动物油脂煎制。

(3) 加沸水煮制，并采用旺火使汤水沸腾。

(4) 一次加水充分，中途不掀锅盖。

(5) 待汤汁浓白再添加精盐调味。

演绎：类似的菜肴有奶汤鲫鱼、醋椒鲫鱼、雪菜大汤黄鱼等。

(二) 大煮干丝工艺

原料：方豆腐干 500g、熟鸡丝 50g、虾仁 50g、熟鸡肫片 50g、熟鸡肝片 50g、熟火腿丝 50g、冬笋片 50g、炒熟的豌豆苗 10g、虾子 15g、精盐 20g、白酱油 15mL、顶汤 500mL、熟猪油 150g。

制法：

(1) 选用黄豆制作的豆腐干，片成厚 0.15cm 的薄片，再切成细丝，放入沸水钵中浸烫，用竹筷轻轻翻动拨散，沥去水，再用沸水浸烫两次（每次约 2min）捞出，挤去苦味的黄泔水，放入碗中。

(2) 将锅置旺火上，舀入熟猪油（25g）烧热，放入虾仁炒至乳白色，起锅盛入碗中。

(3) 锅中舀入顶汤，放入干丝，再将鸡丝、肫片、肝片、笋片放入锅内一边，加虾子、熟猪油（125g）置旺火上烧约 15min，待汤浓厚时，加白酱油、精盐，盖上锅盖，烧约 5min，端离火口。将干丝盛在盘中，然后将肫、肝、笋、豌豆苗分放在干丝的四周，上放火腿丝、虾仁即成。

特点：成品色彩美观，干丝绵软，汤汁鲜醇。

说明：

(1) 干丝刀工成形要均匀，并需要经沸水浸烫去苦味。

(2) 制作此菜必须用上好的顶汤烫。

(3) 应掌握好火候，汤汁不能太少。

演绎：采用煮制工艺的菜肴有南宋风味的咸笃鲜、火腿冬瓜汤等。

(三) 煮制操作要领

(1) 通常情况下，煮以汤做菜，汤菜并重。

(2) 煮的火候控制在汤水沸腾。

(3) 加热时间较短，一般为 5～30min，以软嫩、入味为度。部分老韧的原料，如猪肚，需要经过初步熟处理至酥后再煮制。

(4) 原料不上浆，菜肴不勾芡。

二、炖制工艺——实践操作

炖制工艺是制作汤菜的一种方法，侧重于成菜中鲜汤的风味，所以原料通常采用富含蛋白质的、老韧性的新鲜动物原料，同时要求菜肴达到“酥烂脱骨而不失其形”的标准。炖制工艺根据加热方式不同，分为带水炖和隔水炖。

（一）清炖狮子头工艺

原料：净猪肋条肉（肥六成、瘦四成）600g、绍酒25mL、精盐7.5g、葱姜汁30mL、干淀粉25g、味精5g、菜叶少许。

制法：

（1）将猪肉细切粗斩成石榴米状，放入钵内，加葱姜汁、精盐（7.5g）、绍酒、味精，搅拌上劲；将拌好的肉分成五份，干淀粉用水调匀，在手掌上沾上湿淀粉，把肉末逐份放在手掌中，用双手来回翻动四五下，制成光滑的肉圆，待用。

（2）将小排骨斩成小块，下开水锅焯水后捞出洗净，再放入砂锅内，加水（约500mL）、绍酒，用小火烧开后放入肉圆，肉圆上盖上菜叶，加盖，沸后转微火炖约2h。临上桌前揭去菜叶，放入菜心略焖即成。

特点：猪肉肥嫩，汤清味醇，肉圆需用调羹舀食，食后清香满口，齿颊流芳，令人久久不能忘怀。

说明：

（1）猪肉肥瘦的比例随季节而变化，夏季肥瘦各半，其他季节六成肥、四成瘦。

（2）肉末要搅拌上劲，内部咸味不能重，狮子头表面要光滑。

（3）狮子头下锅时，水要烫，火要旺，才不易松散。炖的过程中火要小，才能使之逐步渗透，滋味外溢，保持光滑完整，其嫩如豆腐。

演绎：清炖狮子头如加入蟹粉、蟹黄，即成清炖蟹黄狮子头。

（二）火踵神仙鸭工艺

原料：肥鸭1只（约重20 000g）、火踵1只（约重350g）、葱结30g、姜块15g、绍酒15mL、精盐15g、味精15g。

制法：

（1）将鸭子宰杀好，煺净毛，背部尾梢上横开一小口，取出内脏，洗净，背脊部直划一刀（约4cm）。放入沸水锅中，煮3min，去掉血污，挖掉鸭臊，敲断腿梢骨洗净。火踵用热水洗净表面污腻，再用冷水刷洗干净。

（2）取大砂锅一只，用小竹架垫底，鸭腹朝下，和火踵并排摆在上面，放上葱结、姜块（去皮、拍松），加清水约3 500g。加盖置旺火上烧沸，移至微火上焖炖至火踵和鸭子半熟，启盖，取出葱姜，火踵捞出剔去踵骨，仍放入锅内，再把鸭子翻个身，盖好锅盖，在微火上继续焖炖至火踵、鸭子均酥为止。然后捞出小竹架，撇去浮油，将火踵取出，切成0.6cm厚的片，整齐地覆盖在鸭腹上面，加入绍酒、精盐，盖好锅盖，再炖5min，使佐料和原汁渗入鸭肉内，最后加入味精，连砂锅上桌。

特点：火踵鲜红浓香，鸭肉肥嫩油润，原汁原味营养丰富，诱人食欲。

说明：

（1）将鸭子内不可食用部位清除干净，如鸭肺、鸭臊等。

（2）掌握好火候，既要保证长时间炖制，又要保证有足够的汤汁。

（3）最好使用大砂锅，这样才能使菜肴味香浓、汤鲜醇。

演绎：类似的菜肴有张生记老鸭煲、百鸟朝凤、贡淡炖鸡块、蛤蚧炖竹鸡等。

（三）养生鸽子炖盅工艺

原料：乳鸽2只、太子参10根、熟火腿片50g、枸杞子10g、鸡汤750mL、生姜片20g、小葱20g、精盐2g、胡椒粉1g、味精1g。

制法：

(1) 乳鸽宰杀、去内脏、洗净后，斩成件；太子参洗净后用清水浸泡2h；枸杞子浸泡透。

(2) 乳鸽用沸水锅焯水，洗净，除去血水。将乳鸽块、太子参、熟火腿片、枸杞子、生姜片、小葱段放入10个小炖盅，再倒入鸡汤，加胡椒粉，盖上盖子，贴上密封条，上蒸笼或沸水锅中加热2～3h，上席前调入精盐和味精即可。

特点：此菜肉质酥烂，汤清味鲜，营养丰富，有滋补作用。

说明：

(1) 太子参因味重，不能多放。

(2) 鸡汤需要清澈见底。

(3) 小炖盅若入汤锅隔水炖，则注意沸腾的水锅中的水面不能溢进小炖盅。

演绎：类似的菜肴有人参炖鞭花、清蒸八宝鸡、天麻野鸭汽锅等。

（四）带水炖操作要领

(1) 原料需经过焯水处理，以除去血污和腥臊异味，无需煸、煎、炸等初步熟处理方法。

(2) 一般以菜出汤，而不使用基础鲜汤。

(3) 炖菜需冷水下锅，旺火烧沸，撇浮沫，加桑皮纸（或桃花纸）封口，移小火或微火恒温在95～100℃，时间长达1～4h。

(4) 只能在起锅时加入咸味调味品，以免影响菜肴质量。

(5) 通常不用有色调味品改变色泽。

“炖”能减少维生素的损失

炖一般采用砂锅，由于这类器皿内部呈多孔结构，传热速度比金属器皿缓慢和均匀，可使炖菜中的蛋白质、脂肪、碳水化合物等大分子营养素，在长时间的加热过程中水解为中分子和小分子，如肌苷酸、谷氨酸、脂肪酸、肽、葡萄糖等，同时维生素等营养素的损失比较少，形成独特的风味。

炖菜一般选用富含蛋白质的、老韧性的动物原料，如老鸡、老鸭等家禽类，牛、羊、猪等家畜类；龟、鳖等水产类；高档干制品，如鲍鱼、鱼翅、鱿鱼干等。部分根、茎、菌菇类蔬菜可作为辅料同炖，如清炖狮子头、老鸭煲等。

（五）隔水炖操作要领

(1) 原料必须无异味，通常不用鸭子、羊肉等腥臊味重的动物性原料。

（2）必须使用陶质容器，不能直接在火上加热。

（3）原料需要经过焯水处理，以除去血水和腥臊异味。

（4）隔水炖注重原汁原味，但可以使用高级清汤；加热前只使用清除异味的葱、姜、绍酒等调味品，但量不易过多；不添加糖、酱油、大料、桂皮等调味品和香料，避免影响菜肴的本味；精盐只在出锅时添加。

（5）隔水炖可以采用蒸汽炖的方法，蒸汽温度在100～110℃，不宜采用高压蒸汽。

（六）隔水炖与带水炖的区别

隔水炖与带水炖的区别如表6-1所示。

表6-1　隔水炖与带水炖的区别

比较项目	隔水炖	带水炖
原料	一般选用富含蛋白质的、老韧性的动物原料，如老母鸡、龟鳖等，或名贵、无异味的原料，如鱼翅、燕窝等，以及部分根、茎、菌菇蔬菜类可作为辅料同炖	可以是普通的，也可以稍有臊膻味的原料，如鸭等家禽类，牛、羊、猪等家畜和菌菇蔬菜类
热源	① 沸水的温度透过陶瓷内胆温和、均匀、持续的给原料和汤加热 ② 也可采用蒸汽，温度控制在100～110℃	直接加热，反复沸腾
营养保护	营养成分能被充分地溶解到汤水中，并很好地保留	根据炖汤器皿及火候控制
原料外观	保持完整，但口感酥烂	整体形状有一定破坏
汤色	清澈，不油腻	根据菜肴特点，有白汤和清汤
举例	火腿炖鸽子、冰糖燕窝	清炖狮子头、老鸭煲等

三、烩制工艺——实践操作

（一）清烩鸡丝工艺

原料：净鸡脯肉150g、精盐3g、味精20g、绍酒20mL、色拉油500mL、湿淀粉25g、鸡油5mL。

制法：

（1）净鸡脯肉切丝，用绍酒2mL、精盐2g、味精1g、湿淀粉5g上浆。

（2）炒锅置中火上烧热，用油滑过，加入油，烧至三成热时，将上过浆的鸡丝入锅滑散至断生，沥净油。

（3）锅洗净，加清汤200mL、绍酒18mL、精盐2g、味精1g沸后，用湿淀粉20g勾薄欠，加入鸡丝，淋入明油，推摇均匀，出锅装盘。

特点：色泽玉白，肉质滑嫩，汤汁厚薄合适。

说明：

（1）鸡丝上浆需上劲、均匀，滑油时掌握好油温和时间。

（2）调味适中，勾芡厚薄适当，掌握好汤与原料的比例。

演绎：类似的菜肴有干贝鱼脑羹、烩丝瓜鱼片、翡翠鱼珠、烩金银丝、烩青豆里脊丝等。

（二）宋嫂鱼羹工艺

原料：鳜鱼（或鲈鱼）1 条（重 600g 左右）、熟火腿 10g、熟冬笋肉 25g、水发香菇 25g、葱结葱段 25g、姜块（拍松）5g、鸡清汤 250mL、绍酒 30mL、酱油 25mL、鸡蛋黄 3 个、精盐 1.5g、味精 3g、湿淀粉 30g、米醋 25mL、熟猪油 50g、葱丝 1g、姜末 1g、胡椒粉适量。

制法：

（1）将鱼剖洗净，去头，沿脊背骨片成两爿，鱼皮朝下放入盘中，加葱结 10g、姜块、绍酒 15mL，盐 1g，上笼用旺火蒸 6min 左右至熟，取出去掉葱、姜，滗出卤汁待用。用竹筷拨碎鱼肉，除去皮、骨，再将鱼肉倒回卤汁中。

（2）将火腿、笋、香菇均切成 2.5cm 长的细丝，蛋黄打散。

（3）炒锅置旺火上，下熟猪油 15g 烧热，放入葱段 15g，煸至有香味，加入鸡清汤，沸起，加绍酒 15mL，捞出葱段，放入笋丝和香菇丝。再沸时，将鱼肉连同原汁入锅，加酱油、精盐、味精，再沸起，用湿淀粉调稀勾薄芡，然后将蛋黄液倒入锅内搅匀，待汤再沸时，加入醋，并浇入热猪油 35g，起锅盛入汤盆中，撒上火腿丝、葱丝、姜丝即成。上桌时随带胡椒粉。

特点：配料讲究，色泽黄亮，鲜嫩华润，味似蟹羹，故有“赛蟹羹”之称。

说明：

（1）传统的工艺是将鱼肉蒸熟后拨散，与原汤、配料一起进行烩制，这不利于现代快速的烹调工艺。现代的工艺是将鱼肉切成丝，洗净后与清汤、配料一起进行烩制，不放酱油，原色。在色泽上比传统工艺的菜肴清爽。

（2）主料和配料入锅后不可长时间加热。

（3）掌握好芡汁的浓度。

（4）蛋黄液与米醋必须在勾芡之后加入。

演绎：同类工艺的菜肴还有蟹黄珍珠羹、海鲜羹、酸辣乌鱼蛋、烩鱼白等。

（三）烩制操作要领

（1）原料应选用鲜香细嫩、易熟无异味的原料。

（2）刀工成形通常为丝、片、丁等基本形状。

（3）初步熟处理通常为焯水，有些鲜嫩的动物性原料也有用上浆滑油的方法成熟。

（4）根据原料的性质不同，烩制的程序可以是先投料，后勾芡；也可以先勾芡，后投料。例如，水发海参、水发鱿鱼等可先用鲜汤煨入味，再勾芡；番茄、豆苗等可以在勾芡之后投入。

（5）芡汁的稀薄浓稠程度，以食用时清爽不糊，不掩盖色彩为宜。芡过稀，则原料浮不起来；过浓，则黏稠煳嘴。

（6）烩菜有咸甜之分。

第七章 水传热再制熟工艺

学习目标

通过水传热制熟的烧制工艺、焖制工艺、扒制工艺、焐制工艺、煨制工艺等教学菜肴的实践操作，了解其工艺原理和制作规律，掌握其典型菜肴的制作流程、制作关键和操作要领，并学会分析菜肴制作成功和失败的原因。

第六章提及水传热制熟工艺有直接制熟和初步热处理后制熟两类。本章的任务主要是学习经过初步热处理后再制熟的工艺，如烧制工艺、焖制工艺、扒制工艺、焙制工艺、煨制工艺等。此类工艺的主料都要在水传热制熟前，进行汆、煎、炒、炸等初步熟处理。

第一节　烧制工艺、焖制工艺

一、烧制工艺——实践操作

（一）红烧划水工艺

原料：青鱼 800g、熟冬笋 25g、水发香菇 15g、肥膘肉 15g、小葱 15g、姜 5g、黄酒 15mL、酱油 20mL、白糖 10g、味精 3g、淀粉 3g、熟猪油 40g、香油 5mL。

制法：

（1）将青鱼宰杀取鱼尾稍斩齐，从尾肉处进刀，紧贴脊骨剖向尾梢，对剖成两爿（呈双尾巴状），每爿尾肉再直斩 3 刀，成尾梢相连的 4 长条，涂上酱油。

（2）水发香菇去蒂，洗净，大的对批成片；熟冬笋切片；姜切指甲片；肥膘肉切丁。

（3）炒锅置中火上烧热，滑锅后下猪油，至七成热时，把鱼尾皮朝下排齐下入锅中煎黄，用漏勺捞起。

（4）原锅放入葱段和姜片，肥膘油丁略煸，下笋片、香菇，放入鱼尾（皮朝下），加白糖、黄酒、酱油、清水适量，烧约 5min，收浓汤汁。

（5）再加味精，用湿淀粉勾芡，沿锅边淋入熟猪油，转动炒锅，大翻锅将鱼尾翻身，淋上香油，放上葱段，出锅。

特点：菜品色泽红亮，卤汁稠浓，肥糯油润，肉滑鲜嫩。

说明：

（1）鱼尾留肉不少于 10cm，剖斩鱼肉不可切断鱼尾，以保持菜形的完整美观。

（2）鱼尾开条要根据鱼的大小而定，但每爿不应少于 4 条，以利于成熟一致。

（3）加汤水要适当，多则不易收浓味淡，少则主料不易烧透入味。

（4）火候要得当，用中小火烧焖，汤汁收浓入味；火候过旺，汤干而未烧入味；火候过小，久烧又不易收浓汤汁，影响口味。

演绎：同一烹调工艺的菜肴有红烧鱼块、红烧鸡块、红烧元鱼等。

（二）麻婆豆腐工艺

原料：豆腐 400g、牛肉 75g、青蒜苗段 15g、豆豉 5g、郫县豆瓣 10g、辣椒粉 5g、花椒粉 2g、酱油 10mL、川盐 4g、味精 1g、湿淀粉 15g、姜粒 10g、蒜粒 10g、肉汤 120mL，熟菜油 100mL。

制法：

（1）将豆腐切成 2cm 见方的块，放入沸水内加川盐浸泡，去掉豆腐的腥味（内酯豆腐可以不焯水），烹调时再沥干水。

（2）将牛肉剁成末，豆瓣酱和豆豉剁细。

（3）炒锅置中火上，下熟菜油烧至六成热，放入牛肉末煸炒至酥香，盛入盘中待用。

(4) 炒锅重新置中火上，下熟菜油烧至六成热后放入豆瓣酱炒出香味，再下姜粒、蒜粒炒香，续下豆豉炒匀，辣椒粉炒至红色时，加肉汤烧沸。再下豆腐烧 2min 至冒大泡时，加入酱油、味精推转，用湿淀粉勾芡一次，随后加入牛肉末，再烧 2min，用湿淀粉第二次勾芡，推匀收汁使豆腐收汁上芡亮油，下蒜苗断生后起锅盛入汤盘中，撒上花椒粉即可。

特点：在雪白细嫩的豆腐上，点缀着棕红色的牛肉酥馅、绿油油的蒜苗、红彤彤的汁色，视之如玉镶琥珀，闻之则浓香扑鼻，集麻、辣、烫、嫩、酥、鲜、香于一馔。

说明：

(1) 豆腐块须用沸盐水浸泡，保证豆腐质嫩并有效除去石膏味、豆腥味，并且在烧制过程中有棱有角，不易碎。

(2) 碎牛肉一定要煸炒至酥香。豆腐入锅后应少搅动，保持块形完整。

(3) 炒豆瓣酱、豆豉、辣椒粉时要用中火，切勿炒煳而影响口味。

(4) 两个“2min”烧、两次“勾芡”很重要，为了防止豆腐出水，烧出来的味道不同凡响。

演绎：类似烹调工艺的菜肴有豆豉烧中段、肉末海参、蒜子蹄筋等。

(三) 红烧操作要领

(1) 原料应保持新鲜、无变质、无异味。

(2) 要恰当选用酱油、黄豆酱、红葡萄酒、红曲米等有色调味品，不提倡用糖色。

(3) 红烧时，通常加适量的白糖或红糖以中和酱油、黄豆酱在加热后产生的酸味，因此红烧菜通常略带甜味。

(4) 刀工处理时应根据原料和菜肴的特点，可以整只、切片、切块、切段、制蓉，但一般不宜切得过小、过薄。

(5) 应掌握加汤水的量，烧制中途不得添加汤水。

(6) 应根据原料的特点和菜肴的要求，灵活掌握火候。一般有先旺火烧沸、中小火烧制、旺火收汁的规律，也有“文火烧肉，急火烧鱼”的说法。

(四) 三鲜鱼肚工艺

原料：油发鱼肚（浸湿的）400g，熟鸡片 50g、火腿片 25g、浆虾仁 100g、青豆（氽熟）25g、葱白段 10g、姜片 10g、胡椒粉 1g、绍酒 20mL、精盐 5g、味精 3g、湿淀粉 20g、浓白汤 350mL、猪油 250g（耗约 50g）、鸡油 15g。

制法：

(1) 鱼肚改成菱形块，入沸水锅焯透，沥去水。

(2) 虾仁用四成热油滑熟沥出。

(3) 锅烧热，加入少量猪油，投入葱白、姜片炒香，加浓白汤烧沸，捞掉葱、姜；放入鱼肚、绍酒、精盐、火腿片、熟鸡片、青豆，烧透入味；再加入虾仁、味精、胡椒粉，调好味，勾芡，浇入鸡油推匀，起锅即成。

特点：此菜鱼肚绵软，卤汁浓白，口味鲜美。

说明：

(1) 油发鱼肚先用冷水浸透，才能用沸水焯。

（2）芡汁宜薄，不宜厚。

（3）汤汁不宜多，否则成烩菜。

演绎：类似的菜肴有咸肉冬瓜、火焖冬瓜球、虾子冬笋、白烧四宝、烧三鲜等。

（五）白烧操作要领

（1）原料应保持新鲜、无变质、无异味。

（2）原料的刀工成形与红烧一致。

（3）白烧工艺的原料仅焯水即可，无需油煎、油炸。

（4）白烧时，通常不加白糖。

（5）白烧通常加白汤烧制，有时在烹制植物性原料时加入虾干、鱼干，使汤汁更浓白。

（6）白烧的汤汁较红烧要宽薄一点。

（六）干烧鲫鱼工艺

原料：鲫鱼 2 尾（600g）、五花肉 100g、郫县豆瓣 30g、醪糟汁 50mL、绍酒 50mL、泡红辣椒 40g、蒜肉 30g、生姜 30g、葱 30g、精盐 2g、味精 3g、白糖 5g、醋 5mL、肉汤 750mL、熟菜油 2 000mL（约耗 150mL）。

制法：

（1）将净鲫鱼鱼身两侧各剞四五刀（刀距 2cm，深 0.5cm），用精盐、绍酒抹匀全身，腌渍入味。五花肉切成 0.5cm 见方的粒；葱切成 0.5cm 的葱花；姜、蒜切成碎粒；泡红辣椒、郫县豆瓣剁细。

（2）炒锅置旺火上，下菜油烧至七成热，放入鱼，炸至皮稍现皱纹时捞出。锅留油（50mL），烧至四成热，下肉粒煸酥，再下姜粒、蒜粒、泡红辣椒、豆瓣煸香出色，加入肉汤烧沸后，放入鱼，加精盐、醪糟汁、白糖，移至小火上烧至汁将浓、鱼熟入味时，加味精、醋、葱，转中火旋锅收汁，同时不断将锅内汤汁舀起，浇在鱼身上至亮油不见汁时，起锅盛入鱼盘即成。

特点：此菜为家常味型。形态完整，色泽红亮，咸鲜微辣，略带回甜。

说明：

（1）醪糟汁，即甜酒酿，是一种用糯米蒸熟后加入酒曲，经 36h 发酵后制成的。

（2）鱼下油锅炸时油温要高。

（3）煸炒肉粒、豆瓣酱时火力应小，避免焦煳。

（4）酱油和糖的用量均要轻，成菜后见油不见汁。用小火收汁亮油，忌用大火。

演绎：采用干烧工艺的菜肴有豆豉烧中段、干烧明虾、干烧茭白、家常豆腐等。

（七）干烧操作要领

（1）原料应保持新鲜、无变质、无异味。

（2）原料的刀工成形与红烧、白烧类菜肴一致。

（3）应根据原料的特点使用不同的初步熟处理方法。例如，易碎的原料通常需要经过油炸的初步熟处理方法，使原料固定形状而在烧制过程中不易被破坏；蔬菜类原料适合使用温油锅滑油的方法，既起定色保鲜的作用，又能使原料迅速成菜；蹄筋、海参之类用基

础鲜汤煨制入味。

(4) 炒制酱料时应控制好火候，以免焦煳。

(5) 干烧应自然收汁，不应勾欠；菜肴带汁亮油，并非呈现汤汁。

二、焖制工艺——实践操作

(一) 东坡肉工艺

原料：猪五花肋肉 1 500g、白糖 100g、姜块（去皮拍松）50g、葱 100g（其中 50g 打葱结）、绍酒 250mL、酱油 150mL。

制法：

(1) 将猪五花肋肉（以金华“两头乌”猪为佳）刮洗干净，挖去肋骨，切成 20 块正方形（每块约 75g）的肉块，放在沸水锅内煮 5min，取出洗净。

(2) 取大砂锅一只，用竹篦子垫底，先铺上葱，放入姜块，再将猪肉皮面朝下整齐地排在上面，加糖、酱油、绍酒，最后加入葱结，盖上锅盖，用桃花纸围封砂锅边缝，置旺火上。烧开后，改用微火焖 2h 左右，至八成熟，启盖将肉块翻身（皮朝上），再加盖密封，用微火焖酥后，将砂锅端离火口，撇去浮油，将肉皮面朝上装入特制的小陶罐中，加盖置于蒸笼内，用旺火蒸 30min 至肉酥透，即成。

特点：该菜以酒代水，焖蒸而成；色泽红亮，味醇汁浓，肉酥烂而不碎，味香糯而不腻。

说明：

(1) 原料选用带皮的硬五花肉。

(2) 去肋骨，要做到骨上无肉。

(3) 注意灵活控制好火候。

演绎：类似的菜肴有干菜焖肉、五香肥鸭等。

(二) 冰糖甲鱼工艺

原料：活甲鱼 2 只（约 750g）、熟笋 100g、葱结 5g、葱段 5g、蒜头 3 瓣、冰糖 125g、绍酒 50mL、米醋 25mL、酱油 75mL、湿淀粉 25g、熟猪油（炼制）125g。

制法：

(1) 把甲鱼宰杀后，用 90℃热水浸泡一下，煺去表皮，斩去嘴尖、尾、爪尖，用刀尖在腹部剖十字刀，挖去内脏、喉管，洗净，斩去背壳尖骨，每只甲鱼斩成 6 块，再用冷水洗一下。笋切成滚料块，待用。

(2) 将甲鱼放入沸水锅中汆一下，捞出，用清水冲洗干净。炒锅置旺火上，舀入清水 500g，把甲鱼落锅，加入绍酒（25mL）、姜块（拍松）、葱结，烧沸后改用小火，焖煮至酥烂，拣去姜块、葱结。

(3) 另取炒锅置中火上，下熟猪油（25g），投入蒜瓣略煸，将甲鱼连同原汁一起下锅，加入绍酒（25mL）、冰糖（100g）、笋块、酱油、米醋。烧沸后改为小火焖煮 5min，改用旺火收浓卤汁，用调稀的湿淀粉勾芡，淋上熟猪油（75g），边铲边转动炒锅，使芡、油均匀地裹住甲鱼块，放入葱段，烧至起泡时出锅装盘，两边缀上冰糖末，即成。

特点：此菜烹制时采用芡汁热油紧裹甲鱼，色泽光亮，能保持较长时间的热度，甜酸

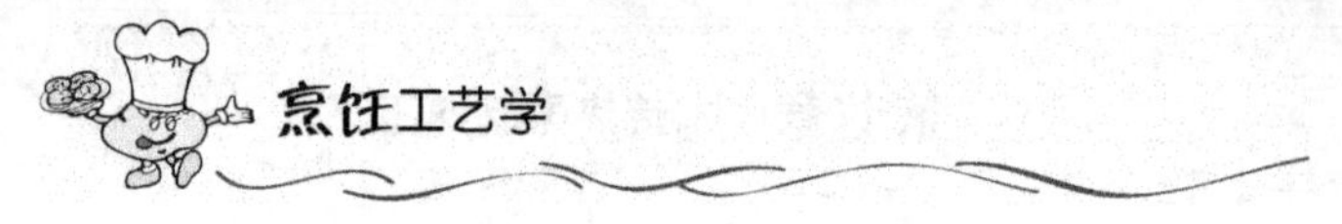

咸香，绵糯入口，滋味鲜美。

说明：

（1）宰杀时应去尽表皮、内脏、黄油，避免腥臊味。

（2）应严格控制好火候，避免焦煳。大火烧开，小火焖熟，改旺火收汁，中火溶芡，火功到家。

（3）勾芡的多少应视卤汁的浓稠程度。

（三）黄焖鸡块工艺

原料：生嫩鸡块 350g、笋肉 75g、水发木耳 75g、葱段 10g、白汤 250mL、湿淀粉 25g，绍酒 15mL、熟猪油 35g、酱油 30g、白糖 10g、味精 1.5g。

制法：

（1）鸡入沸水氽 2min，捞出，冷却后切成 5cm 长、2cm 宽的小块。

（2）将炒锅置旺火上烧热，下猪油 25g，放入葱段煸至有香味时，即可下入鸡块。加绍酒、酱油、白糖及白汤，煮沸后移至微火上，焖至汤汁稠浓时，把鸡块捞出，皮朝下排放在碗底及四周。

（3）鲜笋切成滚料块，同水发木耳一起放入鸡汁锅内，略煮沸，捞出，铺在鸡块碗上，然后将剩下的汤汁浇上，入笼用旺火蒸约半小时取出，再将碗中的汤汁滗入锅内，鸡块覆盖在盘中。

（4）锅中汤汁加入味精，用湿淀粉勾薄芡，淋入熟猪油 10g，均匀地浇在鸡块上即成。

特点：色泽黄亮，鸡块酥嫩，味鲜汁浓。

说明：

（1）仔鸡做黄焖鸡块时最为合适，鸡头、脚、内脏可另作他用。

（2）焖制时须一次加足水，中途不宜停火。

（3）酱油宜少不宜多。

（4）蒸制时最好在碗上盖上盖子，避免蒸馏水过多进入碗中。

演绎：类似的菜肴有咖喱鸡块、黄焖甲鱼等。

（四）油焖春笋工艺

原料：生净嫩春笋肉 500g、白糖 25g、酱油 50mL、麻油 15mL、菜油 75mL、味精 1.5g。

制法：

（1）将笋洗净，对剖开，用刀拍松，切成 5cm 长的段。

（2）炒锅置中火，下入熟菜油，烧至五成热时，将春笋下锅煸炒 2min，至色呈微黄时，即加入酱油、白糖和水 100mL，用小火焐透（约 5min），待汤汁收浓时，放入味精（也可不用味精），淋上麻油即成。

特点：嫩春笋以重油、重糖焖制，色泽红亮、鲜嫩爽口、略带甜味，是杭州传统的时令风味。

说明：

（1）选用杭州近郊清明节前出土的嫩笋，节后出土的笋老，不易入味，口感差。

(2) 焖制时，汤水与调料宜一次加足，水量不宜过多，调料比例适当，口味咸甜适宜。

(3) 旺火烧沸，中小火收浓汁汤，使之入味。

演绎：类似的菜肴有油焖茭白、油焖毛笋等。

(五) 焖制操作要领

(1) 原料一般要采用走红或走油等方法进行初步熟处理的，以增加色泽效果。

(2) 根据原料的性质，控制好焖制的时间和汤水量。

(3) 盖严锅盖，尽量减少揭锅盖的次数，以保证焖制菜肴的色、香、味。

(4) 若焖菜的原料形状较大、胶质较重，则在焖制过程中要注意晃锅，以防锅底烧焦，也可在焖制之前在锅底码放一层葱姜，或者垫竹箅子。

(5) 焖菜汤汁不多，根据原料胶质的轻重、收汁的浓稠情况决定是否需要勾芡。

(6) 家禽、家畜类焖制菜肴，可以用一些绿色蔬菜垫底或围边，既增加菜肴的色泽，又可减少菜肴的油腻感。

第二节 扒制工艺、焙制工艺、煨制工艺

一、扒制工艺——实践操作

(一) 奶油扒白菜工艺

原料：白菜心 650g，牛奶 50mL，精盐 3g，味精 3g，绍酒 10mL，清汤 125mL，白糖 2g，湿淀粉 25g，鸡油 50g。

制法：

(1) 将菜心剖开，入沸水锅焯熟，冷水过凉，切成 12cm 长、1cm 宽的条，排齐放盘中。

(2) 锅置旺火上，放清汤、精盐、绍酒、白糖、味精，推入白菜，汤沸后，改小火烧约 5min。转旺火，用牛奶调湿淀粉，一边徐徐淋入锅中，一边旋动炒锅，然后沿锅边浇入鸡油，翻锅拖入盘中即成。

特点：该菜肴清淡爽口，乳白黄亮。

说明：

(1) 白菜心焯水时应掌握火候，不可过熟。

(2) 用牛奶调制湿淀粉时，应掌握好芡汁的浓稠度。

(3) 扒制工艺最大的特色是原料在锅内的整齐性，所以应掌握较高的翻锅技能。

演绎：类似的菜肴有扒三白、鸡油扒菜心、白扒猴头等。

(二) 双冬扒鸭 (红扒) 工艺

原料：鸭子 1 只 (约 2 000g)，冬菇 50g、冬笋 80g、排骨 500g、烹调油 1 500mL (约耗 70mL)、熟猪油 35g、精盐 3g、绍酒 15mL、味精 3g、酱油 15mL、白糖 15g、湿淀粉 10g、桂皮 5g、八角 5g、姜块 40g、葱段 40g。

制法：

(1) 将鸭子宰杀、煺毛，从背脊剖开，去内脏、鸭臊、鸭蹼、翅尖，洗净。冬菇水发涨透，洗去泥沙，去蒂，片成片；冬笋切成片；葱姜洗净拍松；桂皮、八角用纱布包起；排骨焯水，洗净待用。

(2) 油锅置旺火上，烧至七八成热时，鸭身体表面用酱油涂抹均匀，入油锅炸至金黄色时捞出。

(3) 炒锅上火，放入少量油，投入葱段、姜块煸至黄色，放入汤，加绍酒、酱油、白糖、精盐、香料包，用排骨垫底，放入鸭子（鸭脯朝下）。旺火烧开，撇去浮沫，转小火焖制至酥烂。

(4) 将鸭子取出，拆去胸骨与腿骨，然后皮朝下切成条块状，按整形排放盘中。

(5) 炒锅置旺火上，加少量油，投入冬菇、冬笋略煸，将鸭推入锅中，倒入扒鸭卤汁，加味精。旺火收浓汤汁，转动炒锅，淋入湿淀粉勾芡，再沿锅边淋入熟猪油，大翻锅，再淋上麻油，整齐地扒入盘中。

特点：该菜色泽酱红发亮，排列整齐，鸭肉肥糯，汁浓味鲜。

说明：

(1) 卤制鸭子时，应掌握好火候，既要使鸭子酥烂，又要使汤汁适量。

(2) 鸭子去骨后斩块装盘时，鸭皮朝下，鸭块不能摆叠太高，否则后续的扒制有困难。

(3) 扒制时，转动锅子和大翻锅不能破坏鸭肉的造型。

演绎：类似的菜肴有红扒鱼翅、蚝油白菜、扒海参等。

(三) 扒制操作要领

(1) 扒制工艺讲究原料在锅内整齐烹调。

(2) 原料在锅内的烹调过程与烧制工艺类似。

(3) 晃动炒锅为了勾芡均匀，也为了大翻锅做准备。在晃动炒锅时应淋入足够的烹调油。

(4) 大翻锅要保证扒菜造型不被破坏。

(5) 选料范围。扒制工艺适用于无骨、扁平、整形的动植物原料，尤其是高档干制原料，如熊掌、驼掌、鱼翅、海参、鲍鱼、猴头菇等。

二、焐制工艺——实践操作

(一) 干焐鸡块工艺

原料：带骨净鸡 400g，熟笋肉 50g、水发香菇 25g、葱姜末 5g、白糖 20g、味精 2g、酱油 35mL、花椒 2g、绍酒 15g、八角 2g、烹调油 750mL、麻油 15mL。

制法：

(1) 将鸡剁成长方块，笋切滚料块，香菇大的切开。

(2) 把鸡块加少许酱油拌渍，入七成热油锅，炸至金黄色，捞出。

(3) 锅内留少许油，下花椒、茴香、葱末、姜末煸炒出香味，加入绍酒、酱油、白糖和 250mL 白汤，放进鸡块，旺火烧沸。加盖转小火慢慢焐至汤汁将尽时，拣去花椒、茴

香，加入味精、麻油炒匀即可。

特点：该菜肴酥烂、香鲜，味浓厚。

说明：

(1) 煸炒香料时应掌握好火候，避免香料焦煳。

(2) 焗制至汤汁将尽时，应注意避免焦煳。

演绎：焗制工艺的菜肴，如奶油焗大虾、干焗大虾、番茄鱼饼、葱焗鲫鱼等。

(二) 焗制操作要领

(1) 焗制需要收干卤汁，所以加工前要先油炸或油煎干原料中部分水分，以使卤汁能被吸入原料之中，或黏附在原料之上。

(2) 主料焗制间，先将各种香料煸出香味。

(3) 焗制所使用的香料、调料比较多，如奶油、花椒、茴香、沙司、茄油等。

(4) 焗制工艺犹如干烧工艺，汤汁焗至将尽，并且不勾欠。

三、煨制工艺——实践操作

(一) 坛子肉工艺

原料：水发海参 750g、水发鱼翅 500g、干贝 150g、猪肘 1 个（约 1 500g）、母鸡肉 1 000g、鸭肉 1 000g、火腿 750g、猪骨 750g、鸡蛋 10 只、冬笋 500g、水发冬菇 750g、花椒 2g、冰糖 50g、绍酒 750mL、生姜 50g、葱 100g、精盐 50g、胡椒粉 10g、酱油 20mL、味精 5g、烹调油 150mL（约耗 300mL）、鲜汤 2 500mL。

制法：

(1) 猪肘刮洗干净，焯水至断生。鸡蛋煮熟，凉透，剥去蛋壳。水发海参、鱼翅、干贝、冬菇、猪骨、鸡肉、鸭肉分别洗净。花椒用纱布包好；姜拍松，葱打结；鸡、鸭肉分别切大块。

(2) 油锅置旺火上，加热至六成热时，依次将猪肘、鸡蛋、鸡肉、鸭肉炸至浅黄色，冬笋切片，鱼翅用纱布包好。

(3) 取陶质坛子一个，先将猪骨敲破垫底，依次放入火腿、猪肘、鸡肉、鸭肉、鱼翅、冬笋、冬菇、干贝、花椒、精盐、酱油、冰糖、胡椒粉、绍酒、味精、生姜、葱、鲜汤，盖上盖，并以桃花纸封口。在谷糠壳或锯木屑火中煨制约 5h，然后启盖，将鸡蛋、海参放入坛中，再盖上盖子，封口，继续煨制半个小时。

(4) 拣去花椒包、葱、姜，分别将各种原料改刀，装入深盘内，淋上原汁即可。

特点：该菜肴色泽金黄，肉质软糯，味道浓厚，鲜香可口，形态丰腴。

演绎：类似的菜肴有佛跳墙等。

(二) 龟肉汤工艺

原料：乌龟 1 只（约 750g）、熟猪油 50g、精盐 3g、葱段 10g、生姜 2g、麻油 20mL、味精 2g、鸡汤 750mL。

制法：

(1) 将乌龟剥开壳，去胆。将龟肠剖开，斩去头、爪、尾，一起斩成约 3cm 见方的块，与内脏一起洗净。

(2) 炒锅置旺火上，辣锅温油，下猪油加热至三成热，放入拍松的生姜块、葱段炝锅，再放入龟肉、内脏、麻油煸炒几下，盛入陶罐，倒入鸡汤。用中小火煨制约 2h，再加入龟蛋、精盐、味精，继续煨制至汤浓白、肉酥烂即可。

特点：该菜肴汤色乳白，龟肉酥烂而鲜香。

演绎：类似的菜肴有瓦罐煨汤等。

（三）煨制操作要领

(1) 菜肴可能由多种原料组成，除采用初步熟处理调剂成熟程度外，还可以用投料先后的办法使其成熟程度一致。

(2) 若火力不够，脂肪不足，断续加热，均不易使汤汁浓白；火力过高，则使汤汁蒸发过快。

(3) 汤水应一次性加足，否则使乳化过程还原。

(4) 煨制菜肴的味型以咸鲜味、咸甜味、香糟味为主。

(5) 选料范围。煨制工艺适用于成块状、段状或整形的动物性原料，以家禽、家畜、鳖龟类原料为主。

第八章　油传热制熟工艺

学习目标

通过油传热制熟的炸制工艺、炒制工艺、熏制工艺、爆制工艺、煎制工艺、贴制工艺、煸制工艺、熘制工艺等教学菜肴的实践操作，了解其工艺原理和制作规律，掌握其典型菜肴的制作流程、制作关键和操作要领，并学会分析菜肴制作成功和失败的原因。

油传热制熟工艺也是液态介质传热烹调法的一种。它主要采用食用油脂为介质，制熟工艺有炸制、炒制、烹制、爆制、煎制、贴制、煽制及熘制等工艺技术。

第一节　炸 制 工 艺

炸制工艺是烹调工艺中应用最有特色的一种烹调方法。它是以油作为介质加热使原料成熟，是一种既能单独成菜，又能配合其他烹调技法成菜的工艺。

根据工艺特点和成菜风味，炸又分为清炸、干炸、软炸、酥炸、香炸、脆炸、松炸、纸包炸（卷包炸）等。

一、清炸工艺——实践操作

（一）清炸鸡块工艺

原料：分档取料后的鸡腿 2 个，葱段 5g、生姜 5g、精盐 1g、绍酒 10mL、酱油 7.5mL、烹调油 1 000mL（约耗 70mL）。

制法：

（1）鸡腿肉用刀跟轻排，切成小长方块，加精盐、绍酒、酱油、葱段、生姜（拍松）腌制片刻。

（2）油锅置旺火上，加热至七成热，分散投入腌制过的鸡块，待炸至外金黄、里断生，捞出滤去油，即可装盘。

特点：色泽红亮，外脆里嫩，口味咸鲜。

说明：

（1）清炸菜肴在烹前调味阶段，应控制精盐的量。

（2）控制好火候，必要时采用复炸，达到外脆里嫩的效果。

（3）烹后调味可以采用随带番茄沙司和椒盐上席，也可采用热麻油炸香葱花，放入鸡块，撒上椒盐翻拌的调味形式。

（4）无芡汁。

演绎：与“清炸鸡块”类似的菜肴有“清炸里脊”、“清炸菊花肫”、“清炸猪排”、“椒盐大虾”、“脆皮乳鸽”、“脆皮鸡”等。

（二）干炸响铃工艺

原料：泗乡豆腐皮 15 张（5 贴），猪里脊肉 50g、鸡蛋黄 1/4 个、精盐 0.5g、绍酒 2mL、味精 1g、甜面酱 50g、葱白段 10g、花椒盐 5g、熟菜油 750mL（约耗 90mL）。

制法：

（1）将里脊肉去净筋腱，剁成肉泥，加入精盐、绍酒、味精和蛋黄，拌成肉馅，分成 5 份。

（2）豆腐皮润潮后去边筋，修切成长方形。先取豆腐皮 3 张（1 贴），每层揭开摊平重叠，再取肉馅 1 份，放在豆腐皮的一端，用刀口（或竹片）将肉馅摊成约 3.5cm 宽，放上切下的碎腐皮（边筋不用），卷成筒状。卷合处蘸上清水使之粘牢。如此做成 5 卷，再切成 3.5cm 长的段，直立放置。

（3）油锅置中火上，加热至五成热时，将腐皮卷放入油锅中，用手勺不断翻动，炸至黄亮松脆，用漏勺捞出，沥干油，装入盘内即成。上席随带甜面酱、葱白段、花椒盐蘸食。

特点：腐皮薄如蝉翼，成品色泽黄亮，鲜香味美，脆如响铃，是杭州风味名菜之一。

说明：

（1）卷腐皮时用切下的碎腐皮卷入其中，而不用腐皮边筋。

（2）卷腐皮卷时不宜太松或太紧。

（3）严格控制油温，要求成品不焦、不软、不坐油（或称为“含油”）。

（4）必须不断翻动原料，使之加热均匀。

演绎：与“干炸响铃”类似的有杭州风味菜肴“炸黄雀”等。

（三）清炸操作要领

（1）通常情况下，原料改刀成小块或厚片状。

（2）生料，在炸制前需要腌制，但一般不加味精。因为味精在高温中加热会产生有毒物质。

（3）原料不挂糊、不上浆、不拍粉。

（4）根据主料老嫩、大小的特性，掌握火候。油温控制在5～7成。

（5）菜名前冠以“椒盐”的，则通常将炸脆的菜肴放入热麻油、葱末和椒盐的锅内拌匀。

（6）选料范围。清炸工艺一般适用成形为片、条、块，以及整形的各类新鲜动物原料。

二、干炸工艺——实践操作

（一）椒盐墨鱼条工艺

原料：墨鱼肉400g、小葱3根、花椒盐4g、味精1.5g、料酒5mL、湿淀粉60g、麻油15g、烹调油800mL。

制法：

（1）墨鱼肉顺长，片切成6cm长、0.5cm粗的筷子条。

（2）墨鱼条加精盐、绍酒、味精、葱段腌制片刻。

（3）油锅置旺火上，加热至五成热时，将墨鱼条均匀挂上湿淀粉放入油锅，炸至结壳后捞出。待油温升至七八成热时，再入油锅炸至金黄色，控去油。

（4）葱花用热麻油炝锅，放入墨鱼条，撒上花椒盐，翻拌均匀即可出锅装盘。

特点：色泽金黄，外松脆里鲜嫩，口味咸鲜干香。

说明：

（1）墨鱼条应顺长切，否则成熟后容易卷曲。

（2）墨鱼条应根据墨鱼肉的厚度，决定其是否需要先斜刀片再直刀切。

（3）应使用沉淀后的湿淀粉，水分多不易挂糊。

（4）最后一步的过程要紧凑，时间不能长。

（二）干炸里脊工艺

原料：猪里脊肉400g，绍酒5mL、精盐1g、味精1g、花椒盐4g、干淀粉50g、烹调油800mL（约耗75mL）。

制法：

（1）将里脊肉剔去筋膜，横切成菱形块，用精盐、味精、绍酒腌制片刻，用干淀粉拍裹均匀。

（2）油锅置旺火上，加热至六成热时，将里脊块逐块放入油锅内，炸至结壳时捞出，待油温升至七成热时，复炸至外表发硬，色泽金黄，即可沥去油，装盘。

特点：色泽金黄，外香脆里鲜嫩，口味咸鲜干香。

说明：

（1）里脊肉应横切。

（2）在腌制时加入适量的水，以增加肉的嫩度。

（3）里脊肉下油锅之前，应抖去表面多余的干粉。

（三）干炸操作要领

（1）如果拍干粉，在投入油锅之前抖去原料表面的多余干粉。

（2）灵活掌握火候。

（3）一般采用水粉糊挂糊，做到厚薄适中，包裹均匀。

（4）调味方式与清炸、软炸相同。

（5）选料范围：干炸工艺所适用的原料与软炸工艺相同。

三、软炸工艺——实践操作

（一）软炸仔鸡工艺

原料：出肉加工后的鸡腿肉2个，鸡蛋2个、葱白末2.5g、姜汁水5mL、酱油5mL、胡椒粉少许、精盐1.5g、味精1.5g、绍酒5mL、湿淀粉15g、面粉40g、甜面酱25g、花椒盐15g、烹调油750mL（约耗75mL）。

制法：

（1）将鸡肉皮朝下，用刀背拍平，再交叉排斩几下（刀深为鸡肉的2/3），切成边长约1.3cm的菱形块。加绍酒、葱白末、姜汁水、酱油、胡椒粉、精盐、味精拌匀腌制片刻，磕入鸡蛋打匀，加入湿淀粉和面粉搅匀待用。

（2）油锅置中火上，加热至五成热时，把鸡肉逐块下锅，炸至结壳捞出，分开粘连，拣去碎末，待油温升至七成热时，再下锅炸至金黄色，出锅装盘。上桌随带甜面酱、花椒盐。

特点：菜肴色泽黄亮，外层松软，鸡肉鲜嫩。

说明：

（1）鸡肉可以切成约1cm宽、5cm长的条。

（2）面粉要与湿淀粉充分拌匀，面粉不能干。

（3）初炸时油温不能高，复炸时油温需高一些。

（4）炸制时间不能过长，否则鸡肉过老。

（二）桂花鱼条工艺

原料：净鱼肉 200g，鸡蛋黄 3 个、姜末 2g、葱末 2g、精盐 2.5g、绍酒 10mL、胡椒粉 0.5g、味精 2g、淀粉 40g、面粉 40g、花椒盐 15g、甜面酱 1 碟、烹调油 1 000mL（约耗 80mL）。

制法：

（1）鱼肉切成 6cm 长的筷子条，加入葱末、姜末、精盐、绍酒、胡椒粉、味精，腌制片刻。

（2）面粉、淀粉、蛋黄加水调成蛋黄糊待用。

（3）油锅置旺火上，加热至五成热，把鱼条挂上蛋黄糊，分批入油锅炸至结壳捞起，待油温升高至七成，再入锅炸至金黄色，捞起装盘。跟甜面酱、花椒盐上席。

特点：菜肴色如金桂花，软、嫩、鲜。

说明：

（1）鱼肉中应片去血肉，否则有腥味。

（2）应掌握好面粉与淀粉的比例。面粉过多，成品容易裂开。

演绎：类似的菜肴有“软炸鸭肝”、“软炸猪肝”、“锅烧萝卜”等。

（三）椒盐鳗片工艺

原料：去骨河鳗 200g，香菜 15g、葱末 25g、姜末 10g、面粉 20g、鸡蛋清 1 个、干淀粉 20g、绍酒 25mL、精盐 2g、味精 2g、胡椒粉 1g、沙姜粉少许、丁香粉少许、麻油 15mL、甜面酱 1 小碟、色拉油 1 000mL（约耗 25mL）。

制法：

（1）河鳗顺中心脊骨线对切开，再用斜刀片“蝴蝶片”。放入绍酒、精盐、胡椒粉、沙姜粉、丁香粉、味精，腌制片刻，然后逐片摊开，每片放入切细的葱姜末，合拢。

（2）鸡蛋清加适量清水，放入面粉、淀粉调成蛋清糊。

（3）油锅置中火上，加热至五成热时，将鳗片逐片挂糊投入油锅中，炸至结壳发硬捞出。待油温升至七成热时复炸，至浅黄色捞出装盘。

特点：色泽浅黄，外香软、里鲜嫩，口味咸鲜干香。

说明：

（1）河鳗体表有黏液，斜刀片时可以垫上毛巾，避免打滑。

（2）挂糊时避免蝴蝶片分开，葱姜末散落在蛋清糊里而影响菜肴的美观。

（3）初炸时油温不应过高，否则容易出现爆炸现象。

演绎：类似的菜肴有“软炸口蘑”、“软炸鱼条”等。

（四）软炸操作要领

（1）软炸烟有全蛋糊、蛋黄糊、蛋清糊 3 种，粉料为面粉和淀粉两种。

（2）糊不能过厚，挂糊要均匀。

（3）初炸时应控制好油温。油温过低，容易塌糊，同时块与块之间容易粘连；油温过高，容易爆炸伤人。

(4) 初炸时应控制好每一块原料成熟的火候，尽量做到一致。

(5) 调味方式与清炸类似。

四、酥炸工艺——实践操作

(一) 香酥鸭工艺

原料：嫩肥公鸭1只（约1 500g），姜块1块、葱结1个、精盐8g、花椒10余粒、五香粉3g、绍酒40mL、烹调油1 000mL（约耗100mL）。

制法：

(1) 鸭子经初步加工后，擦干水分，斩去翅尖、足，用力按断鸭胸骨（防止蒸后胸骨突出而将皮肉顶破）。用五香粉、绍酒、精盐，将鸭身内外擦透腌制20min。

(2) 将腌制后的鸭子盛于盛器内，加葱、姜、花椒，上笼蒸至熟烂（约2h），取出沥去水晾凉。

(3) 油锅置旺火上，加热至八成热时，将鸭子放入炸至皮酥香，捞出沥油，改刀装盘，与葱头、甜面酱、荷叶夹子同时上席。

特点：色泽金黄，皮酥香、肉鲜软。

说明：

(1) 主料或蒸，或煮熟烂，但要求不失其形。

(2) 注意控制火候。时间过长，使原料发苦。

(3) 另一制法。将蒸制熟烂的鸭子拆去所有的骨头，裹上蛋黄糊，再入油锅炸制。

演绎：类似的菜肴有香酥鸡、香酥鹌鹑等。

(二) 酥炸操作要领

(1) 应根据原料的质地、大小确定加热时间。

(2) 原料下油锅炸制时，火力要旺，油量要大。但要控制好火候，油炸时间不可过长。

(3) 香酥鸭，也可以将蒸酥的鸭子拆去骨头，用全蛋糊包裹，入锅炸制。这种做法在杭州的菜谱中被称为“锅烧鸭”。

五、香炸工艺——实践操作

(一) 虾仁吐司工艺

原料：虾仁150g，咸味面包片250g、熟猪肥膘肉50g、火腿末10g、绿叶菜末5g、鸡蛋清1个、绍酒10mL、精盐1g、葱姜汁10mL、烹调油1 000mL（约耗100mL）。

制法：

(1) 将虾仁洗净，沥去水分与熟猪肥膘肉分别斩成蓉，加鸡蛋清、绍酒、葱姜汁、精盐搅拌成虾蓉。

(2) 将面包片切成斜十字成4个三角形，再修成鸡心状。将面包片铺在案板上，摊上虾蓉抹平，分别点缀上火腿末和菜叶末，即成虾仁吐司的生坯。

(3) 油锅置旺火上，加热至五成热时，放入生坯炸，至虾仁成熟后捞出。待油温升至六成热时快速复炸，使面包起酥脆，捞出沥油即成。

特点：此菜面包松酥，虾仁鲜嫩。

说明：

(1) 因虾仁含水量比较高，故在排剁成虾蓉之前必须沥干水分。

(2) 严格控制油温，油温过高面包容易焦煳，虾蓉表面不光洁；油温过低，面包容易吸油。

演绎：类似的菜肴有核桃鱼托、象眼鹌鹑蛋、肉蓉吐司等。

(二) 灌汤虾球工艺

原料：小河虾仁 300g，去皮生荸荠 3 粒、猪皮冻 100g、生猪板油 50g、咸味面包片 4 片、鸡蛋 2 个、干淀粉 50g、生姜末少许、小葱末少许、绍酒 15mL、胡椒粉 0.5g、味精 1g、烹调油 800mL（约耗 80mL）。

制法：

(1) 面包去皮，切成细粒。

(2) 荸荠拍碎、生板油切细粒，河虾仁沥干水分一起斩成较粗的细粒，加胡椒粉、绍酒、姜末、葱末、味精、精盐，搅拌上劲，加入少许干淀粉搅匀，挤成 10 只虾球坯子，中间用筷子插一小孔。鸡蛋磕开打散，倒入盘中备用。

(3) 猪皮冻切成 10 粒小丁，嵌入虾球孔中，逐只捏好封口。

(4) 每只虾球先在干淀粉上滚动粘满粉，再在蛋液中滚一下，再粘上面包细粒。

(5) 先用四成油温，将虾球养熟，再用六成油温复炸一次，至外表松酥即可捞出沥油。

特点：此菜色泽金黄，外松里嫩，整齐美观。

(三) 香炸猪排工艺

原料：猪大排 300g，鸡蛋 2 只、面包糠 100g、面粉 50g、精盐 2g、绍酒 15mL、味精 1g、葱段 5g、姜片 5g、烹调油 1 000mL（约耗 100mL）、辣酱油 1 碟。

制法：

(1) 大排先切成 4 片，用刀膛拍松，再用刀排过，加精盐、绍酒、味精、葱段、姜片拌匀调味。鸡蛋磕入碗中打透。

(2) 把大排拍一层面粉，抖去多余的，放入蛋液里拖过，再粘上面包糠，用手掌按实。

(3) 油锅置中火上，加热至五成热时，投入猪排，改小火炸至呈金黄色，捞起沥油，改刀成一指宽的条装盘，随带辣酱油上席。

特点：此菜色泽金黄，松脆香鲜。

演绎：类似的菜肴有香炸鱼排、瓜仁鱼排、花生虾排等。

(四) 芝麻鱼条工艺

原料：净鱼肉 300g，熟白芝麻 60g、鸡蛋 2 只、葱段 5g、姜片 5g、胡椒粉 0.5g、精盐 2g、绍酒 15mL、味精 1g、面粉 40g、烹调油 1 000mL（约耗 100mL）、辣酱油 1 碟、番茄沙司 1 碟。

制法：

（1）鱼肉切成 5cm 长、0.8cm 见方的条，加葱段、姜片、精盐、绍酒、胡椒粉、味精拌匀调味。鸡蛋磕入碗中打透，加面粉及少许水调成糊。

（2）把鱼条挂上蛋糊，再粘上白芝麻，用手轻轻按实。

（3）油锅置中火上，加热至五成热时，投入鱼条炸至鱼肉断生、鱼条身挺发脆时，捞出沥油装盘，随跟辣酱油、番茄沙司上席。

特点：此菜色泽淡黄，香脆鲜嫩。

（五）香炸操作要领

（1）粘料一般有面包糠、面包片、面包粒、芝麻、核桃仁、松子仁、花生米、燕麦片等。

（2）用面粉拍粉时，原料表面的干面粉不可过多，否则蛋液难以挂上。

（3）原料表面的粘料要均匀。

（4）油炸时应控制好油温，香脆的粘料因干燥而容易焦煳。

（5）不可选用甜味面包，因为甜味面包在高油温中极易焦煳。

六、脆炸工艺——实践操作

（一）脆炸明虾工艺

原料：明虾 12 只、发酵粉 3g、面粉 60g、淀粉 15g、花生油 15mL、清水 55mL、精盐 1g、味精 1g、绍酒 5mL、葱姜汁 5mL、胡椒粉少许、烹调油 1 000mL（约耗 75mL）。

制法：

（1）明虾去头，剥去外壳（留三叉尾），片开背部，剔去虾肠，用清水冲洗干净。

（2）在虾肉腹部横切三四刀（刀深约为 3/4），不要切断。加入精盐、味精、绍酒、葱姜汁腌制片刻。

（3）取碗一只，放入面粉、淀粉、发酵粉搅拌均匀，一边搅拌一边加温热的清水成糊状，再加入精盐、花生油搅拌均匀成脆浆糊。

（4）油锅置中火上，加热至五成热时，手抓虾尾，逐只在脆浆糊中拖裹均匀（虾尾不要挂糊），放入油锅中炸至外皮饱满时捞出。待油温再升至七成热时复炸至外香脆、蛋黄色即可捞出沥油，带椒盐或番茄沙司碟上席。

特点：外壳饱满，气孔细密，口感酥脆，虾肉鲜嫩，口味咸鲜。

说明：

（1）应去净虾肠。

（2）改刀时刀深一致，但不能断。

（3）掌握脆浆糊调制的比例、浓稠度，以及发酵温度和时间。

（4）严格控制好油温。

（5）在油炸过程中需要不断翻动原料，使菜肴上色均匀。

演绎：类似的菜肴有脆炸鱼条、脆炸鲜奶、脆炸银鱼、脆炸茄夹等。

(二) 脆炸操作要领

(1) 关键为调制脆浆糊的技术

① 掌握各种原料的比例，通常面粉与淀粉的比例为4∶1，发酵粉为淀粉的1/8；

② 调制脆浆糊时不能用热水，但要静置30min；

③ 泡打粉要干燥、质量高；

④ 脆浆糊要搅拌透，没有粉颗粒。

(2) 初炸时严格掌握火候。油温低，容易泄糊；油温过高，二氧化碳容易冲破表面的糊，而使外表不光滑，影响美观。

(3) 复炸使成品表皮酥脆。

(4) 脆浆糊调制还可以使用老面或啤酒调制。

七、松炸工艺——实践操作

(一) 高丽香蕉工艺

原料：香蕉2支、糖桂花2g、细沙85g、鸡蛋清5个、淀粉60g、烹调油1 500mL(约耗125mL)、绵白糖40g。

制法：

(1) 香蕉去皮，对片开，撒上少许干淀粉。糖桂花与细沙拌匀，分成两份，搓成与香蕉一样长的条，分别放在半爿香蕉上，合上另一半爿香蕉，切成10段待用。

(2) 把盛器擦干净，放入蛋清打起泡，加干淀粉40g搅拌均匀成高丽糊。

(3) 油锅上中火，加热至两成热时转小火，把香蕉段裹上高丽糊，逐个放入油锅中，待外表略微凝固，再用手勺将香蕉球不断翻动，不断淋浇。待油温七成热，炸至微黄色时，用漏勺捞起沥油装盘，撒上绵白糖即可。

特点：外层松绵，口味香甜。

说明：

(1) 香蕉不能太大，否则容易露馅。

(2) 在手上制作香蕉球时动作要快。

演绎：类似的菜肴有炸细沙羊尾、高丽鱼条、高丽苹果、雪衣菜花等。

(二) 松炸虾球工艺

原料：虾仁150g、荸荠白50g、炸核桃仁末15g、葱白末10g、鸡蛋清5个、精盐1g、味精1g、绍酒2mL、干淀粉50g、烹调油1 500mL(约耗100mL)。

制法：

(1) 虾仁洗净，用毛巾吸干，剁成粗粒，荸荠白拍松切碎，加葱白末、精盐、味精、绍酒拌匀调味。

(2) 盛器擦干净，放入蛋清抽打成蛋泡，加入虾仁末，再放入桃仁末、干淀粉搅拌均匀。

(3) 油锅置中火上，加热至两成热时转小火，把虾蛋糊挤成直径约5cm的圆球(约20只)，慢慢翻炸至淡黄色，捞起沥油转盘，随带沙司上席。

特点：松、香、鲜、嫩。

说明：

（1）虾仁需吸干表面的水分。

（2）主料可以采用整只，制法如同高丽香蕉，但菜名应为“松炸虾仁”。

（3）使用葱白，不能使用绿色的葱叶。绿色的葱叶经高温油炸会变黑，影响成品质量。

（三）松炸操作要领

（1）打蛋清的盛器一定要干净，不能有水、油。

（2）蛋清一定要打至硬，即使盛器侧翻也不会流出。

（3）控制好干淀粉的量，并搅拌均匀。

（4）蛋清打好后应立即制作香蕉球下油锅炸制。

（5）在手上制作香蕉球时动作要快。

（6）油温应控制在两成热时炸制，采用中小火，油温慢慢上升，不能太快。

（7）起锅前的油温应控制在七成热，否则容易产生吃油现象。

（8）装盘尽量不使用手，否则成品容易很快泄气瘪塌。

八、卷包炸工艺——实践操作

（一）纸包鸡工艺

原料：鸡脯肉 150g、绍酒 3mL、蛋清 0.5 个、精盐 1g、香菜 5g、味精 1g、葱丝 2g、湿淀粉 5g、姜丝 2g、麻油 20mL、玻璃纸 1 张。

制法：

（1）将鸡脯肉片成薄皮，用绍酒、精盐、味精、蛋清、湿淀粉上浆，再加入葱丝、姜丝、麻油拌匀。

（2）将玻璃纸剪成直径约 10cm 的圆形纸 20 张，每一张纸上平铺鸡片，放上一瓣香菜叶，折拢呈半月形。

（3）油锅置旺火上，加热至三成热时，将包好的鸡片放入，转小火，并用手勺不断淋翻，至纸内蒸汽膨胀后捞出利用装盘即成。

特点：原汁不外溢，外形饱满透明，鸡脯鲜嫩油润。

说明：

（1）玻璃纸要包紧、密封，尽量避免原料不接触烹调油。

（2）油温不可过高，否则玻璃纸容易卷曲。

（二）炸佛手工艺

原料：猪肉末（肥四瘦六）200g、鸡蛋 2 个、小葱末 15g、姜末 2g、香菜少许、绍酒 15mL、精盐 2g、胡椒粉 0.5g、味精 2g、干淀粉 25g、烹调油 500mL（约耗 50mL）、麻油 10mL、番茄沙司 1 小碟。

制法：

（1）先将一个鸡蛋加少许盐和味精搅匀，制成一张蛋皮。

（2）肉末放在容器中，加入一个鸡蛋、葱姜末、绍酒、味精、胡椒粉、干淀粉

(15g)，搅拌均匀，分为两份。

(3) 蛋皮修成正方形，对开成两张，撒上干淀粉，均匀抹上肉末，顺长卷起，约4cm宽，按扁，切成五指梳子花刀块。

(4) 油锅置旺火上，加热至五成热时投入肉卷块，炸至色泽金黄，形如手状即可捞出沥油，再淋上麻油，装盘，随带1小碟番茄沙司上席。

特点：色泽金黄，外香里嫩，为宫廷风味。

说明：

(1) 蛋皮将肉末卷包紧，避免油炸时散开。

(2) 控制好油温，避免蛋皮炸焦，也要避免成品吸油。

演绎：类似的菜肴有蝉衣鱼卷、荷包里脊、腐皮葱花卷、网油鳜鱼卷、网油包鹅肝等。

(三) 卷包炸操作要领

(1) 使用糯米纸不应碰水，所以主料表面应尽量干一些。

(2) 卷包时应尽量紧一点，避免油炸时散开。

(3) 严格控制油温，复炸时油温控制在六七成热，避免卷包的辅料焦苦。

(4) 有一些包得比较紧密的原料在入油锅之前，先用刀尖或牙签在表皮上扎几个洞眼，以便于高油温油炸时排出气体，防止炸裂。

第二节 炒制工艺

炒制工艺是我国烹调工艺中应用最广泛的一种烹调方法。它是将加工成细小形状的、鲜嫩的原料，用少量油，旺火快速翻拌、调味成菜肴的技法总称。根据工艺特点和成菜风味，炒又分为生炒、熟炒、煸炒、滑炒和软炒等。

一、生炒工艺——实践操作

(一) 榨菜肉丝工艺

原料：猪瘦肉200g，榨菜100g、精盐1g、绍酒10mL、味精1g、烹调油50mL。

制法：

(1) 肉切成约7cm长的丝；榨菜切成丝，用热水泡去咸味，沥干水。

(2) 炒锅置旺火上烧热，用油滑锅后下少量油，投入肉丝不断煸炒至泛白。投入精盐、绍酒、味精和榨菜同炒片刻，亮油出锅装盘即成。

特点：鲜脆，清爽。

说明：

(1) 榨菜丝需泡去咸味。

(2) 炒锅必须洗净，必须辣锅温油。

(3) 应掌握火候，不可长时间炒制。

演绎：类似的菜肴有香干肉丝、豆豉肉丁等。

（二）黄瓜炒子虾工艺

原料：子虾（带子的河虾）175g，嫩黄瓜 150g、绍酒 10g、精盐 2g、味精 1g、烹调油 30mL。

制法：

（1）将虾剪去须和脚，用水轻轻漂洗（不要洗掉虾子）。黄瓜带皮洗净，剖去籽，斜切成月牙片，用精盐拌渍一会儿，挤去水分。

（2）炒锅置旺火上，加烹调油至八成热，投入子虾煸炒，至虾壳变色时烹绍酒、精盐、味精，稍炒片刻，加瓜片炒匀，出锅即可。

特点：色泽鲜艳，子虾鲜嫩，黄瓜爽脆。

说明：

（1）虾洗过后应沥干水分。

（2）黄瓜不可切太薄，也不可加热过头。

演绎：类似的菜肴有炒海瓜子、炒湖蟹等。

（三）生炒操作要领

（1）原料加工成小型的。

（2）必须使用旺火，辣锅温油，油量要少。

（3）部分要求清爽的菜肴，或者为了便于烹调，在生炒之前先入温油锅（四五成热）内加热至六成熟。

（4）炒锅不断翻炒，使原料在短时间内受热均匀，炒至断生即成。

（5）大多生炒菜肴不勾芡。

（6）部分菜肴用酱油调味。

二、熟炒工艺——实践操作

（一）回锅肉工艺

原料：猪腿肉 400g、青蒜苗 100g、郫县豆瓣 25g、甜面酱 10g、酱油 10mL、烹调油 50mL。

制法：

（1）将肥瘦相连的猪腿肉刮洗干净，放入汤锅内煮至肉熟皮软为度，捞出冷透后，切成 5cm 长、4cm 宽、0.2cm 厚的片。青蒜苗切成马耳朵形。

（2）炒锅置旺火上烧热，放入烹调油加热至六成热，下肉片炒至吐油，肉片呈灯盏窝状时，下剁成蓉的郫县豆瓣烧上色。放入甜面酱炒出香味，加入酱油炒匀，再放入青蒜苗翻炒断生，起锅即成。

特点：成菜色泽红亮，肉片柔香，肥而不腻，味咸鲜微辣回甜，有浓郁的酱香味。

说明：

（1）肉煮至断生即可。

（2）炒郫县豆瓣和甜面酱时火候不宜过大。

（3）必须加提味的配料，最好是青蒜苗；若无，可用葱或蒜薹代替。

演绎：类似的菜肴有爆炒肚尖、烂糊鳝丝、炒软兜、炒圈子（猪大肠）等。

（二）扬州蛋炒饭（主食）工艺

原料：白粳米饭 3 000g、鸡蛋 5 只、水发海参 50g、熟鸡脯肉 50g、熟火腿 50g、猪精肉 40g、浆虾仁 50g、熟鸡肫 1 只、水发香菇 25g、熟净笋 25g、青豆 25g、水发干贝 25g、葱花 15g、干淀粉 5g、精盐 20g、鸡清汤 25mL、绍酒 10mL、熟猪油 200g。

制法：

（1）将海参、熟鸡肉、熟火腿、熟鸡肫、香菇、笋肉、猪精肉均切成青豆大小的小丁；鸡蛋加精盐搅打均匀。

（2）炒锅置旺火上烧热锅，放入猪油 75g，待加热至四成热时，放入浆虾仁滑油至熟，捞出，再倒入各种丁和青豆略炒。加绍酒、精盐、鸡清汤，烧沸，出锅盛入碗中成什锦“浇头”。

（3）炒锅置中火上烧热锅，放入熟猪油，加热至五成热时，倒入鸡蛋液炒散，加入熟米饭炒匀，倒入“浇头”、虾仁、葱花，继续炒匀即可。

特点：米饭粒粒松散、软硬有度，配料多变，鲜韧爽滑，香软可口。

说明：

（1）煮饭要颗粒分明，入口软糯，讲究四要：一要米好，宜香粳米，不宜糙籼米或糯米；二要相水，放水要适度，燥湿得宜；三要浸泡，相水后宜浸泡半小时；四要善用火工，水沸下米，先武火煮至米涨伸腰，再改用文火使饭逐渐收汤。饭焖熟后用勺将饭打松散呈颗粒状。

（2）炒制时油不可过多，口味不可过咸。

演绎：类似的炒饭有三鲜蛋炒饭、火腿丁蛋炒饭、虾仁蛋炒饭、干菜炒饭、印尼炒饭等。

（三）熟炒操作要领

（1）原料在初步熟处理时，应根据原料的不同性质，掌握不同的成熟度。

（2）主料无论是片、丝、丁，其片面厚，丝要粗，丁要大一些。

（3）原料不上浆、不挂糊，也不腌渍，部分菜肴可以勾芡。

（4）在调味上，多用酱类为主要调料，如郫县豆瓣、甜面酱、黄豆酱等。

三、煸炒工艺——实践操作

（一）干煸牛肉丝工艺

原料：牛里脊肉 250g、芹菜 100g、姜丝 15g、郫县豆瓣 15g、花椒粉 1g、酱油 10mL、麻油 10mL、烹调油 150mL。

制法：

（1）将牛肉切成 8cm 长、0.3cm 粗的丝，芹菜切成 4cm 长的段，郫县豆瓣剁细。

（2）炒锅置旺火上加热，滑锅后下油 100mL，加热至七成热时投入牛肉丝，反复煸炒至水汽将干时，下姜丝、豆瓣继续煸炒，并一边炒一边加入余下的烹调油。煸炒至牛肉丝将酥时下酱油、芹菜，继续煸炒至芹菜断生时，撒上花椒粉即可。

特点：具有酥软柔韧化渣、麻辣咸鲜香浓等风味特色。

说明：

（1）牛肉丝应横丝切。

（2）动作快而轻，避免肉丝炒成碎末；有些厨师为了避免牛肉丝炒碎，先将牛肉丝放入温油锅中滑散，再入炒锅干煸。

演绎：类似的菜肴有干煸鳝丝。

（二）干煸操作要领

（1）制作荤菜时，要热锅温油。

（2）炒菜时，菜的全部卤汁被主料吸收后，才可出锅。

四、滑炒工艺——实践操作

（一）滑炒仔鸡工艺

原料：净嫩鸡肉 250g、熟笋肉 50g、葱段 5g、白糖 10g、绍酒 10mL、酱油 25mL、米醋 2mL、清汤 25mL、湿淀粉 35g、麻油 15mL、烹调油 750mL（约耗 75mL）。

制法：

（1）将鸡肉皮朝下，用刀背拍平，再交叉排斩几下（刀深为鸡肉的 2/3），切成 1.7cm 见方的块，盛入碗内，加精盐，用湿淀粉 25g 调稀搅匀上浆待用。

（2）笋肉切滚料块待用。碗中放绍酒、酱油、白糖、米醋、味精，加湿淀粉 10g 调成芡汁待用。

（3）炒锅置中火上烧热，用油滑锅后再放入油，加热至四成热时，放入鸡肉和笋块，用筷子滑散，约 10s 用漏勺捞起。待油温升至七成热时，再将鸡肉一滑（约 5s），倒入漏勺。

（4）原锅内留油 15mL 置中火，投入葱段煸出香味，倒入鸡块和笋块，同时将芡汁加清汤调稀，搅匀倒入锅内。翻锅几次，使鸡块和笋块裹匀芡汁，淋上麻油，即成。

特色：色泽红润，肉质滑嫩，口味咸鲜。

说明：

（1）控制好碗芡中调味品和湿淀粉的量。

（2）控制好滑油的时间和油温。这种制法经过七成油温炸制，可以增加鸡肉的香味。

演绎：类似的菜肴有红菱仔鸡、青椒炒仔鸡、栗子炒仔鸡、鲜莲炒仔鸡等。

（二）银芽里脊丝工艺

原料：猪里脊肉 175g，绿豆芽 125g、青椒 30g、鸡蛋清 1 只、干淀粉 6g、绍酒 5mL、精盐 2g、味精 1g、湿淀粉 5g、烹调油 500mL（约耗 75mL）。

制法：

（1）将猪里脊肉剔去筋膜，切成 8cm 长的丝，放入清水中浸漂去血水，再取出沥干水后放入器皿中，加入精盐、味精、鸡蛋清、干淀粉上浆后待用。绿豆芽掐去根须和芽瓣，洗净，青椒去柄、籽，洗后切成丝。

（2）用小碗一只，放入少许汤、精盐、味精、湿淀粉、绍酒调和成芡汁。

(3) 炒锅置中火上烧热，滑锅后，放入油加热至四成热时，倒入肉丝、青椒丝过油至八成熟，沥油。

(4) 原锅置旺火上，放入少许油，旺火热油投入绿豆芽，加精盐迅速煸炒至熟时，投入肉丝、青椒丝，烹入芡汁翻锅均匀，盛入平盘中即成。

特点：色泽洁白，银芽爽脆，肉丝滑嫩。

说明：

(1) 绿豆芽要选用肥壮白净的，煸炒豆芽时火要旺、油要热，切忌炒至发软。

(2) 肉丝的长短、粗细要均匀一致，水漂时漂去血水即可，大约 5min 即可，不可浸漂过长时间。

(3) 青椒丝的粗细不能大于肉丝，量不可过多。

(4) 豆芽也可以与肉丝、青椒同时过油使之成熟。

演绎：类似的菜肴有彩色鱼丝、滑炒鸡片、滑炒鳗片等。

(三) 滑炒操作要领

(1) 原料成形要求以细、薄、小为主，以保证滑炒鲜嫩的特色。

(2) 主料须上浆，以保持主料的原状，使其更为滑嫩。

(3) 主料滑油、翻炒时要热锅温油，分散下料。

(4) 炒制时切不可翻炒过分，以免主料过老、配料过烂。

五、软炒工艺——实践操作

(一) 芙蓉鱼片工艺

原料：鱼肉 500g、精盐 12.5g、清水 600mL、蛋清 5 只、湿淀粉 220g、味精 6g、熟猪油 150g、熟火腿 15g、水发香菇 15g、豌豆苗 25g、绍酒 3mL、熟鸡油 10mL、白汤 150mL，白净烹调油 1 000mL（约耗 100mL）。

制法：

(1) 制鱼蓉：将鱼肉刮成鱼泥，放在去净肥膘的鲜肉皮上，用刀背排细腻后放入钵中，加清水 250mL、精盐 11g，顺一个方向搅拌上劲；再加清水 350mL 和适量姜汁水，再一次搅拌起劲，加蛋清 5 只继续搅拌上劲；然后加湿淀粉 200g，搅匀后加入味精 5g、熟猪油 150g，一起搅匀即成“鱼蓉”。另一种制蓉的方法，是将其中一只蛋清抽打成蛋泡糊后再加入鱼蓉中搅拌均匀。此法的优点是“鱼片”成形漂亮，能浮在油面上；缺点是油温更难控制。

(2) 炒锅置中火上烧热，滑锅后下烹调油加热至三成热时改小火，取 300g 鱼蓉，用手勺将鱼蓉分多次连续成片形舀入油锅内。“养”约 20s 后翻身，再“养”20s 左右，使鱼片保持白净，然后用漏勺捞起沥油，放入热清水中冲去表面油层，待用。

(3) 炒锅内留油 25mL，放入绍酒、白汤、香菇、精盐、味精，勾薄芡，将鱼片倒入，放上火腿片及洗净的豆苗。将鱼片轻轻地翻身，浇上芡汁，淋上熟鸡油即成。

特点：鱼片白净，火腿胭红，豆苗翠绿，素雅清丽，如出水芙蓉；口感柔滑鲜嫩，入口即化。

说明：

（1）鱼蓉必须要搅拌上劲，并要有足够的水量。

（2）严格控制油温。

（3）翻锅要轻。

演绎：类似的菜肴有芙蓉鸡片、鱼米之乡、油泡青鱼丸等。

（二）炒鲜奶工艺

原料：纯牛奶 250mL、蛋清 4 只、熟火腿片 15g、小菜心 4 颗、葱段 5g、绍酒 5mL、精盐 2g、味精 1g、湿淀粉 40g、鸡油 10mL、清汤 70mL、白净烹调油 750mL（约耗 100mL）。

制法：

（1）蛋清放入碗中，倒入纯牛奶，加精盐、味精、湿淀粉调匀；熟火腿片切成菱形。

（2）炒锅置中火上烧热，滑锅后下烹调油，加热至三成热时，倒入调匀的牛奶液，用锅铲轻轻推动锅底。待牛奶液成片浮起，即可捞出沥油。

（3）原锅留少许油置中火上，投入葱段煸香，烹酒，加清汤，入小菜心。沸后捞去小葱，加精盐、味精，勾薄芡，放进牛奶片和火腿片，轻轻炒匀即可。

特点：鲜奶成片，色泽洁白，鲜明油亮，奶质嫩滑鲜。

说明：

（1）控制好纯牛奶、蛋清和湿淀粉三者的比例。

（2）炒锅必须制锅（广东厨师的行话），并清洗干净、烧热、滑锅。

（3）严格控制好油温，否则纯牛奶不能呈片状。

（4）广东大良的制法是直接将牛奶液倒入锅中拌炒，使牛奶液凝结。

演绎：类似的菜肴有四川风味的“芙蓉鸡片”。

（三）软炒操作要领

（1）主料如果是动物性的蓉泥，则需剔净筋络，并加工成细腻的蓉泥状。

（2）炒锅要干净，要辣锅温油。

（3）还有一类的软炒工艺是将主料直接入锅炒制，如炒鸡蛋、熘黄菜、三不粘等。

（4）如果主料直接入锅炒制，则应控制好火力，避免焦煳。

第三节　烹制工艺、爆制工艺

一、烹制工艺——实践操作

（一）炸烹牛肉丝工艺

原料：牛里脊肉 200g，葱末 5g、姜末 5g、青蒜丝 30g、酱油 15mL、白糖 15g、绍酒 10mL、米醋 15mL、白汤 50mL、干淀粉 50g、麻油 10mL、烹调油 700mL（约耗 70mL）。

制法：

（1）牛肉切成 8cm 长的粗丝，撒上干淀粉，拌匀使每根丝都粘上粉，然后抖去余粉。

（2）把酱油、糖、酒、醋、白汤调成味汁。

（3）油锅置旺火上，将油加热至七成热时，把牛肉丝分散入锅，炸至身挺后捞出，拨开粘连，待油温回升，再入锅炸脆沥油。

（4）炒锅置旺火上，留少许油，下葱姜末煸香，倒入调味汁烧沸，放进肉丝，翻锅几下，撒上青蒜丝，浇上麻油即可。

特点：酥脆鲜香，酸甜可口，佐酒佳肴。

说明：

（1）肉丝不可切得太细，否则易碎。

（2）主料拍粉后，应即刻抖去余粉入锅炸制。

（3）油温要高，要求主料被炸至酥脆。

演绎：类似的菜肴有炸烹里脊丝、炸烹鸡块等。

（二）油爆大虾工艺

原料：鲜活大河虾350g（约80只），葱段5g、米醋15mL、绍酒15mL、酱油20mL、白糖25g、烹调油500mL（约耗50mL）。

制法：

（1）将虾钳、虾须、虾脚剪去，洗净沥干水。

（2）油锅置旺火上，烹调油加热至八成热时，将虾入锅炸约5s即捞出。待油温回升到八成热时，再复炸10s左右，使虾肉与虾壳脱开，沥油。

（3）炒锅置旺火上，留少许油，放入葱段炝锅，倒入虾。烹入绍酒、白糖、酱油、米醋，略翻锅几次即可。

特点：虾壳红艳松脆，虾肉鲜嫩，味带酸甜。

说明：

（1）油温要高，但不能炸过头，要求外松脆、里鲜嫩。

（2）烹入调味汁后，不可再在炒锅中长时间加热。

演绎：类似的菜肴有果汁烹虾段、糖醋凤尾鱼、炸烹鸡块、烹鹌鹑、烹带鱼段等。

（三）炸烹操作要领

（1）大部分烹制的菜肴均要将原料高温炸至酥脆，故有“逢烹必炸”之说，因此“烹”也称为“炸烹”。

（2）烹制工艺的原料不要挂糊，但要根据原料的质地，拍干粉。

（3）烹制工艺的菜肴不要勾芡，所以调味汁为清汁。

（4）烹汁后，在锅内不能久留，否则影响菜肴质感。

（5）不能太干，以盘中略带卤汁为宜。

二、爆制工艺——实践操作

爆是一种程序复杂、流程快速、旺火速成的烹调工艺。因加热时间短，故多采用脆嫩无骨的小型原料；刀工处理必须精细，如厚薄均匀、大小粗细一致，块状的一般要剞上花刀；烹制前往往要先调制调味汁。

根据主要调配料和成菜口味的不同，爆制工艺一般可分为蒜爆、酱爆、芫爆及葱爆等几种。

(一) 蒜爆

1. 蒜爆墨鱼花工艺

原料：鲜墨鱼 1 000g，蒜末 5g、姜末 2g、绍酒 15mL、精盐 2g、味精 2g、胡椒粉 0.5g、白汤 50mL、湿淀粉 15g、烹调油 750mL（约耗 50mL）。

制法：

(1) 摘除墨鱼头、皮、内脏、销板，取其净肉洗净，然后开为两片，从里面下刀，剞麦穗花刀，再切成 5cm 长、2.5cm 宽的长方块。

(2) 取小碗 1 只，放入精盐、味精、绍酒、胡椒粉、姜、蒜、白汤、湿淀粉，调成芡汁。

(3) 水锅置旺火上烧沸，入墨鱼花焯水（约 5s），捞出沥水。

(4) 炒锅置旺火上烧热，滑锅后下油加热至七成热，倒入墨鱼花炸一下（约 5s），八成熟时捞出。

(5) 锅中留油少许，再倒进墨鱼花，冲入芡汁，急速翻炒几下，挂匀芡汁，亮油即可。

特点：造型美观，色泽洁白，脆嫩鲜香。

说明：

(1) 麦穗花刀的剞法要正确，一要认清墨鱼肉的正反面；二要掌握刀深，通常反刀剞的刀深为 3/5，直刀剞的刀深为 4/5。

(2) 严格控制火候，不能过火，否则墨鱼肉老。

(3) 有些南方厨师采用上浆滑油的做法，但菜肴的香味不足。

演绎：类似的菜肴有“爆双脆”、“油爆响螺片”、“油爆双片”、“油爆鲜淡菜”、“蒜爆鱿鱼卷”等，还有“蒜爆里脊花”、“蒜爆豆腐”。

2. 蒜爆操作要领

(1) 原料的刀工处理必须精细，厚薄均匀、大小粗细一致，块状的一般要剞上花刀。

(2) 脆性的动物性原料通常采用焯水（飞水）、油炸的方式，韧性的动物性原料则通常采用上浆、滑油的方式。无论是哪种方式，每一个环节都要连续，一气呵成。

(3) 为了保证菜肴的脆嫩特色，爆类菜肴的调味都要采用对汁芡。

(4) 油爆类菜肴加热时间极短，所以原料成型都要求小型，或薄片或花刀片。

(5) 油爆类菜肴通常用蒜泥调味，因此多数菜肴以“蒜爆”命名。

(6) 油爆类菜肴与滑炒类菜肴最大的区别是，油爆类菜肴的芡汁做到“有汁不见汁，不澥油、不澥汁，食后盘底无汁，而只有一层薄油。”

(二) 酱爆

1. 酱爆肉丝工艺

原料：猪通脊肉 250g，鸡蛋清 1 只、葱白末 3g、葱丝 5g、姜末 2g、绍酒 15mL、甜面酱 25g、白糖 5g、味精 1g、酱油 5mL、精盐 1g、湿淀粉 20g、烹调油 750mL（约耗 50mL）。

制法：

（1）通脊肉切丝，用精盐、蛋清、湿淀粉上浆。

（2）取小碗 1 只，放入绍酒、酱油、味精、湿淀粉及少许水调成芡汁。

（3）炒锅置旺火上烧热，滑锅后下烹调油，四成热时倒入肉丝划散，变色后立即沥油。

（4）锅内留少许油，放葱末、姜末、甜面酱炒香，再下白糖炒溶。倒入肉丝，冲入芡汁，翻锅炒匀，亮油、出锅、装盘，撒上葱丝即可。

特点：肉丝酱红油亮，酱香扑鼻，肉丝鲜嫩，咸中略带甜味，芡汁紧包。

说明：

（1）芡汁要调准，尤其是湿淀粉的量要准。

（2）爆炒时动作要连贯、迅速。

演绎：类似的菜肴有钱江肉丝酱爆鸡丁、酱爆牛肉片、酱爆兔肉丁等。

2. 酱爆操作要领

（1）配制酱爆类菜肴，一般为单一的主料，可以加一些不易出水的根茎类蔬菜、香干等作为配料。

（2）炒酱技术有一定的难度。炒酱不够火候，则酱包不住原料，而且有生酱味；炒过火，酱发干而不美观，还有煳酱味。如用黄酱，应先把黄酱炒透，再放白糖、绍酒，最后倒入原料；如用甜面酱，则可将糖一起下锅炒。

（3）酱爆类菜肴通常不需要勾芡，有时还需根据调味汁的稀稠程度而定。

（三）芫爆

1. 芫爆里脊工艺

原料：猪通脊肉 250g，鸡蛋清 1 只、香菜 100g、葱丝 10g、姜汁 10mL、蒜片 10g、绍酒 10mL、精盐 2g、味精 2g、胡椒粉 0.5g、米醋 5mL、湿淀粉 25g、麻油 25mL、烹调油 750mL（约耗 50mL）。

制法：

（1）通脊肉顶刀切薄片，用水漂去血水，沥干水分，加精盐、绍酒、味精、蛋清、湿淀粉上浆。

（2）香菜切段，与葱丝、蒜片、姜汁、精盐、绍酒、味精、米醋、胡椒粉和在一起，调成清汁。

（3）炒锅置旺火上烧热，滑锅后下油加热至四成热时，倒入肉片划散，变色后即可沥油。

（4）原锅放少许麻油，倒入清汁，置旺火上略炒后，倒入肉片翻炒均匀，淋上麻油即可。

特点：香味浓郁，肉片鲜嫩。

说明：

（1）香菜、葱丝、蒜片、米醋、麻油等调料不可少。

(2) 此菜不可勾芡。

(3) 掌握清汁的量，不可偏多。

2. 芫爆操作要领

(1) 主料经油炸或滑油。脆嫩性动物原料采用焯水（飞水）、油炸的工艺，软嫩性动物原料采用滑油工艺。

(2) 芫荽切段，与小葱、蒜头、精盐、味精、绍酒、胡椒粉、米醋、麻油和白汤等调料调制成调味清汁。

(3) 芫爆菜肴由于清汁，调味需要重一些，汁要少一些，但不勾芡。

(四) 葱爆

1. 葱爆三样工艺

原料：净猪腰 100g、猪肝 100g、猪通脊肉 100g、鸡蛋清 1 只、大葱 75g、姜丝 5g、绍酒 15mL、精盐 1.5g、酱油 20mL、味精 1g、白汤 50mL、湿淀粉 25g、麻油 15g、烹调油 750mL（约耗 60mL）。

制法：

(1) 猪肝、通脊肉切成片；净腰子先顺长直刀剞，再转 90°斜刀片成梳子片；大葱切段。

(2) 三片放入碗中，加精盐、蛋清、绍酒、湿淀粉拌匀上浆。

(3) 酱油、绍酒、白汤、味精、湿淀粉放碗中，调成芡汁。

(4) 炒锅置旺火上烧热，滑锅后下油加热至五成热时，投入“三片”划散，变色后沥油。

(5) 原锅留少许油，下葱段、姜丝、炒透，倒进“三片”，冲入芡汁，快速翻炒均匀，淋上麻油即可。

特点：葱香浓郁，三样鲜嫩爽脆。

2. 葱爆操作要领

(1) 主料多为软嫩性动物原料，因此需要采用上浆、滑油工艺。

(2) 需要把大葱煸出香味后，才与主料合锅爆炒。

(3) 调味芡汁由精盐、味精、绍酒、酱油、湿淀粉和麻油调制而成的。

(4) 菜肴需要勾芡。

第四节　煎制工艺、贴制工艺、煽制工艺

一、煎制工艺——实践操作

(一) 生煎虾饼工艺

原料：虾仁 200g，熟肥膘 150g、荸荠白 100g、鸡蛋清 2 只、葱白末 5g、姜汁 5mL、胡椒粉 0.5g、精盐 1g、绍酒 5mL、味精 1g、湿淀粉 25g、烹调油 250mL（约耗 60mL）、

花椒盐少许。

制法：

(1) 虾仁、肥膘剁成末，荸荠白拍碎，稍剁，合在一起加葱末、姜汁、胡椒粉、精盐、绍酒、味精、湿淀粉拌匀，放入冷藏箱静置 1h。

(2) 锅置中火上烧热，滑锅后加少许油，将虾料制成 20 只圆饼状入锅，用小火煎两面呈淡黄色；再加进油，半煎半炸至成熟，呈金黄色，沥油装盘即可，跟花椒盐上席。

特点：外香酥、里鲜嫩，香鲜爽口。

说明：

(1) 虾仁不必剁得太细，加荸荠末是为了口感松脆。

(2) 灵活控制火力，既要内部成熟，又要外香脆，呈金黄色。

演绎：类似的菜肴有生煎肉饼、煎牛排、五味煎蟹、蛋煎黄鱼脯、素烧鹅等。

(二) 煎制操作要领

(1) 煎制工艺最好使用平底锅；如果不是不粘锅，则需要做到辣锅温油。

(2) 原料煎制前一般都要经过调味、挂糊或上浆，但也有的只需调味，而不需挂糊。

(3) 原料通常加工成扁平状，不能过厚，便于成熟。

(4) 根据原料的情况，灵活掌握火力，既要做到内部成熟，又要做到两面金黄。

(5) 无汁无汤，干香不腻。

二、贴制工艺——实践操作

(一) 锅贴鱼片工艺

原料：净鱼肉 200g、熟肥膘 150g、浆虾仁 100g、荸荠白 50g、火腿末 10g、香菜嫩叶 12 瓣、鸡蛋清 3 只、精盐 2g、绍酒 5mL、葱末 5g、姜末 3g、干淀粉 75g、烹调油 500mL、辣酱油 1 小碟。

制法：

(1) 鱼肉、肥膘均切成同样大小的长方片（5cm×3cm×0.5cm，鱼片比肥膘片厚 0.5cm）。鱼片用精盐、绍酒、味精腌渍；肥膘片用刀跟戳几个洞。

(2) 虾仁、荸荠白剁细，加精盐、绍酒、葱末、姜末搅拌均匀成虾蓉；蛋清和淀粉调成糊。

(3) 取平盘 1 只，撒上一层干淀粉，把肥膘挂上蛋糊，摆于平盘中，抹上一层虾蓉，放上鱼片；再抹上蛋糊，点缀上火腿末、香菜叶，制成锅贴鱼片生坯。

(4) 锅置中火上烧热，用油滑锅后，把锅贴鱼片生坯放入，用小火煎制至结壳；再加入油，慢慢把鱼片养熟。沥去油，继续煎制至底部金黄，出锅整齐排列盘中，跟辣酱油上席。

特点：面上洁白鲜嫩，底层金黄香脆。

说明：

(1) 肥膘应戳几个洞，防止加热卷缩。

（2）严格控制火力，既要使内部成熟，又要使底部金黄香脆。

演绎：类似的菜肴有锅贴肉排、锅贴山鸡、千层鸡、锅贴火腿等。

（二）贴制操作要领

（1）制作贴制菜肴通常用熟猪肥膘片、网油或蛋皮作底衬，少数菜肴用两种主料之一作底衬。

（2）作底衬的肥膘要求：

① 以刚熟为宜，过生易变形，过烂难成形；

② 片状太厚；

③ 肥膘片必须用刀跟戳数个洞，以防加热时卷曲。

（3）根据原料的特性，可加绍酒和汤水，加盖焖熟，或加烹调油慢慢养熟。

（4）严格控制火力，既要使内部成熟，又要使底部金黄香脆。

三、煽制工艺——实践操作

（一）锅煽豆腐工艺

原料：豆腐 500g，鸡蛋 2 只、葱末 5g、姜末 5g、精盐 2g、味精 1g、绍酒 10mL、白汤 100mL、面粉 100g、烹调油 500mL、麻油 15mL。

制法：

（1）豆腐去掉边皮，切成约 55mm×35mm×15mm 的长方块，排在盘中，撒上精盐、葱末、姜末稍腌。鸡蛋磕碗中打散。

（2）油锅置中火上，油温至五成热时，将豆腐拍上面粉，拖上蛋液入锅。炸至金黄色捞出，拣去蛋丝和蛋渣，整齐地排列盘中。

（3）锅中放少许油，投入葱姜末炝锅，下白汤，加精盐、味精、绍酒，推入豆腐。用微火焖至汤汁将尽，淋上麻油，拖入盘中即可。

特点：豆腐饱含汤汁，色泽金黄，质地软嫩，滋味鲜香。

说明：

（1）如果豆腐比较嫩，可以将切好的豆腐放在潮湿的毛巾上吸水。

（2）传统上采用煎制工艺，后再焖制，现代大多采用油炸的方法。在油炸时，应控制好油温，油温过高则豆腐表面的蛋液容易炸“飞”。

（3）汤汁不可完全收干。

演绎：类似的菜肴有锅煽鱼扇、锅煽菜卷、锅煽番茄、锅煽鲍鱼盒等。

（二）煽制操作要领

（1）原料经腌制后拍上面粉，再挂上蛋液。蛋液需挂匀原料各面。

（2）油温控制在五成热，否则蛋液容易炸“飞”。如采用煎制，则应控制好火力，避免焦煳。

（3）菜肴装盘后仍有少许汤汁。

第五节 熘制等特殊工艺

一、熘制工艺——实践操作

熘，也称溜，是一种特殊工艺技法，所用的传热介质有用油和用水两种（见第一篇第四章介绍）。用油传热的熘制工艺有脆熘、滑熘，用水传热的有软溜，为了更详细地了解不同的熘制工艺，在此一并实践教学。

(一) 脆熘

1. 炸熘鸡条工艺

原料：鸡脯肉 300g、葱段 10g、白糖 35g、酱油 35mL、米醋 35mL、湿淀粉 50g、麻油 10mL、烹调油 1 000mL。

制法：

(1) 鸡脯肉切成 5cm 长的粗条，加酱油 10mL、湿淀粉 35g 拌匀。

(2) 取小碗放酱油、白糖、米醋、湿淀粉及少许汤水，调成芡汁。

(3) 油锅置旺火上，烧至六成热时，将鸡肉条分散入锅，炸至结壳后捞起。待油温升高，再把鸡肉条复炸至金黄色，沥油。

(4) 原锅内留少许油，投入葱段暗炝，倒入芡汁推稠；下炸好的鸡肉条，加少许热油和麻油，翻锅、拌匀即可。

特点：色泽红亮，外脆里嫩，口味酸甜。

说明：

(1) 湿淀粉要拌匀后入锅炸制。

(2) 掌握好芡汁的各种调料的量，不能加味精。

(3) 油炸与调汁必须连贯，不可相隔时间过长，否则影响菜肴质感。

(4) 芡汁紧亮，不澥芡。

演绎：类似的菜肴有鱼香熘鸡块、咕噜肉、糖醋排骨、抓炒豆腐、生爆鳝背等。

2. 脆熘操作要领

(1) 油炸时要求火旺、油温高，炸至外皮脆硬为准。

(2) 在炸制原料的同时，要求另起炒锅调制芡汁，即油炸出锅几乎与调制芡汁完成是同时的。

(3) 芡汁的浓度应根据菜肴的特点而定。通常原料剞花刀的菜肴，芡汁应为流芡；原料为块、片等形状的，芡汁应为包芡。

(4) 脆熘菜肴的口味通常为重糖醋味，即先甜后酸再咸，也有少部分菜肴为轻糖醋味，即酸甜均减半，并均等。

(二) 滑熘

1. 熘鸡片工艺

原料：鸡脯肉 300g、鸡蛋清 1 只、绍酒 10mL、白糖 15g、精盐 1g、酱油 15mL、米醋 15mL、白汤 200mL、葱姜汁 20mL、湿淀粉 35g、烹调油 750mL。

制法：

(1) 鸡脯肉顺丝片成片，加精盐、绍酒、蛋清、湿淀粉拌和上浆。

(2) 炒锅置旺火上烧热，滑锅后下油加热至四成热时，将鸡片分散入锅划散，至变色断生后倒出沥油。

(3) 原锅中加入白汤、酱油、白糖、葱姜汁，沸后，加米醋，勾芡，倒入鸡片推匀，亮油即可。

特点：芡汁红亮，鸡片滑嫩，轻酸甜味。

说明：

(1) 鸡片上浆不可太干，否则滑油时不方便划散。

(2) 应掌握好酸甜咸味的比例。

(3) 芡汁的量要比脆熘菜肴多一些，稠度要比脆熘菜肴浓一点。

演绎：类似的菜肴有玛瑙鸡片（咸鲜味）、滑熘里脊片（咸鲜味）、熘里脊片（轻糖醋味）、熘珊瑚虾仁（咸鲜味）、糟熘鱼片（咸鲜味）。

2. 滑溜操作要领

(1) 原料的加工处理，通常以小块、片、丝、丁、条等小型为主。

(2) 芡汁的量要比滑炒的多一些。

(3) 滑熘的菜肴在口味上多种多样，有轻糖醋味（酸甜均等）、咸鲜味、香糟味等。

（三）软熘

1. 西湖醋鱼工艺

原料：活草鱼 1 尾（约 700g）、生姜末 5g、白糖 60g、酱油 75mL、米醋 50mL、绍酒 25mL、湿淀粉 50g。

制法：

(1) 将草鱼宰杀洗净。头朝左、腹朝里放砧板上，从尾部下刀，贴脊骨片成两爿（有脊椎骨的为雄爿，另一爿为雌爿），斩去鱼牙；在鱼的雄爿上，从鳃盖瓣开始，每隔 4.5cm 左右剞牡丹花刀，共 5 刀，第 3 刀时，在腰鳍后处切断，使雄爿成两段，以便烧煮；在雄爿剖面脊部肉厚处剞一长刀（刀深约 4/5），不要损伤鱼皮。

(2) 锅内放清水 1 000mL，用旺火烧沸，先放雄爿前半段，再将鱼尾段盖接在上面；然后将雌爿与雄爿并放，鱼头对齐，鱼皮朝上（水不能淹没鱼头，使鱼的两根胸鳍翘起），盖上锅盖。待锅水再沸时，启盖，撇去浮沫，转动炒锅，改小火加热至鱼肉断生（共约 4min）；锅内撇去汤水，留下 250mL 左右，放入酱油、绍酒、姜末，即将鱼捞出，放入盘中（鱼皮朝上，背靠背），并沥去汤水。

(3) 锅内原汤汁中加入白糖、米醋和湿淀粉调匀的芡汁，用手勺推搅成浓汁，浇遍鱼的全身即成。

特点：色泽红亮，酸甜适宜，鱼肉结实、鲜美滑嫩、有蟹肉滋味，是杭州传统风味名菜。

说明：

(1) 原料选用不超过 750g 的经过饿养的草鱼。

（2）沸水下锅，同时应掌握火候。鱼下锅后再沸应改为中小火，并掌握好加热的时间。

（3）正确掌握各类调料的比例，口味层次为先酸后甜再咸。

（4）应离火推搅芡汁，不能久滚，滚沸起泡即可起锅，切忌加油、加味精。

演绎：类似的菜肴有醋熘鱼块、白汁全鱼、五柳全鱼、三丝鱼卷等。

2. 软溜操作要领

（1）原料在加热时应严格控制火候，以断生为度，不可过度。

（2）卤汁用油较轻，或不用油，口味清爽。

（3）软熘菜肴以酸甜味（先酸后甜再咸）为主，也有咸鲜味。

二、蜜汁工艺——实践操作

（一）蜜汁橄榄土豆工艺

原料：土豆1 000g、冰糖100g、蜂蜜50mL、红绿丝15g。

制法：

（1）土豆去皮，削成橄榄形，浸泡在冷水中。

（2）小砂锅置旺火上，内用竹箅子垫底，放入冰糖和沸水200mL，熬熔冰糖，再放入土豆。沸后加入蜂蜜，用小火焖至土豆酥透，汤汁稠黏后起锅装盘，撒上红绿丝即成。

特点：该菜肴质地绵糯，香甜适口。

说明：

（1）橄榄形的土豆大小均匀。

（2）用铁锅熬制容易发黑，所以最好使用砂锅或不锈钢锅。

（3）锅内须垫上竹箅垫子，防止底部焦煳。

（4）由于土豆焖制到一定程度后酥透，不能搅拌土豆，所以应控制好火候，防止锅边糖液成焦红色。

演绎：类似的菜肴有桂花糯米藕、蜜汁香芋等。

（二）密汁操作要领

（1）熬制糖汁一定要控制好火力，防止锅边糖液成焦红色。

（2）熬制糖汁须控制好火候，控制好糖汁稠浓度，防止过头。

三、挂霜工艺——实践操作

（一）挂霜苹果工艺

原料：荸荠白750g、面粉50g、白糖150g、烹调油750mL（约耗75mL）。

制法：

（1）荸荠白用刀面拍碎，略剁几下，挤去水分，放入盛器中加面粉拌匀，捏成22只圆球。

（2）油锅置旺火上，加热至五成热时，将荸荠白入油锅炸制，至结壳后捞起。待油温升高至六成热时，复炸至皮脆、金黄色，捞出沥油。

(3) 炒锅清洗干净，置小火上，放入沸水125mL、白糖，熬至水分将尽、糖汁起大泡时离火，倒进炸好的荸荠圆子，轻轻拌炒均匀，待圆子表面析出白糖块，取出装盘即可。

特点：该菜肴洁白如霜，香甜爽脆。

说明：

(1) 荸荠末一定要挤去水分。

(2) 荸荠圆子必须炸制结壳、皮脆；油炸后应用面巾纸吸去余油。

(3) 熬制糖浆是挂霜工艺的关键，要掌握好火候的时机。

(4) 熬糖浆时，应时刻注意锅边糖浆变色，而影响菜肴的成色。

演绎：类似的菜肴有挂霜苹果、粘糖羊尾、挂霜红薯等。

(二) 挂霜操作要领

(1) 原料经油炸结壳，但必须浅色，不能呈金黄色。

(2) 熬糖浆只允许用水熬，不能用油。

(3) 挂霜糖浆的经验：糖浆熬至接近拔丝，但糖浆未变色。

(4) 如果在大灶上熬糖浆，则用马勺轻轻地、不停搅拌糖浆，使锅边的糖浆不变色。

四、拔丝工艺——实践操作

(一) 拔丝苹果工艺

原料：国光苹果500g、鸡蛋清2只、干淀粉15g、白糖200g、麻油5mL、桂花少许、烹调油750mL (约耗75mL)。

制法：

(1) 将苹果削去皮，切成长方块，再切成滚料块，放入清水中；蛋清与干淀粉调制成淀粉糊。

(2) 取平盘一只，抹上麻油。

(3) 油锅置旺火上，加热至五成热时，将苹果块挂上淀粉糊入油锅炸制，至结壳后捞起；待油温升高至七八成热时，复炸至金黄色，沥干油。

(4) 炒锅置小火上，放少许油，入白糖用手勺轻轻搅动熬制；待熬至糖浆能抽出糖丝时，倒入苹果，撒上桂花，翻锅搅拌使糖浆均匀包裹住苹果块，装入抹有麻油的平盘里。随带一碗冷开水上席。

特点：该菜肴色泽金黄，香甜可口。

说明：

(1) 应选用质地脆嫩的苹果。

(2) 挂糊炸制后的苹果块一定要硬脆，否则拔丝时容易脱壳。

(3) 熬制糖浆是拔丝工艺的关键，要掌握好火候的时机。

演绎：拔丝的菜肴还有拔丝香蕉、拔丝蜜橘、拔丝菠萝等，有些地方的等级考核也会用豆腐作为主料制作拔丝菜。

（二）拔丝操作要领

（1）含糖分高、含水量高的原料通常需要挂糊油炸，含淀粉高的原料通常清炸即可，但都需要表皮炸脆。

（2）拔丝工艺熬糖浆的方法有水熬、油熬和水油混合 3 种。

（3）油熬的方法必须注意油量一定要少。

（4）盛菜肴的盛器面上必须抹上油脂，冬季时盛器要保温，防止糖浆冷却后黏在上面难以清洗。

（5）在菜肴上可以撒上少许桂花或芝麻，以增加香味。

（6）上菜时随带凉开水，避免客人烫嘴，同时可以使糖更加脆甜，不粘牙。

（7）拔丝菜肴经冷却后即成琉璃菜肴。

第九章 气体、固体等传热制熟工艺

学习目标

通过水蒸气传热制熟的蒸制工艺、热空气传热制熟的烤制工艺、微波辐射制熟的微波工艺教学菜肴的实践操作，了解其工艺原理和制作规律，掌握其典型菜肴的制作流程、制作关键和操作要领，并学会分析菜肴制作成功和失败的原因。

气态介质传热主要分为水蒸气传热和热空气传热两种形式。水蒸气传热主要为蒸制工艺，热空气传热主要为烤制工艺、熏制工艺等。熏制工艺、微波辐射制熟工艺和固体介质制熟工艺在此不作详细介绍。

第一节 蒸制工艺

(一) 芙蓉干贝工艺

原料：干贝 50g、鸡蛋清 8 只、葱结 1 个、生姜 1 小块、绿色蔬菜 15g、精盐 5g、绍酒 20mL、清汤 250mL、味精 2g、湿淀粉 20g、鸡油 10mL。

制法（中小火徐徐蒸）：

(1) 干贝拣洗干净放入碗中，加清水（淹没干贝）、绍酒、葱结、生姜，上笼用旺火蒸酥取出，拣去葱姜。

(2) 鸡蛋清放入碗内加精盐、味精及凉清汤（150mL）搅匀，上笼用小火蒸熟取出，即成“芙蓉”。

(3) 将蒸好的芙蓉用瓢舀入深盘内，再将干贝连原汤入锅，加清汤、绿色蔬菜、精盐、绍酒、味精，用湿淀粉勾流芡，浇于芙蓉上，淋上鸡油即可。

特点：此菜洁白晶莹，滑嫩鲜美，如出水芙蓉。

说明：

(1) 清汤应为凉，不能太热。

(2) 鸡蛋清与清汤应搅透，但不能起泡。

(3) 严格控制火力，如果蒸汽太大，可将笼盖揭开一角，否则会出现蜂孔。

演绎：类似的蒸制菜肴如百花豆腐、雪丽蛏子等，还有蒸蛋清糕、蒸蛋黄糕。

(二) 三丝鱼卷工艺

原料：净鳜鱼肉 300g，笋丝、冬菇丝、火腿丝各 50g，葱丝、姜丝各 10g，鸡蛋清 1 只，鸡油 15mL，清汤 150mL，绍酒 15mL，干淀粉少许，精盐 2g，味精 1g。

制法（旺火沸水急蒸）：

(1) 鱼肉片成长方薄片，加精盐、蛋清、干淀粉上浆，平铺在案板上，把配料五种丝整齐排放在鱼片上，卷成圆柱形。

(2) 取腰盘 1 只，盘底先抹上一层油，将鱼卷排列盘中，上笼用旺火蒸熟取出。

(3) 炒锅中放入清汤，滗入鱼卷原汁，加入精盐、绍酒、味精，勾流芡，淋鸡油出锅，浇在鱼卷上即成。

特点：此菜具有造型美观、鲜嫩清爽的特点。

说明：

(1) 蒸制工艺的“三丝鱼卷”鱼肉的刀工处理有两种方式，一是去皮的净鱼肉切片，二是带鱼皮的夹刀片。夹刀片的鱼片鱼皮朝鱼卷内。

(2) 鱼片需要上浆。

(3) 严格控制火候。

演绎：类似的菜肴有玉树鳜鱼、清蒸鲜鱼、酒蒸活蟹、清蒸河鳗、干菜蒸汪刺鱼等。

（三）荷叶鸭包工艺（旺火沸水长时间蒸）

原料：光肥鸭 1 000g、炒米粉 150g、鲜荷叶 2 张、葱末 10g、姜末 5g、酱油 50mL、绍酒 15mL、胡椒粉 0.5g、味精 1g。

制法：

（1）将鸭子剔除大小骨头，切成大小相等的 10 块。

（2）把葱、姜末、酱油、绍酒、胡椒粉、味精放入碗中调匀，加进鸭块拌渍片刻。

（3）荷叶洗净，改成 10 张，然后将鸭块粘上炒米粉，用荷叶包好，排列盛器中。

（4）旺火沸水将荷叶鸭包上笼蒸 2h 即可。

特点：鸭肉酥软绵糯，并有荷叶清香。

说明：

（1）鸭块调味要准确。

（2）控制好火候，要求鸭肉酥烂。

演绎：类似的菜肴有糯米蒸酱鸭、糯米蒸子排、荷叶粉蒸肉等。

（四）蒸制操作要领

（1）蒸制的原料质地必须特别新鲜。

（2）蒸菜在蒸制前调味投料要准确。

（3）蒸制工艺的火候，根据原料性质和菜肴要求，分为以下 3 种。

第一种，旺火沸水急蒸。适用于质地嫩的原料，如鱼类、体小质嫩的原料，蒸制断生即可，以保持菜肴的鲜嫩。

第二种，旺火沸水长时间蒸。凡原料体大质老的，采用这种工艺，可使菜肴酥烂。

第三种，中小火徐徐蒸。适用于质地特别软嫩，经过较细致加工，要求菜肴保持一定形态的。如果蒸汽太大，可将笼盖揭开一角。

（4）蒸菜水分不易蒸发，营养损失较少，菜肴不易变形，原汁原味。

第二节 烤制工艺

根据烤炉设备及操作方法的不同，烤制分为明炉烤、暗炉烤和烤盘烤；根据工艺形式的不同，烤制分为叉烤、挂炉烤、串烤、烤盘烤等形式。

（一）金陵烤方工艺

原料：猪肋条肉 1 长方块（约重 3 000g）、甜面酱 100g、葱白段 50g、花椒盐 100g。

制法：

（1）选用带皮、正中 7 根肋骨的肉 1 块。把肉皮朝下放在砧板上，用刀把四边修齐，制成长约 30cm、宽约 20cm 的长方块，再用削尖的竹签在肉面上戳许多小洞（深至肉皮），以便在烘烤时让热辐射深入，并使气体排出。

（2）用铁叉双齿从肉块第 2 根与第 6 根肋骨之间，顺骨缝叉入，叉到 7cm 处，翘起

叉尖，使之走出肉面，隔 7cm 再叉入。最后叉尖从另一边叉出，再用两根削尖的竹筷横叉在肋条肉的两边，别在叉齿上，使肉块平整地固定在铁叉上，这样在烘烤时，不至于肉熟烂后下垂。

(3) 当炉膛内芦柴烧至无火苗、无烟时，把肉块（皮朝下）伸入炉膛内（离底火高约 13cm)，烤约 20min，至肉上水分烤干、肉皮成黑釉色时离火，用湿布将肉皮润湿一下，刮去肉皮上的焦污。再按前面的方法，烘刮一次。然后在肉皮上戳小孔眼，再放入炉膛内用微火烤约 20min。当肉皮再呈黑釉色时取出，刮净皮上煳焦物，翻过来将肉骨向下烘烤均匀，至肋骨肉收缩、骨头伸出时取出。经过 4 次烘烤，3 次刮皮，皮已很薄，肉已均匀烤熟。最后，将肉皮朝下用微火烤半小时，使肥膘油渗出肉皮，发出“吱吱”响声时，抽去烤叉、竹筷，用刀刮尽肉皮和周围的焦屑，即成烤方。

(4) 先将烤方的肉皮取下，用铁勺拍碎上桌，再将里脊肉切成薄片，最后将肋条肉切成薄片，分装盘中。上桌时带甜面酱、花椒盐、葱白段，用空心饽饽夹食。

特点：该菜肴皮面松脆异常，肉质干香酥烂。

说明：

(1) 选料时，要选 3 000g 左右的嫩猪肉。

(2) 上叉时，要用两只竹筷横叉在烤方上，防止肉烂下垂。

(3) 烤时要用钢针在肉皮上戳小洞，使闭塞的小洞扦透，烘烤时热气畅通，不致肉皮鼓起，皮与肉脱节，失去烤方特色。

(4) 火候要均匀，烤叉要不断移动，皮色要烤得均匀。焦皮要刮净，刮时要顺刮。

(5) 过去，燃料以柏树枝、梨木为最好，现在多选用火力温和、脚火支持时间长的芦柴、芝麻节等。

演绎：类似的菜肴有广东名菜“片皮乳猪”。

(二) 蜜汁叉烧工艺

原料：去皮半肥瘦猪肉 5 000g、精盐 75g、白糖 315g、豆酱 75g，汾酒 150mL、老抽 20mL、生抽 150mL、糖浆 500g。

制法：

(1) 将猪肉切成长 36cm、宽 4cm、厚 1.5cm 的肉条，放入盛器中，加入精盐、白糖、老抽、生抽、豆酱、汾酒拌匀，腌渍 45min 后，用叉烧环将肉条穿成排。

(2) 将肉排放入烤炉，用中火烤约 30min 至熟（烤时两面转动，瘦肉部分滴出清油时即熟）取出。约晾 3min 后用糖浆淋匀，再放回烤炉烤 2min 即可。

特点：该菜肴色泽红亮，外甜里咸，甜蜜芳香。

说明：

(1) 传统的蜜汁叉烧，是将猪里脊肉插在乳猪腹内，在烤乳猪的同时用暗火以热辐射烧烤而熟。现在的工艺是改用半肥瘦的猪肉，直接用火烤熟，并在面上涂抹饴糖，使其缓解火势而不致干枯，且有甜蜜的芳香味。

(2) 猪肉去皮，以肥三瘦七为好。

(3) 糖浆是用沸水溶解麦芽糖（饴糖）30g，冷却后加浙醋 5mL、绍酒 10mL、干淀粉 15g 搅成糊状即成。这个糖浆可以制作脆皮鸡、广式烤鸭等。

(4) 肉排入烤炉后，应两面转动烤制均匀。

演绎：北京烤鸭、广东烤鸭和烤鸡等都是采用该工艺。

(三) 丁香烤鲈鱼工艺

原料：活鲈鱼 1 尾（约 750g）、葱段 100g、生姜片 100g、丁香粉 0.5g、葱末 50g、姜末 15g、红椒末 5g、蒜蓉 15g、绍酒 50mL、蚝油 50g、白糖 15g、米醋 5mL、味精 2g、麻油 25mL、湿淀粉 25g、辣油 25mL、郫县豆瓣 25g、胡椒粉 1g。

制法：

(1) 剖洗净鲈鱼，双面均剞上网形花刀，精盐加绍酒 25mL 在鱼身两面擦抹均匀，腌渍 10min。

(2) 烤盘铺上葱段、姜片，将鲈鱼置其上，放入电烤箱，用 180℃的温度烤制。

(3) 蚝油、绍酒 25mL、白糖、米醋、味精、郫县豆瓣、丁香粉调成卤汁。在鱼烤制约 10min 后，用干净排笔蘸卤汁在鱼身上刷上几遍，再烤制约 3min。之后把鱼翻身，用排笔在鱼身另一面上刷上卤汁。鱼熟出箱。

(4) 炒锅置中火上，放入麻油，入红椒、姜末、葱末、蒜蓉煸炒出香味，倒入剩下的卤汁，沸起勾薄芡，淋在鱼身上。

特点：该菜肴色泽金黄，香味浓郁，风味独特。

说明：

(1) 应控制好烤箱的面火温度和底火温度，尤其是在刷上卤汁之后。

(2) 控制咸度，因为鲈鱼经过烤制之后水分减少。

演绎：类似烤制的菜肴有日式烤鳗、烤鲳鱼、烤鸡翅、烤豆腐等，可根据个人的喜好调整调味品。

(四) 烤制操作要领

(1) 烤制原料通常都需要经过腌渍或加工成半成品。

(2) 明炉烤的燃料最好采用木柴、木炭或电能，煤炭、液化气、天然气容易产生对人体有害的物质。

(3) 明炉烤通常用广口或火盆，采用铁叉叉住原料在火焰上方进行烤制，俗称“炙烤”，如广东烤乳猪、南京烤方。明炉烤的特点是设备简单，虽然火的大小很容易掌握，但是火力分散。

(4) 暗炉烤也称为焖炉烤，通常采用挂炉，或铁叉，或烤盘，关闭烤炉，通过高温使食物成熟。烤炉为封闭式，能保持炉内的高温，使原料受热均匀，如广东烤鸭、广东叉烤等。

(5) 根据成菜的要求，有些原料在烤制前需要在其表面涂以饴糖水（广东厨师在饴糖水中还加入醋，使烤制后的动物皮更长久地保持脆性），经过风吹基本干燥后再进行烤制，以达到红润、皮脆持久的目的。

(6) 多数烤制的菜肴在装盘后，还需要随跟味碟蘸食。

第三节　微波制熟工艺

（一）微波鳗片工艺

原料：河鳗1尾（约500g）、大葱丝25g、小葱末5g、姜丝5g、姜汁水25mL、花椒粉0.5g、丁香粉0.5g、沙姜粉0.5g、玉桂粉0.5g、绍酒15mL、精盐2g、味精2g、胡椒粉0.5g、白糖5g、米醋3mL、蚝油15g、麻油15mL。

制法：

（1）河鳗宰杀后用刀剔去脊骨，切去头尾，在河鳗身上用刀交叉剞上花刀，刀深为鳗肉的一半。然后切成6cm长的鳗片，放入盛器中，放入绍酒、米醋、白糖、精盐、姜汁水、胡椒粉、花椒粉、丁香粉、沙姜粉、玉桂粉，将鳗片腌渍1h。

（2）选带盖的玻璃盘一只，先铺上大葱丝（也可用洋葱丝或小葱丝）及姜丝，放上腌过的鳗片（皮朝上，不能重叠）。涂上一层蚝油，撒上葱末。

（3）将盛器盖上盖放入微波炉，开高温档，烤制约15min，取出，抹上麻油，切成小长条整齐码放盛器中即可。

特点：干香入味、肥而不腻、原汁原味。

说明：

（1）各种香料粉需适量。

（2）蚝油有一定的咸味，所以应控制精盐的投入量。

（3）高温加热的过程中可能会出现放炮现象，可降至中高火先烤制5min，然后再改至高温。

演绎：可将此菜肴放入电烤箱烤制（面火和底火均为180℃）30min，其口感更干香。

（二）微波制熟操作要领

（1）选用耐热的玻璃制品、陶瓷制品、聚丙烯（PP）制品，以及PE保鲜膜或保鲜袋。

（2）有外膜封闭的原料，如未打散的蛋，或有封闭包装的原料在微波炉内加热之前，都必须将外膜或外包装戳一个或几个洞。

（3）微波烹制要消耗水分，如是无汤水的菜肴，加热之前在原料表面撒上一些水，并加盖微波。

（4）根据原料的特性、数量和体积，确定和掌握微波炉的火力和烹调时间。

菜肴实训篇

本篇安排了同类菜肴的制作方法，这里的同类，有可能是烹调方法相似，有可能是原料相同，也有可能是形状类似。总之，是为了让学生在实训的同时，能快速地分辨菜肴的相同和差异之处，能感悟到更多的技巧和方法，加深理解程度。总之，希望学生在学习过程中，通过对比分析，能尽快悟出其中的奥秘。

——大师箴言

第十章　同类菜肴实训

学习目标

了解菜中同类菜肴或类似菜肴的制作关系和制作区别，从而加深对这些菜肴制作过程的理解，从中感悟更多的制作方法和技巧。同时，也能从中了解到岗位任务的分解常识。

同类菜肴，指的是同一原料或同一工艺，有别于传统的烹调方法分类。在同类菜肴对比中，实际上涵盖了不同的烹调方法，旨在对比学习，使学习者快速理解其中的关键。

第一节　脱骨和嵌包菜肴对比实训

一、香卤鸡爪、香辣鸡爪制作

（一）理论准备

香卤鸡爪、香辣鸡爪属于冷菜，首先运用汆的烹调方法，把鸡爪汆熟，再运用技巧把鸡爪去骨，而后腌制完成。此菜去骨难度较高，又因去骨腌制后直接食用，故在制作时要强调卫生。

学生应通过香卤鸡爪的制作，了解去骨菜和冷菜相关加工知识；掌握鸡爪出骨的加工技术，能灵活控制汆的烹调技法，并掌握冷菜盐水腌制的方法。在通过学生独立完成工作任务的同时，培养其独立思维和制作能力。

（二）实训操作

1. 准备阶段

（1）收集鸡爪的相关原料知识及相关加工知识并进行预习，包括市场价格、原料规格、质量辨别和烹制方法等。

（2）查看汆、腌制、去骨等方面的资料，并进行预习。

（3）预习香卤鸡爪、香辣鸡爪菜肴的制作菜谱。

（4）认真填写项目任务书。

2. 内容下达

（1）教师示教：二款选一。

（2）原料分配：以 1 人为单位，每单位鸡爪 10 只，辅料调料若干。

（3）制作菜肴：香卤鸡爪、香辣鸡爪二款选一。

（4）完成时间：教师示教 15min，讲解 5min；学生分配原料 10min，制作 40min，教师点评 10min。

3. 过程实施

（1）教师示教。讲解制熟和鸡爪脱骨要点，讲解香卤鸡爪菜肴的制作步骤。

（2）学生观摩并作记录。

（3）学生分工配合，实施训练。

（4）教师巡视指导。

4. 成果评价

（1）教师点评。

（2）学生撰写实验报告。

5. 制作讲解

(1) 鸡爪脱骨

操作步骤如表 10－1 所示。

表 10－1 香卤鸡爪、香辣鸡爪脱骨操作步骤

工作岗位	工作任务	香卤鸡爪	香辣鸡爪
采购岗	选择原料 (4 或 5 份)	选用色泽洁白、质地肥嫩的鸡爪	
冷菜房厨师	漂　　洗	过程： 鸡爪有一股腥味，要对鸡爪进行漂洗 关键点： ① 在漂洗过程中，同时去净黄衣，剔除茧疤 ② 鸡爪漂洗后，最好进行浸泡处理，用适量葱姜汁水、黄酒加水调和浸泡 3～4h，这样不但可以去除异味，而且还可使制出来的脱骨鸡爪质地更脆嫩，色泽更洁白	
	加热成熟	过程： 鸡爪投入热水中，煮沸至鸡爪变色至熟，捞出后再放入清水中 关键点： ① 煮鸡爪时水不能太少，以淹没原料为宜 ② 煮的过程不能用火太猛，否则会把鸡爪煮烂，不利于脱骨	
	冷却脱骨	过程： ① 煮好的鸡爪要立即让它实质性地冷却，可以用流动的水冲洗，也可以放入冰块 ② 左手拿鸡爪，爪背向上，用小刀在鸡爪杆和 3 根趾背上各划一刀，再用手掐去鸡爪的趾尖，然后用拇指和食指捏住鸡爪趾骨的最前端，由爪尖向上推送，直至将爪骨取出	
	浸　　泡	用清水冲洗后，再浸入葱、姜、黄酒水约 2h 后待用	

(2) 制作过程

香卤鸡爪和香辣鸡爪的制作过程如表 10－2 所示。

表 10－2 香卤鸡爪、香辣鸡爪制作过程

工作岗位	工作任务	香卤鸡爪	香辣鸡爪
采购岗	备　　料 (4 或 5 份)	主料：鸡爪 500g 辅料：生姜 30g 调料：盐 50g、味精 10g、上好白酒 50g	主料：鸡爪 500g 辅料：葱白 25g、姜片 25g、片蒜 25g、辣椒 25g、陈皮 10g、葱绿 25g 调料：糖 5g、茴香 2 颗、料酒 50mL、盐 12g、味精 10g、白胡椒 5g

续表

工作岗位	工作任务	香卤鸡爪	香辣鸡爪
冷菜房厨师	卤水调制	准备纯净水，加入盐 50g、味精 10g、上好白酒 50g 调制均匀，根据口感（略咸为佳）增减盐量，生姜切丝盖在上面	准备汤锅一只，锅中加水，放入配料（葱绿留存待用），加入调料，沸煮 5min，离火冷却
	腌　制	把洁净脱骨鸡爪浸没卤水之中，放入冷藏冰箱腌制 1～2 天	
	装　盘	鸡爪放在砧板上，切成两三段，取平盘一只，先把爪子沿盘子周边摆放一圈，再把鸡爪杆堆在盘中，上撒姜丝点缀	取碗一只，把鸡爪连同配料和卤水盛入碗中，上撒葱丝点缀

二、八宝葫芦鸭、鸡包鱼翅制作

（一）理论准备

八宝葫芦鸭、鸡包鱼翅两款菜肴属于脱骨类热菜，首先运用技巧把整鸡整鸭脱骨，而后腌制塞入其他原料。八宝葫芦鸭是先蒸熟采用酥炸烹调方法，具有葫芦造型，外香脆、内绵糯。鸡包鱼翅是在鸡腹内塞入酥糯的鱼翅，入砂锅采用炖制烹调方法。

学生应通过八宝葫芦鸭、鸡包鱼翅的制作，了解去骨菜和嵌包菜肴的相关加工知识；掌握鸡（鸭）脱骨的加工技术，又能了解到鸡鸭受热收缩原理，掌握葫芦造型和嵌包菜肴的相关制作方法。

通过小组人员协作完成工作任务，培养学生团队意识及管理和合作能力。

（二）实训操作

1. 准备阶段

（1）收集八宝葫芦鸭、鸡包鱼翅菜肴的相关原料知识及相关加工知识并进行预习，包括市场价格、原料规格、质量辨别和烹制方法等。

（2）查看整料脱骨等方面的技巧和关键知识并进行预习。

（3）预习八宝葫芦鸭、鸡包鱼翅的制作过程。

（4）认真填写项目任务书。

2. 内容下达

（1）教师示教：二款选一。

（2）原料分配：以 2 人为单位，每单位鸡（鸭）1 只，辅料调料若干。

（3）制作菜肴：八宝葫芦鸭（鸡包鱼翅）一款。

（4）完成时间：教师示教 45min，讲解 15min；学生分配原料 10min，制作 80min，教师点评 10min，出锅试味 20min。

3. 过程实施

(1) 教师示教、讲解整料脱骨要点，讲解八宝葫芦鸭（鸡包鱼翅）菜肴的制作步骤和特点。

(2) 学生观摩并作记录。

(3) 学生分工配合，实施训练。

(4) 教师巡视指导。

4. 成果评价

(1) 教师点评。

(2) 学生撰写实验报告。

5. 制作讲解

(1) 整鸡（鸭）脱骨

八宝葫芦鸭、鸡包鱼翅脱骨的操作步骤如表 10－3 所示。

表 10－3 八宝葫芦鸭、鸡包鱼翅脱骨操作步骤

工作岗位	工作任务	八宝葫芦鸭	鸡包鱼翅
采购岗	开口	在鸭脖子下、两个翅膀肩头的地方，绕着脖子开一个 7～10cm 的口子	
切配房厨师	断颈骨	用手拉着颈骨分离皮肉，然后用刀或剪子断开颈骨。用刀子要小心，不要弄破后脖子上的皮。或许剪子更容易些	
	断翅膀骨、分离骨肉	从脖颈开口处下刀，小心分离肉、骨，边剥边往下推、翻皮肉，直到翅膀骨的连接处。用刀或剪子断开筋，并从关节处切断。然后继续往下剥离下皮肉，露出胸骨。这个过程，胸骨处肉厚，而后背肉薄，所以要小心，不要刺破皮肉	
	断腿骨，拉出大部分骨架	剥离皮肉到腿骨处，处理方法和翅膀骨处相同，先断筋，后断骨，再继续剥离皮肉至尾骨处	
	剔出尾骨尖，整架脱出	鸭屁股与鸭身的连接处皮肉比较薄，尾骨很细，要轻轻剥离，最后将尾骨抽出。至此，整个鸭架就能完整地拉出来了	
	剔除翅膀骨和腿骨	将一个翅膀分别从脖颈的开口处拉出，小心剔去皮肉，露出骨头，在末端关节处断开骨头即可。注意不要将最后的皮肉与关节分离，否则就形成开口了。另一个翅膀和腿骨的剥离法同上	
	脱骨完成		

(2) 制作过程

八宝葫芦鸭、鸡包鱼翅的制作过程如表 10－4 所示。

表 10－4　八宝葫芦鸭、鸡包鱼翅制作过程

工作岗位	工作任务	八宝葫芦鸭（酥炸）	鸡包鱼翅（煨）
采购岗	备　料 （4 或 5 份）	主料：整鸭 1 只约 1 250g 辅料：糯米 150g、熟火腿 30g、浆虾仁 50g、水发莲子 50g、甜豆 50g、苡仁 20g、水发香菇 25g 调料：食用油 1 000mL、绍酒 15mL、姜 15g、葱 15g、盐 5g、味精 5g、胡椒粉 3g、奶汤 350mL、湿淀粉 20g、鸡油 15mL	主料：水发鱼翅 250g、母鸡一只约 750g 辅料：火腿 25g、冬笋 25g、猪肉 100g、菜心 25g 调料：猪油 25g、酱油 10mL、胡椒 1g、盐 3g、料酒 15mL、姜葱各 15g、鸡油 10mL
切配房厨师	码味腌渍加工	将脱骨的鸭再次冲净检查，投入盐 1g、姜 10g、葱 10g、绍酒 15g、胡椒粉 2g 拌匀，浸渍 20min	将脱骨母鸡再次冲净检查， 猪肉切成条块，鸡腿骨、颈骨斩成段
	预制加热		将水发鱼翅入沸水锅汆 1 次，去掉腥味，加姜葱、料酒入沸水锅中烧沸，捞出待用
	嵌　包	将糯米等配料混合后加剩余的盐、胡椒、味精和匀，填入鸭腹，鸭颈皮打结塞入鸭腹，露出鸭嘴，用麻线在鸭嘴下端固定，再用细竹签或针线封住开口处与肛门处，最后在腰部用麻线扎一道，形成葫芦形	将火腿、冬笋切成丝，与鱼翅拌和匀，填入鸡腹，开口处用针线缝住
	制　熟	① 把葫芦鸭放入沸水烫一下，使鸭肉收缩，再次确定形状 ② 加酒、葱、姜上笼箱蒸至酥烂，但要保持鸭皮完整不破 ③ 将蒸酥的葫芦鸭入八成油锅炸至皮脆	① 砂锅置火上，加猪油至五成热，倒入猪肉、鸡骨，加酱油、胡椒、盐、料酒、姜葱和高汤，烧开后撇去泡沫，倒入砂锅 ② 将鸡放入砂锅中，沸后用小火煨至糯烂，去掉线头 ③ 加入青菜至熟，试味后即可离火
	造型装盆	用胡萝卜、莴笋各刻 1 只小葫芦，焯至断生，再用西瓜皮、芹菜丝在盘的一侧造型，摆上葫芦鸭即可	有些鱼翅填入后，用纱布把鸡包裹，再入砂锅煨，成熟后再去掉纱布
	制作关键	装馅要适中，不宜太多，以免鸭肉加热收缩时撑破	鱼翅要优选，保证煨后糯烂

第二节　蓉类菜肴对比实训

蓉，又称糁、胶、糊等，因地域不同而称呼各异，如江苏称“缔子”，山东称“泥”，广东称“胶”，有些地方称“肉糜”、“糊”。但江浙一带及全国大部分地区习惯称“蓉”，如鱼蓉菜、虾蓉菜。

蓉是将原料经粉碎加工成糊泥状后，加入调辅料，搅拌上劲而制成的黏稠的胶体物料。根据不同的制蓉原料，蓉分为鱼蓉、虾蓉、肉蓉、鸡蓉、墨鱼蓉、豆腐蓉，根据蓉中含水量的多少，蓉菜又分为老蓉、嫩蓉或硬缔、软缔。鱼蓉使用非常广泛，它具有黏性大、可塑性强的特点，既可独立成菜，又可与其他原料配用，便于制作工艺菜肴。

鱼蓉菜，就是将鱼制蓉后做成的菜肴，是指将除去骨刺的净鱼肉加工成蓉泥状，添加精盐、葱姜汁或鸡蛋清和湿淀粉等搅拌上劲，而形成的一种白色蓉糊状的半成品。其制作方法多样，既可独立成菜，又可以同其他原料一起制作各种酿菜等。

制作鱼蓉菜的关键在制蓉，一般分几个步骤：原料选择—刀工处理—掺水调浆—加盐上劲—成形熟制—装盆盛碗。鱼蓉菜具有光滑细腻、口感鲜嫩等特点。

一、鱼蓉制作

（一）理论准备

学生应了解原料对成菜的影响，掌握剔骨取肉、漂洗加工、加盐后搅拌上劲等工序。制作鱼蓉菜工艺较为复杂，要综合应用选料、刀工、漂洗、制蓉及成形等工艺技能。

学生应通过鱼蓉的制作，了解蓉类的概念，以及相关选料、漂洗、制蓉等操作要领；掌握整鱼的初加工技术，学会运用排剁的刀法，学会鱼肉的刮制、漂洗、制蓉。

通过教师的示教、讲解和分析，增进师生的情感。

（二）实训操作

1. 准备阶段

（1）了解鱼的相关原料知识及相关加工知识并进行预习，包括市场价格、产地、原料特点、质量辨别、初加工技术等。

（2）了解排剁的刀法、漂洗、制蓉手法等方面的资料并进行预习。

（3）认真填写项目任务书。

2. 内容下达

（1）教师讲解：不同的鱼制蓉的优劣，并利用草鱼示教。

（2）原料分配：草鱼 1 条约 2 500g。

（3）制作要求：使用两种不同手法，完成制蓉。

（4）完成时间：加工去骨 10min，手工排剁 15min，机器绞碎漂洗 10min；分别调味上劲 20min，点评分析 10min，成形示范 10min，拓展讲解 5min。

3. 过程实施

(1) 完成加工去骨后分成两份。
(2) 一份手工去骨，手工排剁；一份机器绞碎、漂洗。进行对比分析。
(3) 加盐搅拌上劲，再进行对比分析。
(4) 拓宽讲解制蓉的其他手法和关键。

4. 成果评价

(1) 教师点评。
(2) 学生撰写实验报告。

5. 制作讲解

有关鱼蓉制作的具体内容如表 10－5 所示。

表 10－5　鱼蓉制作的相关内容

工作岗位	工作任务	手　　工	机　　器
采购岗	原料选择	选择肉质厚实、鲜度较高的草鱼，重 1 000～1 250g	
初加工岗	草鱼宰杀、去鳞、去腮、去内脏，洗净	操作步骤： ① 宰杀，一般先用工具敲击鱼的头部致其死 ② 去鳞，用刀具或铁刷，从鱼尾部向鱼头部方向逆向刮鳞 ③ 去腮，用手挖或剪刀剪 ④ 去内脏净洗，用刀剖开鱼腹，去除内脏，除去黑衣，冲洗干净 操作要领：切忌弄破苦胆	
打荷岗	制姜汁水	准备好姜汁水、调料和盛器。姜汁水是生姜切成丝，放入水里浸泡而成的水	
砧板岗	刀工处理	用刀从尾到头一剖二，去脊骨、去头、去肚档，取用带皮鱼肉两块	
	取肉	用刀顺纤维纹路（从尾至头）刮鱼肉，刀的倾斜角以 45℃ 为宜，将鱼肉刮下 2/3（接近鱼皮处刺多，且带有红臊，手工制蓉一般不用），放入清水漂净血水	用刀分离鱼肉和鱼皮，再把鱼肉上的褐色红臊剔除，顶刀切片，清洗漂净血水
	制蓉	将鱼背肉放在砧板上，用刀节奏地排剁，排剁中要剔除鱼肉中的鱼刺，剔除鱼刺后，也可用刀锋排剁，使鱼肉全部成泥	把鱼片放入碎肉机，加少量清水打成泥

续表

工作岗位	工作任务	手　　工	机　　器
砧板岗	掺水调浆	将鱼肉泥放于容器内，先加葱姜汁，水量是鱼泥的一倍，水的温度最好是4℃左右，先用手将鱼肉泥打散，成糊状后，再放入精盐（大约是鱼泥的6%），用力搅打使之上劲，上劲后根据菜肴制作的需要，决定蓉的厚薄，如需要再加水，水量可以是前次的1/2或相等，继续搅拌上劲	将鱼肉泥放于容器内，放入精盐，搅拌使之厚重，再加葱姜汁，水量是鱼泥的1/2，水的温度最好是4℃左右，再搅拌，直至上劲
	涨发	将已经搅拌上劲的鱼蓉放在冷藏箱里"醒"十分钟为佳	

注："上劲"是鱼蓉制成与否的检验标准。查看是否上劲，可用一碗清水：放一点鱼蓉到碗中，鱼蓉浮起即为上劲，如没浮起则是没搅拌充分，或偏咸、偏淡。

二、清汤鱼丸、藏心鱼丸制作

（一）理论准备

清汤鱼丸、藏心鱼丸都属鱼蓉菜，运用了水焐的烹调方法。结合实际，加深对焐的烹调技能和相关知识的理解，从中获取鱼蓉菜制作知识和技巧。此两款菜肴制作难度较高，要综合应用烹饪刀工、漂洗、制蓉、成形等技能。

学生应通过清汤鱼丸、藏心鱼丸的制作，了解鱼蓉菜概念、相关原料知识及相关加工知识，理解其操作要领；掌握鱼初加工技术，掌握运用排剁的刀法；学会鱼肉的刮制、漂洗、制蓉；能调制姜汁水，能运用氽的烹调方法制作其他的鱼蓉菜肴。

通过小组教学共同完成工作任务，培养学生团队意识及管理和合作能力。

（二）实训操作

1. 准备阶段

（1）查看制蓉示教课所作的笔记。

（2）收集排剁的刀法、漂洗、制蓉、成形手法等方面的资料，并进行预习。

（3）预习清汤鱼丸、藏心鱼丸的制作菜谱。

（4）认真填写项目任务书。

2. 内容下达

（1）教师示教：挤鱼丸的手法。完成两三款菜肴的制作。

（2）原料分配：3人为一组，每组草鱼1条（约2 500g），以及辅料若干。

（3）制作菜肴：清汤鱼丸、藏心鱼丸两款。

（4）完成时间：教师示教45min，讲解10min；学生分配及清洗原料15min，制作60min，教师点评10min，清洁卫生10min。

3. 过程实施

（1）教师示教、讲解鱼丸的成形手法、鱼蓉菜肴制作要点，制作清汤鱼丸、藏心鱼丸，并讲解两款菜肴的选料和制作的共同之处和差异之处。

（2）学生观摩并作记录。

（3）学生分工配合，实施训练。

（4）教师巡视指导。

4. 成果评价

（1）教师点评。

（2）学生撰写实验报告。

5. 制作讲解

（1）主辅原料

清汤鱼丸、藏心鱼丸制作所需的原料如表 10－6 所示。

表 10－6　清汤鱼丸、藏心鱼丸的制作原料

类别	主辅原料	清汤鱼丸	藏心鱼丸
主料	鲢鱼	半条	半条
辅料	火腿片	25g	25g
	笋片	25g	25g
	水发香菇	1 只	1 只
	青菜心	25g	25g
	猪肉糜		100g
调料	盐	10g	10g
	湿淀粉		20g
	绍酒		5mL
	熟猪油		10g
	姜汁水		
	味精	3g	3g

（2）操作步骤

清汤鱼丸、藏心鱼丸的具体操作步骤如表 10－7 所示。

表 10－7 清汤鱼丸、藏心鱼丸的操作步骤

<table>
<tr><th>工作岗位</th><th>工作任务</th><th>清汤鱼丸（水焐）</th><th>藏心鱼丸（水焐＋烩）</th></tr>
<tr><td>初加工岗</td><td>宰杀、去鳞、去腮、去内脏，洗净</td><td colspan="2">略</td></tr>
<tr><td>砧板岗</td><td>姜汁水</td><td colspan="2">略</td></tr>
<tr><td rowspan="2">砧板岗
（或炉台岗）</td><td rowspan="2">掺水调浆制蓉</td><td colspan="2">将鱼肉泥放于容器内，先加葱姜汁，水量是鱼泥的 1 倍，水的温度最好是 4℃左右。先用手将鱼肉泥打散，成糊状后，再放入精盐，用力搅打使之上劲</td></tr>
<tr><td>再加水，水量是前次的 2/3，继续搅拌上劲</td><td>再加水，水量是前次的 1/2，继续搅拌上劲</td></tr>
<tr><td rowspan="2">炉台岗</td><td>成形</td><td>锅中加入冷水 1 500g，将鱼蓉挤成鱼丸 10 颗，分别下锅</td><td>① 猪肉糜在剁成细糜后，加入笋末、绍酒、精盐、味精拌匀，挤成桂圆大小的丸子 10 颗待用
② 锅中加入冷水 1 500g，将鱼蓉嵌入肉丸子挤成藏心鱼丸 10 颗，分别下锅</td></tr>
<tr><td>成熟</td><td>升温至 90℃，焐养 5min，使鱼丸变白，再翻身继续焐养 3min 至熟</td><td>加温至 90℃，焐养 5min，使鱼丸变白，再翻身继续焐养 5min 至熟</td></tr>
<tr><td>炉台岗
打荷岗</td><td>成菜装盆</td><td>将清汤舀入锅中，置于旺火上烧沸后，把鱼丸轻轻放入锅中，加精盐、味精及青菜心、笋片。起锅，将鱼丸及汤倒入汤碗，盖上熟火腿片和笋片、青菜成三角，中间摆上香菇即成</td><td>将炒锅置旺火上，倒入清汤、木耳、笋片、精盐、绍酒、味精烧沸，加入鱼丸，加湿淀粉勾薄芡，淋上熟猪油，出锅装盆，将余汁淋在鱼丸上即成</td></tr>
</table>

（3）制作关键

清汤鱼丸、藏心鱼丸的制作关键如表 10－8 所示。

表 10－8 清汤鱼丸、藏心鱼丸的制作关键

<table>
<tr><th>菜　肴</th><th>清汤鱼丸</th><th>藏心鱼丸</th></tr>
<tr><td>制蓉</td><td colspan="2">① 鱼蓉的搅拌一般是先用葱姜水将鱼蓉稀释到一定程度，再加入食盐。鱼蓉是高分子蛋白质胶体，其黏度随着搅拌用力的改变而改变，觉得鱼蓉上了劲，其实就是鱼蓉在随着搅拌时的用力而增加了黏度，用力大，黏度就大。在搅拌上劲后，还得加水稀释，再用力搅拌。经过这样反反复复地加水、搅拌、上劲，直至完成
② 搅拌时加盐较难把握，初练时盐可稍多加一点，水可先稍加一点，至黏稠后在逐步加水
③ 查看是否上劲，可用一碗清水：放一点鱼蓉到碗中，鱼蓉浮起即为上劲，如没浮起则是没搅拌充分，或偏咸、偏淡</td></tr>
</table>

续表

菜肴	清汤鱼丸	藏心鱼丸
成形	要注意挤鱼丸的手法，尽量将鱼蓉挤圆，不留尾巴	肉丸子应包裹在鱼丸正中，初练者要反复多次练习
烹制成熟	鱼丸要采用的烹调方法：冷水下锅，中火加热至 90℃，小火焐熟至熟透	香菇应漂洗干净，且不宜过早入锅，否则会影响鱼片及卤汁的洁白度

三、芙蓉鱼片、芙蓉鸡片、烩鱼白制作

（一）理论准备

芙蓉鱼片、芙蓉鸡片、烩鱼白都属于蓉菜，运用了水焐、油焐等的烹调方法。结合实际练习，加深对焐的烹调技能和相关知识的理解，从中获取蓉菜制作知识和技巧。此 3 款菜肴制作难度较高，要综合应用烹饪刀工、漂洗、制蓉、成形等技能。

学生应通过芙蓉鱼片、芙蓉鸡片、烩鱼白的制作，了解蓉菜概念、相关原料知识及相关加工知识，理解其操作要领；掌握鱼初加工技术，掌握运用排剁的刀法；学会鱼肉的刮制、漂洗、制蓉；能调制姜汁水，能运用氽的烹调方法制作其他的鱼蓉菜肴。

通过小组教学共同完成工作任务，培养学生团队意识及管理和合作能力。

（二）实训操作

1. 准备阶段

（1）查看制蓉示教课所作的笔记。

（2）收集排剁的刀法、漂洗、制蓉、成形手法等方面的资料，并进行预习。

（3）预习芙蓉鱼片、芙蓉鸡片、烩鱼白的制作菜谱。

（4）认真填写项目任务书。

2. 内容下达

（1）教师示教：挤鱼丸的手法。完成两三款菜肴的制作。

（2）原料分配：3 人为一组，每组草鱼 1 条（约 2 500g），辅料若干。

（3）制作菜肴：芙蓉鱼片、芙蓉鸡片、烩鱼白 3 款。

（4）完成时间：教师示教 45min，讲解 10min；学生分配及清洗原料 15min，制作 60min，教师点评 10min，清洁卫生 10min。

3. 过程实施

（1）教师示教、讲解鱼丸的成形手法、鱼蓉菜肴制作要点，制作芙蓉鱼片、芙蓉鸡片、烩鱼白，并讲解 3 款菜肴的选料和制作的共同之处和差异之处。

（2）学生观摩并作记录。

（3）学生分工配合，实施训练。

（4）教师巡视指导。

4. 成果评价

（1）教师点评。
（2）学生撰写实验报告。

5. 制作讲解

（1）主辅原料
芙蓉鸡片、芙蓉鱼片及烩鱼白所需的制作原料，如表 10 - 9 所示。

表 10 - 9 芙蓉鸡片、芙蓉鱼片、烩鱼白的制作原料

类　别	主辅原料	芙蓉鸡片	芙蓉鱼片	烩鱼白
主料	鲢鱼		1/4 条（可取精肉 150g）	
	鸡柳	3 条（约 90g）		
辅料	火腿片	20g	20g	20g
	笋片		25g	
	水发香菇		2 只	
	青菜心	10 颗	10 颗	10 颗
	红椒		20g	
	鸡蛋清	3 只	1 只	1 只
	姜片	20g	20g	20g
	小葱	25g	25g	25g
调料	色拉油	1 000mL（约耗 100mL）		20mL
	盐	5g	5g	5g
	湿淀粉	20g	50g	20g
	绍酒	2.5mL	2.5mL	2.5mL
	熟猪油	10g	10g	10g
	姜汁水	50g	20g	50g
	味精	1g	3g	3g
	高汤	500mL		

（2）操作步骤
芙蓉鸡片、芙蓉鱼片、烩鱼白的具体操作步骤如表 10 - 10 所示。

表 10-10　芙蓉鸡片、芙蓉鱼片、烩鱼白的操作步骤

<table>
<tr><th>工作岗位</th><th>工作任务</th><th>芙蓉鸡片（油焐＋烩）</th><th>芙蓉鱼片（油焐＋烩）</th><th>烩鱼白（水焐＋烩）</th></tr>
<tr><td>初加工岗</td><td>宰杀、去鳞腮（煺毛）、去内脏，清洗</td><td colspan="3">宰杀洗净</td></tr>
<tr><td rowspan="2">砧板岗</td><td>去筋</td><td>将鸡脯放在砧板上，用直刀横向平刮，用力适度，使鸡肉与鸡筋分离，再用刀背将碎鸡肉排剁细腻</td><td colspan="2">将鱼放在砧板上，头左尾右肚近人，用先斜刀后平刀，从尾部把鱼一剖为二，再去头、去肚档，皮贴砧板用刀横向平刮，适度用力，使鱼肉与鱼皮分离，再用刀将碎鱼肉排剁细腻</td></tr>
<tr><td>姜汁水取菜心</td><td colspan="3">① 制葱姜汁水
② 将青菜取心，削尖菜蒂</td></tr>
<tr><td rowspan="2">砧板岗（或炉台岗）</td><td rowspan="2">掺水调浆制蓉</td><td rowspan="2">将鸡泥放于容器内，先加葱姜汁和高汤，用手将鸡肉泥打散，成糊状后，再放入精盐 5～6g，用力搅打使之上劲，再加水，水量是前次的 1 倍，继续搅拌上劲。放入打散的蛋清，湿淀粉搅拌均匀，成厚流汁</td><td colspan="2">将鱼肉泥放于容器内，先加葱姜汁，水量是鱼泥的 1 倍，水的温度最好是 4℃左右，先用手将鱼肉泥打散，成糊状后，再放入精盐，用力搅打使之上劲</td></tr>
<tr><td>① 再加水，水量是前次的 1/2，继续搅拌上劲
② 放入蛋清，湿淀粉搅拌，再加 25mL 油搅拌均匀成糊</td><td>① 再加水，水量是前次的 1/2，继续搅拌上劲
② 放入蛋清，湿淀粉搅拌均匀成糊</td></tr>
<tr><td rowspan="4">炉台岗</td><td>成形</td><td colspan="2">炒锅置中火上，烧红下冷油滑锅，再入油 500mL 离火，用手勺将蓉舀成片状入锅中，这时蓉片沉入锅底</td><td>炒锅置中火上，下凉水一锅，用手勺将蓉一片片地舀入锅内，这时蓉片上浮</td></tr>
<tr><td>成熟</td><td colspan="2">上小火，晃动锅身，当蓉片浮起后捞出，用热水冲去蓉片表面的油层</td><td>上小火，慢慢焐，当蓉片变色后翻转片刻，捞出</td></tr>
<tr><td>炝锅</td><td colspan="3">炒锅底留油 20mL，回置火上，放入葱结，炝锅后捞出弃之</td></tr>
<tr><td>成菜</td><td>锅内加入绍酒、白汤、青菜心、姜汁水、精盐、味精。勾薄芡，倒入鸡片，使之包上芡汁，淋上熟猪油推匀即可</td><td>锅内加入绍酒、白汤、香菇片、精盐，味精。勾薄芡，倒入鱼片，使之包上芡汁，放上熟火腿片及预先氽熟的豌豆苗，淋上熟猪油推匀即可</td><td>锅内加入绍酒、白汤、青菜心、姜汁水、精盐、味精。勾薄芡，倒入鸡片，使之包上芡汁，淋上熟猪油推匀即可</td></tr>
</table>

续表

工作岗位	工作任务	芙蓉鸡片（油焐+烩）	芙蓉鱼片（油焐+烩）	烩鱼白（水焐+烩）
打荷岗	装盘	装盘后，撒上火腿片	装盘	装盘后，撒上火腿片
成菜特点		素雅如玉，滑润鲜美		

（3）制作关键

芙蓉鸡片、芙蓉鱼片、烩鱼白的制作关键如表10-11所示。

表10-11 芙蓉鸡片、芙蓉鱼片、烩鱼白的制作关键

菜 肴	芙蓉鸡片	芙蓉鱼片	烩鱼白
制蓉	① 鸡蓉和鱼蓉一样要先调稀，再加入食盐，熟练者可一次加水到位，初者可分次加水、加盐反复搅拌 ② 查看是否上劲，用一碗清水：放一点蓉到碗中，鱼蓉快速浮起即为上劲，因鸡蓉稀薄如流汁，故不散为上劲		
成蓉	蛋清分为起泡和不起泡两种，起泡的称活芙蓉，不起泡的称死沉芙蓉。活芙蓉不宜粘锅，但气孔粗易发胖，影响成形；死沉芙蓉成形细腻光滑，一般较多采用		水的比重比油大，所以鱼蓉放入水中，肯定上浮；倘若不浮，则是鱼蓉存在问题
成形	芙蓉鸡片、芙蓉鱼片厨师习惯上舀成的片，像两头尖的小树叶		烩鱼白的片一般成柳叶片（比树叶细长）
	蓉舀至锅中的工具一般用手勺，也有用饭勺或聚丙烯塑料片		
烹制成熟		香菇应漂洗干净，且不宜过早入锅，否则会影响鱼片及卤汁的洁白度	

四、三款太极鸡粥制作

太极鸡粥、芙蓉鸡片都是鸡蓉制作的菜肴，两款菜肴虽然都是用鸡制蓉作为工艺手段，但它们的成菜手法和成形效果各不相同。

（一）理论准备

太极鸡粥属鸡蓉菜，运用了烩的烹调方法。学习该菜能了解相关鸡蓉菜的制作知识和技巧，此菜肴制作难度较高，要综合应用烹饪刀工、漂洗、制蓉、成形等技能。

学生应通过太极鸡粥的制作，了解鸡蓉菜概念、相关原料知识和相关加工技术，理解制蓉的操作要领；学会鸡柳的刮制、漂洗、制蓉、排剁、制羹的技术，并能调制姜汁水，绘制太极图案。

通过小组共同完成工作任务，培养学生团队意识及管理和合作能力。

（二）实训操作

1. 准备阶段

（1）查看有关鸡蓉的知识。

（2）收集排剁的刀法、漂洗、制蓉，成形手法等方面的资料。

（3）预习太极鸡粥菜肴的操作步骤。

（4）认真填写项目任务书。

2. 内容下达

（1）教师示教：排剁、制蓉，完成不同的制作方法的太极鸡粥两三款。

（2）原料分配：3 人为一组，每组鸡柳 6 条，以及辅料若干。

（3）制作菜肴：太极鸡粥 3 款。

（4）完成时间：教师示教 45min，讲解 10min；学生分配及清洗原料 15min，制作 60min，教师点评 10min，清洁卫生 10min。

3. 过程实施

（1）教师示教、讲解太极鸡粥的起源和特点及鸡蓉制作要点，制作不同的鸡粥 3 款，并讲解菜肴的制作共同点和差异之处。

（2）学生观摩并作记录。

（3）学生分工配合，实施训练。

（4）教师巡视指导。

4. 成果评价

（1）教师点评。

（2）学生撰写实验报告。

5. 制作讲解

（1）主辅原料

三款太极鸡粥的制作原料如表 10－12 所示。

表 10－12　三款太极鸡粥的制作原料

类　别	主辅原料	太极鸡粥 1	太极鸡粥 2	太极鸡粥 3
主料	鸡脯肉	80g	80g	80g
辅料	鸡蛋	1 只	1 只	1 只
	荠菜	100g		
	青豆仁		100g	
	玉米酱		100g	
	鲜奶		50g	

续表

类别	主辅原料	太极鸡粥 1	太极鸡粥 2	太极鸡粥 3
辅料	芋头			100g
	马蹄			100g
	火腿			50g
	虾仁			50g
	猪肥膘	一小块约 150g		
	姜片	10g	10g	10g
	小葱			
调料	盐	5g	5g	5g
	湿淀粉	10g	10g	10g
	糖		5g	
	鸡精	2g	2g	
	味精	0.5g	0.5g	3g
	黄酒	3mL		3mL
	猪油			5g
	高汤	100mL	100mL	100mL
	胡椒粉			2g

（2）操作步骤

三款太极鸡粥的具体操作步骤如表 10－13 所示。

表 10－13　三款太极鸡粥的操作步骤

工作岗位	工作任务	太极鸡粥 1	太极鸡粥 2	太极鸡粥 3
砧板岗	去筋、制蓉	操作步骤： ① 将鸡脯放在砧板上，用直刀横向平刮，用力适度，使鸡肉与鸡筋分离，待用；猪肥膘用同样方法刮下 1/3 ② 将刮下的碎鸡肉，用刀背排剁细腻（也可直接把鸡脯肉切片，用搅拌机打成泥）。放入容器内加水 500g、加姜汁水，用蛋扦把鸡泥搅散，加盐 5g，再搅拌上劲，加打散的蛋清、猪肥膘、湿淀粉搅匀		
炉头岗	汆水	锅加水烧开，放入荠菜汆熟出锅，用凉水降温后挤干水分	锅加水烧开，放入青豆汆熟出锅，用凉水降温	

续表

工作岗位	工作任务	太极鸡粥 1	太极鸡粥 2	太极鸡粥 3
砧板岗	切末	把荠菜切成细末待用	用搅拌机把熟青豆加水 1 倍打成泥待用	① 把马蹄、芋头切成细末 ② 把浆虾仁切成小粒、火腿切成细末
炉头岗	加热成菜	① 锅上火，加鸡汤，加水烧开，放入姜片，烧出姜汁后，除去姜片。徐徐地倒入鸡蓉，边倒边搅，使之和汤水融为一体，根据咸度加盐少许、加鸡精 2g 倒入汤盆中 ② 锅内留羹少许，加荠菜末搅散搅匀，添加盐 0.5g、味精 0.5g，勾芡起锅	① 锅内放高汤加热至沸，放入姜片，烧出姜味后，除去姜片。加入青豆泥搅散，徐徐地倒入一半鸡蓉，边倒边搅，使之和青豆汤融为一体，调味勾芡起锅 ② 锅内放高汤加热至沸，放入姜片，烧出姜汁后，除去姜片。玉米酱搅散，徐徐地倒入一半鸡蓉，边倒边搅，使之和玉米汤融为一体，加牛奶调味勾芡起锅	① 锅上火，加鸡汤，加水烧开。徐徐地倒入鸡蓉，边倒边搅，使之和汤水融为一体，倒出一半待用 ② 锅中一半加入马蹄、芋头、猪油，烧开，加入姜末、胡椒粉，根据需要加盐少许、加鸡精 2g 后勾芡，出锅 ③ 锅中放水至沸，入虾粒、火腿丁、姜末、黄酒、胡椒粉，用水淀粉勾芡，倒在碗里备用
打荷岗	装盆	用勺把荠菜粥浇在盆碗中的鸡粥上，成太极图案状	将烧好的两种羹同时倒入汤盆中，成太极图案状	将不锈钢太极形模具放在碗中，将两种羹汤同时倒入碗中，再用小勺将不同的羹交叉点上圆点
成菜特点		清淡素雅，芡匀滑润		

第三节　刀工菜肴对比实训

所谓刀工菜肴，是指在加工原料过程中，使用刀法较多，能体现刀工的菜肴。刀工菜肴一般为考试和比赛的必备菜肴，能反映一个厨师的基本功技能。

刀工的评分标准如表 10－14 所示。

表 10－14 刀工的评分标准

评分要素	速度要求	质量	出材率	操作姿势	卫生
配分标准	10分	60分	20分	5分	5分
评分原则	不符合扣1～10分	不符合①扣1～30分，不符合②～⑥各扣1～10分	出材率每降低5%扣2分，依次类推，扣完为止	达不到要求扣1～5分	达不到要求扣1～5分
技术要求	符合规定时间（根据不同材料、不同刀法要求制定时间）	① 符合规定的刀工标准（块、片、丝、条、段、米、粒、末、蓉、球丸、丁、花刀） ② 刀工精细、刀法娴熟 ③ 厚薄均匀 ④ 长短粗细大小一致或协调 ⑤ 刀面整洁、刀距有序 ⑥ 无连刀出现（特殊刀法除外）	符合出材标准	① 站姿端正 ② 下刀稳健、动作利索	① 成品与下脚料分别存放 ② 个人卫生、工具卫生、成品卫生、场地卫生

一、刀工——丝、片练习

（一）理论准备

了解原料的特性，掌握原料削皮、漂洗、批片、切丝等工序。根据烹调要求，有不同粗细的刀工标准。

学生应通过土豆、猪肉的练习，了解刀工菜的概念以及选料、漂洗等操作要领；掌握土豆、猪肉切丝、切片的加工技术；学会运用批、切的刀法，学会漂洗和跳切、推拉切等知识和技能。

通过教师的示教、讲解和分析，增进师生的情感。

（二）实训操作

1. 准备阶段

（1）了解土豆、猪肉相关原料知识及相关加工知识，包括市场价格、产地、原料特点、质量辨别、初加工技术等。

（2）了解刀工练习的必需工具（刀、砧板、抹布、汤碗、盆），并准备完成。

（3）认真填写项目任务书。

2. 内容下达

（1）教师讲解：不同原料的优劣，并利用土豆、猪肉作示教。

（2）原料分配：土豆 2 只约 400g，肉丝 330 克。

（3）制作要求：使用两种不同原料，完成切丝、切片的练习。

（4）完成时间：教师示教切土豆 5min，切肉丝、肉片 5min，讲解 10min；学生分配原料 10min，切土豆 15min，切肉片 5min，切肉丝 15min；教师点评分析 10min，拓展讲解 5min。

3. 过程实施

（1）完成土豆丝 1 份 300～340g，用水漂净，盛在汤碗内。

（2）猪肉片 1 份 100g、猪肉丝 1 份 200g，盛装在平盆上。

（3）教师示教 10min，学生练习 60min。

（4）拓宽讲解切丝、切片的手法和关键。

4. 成果评价

（1）教师点评。

（2）学生撰写实验报告。

5. 制作讲解

（1）主要原料

主要原料有土豆 1 只、猪腿肉 1 块、猪里脊 1 块。

（2）操作步骤与要求

土豆丝、猪肉片及猪肉丝的具体操作步骤与要求如表 10－15 所示。

表 10－15　土豆丝、猪肉片、猪肉丝的操作步骤

工作岗位	工作任务	土豆丝	猪肉片	猪肉丝
初加工岗	削皮	清洗并削皮		
砧板岗	成形	较大的土豆对剖两块（较小的土豆，切掉少数圆弧面），剖面朝下平放在砧板上，采用跳刀切片，而后排放整齐切丝	选用 1/3 的顺纹猪肉一条，用推拉刀法切片	选用 2/3 的顺纹猪肉一条，用上批刀法批片，再顺纹切丝；或采用下批方法，按序平铺，再顺纹切丝
	规格	丝的长度根据土豆的长度，宽厚 1～2mm	片的长宽根据肉的大小，一般为 3mm×5mm	丝的长度根据肉的长度，一般为（60～80）mm×4mm×4mm
	要求	① 刀距均匀，刀口平直，粗细一致，速度适中 ② 切好的土豆丝要用清水浸洗数遍，把土豆的表面淀粉质洗净，防止氧化变黑	顶丝下刀，厚薄均匀	顺丝下刀，粗细均匀

二、刀工菜肴——文思豆腐、大煮干丝制作

(一) 理论准备

文思豆腐、大煮干丝都是体现刀工的菜肴，制作难度较高。通过练习能进一步掌握刀工严格的要求，体会中国烹饪特有的、能使世人惊叹的刀工技艺。

学生应通过文思豆腐、大煮干丝的制作，了解刀工的特细丝的技法要求，了解文思豆腐、大煮干丝的相关民俗内涵；掌握豆腐和干丝的加工技法，掌握与其难度相当的烹调技法。

通过小组共同完成工作任务，培养学生团队意识及管理和合作能力。

(二) 实训操作

1. 准备阶段

(1) 收集文思豆腐、大煮干丝的相关菜肴知识，以及淮扬菜知识并进行预习。

(2) 查看排剁的批、切、煮，烩等刀工和烹调技术方面的资料，并进行预习。

(3) 预习文思豆腐、大煮干丝的制作步骤。

(4) 认真填写项目任务书。

2. 内容下达

(1) 教师示教：文思豆腐、大煮干丝。

(2) 原料分配：2 人为一组，每组豆腐 2 块、香干 12 块，辅料若干。

(3) 制作菜肴：文思豆腐、大煮干丝两款菜肴。

(4) 完成时间：教师示教 40min，讲解 10min；学生分配原料 10min，制作 60min，学生相互评定 20min；教师点评 10min，知识拓宽讲解 20min；卫生 10min。

3. 过程实施

(1) 教师示教、讲解文思豆腐及大煮干丝菜肴的选料要求、刀工要求和烹调要求，讲解两款菜肴的难度和技巧运用。

(2) 学生观摩并作记录。

(3) 学生分工配合，实施训练。

(4) 教师巡视指导。

4. 成果评价

(1) 教师点评。

(2) 学生撰写实验报告。

5. 制作讲解

(1) 主辅原料

文思豆腐、大煮干丝的制作所需原料如表 10 - 16 所示。

表 10－16 文思豆腐、大煮干丝的制作原料

类 别	主辅原料	文思豆腐	大煮干丝
主料	豆腐	1块	
	豆腐干		6～8块
辅料	水发香菇	20g	
	熟冬笋片	10g	
	熟火腿片	25g	
	熟鸡脯肉	50g	
	青菜叶丝	10g	
	熟鸡丝		50g
	开洋（海米）		50g
	熟火腿		10g
	熟冬笋片		30g
	豌豆苗		15g
	熟鸡肫		20g
	鸡蛋		1只
调料	精盐	3g	2g
	味精	3g	3g
	鸡清汤	200mL	200mL
	精炼油	10mL	10mL
	水淀粉	15g	

（2）操作步骤

文思豆腐、大煮干丝的具体操作步骤如表 10－17 所示。

表 10－17 文思豆腐、大煮干丝的操作步骤

工作岗位	工作任务	文思豆腐（烩）	大煮干丝（煮）
砧板岗	成形	① 将豆腐直刀切片，再直刀切丝 ② 另将豆腐配料切丝	① 腐干横刀批片，根据豆腐干的不同厚度，一般批 20 余片，厚度在 0.5～1mm，直刀切丝 ② 配料切丝

续表

工作岗位	工作任务	文思豆腐（烩）	大煮干丝（煮）
炉台岗	烹调	① 将豆腐丝用沸水焯去黄水和豆腥味 ② 将锅置火上，舀入鸡清汤烧沸，投入香菇丝、冬笋丝、火腿丝、鸡丝、青菜叶丝，加入精盐烧沸，下水淀粉勾芡 ③ 放入豆腐丝，用勺底慢慢把豆腐丝打开，放味精调味	① 加沸水和少许盐，两次换水浸泡，再用清水过清，捞出沥干，以除豆腥 ② 开洋洗净，放入小碗内，加酒，上笼或隔水蒸透 ③ 炒锅烧热，放油，加鸡清汤、干丝、开洋，用大火烧沸，加盐、酒，转用小火烩煮 20min，使干丝吸足鲜味，出锅前下豆苗，淋上猪油少许，出锅
打荷岗	装盆	倒入汤盆即可	干丝倒在汤盆里，鸡丝和火腿丝撒在上面，豆苗放在四周即成
成菜特点		豆腐细绵，软嫩清醇	汤汁浓厚，绵软鲜醇

三、花刀——十字花、麦穗花、兰花、剪刀花练习

（一）理论准备

十字花刀、麦穗花刀、兰花花刀、剪刀花刀是花刀中的典型刀工。通过练习能进一步掌握花刀刀工的要求，增加学习兴趣。

学生应通过花刀的练习，了解花刀刀工的神奇和奥秘，了解有关花式菜肴的制作原理；掌握十字花刀、麦穗花刀、兰花花刀、剪刀花刀的加工技法，掌握与其难度相当的烹调技法。

通过学生独立完成工作任务，培养其独立思考、独立理解制作要求的能力。

（二）实训操作

1. 准备阶段

（1）复习第一篇有关花刀的技法。

（2）预习不同原料和各种花刀的关系以及花刀在菜肴中的运用。

（3）认真填写项目任务书。

2. 内容下达

（1）教师示教：墨鱼卷、菊花冬瓜、兰花干及剪刀花。

（2）原料分配：1 人为一组，每组冬瓜 1 块、净墨鱼 1 只、豆腐干 4 块。

（3）制作菜肴：墨鱼卷、菊花冬瓜、兰花干、剪刀花。

（4）完成时间：教师示教 15min，讲解 10min；学生分配原料 5min，制作 30min，教师点评 10min，知识拓宽讲解 5min；卫生 5min。

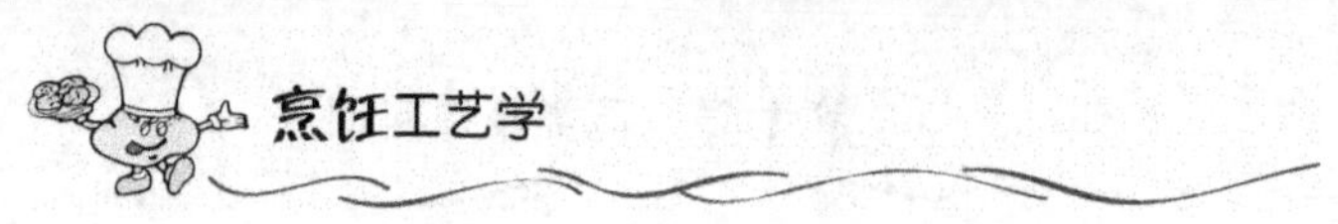

3. 过程实施

(1) 教师示教：讲解花刀原料的选用及加工要求，以及花刀在原料中的运用。
(2) 学生观摩并作记录。
(3) 分配原料，学生独立完成，实施训练。
(4) 教师巡视指导。

4. 成果评价

(1) 教师点评。
(2) 学生撰写实验报告。

5. 制作讲解

(1) 主要原料

主要原料有冬瓜500g、净墨鱼1片（约200g)、香干8块。

(2) 操作步骤

十字花刀、麦穗花刀、兰花花刀及剪刀花刀的具体操作步骤如表10－18所示。

表10－18　各种花刀的操作步骤

工作岗位	工作任务	十字花刀	麦穗花刀	兰花花刀	剪刀花刀
	原料	冬瓜	墨鱼	香干	香干
砧板岗	成形	冬瓜用直刀切成十字花刀，能使原料双向四面相卷	墨鱼用麦穗花刀切成花形，加热能使原料两面相卷	香干用兰花刀法成形，使原料能拉伸2～3倍	香干用剪刀花刀法成形，使原料成剪刀状
	规格	每块高度25mm，大小50mm×50mm，刀距2mm	每块大小20mm×50mm左右	刀距2～3mm，斜度约10°	每块豆腐干成剪刀块8块
	要求	刀口平直，刀距均匀，深度相同，约3/4	刀口匀称，深度一致，间距相同	刀口平直，刀距均匀，深度相同，约3/5	大小一致
拓展知识	适用豆腐、冬瓜、鱼块、鸡胗、肚头	适用墨鱼、猪腰	适用豆腐干、胡萝卜、莴笋	适用豆腐干、莴笋	

四、刀工菜肴——爆墨鱼花、炒腰花制作

（1）主辅原料

爆墨鱼花、炒腰花的制作所需原料如表 10－19 所示。

表 10－19 爆墨鱼花、炒腰花的制作原料

类 别	主辅原料	爆墨鱼花	炒腰花
主料	鲜净墨鱼肉	400g	
	猪腰		150g
辅料	蒜末	20g	10g
	葱末		5g
	姜末		10g
	荸荠		100g
	葱白段		15g
	红椒		1 只
	精盐	5g	5g
	味精	3g	3g
	绍酒	15mL	15mL
	清汤	75g	100g
	色拉油	1000g（实耗 100g）	20g
	胡椒粉	1g	
	水淀粉	15g	
	白糖		5g
	酱油		10g
	蚝油		5g
	黄辣椒		10g
	浙醋		20g
	芝麻油		10g

（2）操作步骤

爆墨鱼花、炒腰花的具体制作步骤如表 10－20 所示。

表 10－20 爆墨鱼花、炒腰花的制作步骤

工作岗位	工作任务	爆墨鱼花（蒜爆）	炒腰花（生炒）
粗加工岗	清洗	去外膜，洗净	猪腰去外膜，洗净；荸荠去皮，洗净；红椒去籽、去蒂，洗净

续表

工作岗位	工作任务	爆墨鱼花（蒜爆）	炒腰花（生炒）
砧板岗	成形	将墨鱼整块剞上麦穗花刀，刀深约4/5，再改刀切成 50mm×20mm 块	① 从中间把猪腰批成两瓣，去腰臊后，再次冲洗 ② 内面先剞上连刀梳子花 ③ 荸荠去皮，切成片，葱白切段；红椒切成菱形片
炉台岗	烹调	① 取小碗一只，放入精盐、绍酒、胡椒粉、味精、清汤和湿淀粉待用 ② 取炒锅 2 只先后上火，一只加清水 1 000g 烧开，一只加色拉油烧至 180℃。先将墨鱼投入沸水快速汆一下，捞出滤净水，投入油锅中加热 5s 后倒出，沥净油 ③ 锅中留底油，下葱结，出香味后去掉葱结，倒入蒜末、墨鱼花，兑入调好的芡汁，快速翻锅，使芡汁紧包墨鱼	① 腰花加黄酒、葱姜汁、酱油少许、胡椒粉腌渍 ② 炒锅置旺火烧热，倒入色拉油滑锅后加油，将腰花、葱白段、红椒片投入急速翻炒，待腰花翻卷变色，加入荸荠片、酱油、辣酱、耗油、黄酒、白糖、精盐、味精，用少量湿淀粉勾芡，淋入浙醋、芝麻油
打荷岗	装盘	点缀装盘	点缀装盘
成菜特点		洁白嫩脆，蒜香浓郁	美观脆嫩，酸辣醇厚

第四节　油炸菜肴对比实训

一、炸烹里脊、脆皮鱼条、松炸虾球的制作

（一）理论准备

炸烹里脊、脆皮鱼条、松炸虾球 3 款菜肴，均是运用了炸的烹调方法制作而成的，通过练习能进一步理解炸的相关知识和技能。此 3 款菜肴制作难度较高，不仅要综合运用刀工、拍粉、挂糊的技术，更要掌控油温。

学生应通过练习，加深了解炸菜概念和相关加工知识，理解炸的操作要领；学会加工分档技术，学会码味、拍粉、挂糊技术，学会控制油温，使知识运用于同类菜肴。

通过小组共同完成工作任务，培养学生团队意识及合作能力。

（二）实训操作

1. 准备阶段

（1）收集相关原料知识及相关加工知识，包括市场价格、产地、原料特点、质量辨别及初加工技术等。

（2）查看刀法、拍粉、挂糊等技术方面的资料并进行预习。

(3) 预习该3款菜肴的制作过程。

2. 内容下达

(1) 教师示教：3款加1款（同类菜、自选菜）。

(2) 原料分配：以3人为单位，每单位鱼、肉、虾各一份，辅料调料若干。

(3) 制作菜肴：炸烹里脊、脆皮鱼条、松炸虾球各一款。

(4) 完成时间：教师60min（示教45min，讲解15min）；学生100min（分配原料10min，制作练习60min，教师点评10min，相互试味10min，卫生10min)。

3. 过程实施

(1) 教师示教、讲解原料加工的大小，讲解拍粉挂糊的要点，以及菜肴的制作步骤和特点。

(2) 学生观摩并作记录。

(3) 学生分工配合，实施训练。

(4) 教师巡视指导。

(5) 点评、试味。

(6) 清洁卫生。

4. 成果评价

(1) 教师点评。

(2) 学生撰写实验报告。

5. 制作讲解

(1) 主辅原料

炸烹里脊、脆皮鱼条、松炸虾球的制作所需原料如表10-21所示。

表10-21 炸烹里脊、脆皮鱼条、松炸虾球的制作原料

类 别	主辅原料	炸烹里脊	脆皮鱼条	松炸虾球
主料	里脊肉	200g		
	鲈鱼		1条（分成4份）	
	虾仁			200g
辅料	核桃仁			25g
	荸荠肉			50g
	生姜	10g	5g	5g
	葱白	10g	5g	15g
	蒜头	5瓣		
	鸡蛋	1只		6只（取蛋清）

续表

类　别	主辅原料	炸烹里脊	脆皮鱼条	松炸虾球
调料	精盐	2g	2g	3g
	花椒盐		1g	5g
	味精		1g	1g
	绍酒	10mL	10mL	15mL
	酱油	10mL		
	色拉油	1 000mL（实耗 150mL）	750mL（实耗 60mL）	1 000mL（实耗 150mL）
	面粉		100g	
	干淀粉	30g		80g
	湿淀粉	10g		
	发酵粉		2g	
	白糖	30g		
	番茄酱			20g
	胡椒粉		0.5g	
	米醋	10mL		
	芝麻油	10mL		

（2）操作步骤

炸烹里脊、脆皮鱼条、松炸虾球的具体操作步骤如表 10-22 所示。

表 10-22　炸烹里脊、脆皮鱼条、松炸虾球的操作步骤

工作岗位	工作任务	炸烹里脊（烹）	脆皮鱼条（脆炸）	松炸虾球（松炸）
粗加工岗	清洗	里脊肉洗净	鲈鱼宰杀、去鳞、去腮、去内脏，洗净	将虾仁漂洗干净
砧板岗	成形	将里脊肉切成 3mm 的丝	分档取净肉，切成 60mm × 12mm × 12mm 的条	1. 控干虾仁水分，加姜末、葱白末、精盐、味精拌匀，使其有黏性，然后剁成粒 2. 核桃仁烤熟去皮，剁成粒 3. 荸荠肉拍碎切粒，挤去水分

续表

工作岗位	工作任务	炸烹里脊（烹）	脆皮鱼条（脆炸）	松炸虾球（松炸）
打荷岗	码味拍粉	面粉加蛋黄拌匀，均匀地拌上干生粉	① 将鱼条用绍酒、精盐、味精、葱姜汁、胡椒粉腌渍 15min 待用 ② 面粉与发酵粉拌匀，加清水约 70g 调成糊状，待糊发酵后加油 15g 调匀	把蛋清抽成蛋泡，加生粉，边加边搅，放入虾仁和配料拌匀
炉台岗	烹调	① 上锅，加油烧至 150℃，加入肉丝，断生捞出 ② 待油温再次升高至 180℃，复炸至脆黄。倒入漏勺，沥净油 ③ 碗内加上清汤、盐、酱油、料酒、白糖、醋，兑汁 ④ 锅内留油 20mL，下葱姜炒出香味，去葱姜放蒜泥，倒入里脊丝和兑好的汁，急火颠翻，加上香菜段、淋上香油即成	① 炒锅置火上加热，倒入油加热至 180℃，将鱼条逐条拖上发酵面糊，入油锅炸熟捞起 ② 待锅内油温上升到 200℃，再将鱼条复炸至浅黄松脆捞出 ③ 置空锅，加入芝麻油烧热，倒入鱼条，撒上葱末、花椒盐，翻匀出锅	将锅置火上，下油烧至 90℃，改用小火保持油温，将蛋泡虾糊挤成球，逐个下锅，结壳后再用手勺轻轻推动，至色泽淡黄捞出，沥净油
打荷岗	装盘	装盘、点缀	① 炉台岗第 2 步出锅后直接装盘，跟椒盐碟蘸食 ② 炉台岗第 3 步出锅后点缀装盘	装盘，配上椒盐和番茄酱小碟
成菜特点			外松脆、内鲜嫩，形状饱满	形大色黄，香软松嫩

二、蒜爆豆腐、虾爆鳝背的制作

（一）理论准备

蒜爆豆腐、虾爆鳝背两款菜肴均是运用了炸烹的烹调方法制作而成的，通过练习能进一步理解炸烹的相关知识和技能。此两款菜肴不仅工艺类似，其口味也都是甜中微酸，在制作上不仅要综合运用刀工、拍粉、挂糊的技术，更要掌控油温。

学生应通过练习，加深了解炸烹菜的概念及其相关知识，理解炸烹的操作要领；学会码味、拍粉、挂糊技术，学会油温的掌控和复炸技术，能把技术运用于同类菜肴之中。

通过示教和练习，加强师生之间的感情，培养学生尊重师长的良好品德。

（二）实训操作

1. 准备阶段

（1）收集相关原料知识及相关加工知识，包括市场价格、产地、原料特点、质量辨别及初加工技术等。

（2）查看刀法、拍粉、挂糊等技术方面的资料并进行预习。

（3）预习该两款菜肴的制作过程。

2. 内容下达

（1）教师示教：蒜爆豆腐、虾爆鳝背。

（2）原料分配：以1人为单位，每人豆腐1块、鳝鱼2条，辅料、调料若干。

（3）制作菜肴：蒜爆豆腐、虾爆鳝背。

（4）完成时间：教师50min（示教45min，讲解点评5min）；学生110min（分配原料10min，制作练习70min，教师点评10min，相互试味10min，卫生10min）。

3. 过程实施

（1）教师示教、讲解原料加工的要求，讲解拍粉挂糊的要点，以及菜肴的制作步骤和特点。

（2）学生观摩并作记录。

（3）学生分工配合，实施训练。

（4）教师巡视指导。

（5）点评、试味。

（6）清洁卫生。

4. 成果评价

（1）教师点评。

（2）学生撰写实验报告。

5. 制作讲解

（1）主辅原料

蒜爆豆腐、虾爆鳝背的制作所需原料如表10－23所示。

表10－23　蒜爆豆腐、虾爆鳝背的制作原料

类　别	主辅原料	蒜爆豆腐	虾爆鳝背
主料	豆腐	1块	
	黄鳝		2条（约400g）
辅料	浆虾仁		100g

续表

类 别	主辅原料	蒜爆豆腐	虾爆鳝背
调料	蒜头	半只	半只
	绍酒	10mL	10mL
	酱油		15mL
	色拉油		500mL
	白糖		15g
	面粉		25g
	湿淀粉	15g	25g
	米醋		15mL
	精盐	2g	1g
	味精	2g	
	芝麻油	15mL	15mL

（2）操作步骤

蒜爆豆腐、虾爆鳝背的具体操作步骤如表 10－24 所示。

表 10－24 蒜爆豆腐、虾爆鳝背的制作步骤

工作岗位	工作任务	蒜爆豆腐（炸熘）	虾爆鳝背（炸熘）
粗加工岗	清洗		宰杀、去内脏、去头、去骨，洗净
砧板岗	成形	① 将豆腐切成 60mm×18mm×18mm 的条，撒点盐 ② 将大蒜切末	将鳝鱼皮朝下，在肉上轻轻排剁一边，切成 60mm×20mm 的段
打荷岗	码味拍粉	① 将豆腐拍上面粉，稍等回潮 ② 把蒜泥、绍酒、盐、味精和湿淀粉调和待用	① 鳝鱼段加湿淀粉 15g，面粉、精盐搅拌待用 ② 把蒜泥、绍酒、酱油、糖、米醋、水 2 匙和余下的湿淀粉调和待用
炉台岗	烹调	① 炒锅置火中放入色拉油，待油温至 210℃时，下豆腐条，炸成金黄色捞出 ② 待油温再次升高，将豆腐复炸松脆，连油倒入漏勺 ③ 将豆腐复入锅中，倒入调好的芡汁水颠翻，淋上芝麻油出锅	① 炒锅置火中烧热，用油滑锅后，放入色拉油，待油温至 210℃时，下虾仁划散，捞出沥净油 ② 原锅待油升温至 170℃时，把鳝鱼条分散下锅，炸 1min 捞出，待油温至 200℃再复炸松脆，倒出沥净油，装盘 ③ 锅内留油少许，将调好的芡汁水倒入锅中成芡，淋上芝麻油，出锅浇在炸好的鳝鱼上

续表

工作岗位	工作任务	蒜爆豆腐（炸熘）	虾爆鳝背（炸熘）
打荷岗	装盘	装盆点缀	将滑好的虾仁撒在芡汁上
成菜特点		蒜香浓郁，皮脆内嫩	虾仁白嫩，鳝鱼外香脆、里酸甜

三、菊花鱼、松鼠鳜鱼的制作

（一）理论准备

菊花鱼、松鼠鳜鱼两款菜肴的制作运用了脆熘的烹调方法，学习该方法的相关知识和技能。此两款菜肴制作难度较高，要综合应用烹饪刀工、拍粉、油温、调汁等技能。

学生应通过菊花鱼、松鼠鳜鱼的制作，加深了解脆熘技法，以及两款菜肴的相关原料知识和相关加工知识；认识黑鱼和鳜鱼，学会活鱼的初加工技术，会用菊花花刀和斜十字花刀的刀法；会对原料拍粉，会调制糖醋汁，会用脆熘技法制作其他款式的菜肴。

通过小组共同完成工作任务，培养学生团队意识及管理和合作能力。

（二）实训操作

1. 准备阶段

（1）收集黑鱼和鳜鱼的相关原料知识及相关加工知识，包括市场价格、产地、原料特点、质量辨别及初加工技术等。

（2）查看菊花花刀的刀法、上粉、糖醋汁等方面的资料。

（3）预习菊花鱼、松鼠鳜鱼的制作过程。

（4）认真填写项目任务书。

2. 内容下达

（1）教师示教：菊花鱼、松鼠鳜鱼。

（2）原料分配：以 3 人为单位，每组黑鱼半条，鳜鱼 1 条，辅料、调料若干。

（3）制作菜肴：菊花鱼、松鼠鳜鱼。

（4）完成时间：教师 50min（示教 45min，讲解点评 5min）；学生 110min（分配原料 10min，制作练习 70min，教师点评 10min，相互试味 10min，卫生 10min）。

3. 过程实施

（1）教师示教、讲解原料加工的要求，讲解拍粉挂糊的要点，以及菜肴的制作步骤和特点。

（2）学生观摩并作记录。

（3）学生分工配合，实施训练。
（4）教师巡视指导。
（5）点评、试味。
（6）清洁卫生。

4. 成果评价

（1）教师点评。
（2）学生撰写实验报告。

5. 制作讲解

（1）主辅原料

菊花鱼、松鼠鳜鱼的制作所需原料如表10－25所示。

表10－25　菊花鱼、松鼠鳜鱼的制作原料

类　别	主辅原料	菊花鱼	松鼠鳜鱼
主料	黑鱼	1 500g（4人合用）	
	鳜鱼可用草鱼、鲈鱼替代		800g
辅料	松子仁		30g
	青豆		30g
	生姜	10g	20g
	葱白	10g	20g
	鸡蛋		
调料	精盐	3g	5g
	绍酒	15mL	15mL
	色拉油	1 000mL（实耗150mL）	1 000mL（实耗150mL）
	口急汁	15g	
	干淀粉	30g	100g
	湿淀粉	10g	15g
	白糖	30g	50g
	番茄酱	100g	150g
	白醋	10mL	20mL

（2）操作步骤

菊花鱼、松鼠鳜鱼的具体操作步骤如表 10－26 所示。

表 10－26　菊花鱼、松鼠鳜鱼的操作步骤

工作岗位	工作任务	菊花鱼（脆熘）	松鼠鳜鱼（脆熘）
粗加工岗	清洗	宰杀、去鳞、去腮、去内脏，洗净	宰杀、去鳞、去腮、去内脏，洗净
砧板岗	成形	去骨分档，带皮鱼肉剞上十字花刀，改刀成 30mm×30mm 的块	用刀切下头待用，再去除脊背大骨和腹刺，尾巴相连。在两扇带皮净肉上横向逆剞至近皮 2mm 处，间隔约 12mm，再间隔约 10mm 顺向直刀剞。手抓尾巴，使鱼身倒挂，检查是否连刀，是否剞得深度一致
打荷岗	码味拍粉	肉用姜葱汁，盐腌制 2min 后，加蛋黄拌匀，均匀地拍上干淀粉	1. 将剞好的鱼和头加黄酒、精盐、葱姜汁，片刻后沥净汁水 2. 剞好的鱼和头粘上淀粉，抖去余粉
炉台岗	烹调	① 上锅，加油至 180℃，下鱼肉，鱼皮朝上，浸炸至熟，升高油温，至肉脆、色金黄捞出待用 ② 锅中加油，下番茄酱炒至透亮，加白糖、口急汁、白醋、少许盐和水，下湿淀粉勾芡	① 锅内放油，入松仁炒出香味，去皮待用 ② 锅内留少许底油，放入葱结、姜片炒出香味，捞出葱姜，放入番茄酱慢火炒至透亮；添汤，放精盐、白糖、白醋，试味后，用淀粉勾芡，制成芡汁待用 ③ 锅内放大量油，待油温至 210℃时下鱼，炸至色黄捞出（保持对称形状），待油温升至 240℃再复炸至金黄色，捞出沥油 ④ 原锅下青豆至熟，捞出待用
打荷岗	装盘	在盘中根据要求排好菊花鱼块，淋上芡汁，点缀	将炸好的鱼、头造型装盘，淋上芡汁，撒上松仁、青豆
成菜特点		造型美观，酸甜适口	形似松鼠，酸甜脆嫩

第五节　禽蛋菜肴对比实训——熘黄菜、三不粘、炒鲜奶、赛蟹黄制作

（1）主辅原料

熘黄菜、三不粘、炒鲜奶、赛蟹黄的制作所需原料如表 10－27 所示。

表 10－27 熘黄菜、三不粘、炒鲜奶、赛蟹黄的制作原料

类 别	品 种	熘黄菜	三不粘	炒鲜奶	赛蟹黄
主料	鸡蛋	4 只			5 只
	鸡蛋清	1 只		250 只	
	鸡蛋黄		12 只		
	鲜牛奶			250mL	
辅料	熟猪肉	50g			
	熟火腿	10g			
	韭黄	50g			
	鸡肝			25g	
	蟹肉			25g	
	浆虾仁			25g	
	熟火腿片			15g	
	炸榄仁			25g	
	小葱			3g	3g
	生姜				10g
	胡萝卜				50g
调料	色拉油	60mL			
	熟猪油		100g	500g	
	盐	3g		4g	
	黄酒	10mL			
	干淀粉	10g	150g	20g	
	水淀粉			5g	
	白糖		250g		
	鸡精				
	味精	1g		2g	
	高汤			20mL	
	浙醋				5mL

(2) 操作步骤

熘黄菜、三不粘、炒鲜奶及赛蟹黄的具体操作步骤如表 10－28 所示。

表 10-28　熘黄菜、三不粘、炒鲜奶、赛蟹黄的操作步骤

工作岗位	熘黄菜	三不粘	炒鲜奶	赛蟹黄
砧板岗	熟猪肉切末		① 熟火腿切细粒 ② 鸡肝切小片 ③ 小葱切花	① 胡萝卜切细粒 ② 生姜切末
打荷岗	将鸡蛋黄、鸡蛋清放入碗内搅散，加入料酒、精盐、湿淀粉和切成细末的熟猪肉，搅拌均匀备用	将鸡蛋翻入大碗，加淀粉、白糖、清水 600g，搅拌均匀后过筛	① 将 1/5 的牛奶与干淀粉调和 ② 蛋清打散，加精盐、味精调和	蛋清略微打散，加精盐、味精、胡萝卜、姜末调和
炉头岗	将锅置火上，滑锅后，加一半色拉油烧至 120℃ 时，倒入调好的蛋液，并用手勺不断地朝一个方向搅动，边搅动边分次加入剩余的色拉油，至蛋液成脑花状且熟透时，出锅即成	① 炒锅置火上，放入猪油，倒入蛋液，迅速用手勺不停地搅动，待蛋液呈糊状，再往锅内徐徐倒入余下的熟猪油 ② 继续炒 8～10min，使蛋黄变得柔软有劲，不粘锅，为黏糕状	① 将鸡肝放入沸水余一下 ② 锅置旺火，用油滑锅，下猪油至 120℃放入虾仁、鸡肝过油，倒至漏勺沥净油 ③ 将牛奶加热至 90℃（牛奶沸点 107℃），起锅，拌入与淀粉调和的牛奶、蟹肉、鸡蛋清拌匀 ④ 锅上旺火，用油滑锅，下猪油至 120℃，变文火，倒入拌匀的牛奶，用手勺轻推使蛋液牛奶成片状，出锅，沥净油 ⑤ 锅文火，内加鸡肝、虾仁、蟹肉、蛋奶片，淋入高汤和水淀粉，翻匀，出锅	将锅置火上，滑锅后，加油中烧至 150℃ 时，倒入调好的蛋液翻炒，加醋颠翻出锅
打荷岗	装盘后撒上火腿末	倒入盘中即成	装盘后，撒上火腿、榄仁、葱花	
成菜特点	色泽浅黄、鲜嫩可口、营养丰富	入口软绵，润香甘甜，甜而不腻	洁白鲜嫩，滑润透亮	微酸清鲜，形似蟹粉

知识链接

三　不　粘

三不粘（图 10-1）是一道风味独特的甜菜，颜色黄艳润泽，呈软稠的流体状，看上去似乎是金黄色的一块饼。但它似粥非粥，似饼非饼，而盛在盘里不粘盘，舀起来不粘勺，吃到嘴里不粘牙，因此而得名“三不粘”。

三不粘入口绵润，口感香甜，但甜而不腻，做到了出神入化的境界。制作三不粘的关键在炒，要用手勺不停地搅炒300次以上，使蛋液和油融为一体，功夫之深，无不让观者为之惊叹。

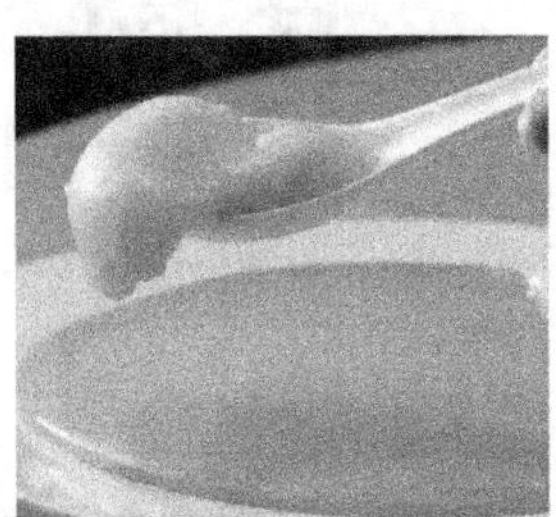

图10-1　三不粘

第十一章　其他技法项目

学习目标

通过菜肴的对比制作了解热菜中煎、贴、塌和一些甜菜的制作技法及制作区别，从中加深对每种技法的理解，并能在实践中更快、更准地运用相关技巧。

第一节 煎、贴、煽菜肴对比实训

煎、贴、煽是3种烹调技法，在第一篇已详细作了介绍，这3种方法均以少量油作为传热的方式，其菜肴均有外香酥、里软嫩的特点。简单地说，不同之处是煎为原料直接（或腌渍后）加热，有单面和双面之分；贴为多种原料叠加后单面加热；煽为原料挂糊后双面加热并调味。

一、煎茄盒、锅贴大虾、锅煽豆腐的制作

（一）理论准备

煎茄盒、锅贴大虾、锅煽豆腐3款菜肴，均是运用了煎、贴、煽的烹调方法制作而成的，通过示教和练习能加深对烹调技法煎、贴、煽的了解。此3款菜肴工艺类似，在制作上要认识其关键的区别。

（二）实训操作

1. 准备阶段

（1）收集煎茄盒、锅贴大虾、锅煽豆腐的主辅原料的相关知识，以及相关加工知识，包括市场价格、产地、原料特点、质量辨别及初加工技术等。

（2）查看煎、贴、煽技术方面的资料并进行预习。

（3）预习该3款菜肴的制作过程。

2. 内容下达

（1）教师示教：煎茄盒、锅贴大虾、锅煽豆腐。

（2）原料分配：以2人为单位，每组主辅原料1份，辅料、调料若干。

（3）制作菜肴：教师示教3款，学生练习两款（由教师指定）。

（4）完成时间：教师70min（准备5min，示教55min，讲解点评10min）；学生90min（分配原料10min，制作练习50min，教师点评10min，相互试味10min，卫生10min）。

3. 过程实施

（1）教师示教、讲解原料加工的要求，讲解菜肴的制作步骤和特点。

（2）学生观摩并作记录。

（3）学生分工配合，实施训练。

（4）教师巡视指导。

（5）点评、试味。

（6）清洁卫生。

4. 成果评价

（1）教师点评。

（2）学生撰写实验报告。

5. 制作讲解

(1) 主辅原料

煎茄盒、锅贴大虾、锅煽豆腐的制作所需原料如表 11-1 所示。

表 11-1　煎茄盒、锅贴大虾、锅煽豆腐的制作原料

类　别	主辅原料	煎茄盒	锅贴大虾	锅煽豆腐
主料	茄子	250g		
	大明虾		10 只	
	鱼蓉		125g	
	豆腐			1 块
辅料	猪肉末	150g		
	熟肥膘		200g	
	鸡蛋	2 只	2 只	2 只
	虾子			20g
调料	小葱	5g	5g	5g
	生姜	5g	5g	5g
	绍酒	5mL	10mL	10mL
	色拉油	100g	150mL	500mL
	白汤			100mL
	面粉	50g		100g
	干淀粉		50g	
	胡椒粉		2g	
	精盐		2g	2g
调料	味精		1g	1g
	芝麻油	5mL	10mL	10mL
	辣酱	1 小碟		
	奇妙酱	1 小碟		

(2) 操作步骤

煎茄盒、锅贴大虾、锅煽豆腐的具体操作步骤如表 11-2 所示。

表 11-2　煎茄盒、锅贴大虾、锅煽豆腐的操作步骤

工作岗位	工作任务	煎茄盒	锅贴大虾	锅煽豆腐
粗加工岗	清洗	茄去蒂，洗净	明虾去头、去壳、留尾洗净	

续表

工作岗位	工作任务	煎茄盒	锅贴大虾	锅煽豆腐
砧板岗	成形	① 将猪肉末加盐、味精、鸡蛋半只、芝麻油、黄酒、葱姜末调匀 ② 将茄子斜切成椭圆形的片，两片之间嵌入猪肉	① 用刀将明虾顺背剖开，去掉沙线，把虾拍平，用葱姜加盐、胡椒粉、黄酒腌渍一下 ② 将熟肥膘批成与虾片相近的长片，厚度3mm，拍上生粉 ③ 将鱼蓉分成10份涂抹在肥膘片上，再放上明虾，用手加压平整，把挤出的鱼蓉抹在虾的周围，使其方正，但要使虾尾上翘 ④ 取蛋清打散，涂抹在虾上	将豆腐切成55mm×35mm×15mm的厚片
打荷岗	码味拍粉	将余下的1只半鸡蛋打散，加面粉、水调成面糊	小葱、生姜切细丝	① 小葱、生姜切末 ② 豆腐平摊，撒上盐、葱姜末 ③ 将鸡蛋打散 ④ 将豆腐拍上面粉，稍候
炉台岗	烹调	① 平锅置火上，用油滑锅后，加油至120℃，将做好的茄盒拖上蛋糊放入锅中 ② 待茄盒一面结壳后，逐个将茄盒翻身，至两面金黄色倒至漏勺，沥净油	① 平锅置火上，用油滑锅后，加油至120℃，将做好的虾饼放入锅中，晃动锅子，使其不粘锅 ② 待鱼蓉近肥膘部凝固后，将油滗去一部分，加少许汤水，加盖，小火至原料成熟 ③ 待水分蒸发后，用锅内的油再加热一会儿，至肥膘微黄香脆离火	① 将豆腐拖上蛋液，放入油锅，用小火炸至结壳发黄，用漏勺捞出，沥净油，拣去蛋液碎粒 ② 将豆腐整齐摆放在锅内，加黄酒、盐、味精、白汤，并撒上虾子，小火烧至汁水渗入豆腐，淋上麻油出锅
打荷岗	装盘	装盘点缀，跟上辣酱、奇妙酱各1碟	上撒葱姜丝点缀，装盆	装盘点缀
成菜特点		色金黄，味香脆	黄白红绿相映，口味鲜嫩香肥	色泽黄亮，软嫩鲜香

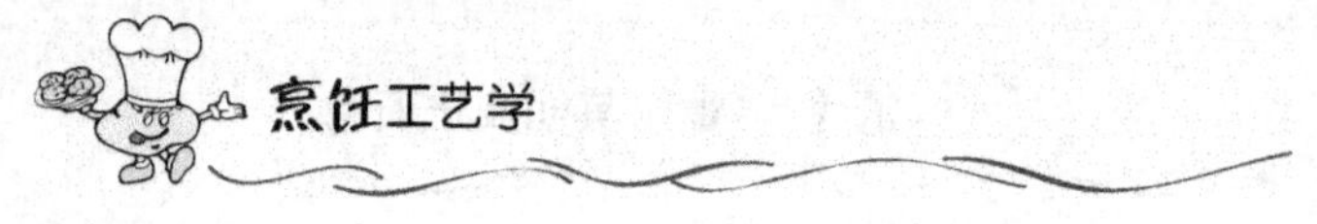

二、香煎鳕鱼、锅贴鱼饼的制作

（一）理论准备

香煎鳕鱼、锅贴鱼饼两款菜肴，是运用了煎、贴的烹调方法制作而成的，通过示教和练习能加深对煎、贴技法的了解。此两款菜肴在制作工艺上虽有很大区别，但能加深对煎和贴各烹调工艺的认识。

学生应通过实践，加深了解煎、贴的概念及其相关知识，理解煎、贴的操作要领；学会跟碟、涂抹、拍粉、挂糊、还潮等技术，学会煎、贴烹调方法的技术关键，并能把技术运用于同类菜肴之中。

通过示教和练习，加强师生之间的感情，培养学生尊重师长的良好品德。

（二）实训操作

1. 准备阶段

（1）收集香煎鳕鱼、锅贴大虾的主辅原料的相关知识，以及相关加工知识，包括市场价格、产地、原料特点、质量辨别及初加工技术等。

（2）查看煎、贴技术方面的资料并进行预习。

2. 内容下达

（1）教师示教：香煎鳕鱼、锅贴鱼饼。

（2）原料分配：以 2 人为单位，每组主辅原料 1 份，辅料、调料若干。

（3）制作菜肴：教师示教两款，学生每组练习两款。

（4）完成时间：教师 80min（准备 10min，示教 50min，讲解点评 10min，机动 10min 由教师分配）；学生 80min（分配原料 10min，制作练习 40min，教师点评 10min，相互试味 10min，卫生 10min）。

3. 过程实施

（1）教师示教、讲解原料加工的要求，讲解菜肴的制作步骤和特点。

（2）学生观摩并作记录。

（3）学生分工配合，实施训练。

（4）教师巡视指导。

（5）点评、试味。

（6）清洁卫生。

4. 成果评价

（1）教师点评。

（2）学生撰写实验报告。

5. 制作讲解

(1) 主辅原料

香煎鳕鱼、锅贴鱼饼的制作所需原料如表 11－3 所示。

表 11－3　香煎鳕鱼、锅贴鱼饼的制作原料

类　别	主辅原料	香煎鳕鱼	锅贴鱼饼
主料	鳕鱼	250g	
	鱼蓉		125g
辅料	鸡蛋	1 只	1 只
	熟肥膘		250g
	香菜	10g	5g
	荸荠		50g
调料	小葱	5g	5g
	生姜	5g	5g
	绍酒	5mL	5mL
	色拉油	100mL	100mL
	胡椒粉	3g	1g
	面粉	20g	10g
	干淀粉		5g
	精盐	2g	2g
	味精	1g	1g
	柠檬汁	5mL	
	白糖	2g	

(2) 操作步骤

香煎鳕鱼、锅贴鱼饼的具体操作步骤如表 11－4 所示。

表 11－4　香煎鳕鱼、锅贴鱼饼的操作步骤

工作岗位	工作任务	香煎鳕鱼	锅贴鱼饼
粗加工岗	清洗	鳕鱼去鳞洗净，香菜摘洗干净	香菜摘洗干净
砧板岗	成形	① 葱、姜去根去皮，切细丝 ② 鳕鱼切成厚片，约 18mm	① 葱、姜捣碎用料酒取汁 ② 荸荠削皮剁成米状 ③ 将生肥膘用模具刻成直径为 70mm 的圆形后煮熟，再批成圆片 10 片，厚 3mm，拍上生粉

续表

工作岗位	工作任务	香煎鳕鱼	锅贴鱼饼
砧板岗	成形	③ 葱、姜去根去皮，切细丝 ④ 鳕鱼切成厚片，约 18mm	④ 将多余肥膘用碎肉器打成泥，和鱼蓉一起拌匀，再加荸荠米、葱姜汁水和 1g 盐，拌匀上劲 ⑤ 将鱼蓉肥膘泥分成 10 份涂抹在肥膘片上，用小刀涂抹光洁 ⑥ 取鸡蛋清打散，涂抹在表面，以增加光泽度和洁白度 ⑦ 上贴香菜芯点缀
打荷岗	码味拍粉	① 将鳕鱼加盐、酒、葱姜丝、胡椒粉和鸡蛋一起码味 ② 两面拍上面粉	
炉台岗	烹调	① 平锅置火上，用油滑锅后，加油至 120℃，将还潮的鳕鱼放入锅中加热 ② 待鳕鱼一面结壳后，翻身煎至两面金黄色	① 平锅置火上，用油滑锅后，加油至 120℃，将做好的鱼饼放入锅中，晃动锅子，不使粘锅 ② 待鱼蓉近肥膘部凝固后，将油滗去一部分，加少许汤水，加盖，小火至原料成熟 ③ 待水分蒸发后，用温火将肥膘煎至油排出，焦酥呈金黄色，然后将余油滗出，烹入黄酒，撒胡椒粉 ④ 另勾玻璃薄芡
打荷岗	装盘	① 香菜垫底，点缀装盘 ② 随跟加糖的柠檬汁	鱼饼装盘，浇上玻璃薄芡
成菜特点		色泽金黄，外脆里嫩	白绿相映，焦香鲜嫩

第二节　挂霜、拔丝等甜菜的对比实训

蜜汁、挂霜、拔丝、琉璃都用糖浆的熬制加工而成，属甜菜的一种，是将糖与水油介质混合加热，使糖受热产生一系列的变化，最终形成不同状态的加工方法。这种在受热变化后产生的结果形成了蜜汁、挂霜、拔丝、琉璃各种风味。具体说，蜜汁是使糖液增稠，挂霜是使糖重新结晶，拔丝是使糖熔化变性，琉璃与拔丝雷同，只是裹上糖浆后冷却。

一、糖浆的熬制练习

（一）选糖

一般选用粗白砂糖，因为粗白砂糖是用甘蔗提取炼制的一种双糖，白色，晶体粒均匀，松散，甜度高，无杂味，易溶于水。粗白砂糖是一种有机物质在酸或酶与水的加温下，可变为等重的葡萄糖和果糖的混合物，所以又称为转化糖。其他糖类，

如黄糖、赤糖、冰糖、白糖粉等，因为杂质多，或色泽不佳，都不如粗白砂糖制作糖浆好。

（二）熬糖

（1）煮糖

糖500g、水200g，加热置中火上，使糖充分溶化改为小火，不要搅拌以防边缘糖液焦化，至水分逐渐蒸发，糖液达到需要的浓度和黏稠度。为了避免糖焦化，下锅要先加水后下糖；要保持中小火，特别是糖液浓稠时要改成小火、微火；在溶化过程中要减少勺的搅动。

（2）炒糖

糖250g、油50g，加热置中火上，用手勺不断搅拌，至糖完全溶化呈现浅棕色，改用小火，见糖液冒泡即好。用勺舀起使糖液下淌，鉴别是否达到要求。

（三）识别

一般鉴别方法有观感识别和触感两种。观感识别，是用勺把糖浆提起，观看从勺边流下的糖浆厚度，观察流到最后的一滴糖浆的回缩力，或在糖浆流下时用嘴吹气使糖丝飘起，观察其起丝程度。触感识别，就是用食指粘上勺边流下的糖浆，拇指与食指做分合动作，感觉粘黏程度。这些识别能力靠的是要经过多次实践和积累。

二、琥珀核桃、挂霜花生、拔丝山药、冰糖葫芦的制作

（一）主辅原料

琥珀核桃、挂霜花生、拔丝山药、冰糖葫芦的制作所需原料如表11－5所示。

表11－5　琥珀核桃、挂霜花生、拔丝山药、冰糖葫芦的制作原料

类　别	主辅原料	琥珀核桃	挂霜花生	拔丝山药	冰糖葫芦
主料	核桃	250g			
	花生仁		250g		
	山药			200g	
	山楂果				500g
辅料	鸡蛋			2只	
	竹签				8支
调料	白糖	50g	150g	150g	250g
	油	500mL		500mL	
	淀粉			150g	

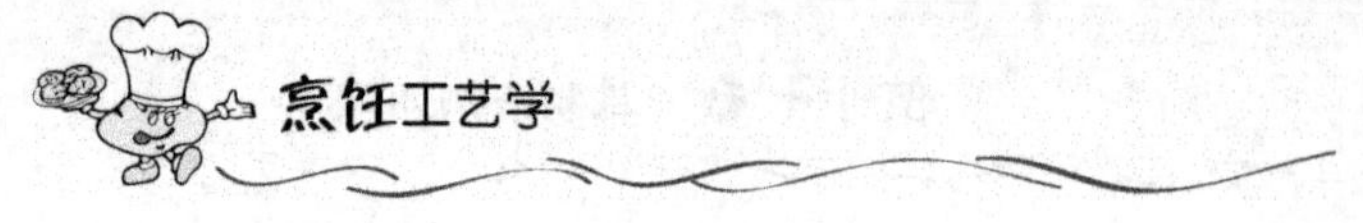

（二）操作步骤

琥珀核桃、挂霜花生、拔丝山药、冰糖葫芦具体的制作步骤如表 11－6 所示。

表 11－6　琥珀核桃、挂霜花生、拔丝山药、冰糖葫芦的操作步骤

<table>
<tr><th>工作岗位</th><th>工作任务</th><th>琥珀核桃</th><th>挂霜花生</th><th>拔丝山药</th><th>冰糖葫芦</th></tr>
<tr><td>粗加工岗</td><td>去衣削皮清洗</td><td rowspan="2">开水烫 2min，撕去外衣</td><td rowspan="2">180℃烤箱中烤熟，脱衣</td><td>削皮、清洗</td><td>去蒂、清洗</td></tr>
<tr><td>砧板岗</td><td>成形</td><td>切成滚刀小块</td><td>四五颗穿成 1 串</td></tr>
<tr><td>打荷岗</td><td>制糊</td><td></td><td></td><td>① 蛋清与干淀粉调制成淀粉糊
② 取平盘一只，抹上油</td><td></td></tr>
<tr><td>炉台岗</td><td>烹调</td><td>① 锅内放少量水加糖，投入核桃烧开至水干，糖液黏稠，倒出漏勺，沥净糖液
② 锅洗净置火上加油，至 120℃放入核桃，小火炸制浮起，色微黄出锅</td><td>① 将锅置火上，滑锅后，加少量水加糖，小火烧至水干，糖液黏稠，再用漏勺搅至起沙起泡，离火
② 倒入花生拌匀，继续搅拌使花生不粘连，糖液成粉状</td><td>① 将锅置旺火上加油至 150℃，将山药拖上淀粉糊入油锅，至结壳后捞起
② 待油温升高至 200℃时，复炸至金黄色，沥净油
③ 炒锅置小火上，放少许油，入白糖用手勺轻轻搅动，待糖浆浓稠出丝时，倒入山药，翻锅搅拌使糖浆均匀包裹</td><td>将平锅置小火上，放水 100mL，入白糖慢慢加热，轻轻搅拌使糖化开，但糖液不能粘到锅边。烧开后不要搅拌，使水分蒸发，糖液浓稠，气泡细匀，放入山楂串滚动，让糖浆均匀包裹在山楂上，捞出撒上芝麻</td></tr>
<tr><td>打荷岗</td><td>装盘</td><td>摊开凉透后，装盘</td><td>筛去余糖，装盘</td><td>装入抹有麻油的平盘中，跟随小碗凉开水</td><td>卷包糯米纸，装盆</td></tr>
<tr><td colspan="2">成菜特点</td><td>色如琥珀，香甜酥脆</td><td>洁白似霜，香甜松脆</td><td>外脆里嫩，香甜可口</td><td>色泽红艳，甜酸脆绵</td></tr>
</table>

第十二章　冷菜技法项目

学习目标

通过对冷菜项目的实训，了解了同类冷菜的相关技法，熟悉其中微妙的工艺区别，并能掌握制作关键，熟练地运用相关技法。

冷菜多以蘸、拌、炝、浸为主，也有用腌制品加工而成的，或与热菜烹制工艺类似的菜肴晾凉后冷食。相比之下，热菜刀工成形的丝、条、片、块大，冷菜的成形要小；热菜多为先刀工处理（或整料），后烹调食用，而冷菜大多数先烹调，后刀工处理；热菜常利用勾芡使调味分布均匀，而冷菜一般强调自然入味；热菜远距离就能闻到香味，而冷菜咀嚼才香；热菜以“湿”为主，而冷菜以“干”为主。冷菜还有一个特点就是四季有别，一般以“春腊、夏拌、秋糟、冬冻”为典型菜式。

一、炝拌类凉菜制作对比——蘸、拌、炝

与蘸、拌、炝工艺有关的具体内容如表 12 - 1 所示。

表 12 - 1　蘸、拌、炝工艺制作相关内容

工艺技法	蘸		拌			炝	
	生蘸	熟蘸	生拌	熟拌	混合拌	熟炝	生炝（醉）
制作过程	加工成形的原料直接装盆，由食者自行选蘸调味食用	加工成熟的原料，或经刀工处理后装盆，由食者自行选蘸调味食用	生料或晾凉的熟料，用调味品拌匀			将小型的生料用沸水烫熟后，用带有花椒油（面）调味品拌匀	又称醉炝，将鲜活水产原料，放入白酒、黄酒及调味品，短时间腌渍
加热程度	常温、冰激	常温	常温			热	常温
原料成形	块、条、片、段	片、段、块	小型丝、条、片、块			片、花刀为多	圆形、块
原料属性	可生食的果蔬和鲜净的水产	禽畜、水产、蔬菜	蔬菜、禽畜肉			动物原料	水产原料
选料范围	黄瓜、马蹄、雪莲果、海蜇、金枪鱼、鲑鱼、龙虾、海参等	鸡、鸭、鹅、牛、羊、猪、鱼、螺、山药、芋艿、茨菰等	黄瓜、嫩藕、嫩莴苣、豆芽、海带、生菜			腰花、鸡胗、鸭肠、猪肝、牛百叶等动物内脏	虾、蟹、鱼、芹菜
调　料	酱油、甜酱、芥末、沙司、腐乳、米醋等	酱油、糖、虾子酱、椒盐、米醋等	糖、盐、醋、麻油等一般调味品			带有花椒等辛辣的调味料（花椒或花椒油，以及胡椒粉、大蒜头、洋葱、麻油等）	带有酒的调味料（白酒、黄酒，以及生姜、胡椒粉或芥末等）
菜肴举例	拍黄瓜、鲜马蹄、生鱼片、海蜇片	白切鸡、白斩鹅、牛肚、羊肝、猪舌、虾蟹、虾子芋艿、糖蘸茨菰	拌莴笋、拌海带、拌三丝、拌料肉丝、鸡丝拌银芽			炝腰花、炝鸭胗、炝螺片、炝黄瓜	醉虾、腐乳虾、生鱼片、醉蟹块

续表

工艺技法	蘸		拌			炝	
	生蘸	熟蘸	生拌	熟拌	混合拌	熟炝	生炝（醉）
成菜特点	清香鲜嫩，清脆爽口		清淡，爽口			脆嫩清鲜，香辣味醇	口味鲜醇，肉质鲜嫩

（一）实训菜肴——甜酱黄瓜

主料：小黄瓜 2 根。

调料：甜酱 50g、蒜泥 5g、味精 0.2g、开水适量。

操作步骤：

（1）将黄瓜洗净，拍松切断，装盆。

（2）甜酱加糖、蒜泥、味精，再加适量开水调匀调稀装碟。

（3）上桌时随甜酱碟，蘸食。

（二）实训菜肴——白切鸡

主料：土鸡 1 只。

调料：葱 10g、姜 10g、酱油、麻油。

操作步骤：

（1）将鸡宰杀、煺毛、洗净，切断。

（2）葱洗净打结、姜去皮拍松。

（3）锅加水大火烧开，放入葱姜和净鸡，沸后转中火，煮 15～20min，晾凉改刀装盆，上桌时随麻酱油碟蘸食。

（三）实训菜肴——鸡丝拌银芽

主料：绿豆芽、熟鸡丝。

调料：盐 2g、味精 1g、麻油 3g。

操作步骤：

（1）将绿豆芽摘去两头，留梗洗净，氽水至熟。

（2）将熟豆芽加盐、味精拌匀，撒上鸡丝，淋上麻油略拌装盆。

（四）实训菜肴——炝鸭胗

主料：鸭胗 250g。

调料：色拉油 10mL、干辣椒 3g、葱 5g、酱油 2mL、糖 1g、姜 5g、蒜头 5g、味精 1g、花椒 2g、麻油 5mL。

操作步骤：

（1）鸭胗去皮，切十字花刀，姜切末待用，葱打结、辣椒切段、蒜切蓉 5g。

（2）锅里放水烧开，放入鸭胗焯一下，捞出沥净水入碗，加酱油、味精、糖拌匀，上放姜末待用。

（3）锅置小火放油，放花椒、辣椒、葱结，熬出香味，捡去葱结，放入麻油，离火把热油淋在鸡肫花上。

说明：鸭肫，又叫鸭肫。

（五）实训菜肴——醉河虾

主料：鲜活河虾 200g。

调料：生姜 10g、蒜头 10g，红椒 3g、香菜 5g、白酒 3mL、黄酒 10mL、美极鲜 25g、米醋 20mL、白糖 10g、矿泉水适量。

操作步骤：

（1）将生姜、蒜头、红椒切末，香菜切末待用。

（2）将黄酒、美极鲜、米醋、白糖调和，根据咸度加矿泉水适量，放入生姜、蒜头、红椒调匀。

（3）将鲜活河虾放在清水里清洗，沥干，装入玻璃盅，加入白酒后加盖，颠翻几下，滗去余水，倒入调好的汁水，撒上香菜上桌，待虾在盅内停止跳动即可开盖食用。

二、腌渍浸泡类凉菜制作对比

（一）盐水浸、糖水浸、卤水浸、醋浸、果汁浸

与盐水浸、糖水浸、卤水浸、醋浸及果汁浸相关的内容如表 12 - 2 所示。

表 12 - 2　不同种类浸的相关内容（1）

工艺技法	盐水浸	糖水浸	卤水浸	醋　浸	果汁浸
定　义	将原料加调味料煮熟后凉透成菜，或将熟料投入调好味的盐水中，使之入味成菜	将原料浸没在调好味的浓糖水中，使之入味成菜	将煮、炸过的半成品，放入调制的卤汁中浸泡入味；或将原料放入卤水中一起加热再行浸泡，使之入味成菜	利用酸醋对原料的腌渍而使之入味成菜	将原料放入水果浓汁中，使之入味成菜
加热程度	常温或冷藏	常温	凉热均可	常温	常温
原料成形	条、片	条、片、块	圆形、块	整形	
原料属性	荤蔬均可	以蔬为主	荤蔬均可	禽蛋和蔬菜类	水果和爽脆的蔬菜
调　料	以盐为主，加入味精，以及葱姜、茴香、桂皮、香叶等香料制成的汁水	以糖为主，有时加盐、醋、柠檬酸	以生抽加葱姜及桂皮、八角等香料熬制	以醋为主	以柠檬汁、橙汁为主的果汁

续表

工艺技法	盐水浸	糖水浸	卤水浸	醋　浸	果汁浸
原料	家禽、家畜及其内脏、花生、毛豆等	白菜、藕、板栗、马　蹄、山药	家禽、家畜及其内脏、豆制品、禽蛋	鸡蛋、花生、黄瓜、大蒜头	莲藕、黄瓜、梨、马蹄、山药
菜肴举例	盐水肫、盐水花生、盐水毛豆	糖醋藕、糖水板栗	卤水豆腐、卤水鸭翅	醋蛋、醋花生、醋黄瓜、醋蒜等	柠檬山药、橙汁藕片
成菜特点	湿润入味，皮脆爽口	口感双脆，适口不腻	色泽红亮，醇香味浓	香酸可口，风味奇特	色泽艳丽，酸甜适口

1. 实训菜肴——盐水鸡肫

主料：500g。

调料：盐 10g、花椒 1g、生姜 5g、葱 5g、黄酒 5mL。

操作步骤：

（1）将生姜拍松、葱打结各两份，锅中加水 500g，加盐、花椒、黄酒、葱姜 1 份煮 10min 离火，凉透。

（2）锅中加水，放入葱姜 1 份，放入洗净的鸡肫煮熟，撇去浮沫，捞出鸡肫，凉后切片。

（3）将鸡肫片放入盐水中浸泡 1 天。

2. 实训菜肴——盐水毛豆

主料：带壳毛豆 500g。

调料：盐 5g、香叶 3 片。

操作步骤：

（1）将毛豆清洗后，剪去两头，其目的是煮食入味。

（2）锅中加水，放入香叶和盐，倒入毛豆，用大火煮开后转成中火至熟，继续浸在盐水之中，食用时捞出装盆。

3. 实训菜肴——糖醋藕片

主料：鲜莲藕 1 支。

调料：糖 150g、白醋 5mL。

操作步骤：

（1）鲜莲藕洗净削皮切片，排放在容器内。

（2）将糖用开水 200mL 化开晾凉，加白醋搅匀，倒入装莲藕的容器中，浸 1 天后食用。

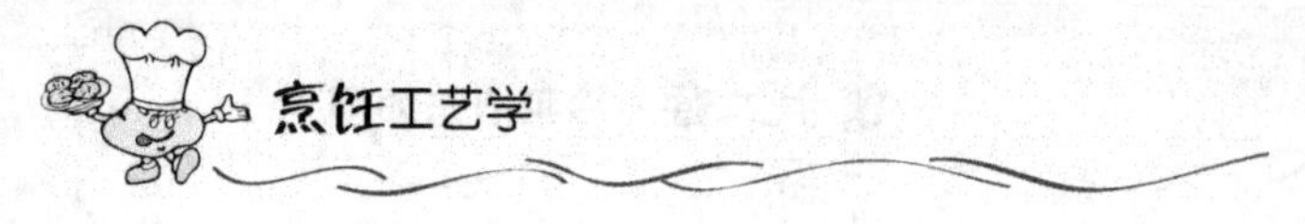

4. 实训菜肴——辣白菜

主料：白菜2棵。

调料：糖150g、白醋5mL、盐10g、红辣椒3支、生姜5g、花椒3g、麻油100mL。

操作步骤：

(1) 将白菜洗净，去蒂去叶稍，对剖去心，再切成8瓣，用盐水浸泡后挤去水分，排放在容器内压实。

(2) 将红辣椒、生姜切丝，撒在白菜上。

(3) 糖用开水150mL化开晾凉，加白醋搅匀待用。

(4) 锅上火加麻油，放入花椒加热，出椒香后捞去花椒粒；将热油倒入装白菜的容器中，上压重物，不使白菜上浮。

(5) 1天后，去除重物，取出白菜切丝或切段装盆。

5. 实训菜肴——卤水豆腐

主料：板豆腐4块。

调料：生抽300mL、冰糖200g、老抽30mL、黄酒20mL、桂皮3g、八角3g、花椒1g、豆蔻1g、陈皮1g、红曲米5g，姜块5g，葱结5g。

操作步骤：

(1) 先将生抽、冰糖、黄酒混合后用小火煮开，再将香料和红曲米分别包裹后放入，同时放入姜葱，文火煮2h，根据色泽添加老抽。

(2) 将豆腐一切为二，用纸吸干表面水分，投入200℃的油锅，炸成金黄色。

(3) 将炸好的豆腐投入卤水中，1天后可食。

6. 实训菜肴——酸黄瓜

主料：黄瓜500g。

调料：红椒25g、精盐15g、白糖20g、白酒15mL、香树叶3片、蒜瓣25g、茴香菜50g、苹果醋50mL。

操作步骤：

(1) 将黄瓜洗净，沥干水分，挑表皮完好的放入一个干净的容器里，盖上保鲜膜，放入冷藏箱待用。

(2) 锅置火上，加入调辅料（香菜、醋除外）烧沸离火，冷却后倒入苹果醋，拌匀，盖上保鲜膜，放到冰箱里，和小黄瓜一起冷藏24h，使卤水和黄瓜的温度一致。

(3) 取玻璃瓶一只，隔水蒸10min，冷却后，把茴香菜放到瓶子底部，再把小黄瓜轻轻地塞紧，防止上浮，倒入卤水使黄瓜淹没，封严瓶口，冷藏1周便可食用。

(二) 酒浸、酒糟浸、鱼露浸

与酒浸、酒糟浸、鱼露浸相关的内容如表12-3所示。

表 12-3 不同种类浸的相关内容（2）

工艺技法	酒浸			酒糟浸		鱼露浸
	生醉	熟醉	干醉	生糟	熟糟	
定义	用黄酒、酱油对鲜活原料浸渍入味成菜	加工成熟的原料投入黄酒、酱油（或白酒盐水）的兑汁中，浸渍入味成菜	对腌制原料喷酒，起杀菌增香作用	将原料置于糟和盐的浸渍液中，密闭入味增香		将煮熟的半成品放入鱼露中，浸泡入味成菜
加热程度	常温或冷藏	常温或冷藏	冬季常温	常温		常温
原料成形	条、块或整料		大块	块或整料		大块
原料属性	禽畜和水产原料		腌制水产	水产、禽蛋	禽类、蔬菜	以荤为主
调料	黄酒、酱油、糖	黄酒、酱油、糖（白酒、盐）	白酒	酒糟、黄酒、白糖		鱼露、鸡汤、花椒
原料	小湖蟹	螺	青鱼干、黄鱼鲞	禽蛋	鸡鸭鹅	家禽、家畜及其内脏
菜肴举例	醉蟹	香卤鸡、醉鸡、醉螺		糟蛋、红糟鱼	糟鸡、糟卤毛豆、糟凤爪	虾油鸡、鱼露肉
成菜特点	酒香浓郁，味鲜细嫩		酒香浓郁，咸鲜适口	酒香浓郁，酥糯不腻		香醇味鲜，皮脆肉糯

1. 实训菜肴——醉蟹

主料：小湖蟹 10 只。

调料：绍酒 250mL、酱油 100mL、生姜 10g、糖 10g。

操作步骤：

（1）将鲜活湖蟹洗净，用晾开水过水数次，沥干后放入器皿。

（2）将调料搅匀，倒入器皿中浸没湖蟹，加盖密封 4～5 天可食。

说明：湖蟹选用每只 50～75g 为宜。放糖的目的是去酒的苦味、除酱腥味。

2. 实训菜肴——醉三样

主料：熟猪肚 200g、熟鸭胗 200g、熟鸡翅 250g。

调料：绍酒 250mL、盐 10g、花椒 1g、姜片 5g。

操作步骤：

(1) 将鲜猪肚、鸭胗、鸡翅放入器皿。

(2) 将绍酒、盐搅拌，和花椒、姜片一起倒入器皿中浸没原料，加盖密封 2 天可食。

3. 实训菜肴——香卤鸡

主料：熟白鸡 2 只。

调料：高档白酒 20mL、盐 30g、味精 2g。

操作步骤：

(1) 将鸡分割成大块，用盐和味精涂抹两面，放入器皿中，洒上白酒后加盖。

(2) 将多余的盐用凉水调好，倒入放鸡的器皿内，再加盖密封，1 天后可食。

4. 实训菜肴——醉鱼干

主料：青鱼干 1 条。

调料：白酒 50mL。

操作步骤：

(1) 选坛 1 只洗净晾干，干腌的鱼干切块待用。

(2) 坛内底部覆小碗一只，把鱼块放在小碗之上，淋入高度的白酒，加盖密封，存于阴凉处。

(3) 需要时，取出加热成熟食用。

说明：用酒气熏醉而成，能使原料酒香浓郁，长久保存不变质，一般可保存 1 年左右。

5. 实训菜肴——糟鸡

主料：鸡 1 只。

调料：香糟 50g、黄酒 200mL、白糖 2g。

操作步骤：

(1) 将白鸡煮熟晾凉，分割成大块，放入容器内。

(2) 将香糟、黄酒、白糖搅匀，放在布上，滤出汁水，倒入容器内，上压糟包，（也可放入酒酿卤）压实密封，3 天即可食用。

说明：酒酿卤的原料：酒酿 1 500g（不计汁）、白酒 1 500mL、白糖 100g、炒制花椒 2g，搅拌均匀。

说　糟

酒糟是制酒过程中形成的米麦渣，它酒香浓郁，制作的菜肴风味独特。糟浸以盐和糟卤作为主要调味卤汁，方法类同于酒浸，它们原理相近，故有人称糟浸为醉。但酒糟的酒精含量在 10%左右，故在浸泡时浓度不够，通常在腌制中再加入黄酒。糟浸

与酒浸有着不同的风味，如红糟有5%的天然红曲色素，而酒有些不同之处在于糟腌用的是酒糟卤，而醉腌用的是酒。有的酒精则掺15%～20%的熟麦麸与2%～3%的五香粉混合而成，因此虽然糟腌和醉腌在方法、原理和作用上是相同的，但是两者之间的风味完全不一样。

糟腌对于生原料的糟制，往往由于菌力不足而不能使之充分成熟，因而常用于糟腌方法的原料还需要其他加热制热方法以辅助，如蒸熟、煮熟、氽熟等。若欲直接将原料糟制成熟，还需借用酒的功能，纯粹的糟是难以奏效的。因此可以说，凡糟法需借用多量的酒，这是糟腌法的一个特点。

冷菜中的糟制菜品一般多在夏季使用，因为此类菜品清爽芳香，故糟凤爪、糟卤毛豆、红糟子鸡、糟蛋等均属于夏季时令佳肴。

6. 实训菜肴——糟蛋

主料：鸭蛋100只。

调料：糟卤。

操作步骤：

（1）挑选无裂缝鸡蛋100只，预先清洗，晾于竹匾上待用。

（2）将蛋拿在左手掌内，右手拿竹片，对准蛋的纵侧击破蛋壳，将蛋转半周再击，使裂纹延伸一片，方便醇、酸、糖等物质易于渗入蛋内，但要求壳破而膜不破。

（3）选坛子1只，洗净后蒸汽消毒，而后晾干。

（4）用酿制成熟的2/5酒糟铺于坛底，将击过的蛋放入坛中，大头朝上，插入糟内，排满后，加糟2/5，再插入鸡蛋，把余下的1/5糟铺在上面，撒上1.6～1.8kg食盐。

（5）5个月左右糟渍成熟，此时蛋壳大部分脱落，如还有粘连，轻轻一拨即分离。

（6）食用时，将糟蛋放在碗或碟内，用小刀或筷子轻轻划破蛋膜，就可用筷、匙取吃。

说明：①糟渍100枚蛋用糯米9～9.5kg。②成熟的“糟蛋”蛋白呈乳白色胶冻状，柔韧细嫩，蛋黄呈橘红色半凝固状，气味浓香，食后回味无穷。糟蛋宜生食，由于醇有杀菌作用，所以生食对人体有益无害。如果烧熟后吃，不仅会失去糟蛋原有的独特风味，而且还会产生苦涩味。③糟蛋在浙江平湖、四川宜宾等地均有生产，以平湖所产最为著名，因制酿、糟渍工艺复杂，周期长，一般都到产地采购，很少自制。

糟蛋卤的制法

（1）浸米：糯米淘净，放入缸内加入冷水浸泡，使糯米吸水膨胀，便于蒸煮糊化。浸泡时间以气温20℃浸泡24h为计算依据，气温每上升2℃可减少浸泡时间1h，气温每下降2℃，需增加浸泡时间1h。

（2）蒸饭：把浸好的糯米从缸中捞出，用冷水冲洗1次，倒入垫好笼布的蒸框上铺平，上笼蒸约10min，洒热水在米饭上，防止上层米饭因水分不足，出现僵硬。再蒸15min，揭开笼盖，用木铲将米搅拌1次，再蒸5min，使米饭全部熟透。最佳出饭率150%左右，要求饭粒松，无白心，透而不烂，熟而不黏。

(3) 淋饭：将蒸好的饭用冷水浇淋，使米饭迅速降温到28～30℃，而后沥去水分，但温度不能降得太低，以免影响菌种的生长和发育。

(4) 拌酒药及酿糟：将沥去水分的饭倒入缸中，撒上预先研成细末的酒药，酒药的用量以50kg米出饭75kg计算，需加入白酒药165～215kg、甜酒药60～100g，还应根据气温的高低而增减用药量。其计算方法如表12-4所示。

表12-4　药量根据气温变化的计算

室温/℃	5～8	8～10	10～14	10～14	18～22	22～24	24～26
白酒药/g	215	200	190	185	180	170	165
甜酒药/g	100	95	85	80	70	65	60

加酒药后，将饭和酒药搅拌均匀，面上拍平、拍紧，表面再撒上一层酒药，中间挖一个直径3cm的塘，上大下小。塘穴深入缸底，塘底不要留饭。缸体周围包上草席，缸口用干净草盖盖好，以便保温。经20～30h，温度达35℃时就可出酒酿。当塘内酒酿有3～4cm深时，应将草盖用竹棒撑起12cm高，以降低温度，防酒糟热伤、发红、产生苦味。待满塘时，每隔6h，将塘内酒酿用勺浇泼在面上，使糟充分酿制。经7天后，把酒糟拌和灌入坛内，静置14天待变化完成、性质稳定时方可供制糟蛋用。品质优良的酒糟色白、味香、略甜，乙醇含量为15%左右。

7. 实训菜肴——虾油鸡、虾油肉

主料：净白鸡750g、五花条肉500g。

调料：虾油露500mL、绍酒500mL、花椒10g。

操作步骤：

(1) 将白鸡、条肉入锅烧熟，连汤水待晾后，滗出汤水。

(2) 虾油露放入锅内小火烧开，撇去浮沫，加入汤水（约500g)、花椒烧开离火，凉透盛入有盖器皿。

(3) 将鸡分割成大块，条肉切成4块，投入凉透的虾油汤中，浸泡5日，捞出改刀装盆。

说明：虾油露一般较咸，不用加盐。如兑酒、兑汤后咸度不够，则可用盐炒花椒一起涂抹在鸡块上，再入汤浸泡。

(三) 盐腌、酱油腌、碱腌

与盐腌、酱油腌、碱腌相关的内容如表12-5所示。

表 12-5 不同种类腌的相关内容

<table>
<tr><th rowspan="2">工艺技法</th><th colspan="2">盐 腌</th><th colspan="2">酱 油 腌</th><th rowspan="2">碱 腌</th></tr>
<tr><th>干</th><th>湿</th><th>干</th><th>湿</th></tr>
<tr><td>定 义</td><td>利用盐的渗透作用，长时间腌制使之入味后晾干</td><td>利用盐的渗透作用，长时间腌制使之入味</td><td>把原料长时间浸没在酱油之中使之入味后晾干</td><td>把原料长时间浸没在酱油之中使之入味</td><td>利用纯碱、石灰、食盐、氧化铅等材料构成混合制剂，对鲜蛋浸拌而使之变性成熟可食，故又称变蛋</td></tr>
<tr><td>凉热程度</td><td colspan="2">常温</td><td colspan="2">常温</td><td>常温</td></tr>
<tr><td>原料成形</td><td colspan="2">整料、块、段</td><td colspan="2">大块、条片</td><td>整料</td></tr>
<tr><td>原料属性</td><td colspan="2">荤蔬均可</td><td>以荤为主</td><td>以蔬为主</td><td>以禽蛋为主</td></tr>
<tr><td>调 料</td><td colspan="2">以盐为主</td><td colspan="2">以酱油为主</td><td>以碱为主</td></tr>
<tr><td>原 料</td><td colspan="2">禽畜、蔬菜、水产</td><td>猪肉、猪心、鲫鱼、鸡鸭</td><td>萝卜、黄瓜</td><td>鸭蛋、鹌鹑蛋</td></tr>
<tr><td>菜肴举例</td><td>咸肉、咸鸡、鱼干</td><td>咸蟹、咸菜、手捏菜</td><td>酱肉</td><td>酱萝卜、酱黄瓜</td><td>皮蛋、松花彩蛋</td></tr>
<tr><td>成菜特点</td><td colspan="2">风味别致，咸香入味</td><td colspan="2">色红味咸，酱香浓郁</td><td>鲜滑爽口，色味俱佳</td></tr>
<tr><td>备 注</td><td>蒸制食用</td><td>咸菜、咸蟹可生食</td><td>蒸制食用</td><td>蔬菜腌渍后可生食</td><td>腌制品可直接食用</td></tr>
</table>

1. 实训菜肴——腌大白菜（麻油拌咸菜，炒双冬）

主料：大白菜 50kg。

调料：盐 2 500g、麻油 10mL、色拉油 20mL、净冬笋 250g。

操作步骤：

(1) 大白菜铺在架子上晒 3 天，使之水分蒸发。

(2) 取缸 1 只，将白菜放入缸底平铺 1 层（梗在缸边，叶在中心），撒上粗盐，再铺 1 层，用脚踩实，再撒盐，再铺白菜，铺 2 层后用脚踩实，以此类推，上放竹片后压上石块。

(3) 1 个月后取出腌好的包菜 1 颗洗净，根据喜好切段、切丝，可用麻油凉拌，也可下锅和氽熟的冬笋片同炒，加调料起锅。

2. 实训菜肴——咸蟹

主料：鲜活膏蟹 4 只。

调料：盐 500g、生姜 5g、醋 10mL、糖 2g。

操作步骤：

（1）鲜活膏蟹存放于冷冻箱 1 天。

（2）将盐加水，调和至饱和状态，放入冻蟹，上压盘子，防止蟹上浮，静置 8h。

（3）生姜洗净去皮切末，与糖醋调和待用。

（4）取蟹 1 只，扒开后，除鳃，用开水冲净，切块装盆，跟随酱醋碟。

说明：如在冬天，要适当延长时间，如 8h 食用咸淡适宜，则将余蟹从盐水中取出，用保鲜膜包好存放于冷冻箱，随食随取。

3. 实训菜肴——咸蛋

1）方法 1

主料：鸭蛋 20 只。

调料：盐 500g。

操作步骤：

（1）将盐加水，调和至饱和状态，放入鸭蛋，上压盘子，防止蛋上浮，静置 20 余天。

（2）将蛋取出煮 5min，可食。

2）方法 2

主料：鸭蛋 20 只。

调料：盐 200g、面粉 100g、白酒 20mL、五香粉 5g。

操作步骤：

（1）将面粉加酒、五香粉和适量水调和待用。

（2）将蛋逐个粘裹面糊，再滚上盐巴，放入坛子密封，静置 20 余天。

（3）将蛋取出洗净，煮后可食。

4. 实训菜肴——手捏菜

主料：青菜 1 000g。

调料：盐 20g。

操作步骤：

（1）将菜洗净，切段，沥干水分，加盐 15g，拌匀用手和捏后，压实。

（2）1h 后取需要的量，加味精、香油，可蒸，可炒。

5. 实训菜肴——青鱼干

主料：青鱼 7 500g。

调料：盐 130 g、花椒 3 g、白酒 10mL、黄酒 10mL、葱姜各 10g。

操作步骤：

（1）将青鱼留鳞，用刀从尾部沿着脊背至头部，劈开头颅剖开，挖去内脏和鳃，斩掉牙齿，刮净腹内黑膜，用干布揩净腹腔。

（2）将花椒和盐炒出香味晾凉，涂擦鱼身，在脊背肉厚部位用竹扦扎几个孔，以便盐的渗入。

（3）将鱼鳞片朝下，放入缸内上面用大石块压住，7～10 天后取出，在日光下晒 1 周，然后挂在阴凉通风处，晾干 1 个月左右。

(4) 鱼切段，取1块洗净，加黄酒、葱姜蒸熟，去鳞可食。

6. 实训菜肴——酱鸭

主料：净白鸭1只。
调料：酱油500mL、盐50g、花椒10g。
操作步骤：
(1) 将鸭沿背脊对剖后翻开，成片状。
(2) 将花椒加盐炒香后，涂擦鸭全身（包括腹腔），将鸭挂起，沥净血水。
(3) 将鸭平放于缸（器皿）中，倒入酱油浸没，期间翻身数次，浸3～4天后捞出挂起于通风处晾干，在晴天太阳下暴晒1～2天。
说明：制酱鸭一般在冬天，如起缸时遇天气阴霾，则在缸中多留数日，否则挂起后不能通风干燥，影响风味。经太阳暴晒能增加鸭的香味。

7. 实训菜肴——酱萝卜

主料：红萝卜10只。
调料：美极鲜75g、干红辣椒1只、冰糖25g、米醋10mL、味精3g。
操作步骤：
(1) 将萝卜洗净，不削皮；去芯，将厚厚的外皮斜切成长为8cm的条。
(2) 将小条的萝卜皮放至阳光下晒，使水分蒸发至半干，盛入容器中。
(3) 将锅至火上，加水250g烧开，将干红辣椒段、冰糖一起入沸水中煮10min，离火晾凉，将凉后的糖水倒入盛放萝卜的容器中，再加入美极鲜、米醋、味精搅拌均匀。
(4) 容器用保鲜膜封口，浸1天即可。

8. 实训菜肴——松花蛋

主料：鸭蛋1000g。
调辅料：清水900mL、生石块250g、碱粉60g、食盐45g、鲜松叶40g、黄大茶13g、黄丹粉6g。
操作步骤：
(1) 锅置火上，加水、鲜松叶和黄大茶煮开，再加食盐和碱粉煮10min离火，后加生石灰、黄丹粉，搅匀，晾凉。
(2) 把鸭蛋盛入器皿中，倒入冷凉的料汤浸没鸭蛋，上放竹篦，防止鸭蛋上浮，月余后即可食用。
说明：为便于保存和运输，一般可将腌好的鸭蛋捞出，汤水中上干黄土搅成糊状，再将蛋在糊中浸过，滚上砻糠贮存。

三、发酵成熟调味凉菜制作对比——干泡、水泡

与干泡、水泡工艺制作相关的具体内容如表12-6所示。

表 12－6　干泡、水泡工艺制作的相关内容

工艺技法	水　　泡	干　　泡
定　　义	将新鲜蔬菜原料放在一定浓度的盐溶液中，厌氧发酵至熟	将新鲜蔬菜原料裹上辣味调料酱，厌氧发酵至熟
凉热程度	常温	常温
原料成形	片、条	大块
原料属性	以卷心菜为主的蔬菜类	以白菜为主的蔬菜类
调　　料	盐、酒、大蒜、辣椒	蒜末、辣椒面、盐、香油、白糖、梨末
原　　料	卷心菜、萝卜、胡萝卜、黄瓜、莴笋、豇豆	大白菜
菜肴举例	泡菜、泡豇豆	泡菜、辣萝卜、泡黄瓜
成菜特点	蒜香浓郁，酸辣爽口	色泽红艳，甜辣微酸
备　　注	①料清洗后，要晾干水分再行制作。②制作泡菜最好使用特制的坛子，在口径的凹口处可以用水封口，这样杜绝了外界空气的进入，使厌氧的乳酸菌更好地发酵。③如原料发酵过火、酸味太重，食用时则可加糖减轻酸味。④制作水泡菜可加花椒粒，增加风味	

1. 实训菜肴——水泡菜

主料：卷心菜 2 500g。

调辅料：大蒜 300g、红椒 100g、盐适量、白酒 1 匙。

操作步骤：

(1) 卷心菜洗净去心，切片晾干，大蒜、红椒切片和卷心菜拌在一起，塞入 4 000mL 的泡菜坛，层层压紧并装满，倒入 1 匙白酒杀菌，加盖。

(2) 矿泉水加盐至适度（口感比汤略咸），倒入坛中，使盐水淹没原料后加盖，坛口盛水密封，3～5 天后食用。

说明：

① 塞紧装满的目的是不使原料上浮，造成上层霉变。

② 坛口盛水是为了隔绝外界空气进入。

③ 如原料发酵过火、酸味太重，食用时则可加糖减轻酸味。

④ 夏天易发酵，如怕太热，可连坛放入冰箱。

2. 实训菜肴——朝鲜泡菜

主料：大白菜 5 000g。

调辅料：大蒜 100g、生姜 50g、辣椒面 25g、梨 1 只、苹果 1 只、盐 50g。

操作步骤：

(1) 大白菜去老帮，洗净对剖，里外均匀抹上盐，腌半天，挤掉水分；

(2) 把生姜、大蒜、梨、苹果剁成泥，然后与盐、辣椒面拌匀，或加少量水成糊酱，再把酱料均匀地抹在每一片白菜叶上，整齐地码在腌菜坛内，压实。

（3）将剩余的调料铺在上面密封，5天后可食用。

四、加热调味凉菜制作对比——炸收、酥制、卤

与炸收、酥制及卤工艺技法相关的具体内容如表12－7所示。

表12－7　炸收、酥制、卤工艺制作的相关内容

工艺技法	炸　收	酥　制	卤
定　义	将用油处理后的半成品入锅，加调味用中火或小火加热，使之入味收汁	将经油熟处理的原料，放入含醋的调料，用小火收汁	将大块或整形原料，放入卤汁中，中火加热使之入味成熟
凉热程度	常温	常温	常温
原料成形	丝、条、片、丁、块、段	整形或块	大块或整形
原料属性	以水产、畜肉、禽及禽蛋类原料为主	以带骨原料为主	以禽畜类及其内脏、禽蛋为主
调　料	五香、麻辣等复合调料	酱油、糖、酒、香料和醋	酱油、糖、酒、葱姜和香料
原　料	牛肉、猪肉、鱼虾、豆腐干、香菇	鱼、排骨和海带等	牛肉、猪肉、鸭、猪大肠、猪心、鸡蛋、香菇等
菜肴举例	陈皮牛肉、茄汁鱼条、咖喱虾、麻辣兔肉、五香豆干、蒜醋香菇	熏鱼、酥鲫鱼、糖醋酥排	卤牛（猪）肉、卤鸭、卤蛋、卤鸡胗
成菜特点	色泽棕红，醇厚酥松	骨酥肉烂，香酥适口	色红酱香，滋润醇厚
备　注	多为复合味		

1. 实训菜肴——陈皮牛肉

主料：牛腿500g。

调料：花生油300mL（实耗50mL）、陈皮20g、干辣椒5g、花椒3g、生姜10g、葱10g、香油10mL、红油10mL、酱油15mL、绍酒25mL、白糖25g。

操作步骤：

（1）牛肉切成20mm×20mm的丁，干辣椒切20段，陈皮泡软。

（2）置锅加油，油温至200℃时，下牛肉炸至表面变色，水分蒸发一部分捞起。

（3）置锅加油20mL，油热后加干辣椒、花椒、陈皮炒出香味，再放葱、姜、绍酒、白糖、牛肉，加汤煮开，改用中火烧至牛肉酥软后收汁，起锅时加入红油、香油翻匀出锅。

2. 实训菜肴——酥鲫鱼

主料：小鲫鱼500g。

调料：葱白150g、泡椒8只、料酒15mL、酱油15mL、糖10g、醋15mL。

操作步骤：

(1) 鲜鲫鱼经初加工后，放于容器内，下调料腌渍，葱白洗净，泡椒切段。

(2) 油锅置火上，至240℃时下鲫鱼炸酥，捞出。

(3) 另取锅下香油，入葱白、泡椒煸炒片刻离火，取出一半待用。

(4) 将炸好的鱼平放在锅内的葱白上，将取出的另一半大葱覆盖鱼上，再加鲜汤、料酒、酱油、糖、醋烧开后，移小火继续烧8～10min，至汁水将干时淋入麻油起锅。

3. 实训菜肴——卤鸭

主料：净鸭1只。

调料：酱油150mL、料酒150mL、糖100g、葱50g、姜50g、桂皮20g、八角20g。

操作步骤：

(1) 检查净鸭的腹腔是否有血块，检查食管、气管是否残留，并剔除鸭臊，再次冲洗，沥干。

(2) 将姜拍松，葱打结。

(3) 置深锅加水，烧开后将鸭入锅煮3min，捞出。

(4) 锅内加清水，加调料和葱姜、桂皮烧开，将鸭入锅，用中火至鸭成熟时，将鸭翻身，并用勺将汤汁淋在鸭上，边烧边淋至汁水浓稠起锅，余下的一点汁水另盛小碗。

(5) 待鸭冷却后，对剖切成小条块装盘，在表面浇一匙卤汁。

五、加熟调味冻制凉菜制作对比——琼脂冻、鱼胶冻、鱼冻、肉冻

与琼脂冻、鱼胶冻、鱼冻、肉冻工艺制作相关的具体内容如表12－8所示。

表12－8 不同种类冻的工艺制作相关内容

工艺技法	琼脂冻	鱼胶冻	鱼冻、肉冻
定义	酌加含胶质原料，经加热蒸煮使胶质充分溶化，经冷却凝固成菜		利用原料的胶质，经冷却凝固成菜
原料成形	冻块		
原料属性	以水果为主	以禽肉、虾仁为主	以鱼和肉皮为主
调料	琼脂、糖	鱼胶	酱油、糖、酒或盐、酒
原料	水果、牛奶	虾仁	鲫鱼、草鱼、猪肉皮、羊肉
菜肴举例	芒果冻、菠萝盅、什锦水果、杏仁豆腐	虾仁冻、鸡丝冻	鱼冻、肉皮冻、羊羔冻
成菜特点	色泽艳丽，清鲜爽口	晶莹透明，口感滑嫩	滑嫩鲜香，风味特别
备注			

1. 实训菜肴——菠萝盅

主料：菠萝1只、琼脂25g。

调料：糖 20g。

操作步骤：

(1) 菠萝削皮，切定，盛放于数十只小盅内。

(2) 琼脂加水熬化，加糖，倒入小盅内。

(3) 凝固后翻扣倒出凝固的菠萝冻，排列装盆。

琼脂

琼脂，学名石菜花，俗称冻粉。琼脂的用途一般为掺水煮化或蒸溶后，浇在其他经过预熟处理的原料上，冷却凝固使其成菜。

琼脂原料一般为干制品，在使用前必须用清水浸泡回软，漂洗干净，再放清水煮化或蒸溶。如果缺少回软和漂洗环节，会影响溶化，影响色泽和透明度。在溶化时要掌握好琼脂与水的比例，水多了成品不容易凝结成冻，水少了成品质地太老影响口感，一般琼脂与水的比例为 1∶10 左右。同时在溶化时要掌握好火候，防止焦煳，故有时采用蒸汽溶化。溶化后的液体，根据不同菜肴的制作需要，可添加牛奶、果汁或蔬菜汁丰富色彩。

用于花色拼盘的冻糕，要求缩小水的比例。溶化加入可可粉或山楂泥等调和，冷却后凝固成块，即为可可糕、山楂糕。

2. 实训菜肴——杏仁豆腐

主料：牛奶 1 袋、琼脂 10g。

调料：杏仁露、糖 20g。

操作步骤：

(1) 将锅置火上，加清水 150mL，放入琼脂溶化，加入白糖 10g、杏仁露烧开。

(2) 加入牛奶，等锅边微沸即刻离火，过滤后倒入荷叶碗，晾凉后冷藏。

(3) 待琼脂凝固后取出，用小刀划十字刀，使凝固的“豆腐”成小块。

(4) 调好冰糖水，徐徐地沿碗边倒至荷叶碗中，同时将碗晃动，使豆腐氽在糖水上。

3. 实训菜肴——水晶虾仁

主料：浆虾仁 250g。

调料：琼脂 5g、盐 2g、味精 1g。

操作步骤：

(1) 将锅置火上，加水烧开，放入虾仁划散成熟。

(2) 将锅置火上，加清水 150mL，放入琼脂溶化，加入盐、味精烧开。

(3) 将虾仁均匀地放入小盅，倒入溶化的琼脂，晾凉后冷藏。

(4) 待琼脂凝固后取出，翻扣入盆。

4. 实训菜肴——鱼冻

主料：草鱼 1 000g。
调料：葱 25g、姜 10g、黄酒 10mL、酱油 20mL、糖 5g、油 500mL。
操作步骤：
(1) 草鱼宰杀洗净，将鱼剖开，切成瓦块状。
(2) 将锅置火上，加油至 240℃，将鱼块炸至成熟。
(3) 锅内加水，放入葱姜，加调料，将鱼块放在葱姜上烧开。
(4) 试味后出锅，将鱼块鱼皮朝下夹入扣碗内（每碗鱼块 1 块），用筷子拣去葱姜，将汤水均匀倒入碗中。
(5) 晾凉凝固后，翻扣入盆。
说明：
① 在制作时，最好将制作鱼圆、鱼片剩下的鱼皮一起加入其中，增加此菜的胶质。
② 主料也可选鲈鱼、鲫鱼，制成鲈鱼冻、鲫鱼冻。

5. 实训菜肴——肉皮冻

主料：猪肉皮 1 000g。
调料：葱 50g、姜 20g、黄酒 20mL、酱油 30mL、糖 5g。
操作步骤：
(1) 拔净肉皮上的猪毛，将其洗净，葱洗净打结，姜去皮拍松。
(2) 将锅置火上，加水烧开，放入肉皮焯水，再行冲洗，沥干。
(3) 将肉皮切成 30mm×50mm 的片，入锅加水至肉皮高度的 2/3，加葱结、姜块和调料。
(4) 上火烧开，用中火煨至入味（但不能使肉皮过于糯烂），出锅后拣去葱姜，倒入方形器皿或扣碗。
(5) 晾凉凝固后，改刀装盆。
说明：肉皮冻的煨制过程中，不宜加八角、茴香等香料，影响口味，糖的用料比红烧肉的要少得多。

6. 实训菜肴——羊羔冻

主料：带皮羊肉 1 250g。
调料：猪皮 200g、萝卜 250g、酱油 50mL、绍酒 100mL、葱 50g、米醋 25mL。
操作步骤：
(1) 拔净羊肉和猪肉皮的毛，将其洗净，将葱洗净打结，姜去皮拍松。
(2) 将锅置火上，加水烧开，放入羊肉和肉皮焯水，再行冲洗，沥干。
(3) 置锅放清水 1 000mL，加酱油、白糖、绍酒、葱结、姜丝，放入羊肉和猪肉皮，置旺火上烧沸，撇去浮沫，移小火烧至酥烂，用漏勺捞出，放入方形器皿中。
(4) 取出猪肉皮待用，拣掉葱、姜、萝卜，去掉羊骨。
(5) 将羊肉皮面朝下平铺于器皿中，将皮上之肉用筷头拨开、拨碎，均匀平摊皮上压平。

(6) 将取出的猪肉皮，用机器打碎，再倒入原汤中用小火烧至胶质溶化，撇去浮油和泡沫，试味过筛后，浇在羊肉上，使汤水渗入羊肉中，晾凉后放入冰箱冷藏。

(7) 次日将羊糕取出，改刀装盘，上撒葱酱丝，随等醋碟蘸食。

说明：羊肉皮中也含有丰富的胶体成分，如不加猪肉皮，在冷却时要加压，冻后改刀才不至松碎。

六、加熟制松对比——炸制松、炒制松

与炸制松及炒制松工艺制作的具体内容，如表 12－9 所示。

表 12－9　炸制松及炒制松工艺制作相关内容

工艺技法	炸制松	炒制松
定　　义	将原料通过油炸等方法，使之脱水	将原料通过翻炒等方法，使之脱水
原料成形	松	
原料属性	禽蛋、蔬菜类	水产、畜肉、禽类
调　　料	盐	盐、酒、姜
原　　料	鸡蛋、土豆、豆制品、叶菜	淡水鱼、蟹、猪牛肉、鸡鸭
菜肴举例	蛋松、土豆松、菜松	鱼松
特　　点	色泽金黄，蓉细酥松	色白蓉松，咸鲜酥松

1. 实训菜肴——蛋松

主料：鸡蛋 5 只。

调料：盐 2g、油 500mL。

操作步骤：

(1) 取鸡蛋蛋黄 3 只、全蛋 2 只打散，再加入盐打匀，静置片刻后用筛子过滤，去掉泡沫和小块。

(2) 锅中置油加热至 110℃，将蛋液缓缓淋入油锅中，边淋边用筷子打圈搅动，使之受热成丝，至浮起片刻，偏老黄色捞出，沥油后，再用勺加压出余油。

(3) 将出锅的鸡蛋放在洁净的纸巾上加压，再次吸干蛋松中的油分，反复换纸数次。

(4) 将吸干油分的蛋丝，用手撕成细丝，使之膨松。

说明：

① 蛋清多了要结块，蛋清少了不能成丝，故要根据鸡蛋的品质决定蛋清的用量。

② 锅要洗净烧热后，加冷油滑锅，以防下蛋液时粘锅。

成菜特点：色泽金黄，酥松可口。

2. 实训菜肴——土豆松

主料：土豆。

调料：盐 1g、辣椒粉 0.5g、油 500mL。

操作步骤：

(1) 土豆洗净去皮，先片后丝，切成 1mm 的细丝，用清水漂洗几次，冲去表面淀粉，以防氧化变色。

(2) 将漂洗过的土豆沥干水分，放入 100℃的油锅中加热，边加热边用筷子拨动，以免土豆丝相互粘连，炸至黄色时离火，倒入筛子，沥干油分。

(3) 再次入锅，撒上精盐、辣椒粉，翻拌后装盆。

说明：

① 土豆丝漂洗后，不能挤压。

② 土豆丝忌漂洗过净，导致色泽灰暗。

成菜特点：色泽金黄，松脆香辣 。

3. 实训菜肴——鱼松

主料：鲶鱼 1 条（约 800g）。

调料：盐 2g、生姜 25g、葱 25g、黄酒 15mL、生姜粉 1g、味粉 1g、油 500mL。

操作步骤：

(1) 将鲶鱼剖杀洗净，加葱姜、黄酒、盐，上笼蒸熟，去骨刺，取肉。

(2) 将炒锅置小火上，烧红后冷油滑锅，油温至 100℃左右时，放入碎鱼肉翻炒，20 余分钟，鱼的水分逐渐蒸发，继续烘炒，直至蓬松。

(3) 根据口味洒入姜粉、味粉，拌匀出锅。

说明：

① 草鱼、青鱼、鳜鱼均可采用，但鲶鱼鱼刺较少。

② 在炒制过程中，如遇结块可取出，用手撕散，继续投入锅中烘炒。

成菜特点：洁白蓬松，口感鲜美。

第十三章　花式菜肴项目

学习目标

通过花式菜肴的制作练习，能熟悉花式刀口菜和象形菜的制作方法，并能熟练运用列举菜肴的工艺技法。

花式菜又称工艺菜，是相对普通菜肴而言，比普通菜肴多下一点制作功夫、多一点艺术创新。花色热菜无论是从刀工上下功夫，或从象形上下功夫，均不可忽视食用价值，要坚持食用为本，讲究工作效率。下面选取典型菜肴作为案例练习。

第一节　刀工花式菜制作对比

刀工花式菜肴，就是利用刀工对其原料进行美化，使之具有一定的造型的艺术。花式菜肴，在感官上以有震撼力的为优秀菜肴。

一、宝塔肉的制作

主料：五花肉 500g。

调辅料：笋干菜 300g、西兰花 50g、生粉 10g、老酱汤适量。

操作步骤：

（1）五花肉洗净，入老酱汤中煮至七成熟，晾凉；西兰花洗净，氽水待用。

（2）煮熟的五花肉改刀成正方形，再用锋利菜刀竖切成连刀片，然后回归到方形，猪皮朝下放入特制的方锥体模具中，上面填满笋干菜，淋上肉汤，入蒸笼蒸 2h。

（3）将肉扣在盘中，用西兰花围边，原汁用生粉勾芡，淋在肉上即可。

成菜特点：形似宝塔，香醇糯烂。

二、珊瑚鱼的制作

主料：鳜鱼一条（约 1 000g）。

调辅料：小葱 25g、生姜 25g、番茄酱 100mL、白糖 25g、盐 5g、白米 25g、淀粉 250g、湿淀粉 25g、色拉油 1 000mL。

操作步骤：

（1）将鱼剖腹宰杀、去鳞、去鳃等洗净。

（2）将鱼头切除，将鱼平放在墩头上，尾近身，背脊朝右，左手拿抹布按住鱼身，右手持刀沿鱼脊批进分割，翻转后尾在外，用同样方法将鱼肉和脊背分开，用刀根切断鱼尾的脊背骨。

（3）将两扇鱼肉冲洗一下，然后放在墩头上，皮朝下，尾在左，用斜刀批成大片，厚约 4mm，再用直刀间隔 4mm，竖向切割成鱼皮相连的丝。

（4）将切好的鱼用料酒、葱、姜，腌制 5min 后拍上淀粉，片刻抖去余粉。

（5）双耳铁锅 1 只置中火上，待油温升至 150℃时，将两扇鱼肉夹住鱼尾入锅，炸至鱼肉呈金黄色，用漏勺捞出，沥净油装盘。

（6）另置锅加油少许，放入番茄酱用微火炒至油亮，加糖、加醋勾芡，淋浇在鱼上即可。

成菜特点：形似珊瑚，酸甜可口。

第二节　象形花式菜制作对比

一、葵花莲子肉制作

主料：猪肋条五花肉 800g。

调料：玉兰片 100g、料酒 100mL、酱油 100mL、糖 50g、小葱 100g、姜 30g、盐 3g、水淀粉 10g。

操作步骤：

(1) 葱去根洗净，生姜去皮洗净备用。

(2) 猪肉洗净，加酱油、糖、黄酒、葱姜和玉兰片一同红烧，至皮红汁厚捞出晾透。

(3) 将猪肉用锋利菜刀切成厚 1.5mm、长 10mm 的片，再将浸透的莲子逐个卷上肉片，排列在碗底及四周，再在上面填满玉兰片，淋上肉汤。

(4) 将碗封上保鲜膜，上笼蒸至肉酥，翻扣入盆，淋上汁芡，四周围上另锅炒熟的菜心。

说明：

① 玉兰片要预先涨发，也可选用笋干等；

② 菜心可先在盘中围一圈，上覆莲子肉。

成菜特点：形似葵花，肥而不腻。

二、石榴素包制作

主料：高丽菜片 100g、香菇 15g、草菇 10g、杏鲍菇 15g、芹菜 1 根、胡萝卜 1 根、春笋 1 支。

调料：色拉油 25mL、味极鲜 3mL、盐 2g、味精 2g。

操作步骤：

(1) 春笋剥壳洗净，和涨发好的香菇、草菇、杏鲍菇一起煮，待春笋熟后一起出锅，留汤放入洗净的高丽菜片和芹菜，以滚水略微氽烫至软即捞起，待用。

(2) 胡萝卜切末，菌菇、春笋切成粒，芹菜撕成丝，备用。

(3) 起油锅放入胡萝卜末，用微火炒至色拉油泛黄，放入香菇、草菇、杏鲍菇和春笋炒熟，加留用的菌菇汤适量（沉淀的汤底可能有沙，弃之不用），加盐、味极鲜、味精调味后勾芡。

(4) 用高丽菜包裹炒好的菌菇笋粒，再用芹菜捆扎成“石榴包”后装盆，入蒸锅中以中火蒸约 3min 取出。

(5) 滗出石榴包盘中的水，勾玻璃芡，再浇淋在“石榴包”上。

说明：

① 胡萝卜用油炒的目的是取其黄色，使其形似蟹黄；

② 也可用菜心排在“石榴包”边上衬托。

成菜特点：形似石榴，蟹油诱人，香鲜味美。

第十四章　套菜和筵席项目

学习目标

从列举套菜和宴会菜单中，直观了解其搭配程序和组合数量，进一步掌握套菜组合知识，并能熟练地编排普通套菜，学会编制宴会菜单。

菜肴组配工艺在实践体验篇有重点讲解，阅读者可详细查看第十七章第二节相关内容。而本章重点介绍套菜和筵席的常见组合，从中了解每种菜肴在筵席中所处的位置和关系。

第一节 套菜制作项目实训

“套菜”也称“套餐”，就是在各类菜品中选配若干菜品组合在一起，以包价销售的组合菜肴。餐饮企业推出各种套菜，其目的是迎合不同顾客的需要，增加餐饮企业的收入。同宴会相比，套菜就是宴会的简易版，套菜不像宴会那样富贵华丽，一般品种不多，够吃便行，具有经济实惠、品种大众的基本特征。

一、四菜一汤

杭州著名的四菜一汤：西湖醋鱼、龙井虾仁、油焖春笋、火腿蚕豆和西湖莼菜汤。

（一）西湖醋鱼

主料：活草鱼 1 条（约重 700g）。

调料：姜末 2.5g、白糖 60g、绍酒 25mL、酱油 75mL、醋 50mL、湿淀粉 50g。

操作步骤：

（1）草鱼饿养两天，促其排尽草料及泥土味，使鱼肉结实。

（2）将鱼宰杀、洗净，劈成两片，斩去鱼齿，将带脊骨的雄片皮朝上。从颌下 4.5cm 处开始每隔 4.5cm 斜片 1 刀（刀深约 5cm），刀口斜向头部，共片 5 刀，在片第 3 刀时，在腰鳍后处切断，使鱼分成两段。将不带脊骨的雌片皮朝下，在脊部厚肉处向腹部方向斜剞一长刀（深约 4/5），不要伤及鱼皮。

（3）炒锅置旺火上，加入清水 1 000g，烧沸，相继放入雄片前后两段。随后将雌片并排放入，鱼头对齐，皮朝上，使水淹没整个鱼头，用筷子使胸鳍翘起，盖上锅盖，待锅水再沸时揭开盖，撇去浮沫。

（4）转动炒锅使鱼头方向朝右边，继续用旺火烧煮，前后共烧约 3min，用筷头扎鱼身检查是否成熟。如能扎入，说明已熟，即倒出汤水，余约 200g。

（5）加酱油、绍酒、一半姜末，滗出汤水于碗中留用，将鱼顺势倒入盘中排好。

（6）将有味的汤水复入锅内，加白糖、湿淀粉、醋，用手勺搅成芡汁，淋浇在鱼身上，再洒上余下的姜末。

说明：

① 调味要准确，先酸后甜再咸鲜；

② 不放油、放味精。

成菜特点：酸甜适宜，鲜美滑嫩。

（二）龙井虾仁

主料：鲜活大河虾 1 000g。

调料：龙井新茶 1g、葱 2g、绍酒 15mL、精盐 3g、味精 2.5g、鸡蛋清 1 个、湿淀粉 40g、精制油 1 000mL。

操作步骤：

(1) 河虾入冰箱冻死，去壳挤出虾肉放在小竹篓里，用清水反复搅洗至虾仁洁白，沥去水，并用干净毛巾将虾仁水分压干，放在碗中，加精盐和鸡蛋清。搅拌至有黏性时，加湿淀粉、味精拌匀，最好冷藏1h，使浆粉稳定。

(2) 炒锅置中火上，烧红滑锅，在下油烧至120℃时，倒入虾仁并迅速用筷子滑散，至虾仁呈玉白色时，捞出沥净油。

(3) 取茶杯一只，放进新龙井茶叶，用沸水50g沏泡，1min后，滗去大部分茶汁，剩下茶叶和余汁留用。

(4) 炒锅内留底油，用葱炝锅，放入虾仁、茶叶及余汁，加入绍酒，将虾仁颠翻数下装盘。

说明：

① 使用的湿淀粉要沉淀后滗去清水；

② 在鲜茶叶季节，上撒鲜茶叶效果更好。

成菜特点：洁白鲜美，清香滑嫩。

(三) 油焖春笋

主料：净嫩春笋400g。

调料：花椒5粒、白糖25g、酱油75mL、味精1.5g、芝麻油15mL、色拉油75mL。

操作步骤：

(1) 将笋洗净对剖开，用刀拍松，切成5cm长的段。

(2) 炒锅置中火上，下油，烧至150℃，投入花椒，出香后捞出花椒。

(3) 将笋下花椒油中煸炒2min，加入酱油、白糖、清水（100mL），旺火烧沸，改小火加盖5min使之入味，起盖收汁至稠浓，加入味精，淋麻油出锅装盆。

说明：

① 春笋必须鲜嫩；

② 虽然重油，但因酱油的量也多，故如在收汁前，笋的色泽发暗，说明甜度不够，略加点糖。

成菜特点：重油重糖，色泽红亮，鲜嫩脆口，甜咸适宜。

(四) 火腿蚕豆

主料：熟火腿中峰75g、鲜嫩蚕豆500g。

调料：白糖5g、精盐2.5g、味精2.5g、清汤100mL、湿淀粉10g、熟鸡油10g、熟猪油25g。

操作步骤：

(1) 蚕豆除去豆眉，冷水冲洗，在沸水锅中略焯。

(2) 熟火腿切成厚3mm、10mm×10mm的丁状。

(3) 炒锅置中火上加油，放入蚕豆，煸炒10s，随即放入清汤、白糖和精盐，烧1min，加味精，用湿淀粉勾薄芡，淋上熟鸡油即成。

成菜特点：红绿相间，清爽鲜嫩。

（五）西湖莼菜汤

主料：鲜莼菜 150g、熟火腿 25g、熟鸡脯肉 50g。

调料：精盐 2.5g、味精 2.5g、清汤 350g、熟鸡油 10g。

操作步骤：

（1）炒锅置旺火上，舀入清水 500g 烧沸，放入莼菜氽一下，捞出沥去水，盛在汤碗中。

（2）熟鸡脯肉、熟火腿均切成 6mm 长的丝。

（3）置锅一只加清汤、精盐、味精烧沸后，浇在莼菜上。

（4）再摆上熟鸡脯丝、熟火腿丝，淋上熟鸡油即成。

成菜特点：红绿相间，清爽鲜嫩。

二、六菜一汤

具有杭州风味的六菜一汤：三鲜海参、生煎虾饼、蟹酿橙、百合豌豆、干炸响铃、蒜泥秋葵和鱼头浓汤。

（一）三鲜海参

主料：水发刺参 300g。

配料：熟火腿 25g、鸡脯 50g、浆河虾仁 50g、绿色蔬菜 15g。

调料：葱段 5g、鸡蛋清 0.5 个、绍酒 15g、精盐 3 克、味精 3g、清汤 250mL、湿淀粉 20g、熟猪油、熟鸡油各 15mL、色拉油 250mL（约耗 50mL）。

操作步骤：

（1）鸡脯切片，加入蛋清、精盐抓渍入味，湿淀粉上浆，熟火腿切片。

（2）将刺参剖开洗净，片成长 5cm，宽 2cm 的片，在沸水锅中氽一下。

（3）炒锅置旺火上，下入熟猪油至 110℃，放入虾仁、鸡片划散呈玉白色时，倒入漏勺沥去油。

（4）炒锅留底油，投入葱段煸出香味，加入绍酒、清汤，拣去葱段，放入刺参片，沸后撇去浮沫，加味精并用湿淀粉勾薄芡。放入鸡脯肉片、浆虾仁、熟火腿片，沸后以绿色蔬菜点缀，淋上熟鸡油，出锅装盘。

成菜特点：口感软糯，营养丰富。

（二）生煎虾饼

主料：浆虾仁 200g。

配料：熟猪肥膘 50g、荸荠 50g、豌豆苗 50g。

调料：葱 10g、姜汁水 2.5g、胡椒粉 0.5g、绍酒 10mL、醋 2.5mL、精盐 1.5g、味精 1.5g、鸡蛋清 1 个、湿淀粉 25g、色拉油 300mL（约耗 50mL）。

操作步骤：

（1）把浆虾仁剁成绿豆大的粒，熟肥膘剁成末，荸荠去皮拍碎剁末，一起放在钵内，加入鸡蛋清、绍酒、姜汁水、精盐、葱、味精、胡椒粉，搅拌至有黏性时用湿淀粉搅匀成虾料。

(2) 平锅置小火上，下油至60℃，将虾料挤成直径25mm的丸子，放入锅内，用手勺压一下成扁圆状，双面煎约1min，使虾饼内部成熟，倒入漏勺沥净油。

(3) 将虾饼倒回原锅，加入绍酒、醋，加盖片刻出锅装盘，盘边衬以焯熟的豌豆苗，即成。

说明：煎制时低温下锅、中温煎制，油温不宜过高，防止外焦里生。

成菜特点：质感松软，油润鲜美。

(三) 蟹酿橙

主料：湖蟹1 500g、鲜橙10只。

辅料：杭白菊10朵、玻璃纸10小张、丝带10根。

调料：玫瑰米醋20mL、香雪酒20mL、姜末15g、麻油25mL、盐2g、白砂糖5g、水淀粉20g。

操作步骤：

(1) 将甜橙洗净，顶端用半圆刻刀刺出上盖，用利刀取出橙肉取其汁，待用。

(2) 将湖蟹煮熟，剔取蟹粉（约500g），待用。

(3) 将炒锅置中火上，下芝麻油25克，至六成热，投入姜末、蟹粉稍炒，倒入甜橙汁、加白糖，加入一半的香雪酒和醋，淋上芝麻油，出锅装入甜橙合中，再盖上橙盖。

(4) 取玻璃纸1张，甜橙排放于其上，放入杭白菊、滴入香雪酒、米醋，逐只包裹，扎上丝带，上笼用旺火蒸5～10min即可。

说明：做橙合时，要在内壁留有橙肉，既可增香，也阻隔了橙皮的苦味不渗入蟹肉之中。

成菜特点：形状精巧，酸甜鲜醇，六香（酒香、菊香、橙香、姜香、醋香、蟹油香）合一。

(四) 百合豌豆

原料：百合80g，嫩豌豆肉300g。

调料：调和油50mL、盐10g、鸡精3g、麻油3mL。

操作步骤：

(1) 百合去根部洗净，豌豆洗净。

(2) 置锅加水，放少许的盐8g、油10mL，沸腾后将百合、嫩豌豆焯水，过凉水备用。

(3) 置油锅于中火上，放入百合、豌豆，加盐翻炒，加少许汤水后加鸡精，勾薄芡，淋上香油，出锅装盘。

成菜特点：色泽嫩绿，清香鲜美。

(五) 干炸响铃

干炸响铃的制作工艺在第八章第一节炸制中已作介绍，在此不再赘述。

（六）蒜泥秋葵

主料：秋葵350g。

辅料：猪肉末30g。

调料：精盐2g、葱结10棵、蒜头10g、味精1g、酱油3mL、白糖2g、鸡汤150g、鸡油25g。

操作步骤：

（1）将秋葵洗净，削去蒂，切成斜段。

（2）炒锅置旺火上，下入清水1 000mL、熟猪油25g烧沸，将秋葵段放入水中烫一下捞出，沥干水分。

（3）炒锅置旺火上烧热，下油烧至六成熟，放入葱结，煸出香味后夹出葱结，下肉末、蒜泥、酱油。入鸡汤烧沸片刻，加味精，用湿淀粉勾芡，淋入鸡油起锅。

成菜特点：油绿诱人，鲜嫩爽口

（七）鱼头浓汤

鱼头浓汤工艺在第六章第二节煮制工艺中已作详细介绍，在此不再赘述。

第二节　筵席菜肴制作项目实训

筵席，是人们因习俗和社交礼仪的需要而举行的饮宴聚会，是社交与饮食相结合的一种饮食文化。规模较小的称为筵席，规模较大的称宴会，但宴会是多桌筵席的组合，比筵席更讲究礼仪。现代人们对宴会、筵席基本不分，一般对大型的、有主题性质的称为宴，对小型的、单一的称为席。

宴会一般按规格可分为国宴、正式宴、便宴、家宴；按餐型可分为中餐宴会、西餐宴会、西式酒会和自助餐会；按时间可分为早宴、午宴和晚宴；按主题可分为国宴、婚宴、纪念宴会、商务宴会和庆典宴会等。

筵席一般按原料构成可分为海鲜席、山珍席、全羊席、素席、风味小吃席、田席；按菜式内容可分为江南席、川味席、仿膳席、仿宋席、红楼席等。

一、商务筵席菜肴

商务宴菜单中有西湖八冷碟、一品海鲜盅、北极带鹅肝（刺身）、美极大对虾、广式笋壳斑、内蒙烤羊排、阳澄大闸蟹、花雕竹林鸡、蒜泥大连鲍、火腿豌豆丁、杭式炒双冬、原味西阳菜、虾爆鳝鱼面和时令鲜水果。列举其中三款制作菜谱。

（一）阳澄大闸蟹

主料：阳澄大闸蟹。

调料：姜末20g、浙醋30mL、白糖3g。

操作步骤：

（1）姜去皮切末，加醋、糖调和。

(2) 大闸蟹洗净。

(3) 制熟。

① 清蒸：用麻绳将蟹逐只捆绑，背朝下排列于盘中，上笼蒸制，6～8min。

② 水煮：将蟹放入锅内，加冷水至淹没蟹身，加热至沸，沸后煮 5～6min。

(4) 熟后起锅，解绳后排列于盘中，上桌时随跟醋碟。

说明：捆绑和冷水煮都是防止受热后，蟹挣扎时蟹腿脱落。

成菜特点：色红诱人、嫩滑味鲜。

杂谈：秋风起，蟹脚痒。每年的深秋初冬，是大闸蟹最为肥美的黄金季节。俗语说："九月团脐十月尖"，农历九月雌蟹黄满肉厚；十月雄蟹膏足脂醇，这时品蟹是一种美的享受。

(二) 蒜泥大连鲍

原料配方

主料：鲍鱼 1 只。

配料：红椒半只、白果 20 粒。

调料：蒜末 20g、生姜末 5g、葱 5g、美极鲜 30mL、橄榄油 10mL、白糖 3g、豆豉酱 10g、鸡精 3g、酒 5mL、湿淀粉 10g。

操作步骤：

(1) 鲍肉从鲍壳中剥下，去掉黑色的沙包，加盐搓洗一下，冲洗干净后批成片。

(2) 鲍壳用刷子里外刷洗干净，用沸水烫过。

(3) 红椒切粒，白果微波烤熟剥壳取肉、葱白切末、葱青切丝。

(4) 锅内加油用小火将蒜末略炒，见黄后加入葱白、红椒粒、黄酒、味极鲜、豆豉酱、糖和水，试味后加鸡精，勾薄芡。

(5) 另起锅将鲍片用沸水略氽，沥净水，和白果一起倒入厚汁之中颠拌出锅，盛入鲍壳中，上洒葱丝即可。

说明：鲍片要沸水快速氽烫，以防鲍片偏老。

成菜特点：蒜香郁浓，肉质脆嫩。

(三) 杭式炒二冬

主料：冬笋 500g、冬腌菜 200g。

配料：红椒 50g。

调料：调和油 50mL、盐 3g、白糖 2g、鸡精 3g。

操作步骤：

(1) 冬笋剥壳煮熟，冬腌菜洗净。

(2) 冬笋切 15mm 的方条，冬腌菜切条，红椒切条。

(3) 炒锅置火上，入油旺火将冬笋、腌菜、红椒一起煸炒，加高汤和盐略煮，加白糖、鸡精后起锅。

说明：根据冬腌菜的咸度确定投盐的量。

成菜特点：色泽清雅，脆爽鲜香。

杂谈：另冬菇炒冬笋在江浙沪一带也称为炒双冬或炒二冬，其特点是卤汁稠浓、香鲜清口。

二、全素筵席菜单

全素宴菜单中冷盘有天竺素碟，热菜有莲蓬献佛、百灵经卷、天王琵琶和罗汉素斋，甜点有金粟供佛和大馍无边，汤有慈航普渡。列举其中两款制作菜谱。

(一) 罗汉素斋

主料：小玉米 10 根、草菇 10 粒、小香菇 10 颗、鲜蘑 10 颗、白果 20 粒、冬笋肉 50g、通心莲 20 颗、螺丝菜 10 颗、香干 3 块、豆腐皮 2 贴、青豆 50g、素鸡 100g、青菜梗 100g、马蹄肉 5 粒、金针菜 50g、红椒 50g、生姜片 10g。

调料：味极鲜酱油 15mL、糖 3g、盐 3、香油 5mL、味精 2g、调和油 100mL、湿淀粉 10g。

操作步骤：

(1) 豆腐皮卷紧上笼略蒸，出笼切金钱状，入温油锅炸黄；素鸡切厚片炸至起泡。

(2) 香干切成剪刀块、冬笋切厚片、菜梗切成长条、马蹄肉对切、红椒切三角形，和玉米菌菇等一起用沸水氽烫。

(3) 锅置火上，下油后放入姜片，略煸有香味后，去除姜片，倒入上述原料，加清汤、调味料，勾芡后淋入麻油起锅。

说明：此菜肴因使用了 18 种原料，故名罗汉，在刀工处理时最好使各种原料形状各异。

成菜特点：选料多样，味香柔软、老幼皆宜。

(二) 莲蓬献佛

主料：山药、莼菜 200g。

配料：鲜蘑 4 只、黄花菜 10g、油豆腐 4 只、胡萝卜 20g、冬笋 20g、青豆 20g、鸡蛋 1 只。

调料：调和油 50mL、味极鲜 3g、鸡精 3g、盐 5g、淀粉 20g、素汤 200mL。

操作步骤：

(1) 鲜蘑、黄花菜、油豆腐、胡萝卜、冬笋切成粒，加姜末煸炒，加味极鲜和鸡精调味，加少许湿淀粉勾厚芡成馅。青豆煮熟后，凉水过晾。

(2) 山药煮熟，剥皮后打成泥，加盐、淀粉、蛋清，搅拌起劲。

(3) 取小碗数只，涂油少许，放入山药泥一圈，中间填上馅料，上盖山药泥，涂平，嵌入青豆成莲蓬，上笼屉内用微气蒸熟。

(4) 置锅加热水，将莼菜氽水后，加素汤煮沸，调味后勾芡，再将莲蓬山药从小碗中取出，逐个放入莼菜羹中。

说明：山药因品种不同，煮熟后干湿有异，适当用水芡调整。也可将山药换成豆腐制作，亦精美可口。

成菜特点：造型美观、莼菜滑嫩、山药酥糯。

三、分食制筵席菜单

迎宾宴菜单中冷盘有西湖风味冷碟，甜点有小餐包拼闲果，热菜有明炉海皇炖鱼翅、芝士澳芒焗对虾、红烧野生大黄鱼和皇品牛排拼时蔬，点心有上汤阳春玉米面和核桃塔拼芝麻饼，茶水有太极茶道乐品鉴。

分食制是高端宴会的就餐形式，圆桌就坐，每人一碟按位上菜。自新中国成立以来，在重大宴会中开始推行分食制，改革开放后，分食制逐步在民间流行。分食制既能保持高端宴会的规格，也能体现现代派菜肴的装盆风格，更能避免大鱼大肉的传统食法。同时分食能削减菜肴的道数，减少浪费，符合现代的消费观念；同时分食能避免疾病的传染，适应现代人的卫生要求。上述迎宾宴菜单就是分食宴会，比普通宴会的道数要少，并增加了茶道表演和品尝。

第三节　宴会菜单实例

宴会的菜品要依据宴席主题进行设计，使菜肴和主题相扣，不仅要与宴会菜肴的出菜规律和厨房的生产及餐厅服务能力相匹配，还要符合宴会的礼仪和习俗，回避民间的禁忌。

宴会菜品的设计一般有以下原则。

一、顺应习惯，按序上菜

宴会上菜讲究顺序，性质不同、风味不同，其菜肴设计不同，上菜顺序也各不相同。一般为先冷后热、先荤后素、先干后汤、先菜后点、先甜后咸（某些地方习惯）等。常见顺序如下：

（1）冷菜—羹盅类—鱼虾类—炸烤类—贝甲类—炒熘类—炖肉类—蔬菜类—汤锅类—甜、咸点—水果。

（2）拼盘—海鲜类—炒熘类—炸烤类—清蒸类—煲仔类—蔬菜类—主食—甜点—水果。

（3）冷菜—炖品—海鲜—炸烤菜—爆炒菜—蔬菜—汤菜—点心主食—水果。

现在有些餐厅也有把水果、杂粮作为首道菜点。

二、口味各异，搭配讲究

宴席要求菜肴荤素合理搭配，口味花色各异，形成一桌色香俱佳、膳食平衡的科学与艺术统一的美味。不仅要选择多样的原料平衡膳食，还要选用不同的工艺、不同的烹调方法和不同的调味料，使每道菜无论从视觉、触觉、味觉和嗅觉的感官都不相同，达到嫩、软、脆、滑、爽、酥、焦等多样口感，片、丁、丝、条、球、块成型各一。

主要考虑的是主料选用不重复，荤蔬料搭配合理，甜酸口味采用一次，烹调手法各不相同，成品色泽先后穿插等。

三、寓意吉祥，护佑祈福

宴会菜肴的命名应尽量选用吉祥用语，在编排菜单时就要根据宴会的性质设计菜肴，使菜肴实名和吉祥寓意之名相匹配。例如，在婚宴中采用“百年好合”等和谐美满的祝愿

词汇；在寿宴中采用"和谐夕阳红"等祈福健康长寿之语；在谢师宴中采用"含辛茹苦"、"桃李满天"等尊师重教的感恩词句；在商务宴中采用"一帆风顺"、"鹤鸣九皋"等寓意声闻于天的词句。

四、数字吉利、配比合理

每桌的宴会要根据对象设计菜品，菜肴数量宜适中。道数太多则不能在既定时间完成出菜，影响宴会整体质量；单盆菜肴量太大则造成浪费，并且压低整桌菜肴的质量，太少导致宾客不能饱腹，给主办者造成不良影响。一般冷碟、热菜和点心的配比：普通团队餐为10%、85%、5%，中等筵席为15%、75%、10%，高档筵席为20%、65%、15%。每桌为4～8道冷菜、10～12道热菜、1～3道点心。

婚宴菜肴数目多为双数，丧宴菜肴数目则为单数。

五、尊重风俗，顾及禁忌

编排菜单时要尊重地方的传统习俗，一般各地都有节日习俗和庆宴习俗。例如，浙江杭州年宴中原料必须有鸡，象征吉祥喜庆；必须有鱼，象征年年有余；必须有黄豆芽，象征如意。婚宴中一般要有红枣、花生、桂圆、莲子作原料制成的甜羹，祝福新人甜甜蜜蜜、早生贵子。

各地也有婚宴饮食禁忌。一般在婚宴中不上梨（离）、龟（王八）等原料，不上双龙戏珠、蒜蓉带子等菜肴。

六、控制节奏，井然有序

为了保证宴会菜肴的质量，要恰到好处地掌握上菜的速度。冷盘在开宴前预先摆放，为了不使冷菜被空调机吹干，建议加盖透明罩。热菜上菜速度控制时间隔5～8min。也有按既定的宴会时间除以菜肴只数，调整间隔时间的。

一般做到先快—中慢—后稍快的节奏，特别是控制好第一道菜肴上席时间，当宾客入座通知上菜，正好酒过一巡第一道菜上席。同时观察宾客活动和进餐情况，及时控制速度。

知识链接

1. 普通婚宴菜单

婚宴菜单中有八仙贺喜碟、鱼翅海鲜盅、葱油大龙虾、上汤象拔蚌、广式笋壳斑、荷香蒸元鱼、火腿炖老鸭、美味白鹅肝、阳澄大闸蟹、杭式炒二冬、百合炒西芹、双菇扒菜心、莼菜鱼圆汤、八宝糯米饭、早生贵子羹、时令生鲜果。

2. 寿宴菜单

寿宴菜单中有八仙祝寿风味碟、一帆风顺海鲜盅、源远流长刺身盘、洪福齐天大龙虾、年年有余东星斑、寿比南山烤羊排、福如东海大闸蟹、松鹤长春花雕鸡、春秋不老田园笋、古稀重新小菜心、良辰美景祝寿面、子孙万代芝麻饼、年年有今大寿桃、欢乐团聚生鲜果。

3. 谢师宴菜单

谢师宴菜单中冷拼有春意盎然，热菜有雨露滋润、银装硕果、游刃有余、执着向日、前程似锦、巧夺天工、鹤立鸡群、飘香万里、高风亮节、满园春色，点心有大地回春、生生不息，水果有五彩缤纷。4. 百花宴菜单

百花宴菜单中冷碟有群花争艳（三色菊花丝、爽耳虫草花、茶花青瓜蹄、玫瑰色拉卷、金银牛筋冻、西溪野菜花），热菜有杯水情怀（七彩雪鱼羹）、水晶之恋（玫瑰水晶虾）、春花秋月（杭白菊橙香蟹）、香飘千里（茉莉牛肉丝）、出水芙蓉（百合爆螺片）、花开富贵（富贵牡丹鱼）、花坛锦簇（金针菇花蒸排骨）、百花齐放（拔丝香芋）、紫藤花香（紫藤野鸭）、遍地黄花（黄花烩鱼）、含苞待放（茶花鱼丸）、纯情诱惑（酥炸南瓜花）、翠色欲流（干贝西兰），点心有仙露琼浆（养颜桃胶）、步步生莲（荷花酥香）。

实践体验篇

经过课堂理论知识的学习，经过实训体验，相信大家对烹饪有了初步的认识和了解。但要全面了解烹饪各环节的工作和技能，仅利用课堂时间还远远不够，大学生要学会自学，发挥自学的主动性，保持自学的连续性，充分利用各种机会和场合自我汲取有关烹饪的知识。在实践中认识事物，在亲身经历中提高认识，这就是体验。到实习基地实习，离开了课堂，离开了传播理论知识的教师，离开了归纳提炼实践的教师，初次“亲密接触”企业和真实岗位，切身感受和体会一定会很深。希望你们能在实习期抓紧学习，在工作中仔细观察，从基地师傅的“传帮带”中里得到真传，悟出道理。

——大师箴言

第十五章　初级体验

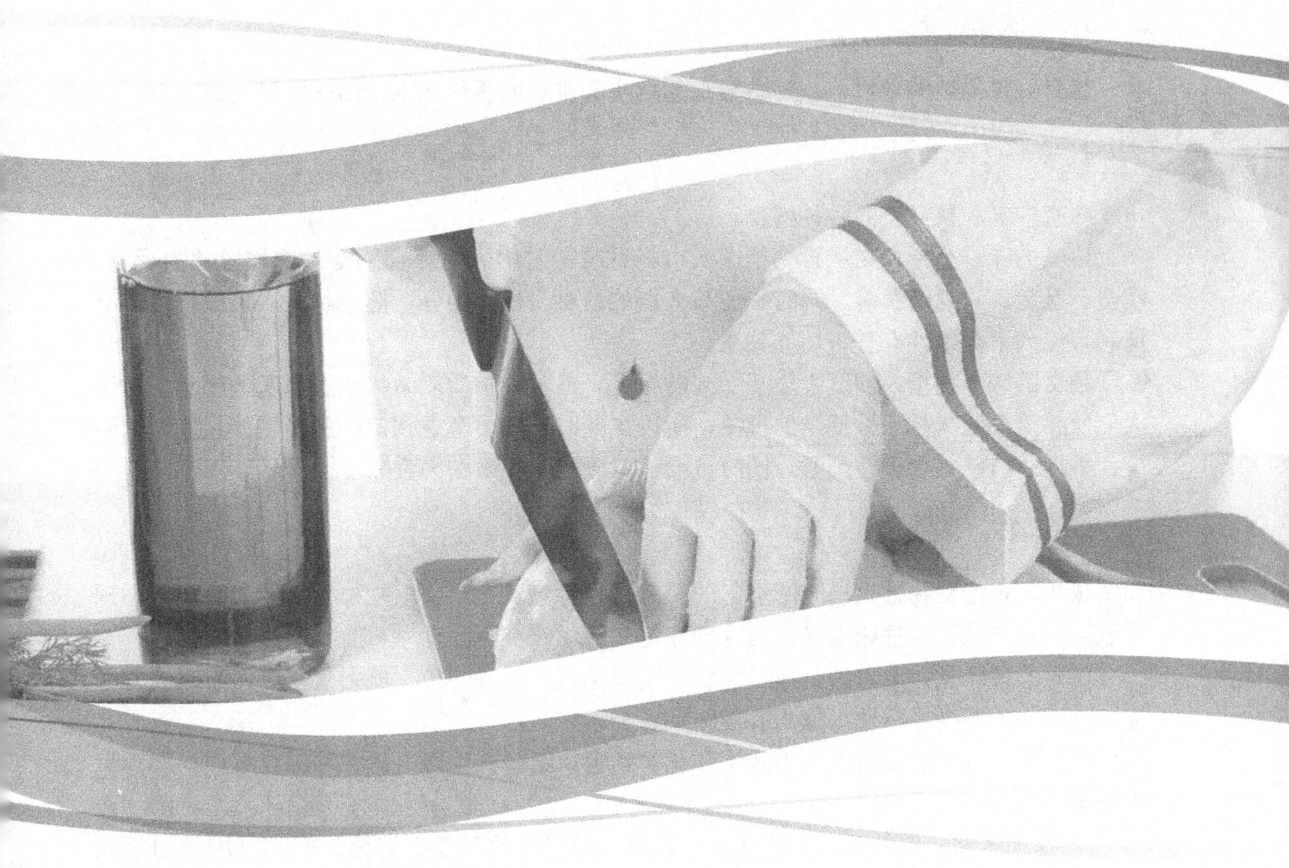

学习目标

通过自学，了解调味、制汤、热菜造型、菜肴创新的基础知识及其意义。再根据实习基地所接触的具体案例，记录存档。学会基地自制调料的工艺；分析火力大小与汤的品质间的必然关系；思考菜肴造型美化的作用及意义；积极主动地钻研学习，记录基地的特色菜案例。

本章分自学项目和体验项目。自学项目主要是学习在课堂中没有学到的知识，体验项目是记录实习基地的操作案例，使理论知识结合岗位实训案例对比学习，从而加深对知识的理解和记忆 。

第一节 调 味 技 法

一、自学项目——调味知识

（一）味和味觉

味是一种复杂的现象，它是由客观的物质和主观的感受相结合的一种产物。

1. 味的概念

味有广义和狭义上的两种解释。

广义的味，是指食物从看到至进入口腔后咀嚼时给人的综合感觉。这种感觉受视觉、嗅觉、触觉、味觉的影响，同时，还与人们的饮食习惯、嗜好、健康状况、饥饿程度、心情和环境因素等条件有着密切的关系。

狭义的味，是指人们以舌体感受到的味觉，即某种物质刺激味蕾所引起的感觉。由于人们所感受到的味是一种复杂的现象，所以烹调时不仅要考虑到口中感受到的温度、软硬度、黏性、口感等物理性刺激，同时也要注意到化学性质的因素。

2. 味觉

味觉，是指食物进入口腔所引起的感觉，这种感觉在广义上被称为味觉。味觉有心理味觉和生理味觉，生理味觉又分为物理味觉和化学味觉。

(1) 心理味觉。菜肴的色泽、形状、组织结构、就餐环境、就餐气氛等因素对人的味觉心理的一种感受或感觉，称为心理味觉。

(2) 生理味觉。食品的物理味觉和化学味觉，给予人生理上的一种综合反应，称为生理味觉。

① 物理味觉。是由于食物的软硬、黏度、冷热、咀嚼感、口感、粗细等因素引起的味觉。物理味觉是衡量成品的重要指标。例如，菜肴的酥脆、酥烂、脆嫩、软嫩等程度的不同，都能引起人的物理味觉。

② 化学味觉。是由人的味觉器官和嗅觉器官对化学物质引起的味觉。味觉器官是指舌头的表面，分布着许多乳头状的组织，在乳头状的组织上分布着味觉细胞，这些称为味蕾。由于舌头的不同部位对味的敏感性也会引起不同的感觉，这种感觉称为味或滋味。化学味觉有四原味（甜、咸、酸、苦)、五原味（甜、咸、酸、苦、鲜）之说。一般来说，舌尖对甜味最敏感，舌前部对咸味最敏感，舌两侧对酸味最敏感，舌根周围对苦味和鲜味最敏感，但每个部位又有两种以上的重叠味蕾，如图 15－1 所示。

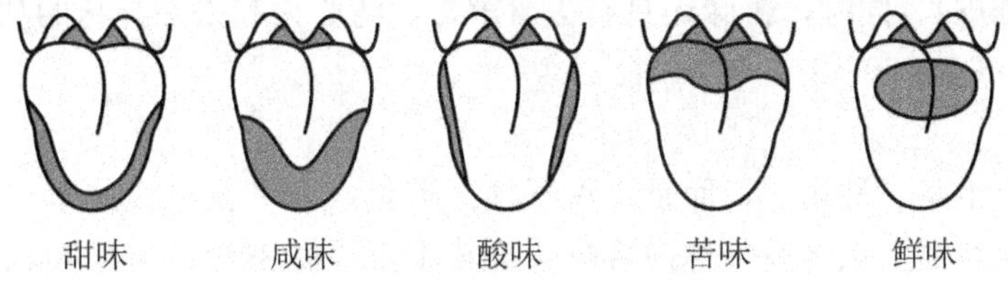

图 15－1　味蕾感受分布图

（二）基本味

基本味，是由一种呈味物质构成的味，或称为单一味。基本味有以下几种。

1. 咸味

咸味是菜肴的主味，有百味之王之称。咸味具有提鲜、增甜、去腥解腻的作用。常用的咸味调味品以食盐、酱油为代表。

2. 甜味

甜味在调味中的作用仅次于咸味，不仅可以单独成菜，而且具有去腥解腻，使辣味变得柔和醇厚的作用。常用的甜味调味品以白砂糖、绵白糖、红糖和蜂蜜等为代表。

3. 酸味

酸味也是调味时常用的一种调味品，不仅具有去腥解腻的作用，而且能促使动物性原料中的骨骼溶出钙，生成可溶性的醋酸钙，增加人体对钙的吸收。还能使酸味调料中的有机酸与料酒中的醇类发生酯化反应，生成具有芳香气味的酯类，增加菜肴的香气。常用的酸味调味品以玫瑰醋、镇江香醋、山西熏醋、上海康乐醋等为代表。

4. 辣味

辣味具有较强的刺激性气味和特殊的香味成分，对其他不良气味，如腥、膻、臭等异味都有较好的抑制作用，并能刺激胃肠蠕动，增强食欲、帮助消化。应用时注意咸味、鲜味的辅助配合，切忌空辣、干辣等现象出现，使用辣味要遵循“辛而不辣”的原则。常用的辣味调味品以干辣椒、辣椒酱、胡椒和芥末等为代表。

5. 鲜味

鲜味是人们比较喜欢的一种味道。鲜味可使无味或味淡的原料增加滋味，还具有刺激食欲、抑制异味的作用。鲜味一般有两个来源：一是富含蛋白质的原料在加热过程中分解成低分子的含氮物质（具有鲜味），二是加入鲜味调味品。常用的鲜味调味品以味精、鸡精、卤虾油、蚝油和鱼露等为代表。

6. 苦味

苦味是人们不喜欢的一种味道，但在烹调时加入适量的苦味调味品，可促使菜肴形成特殊的风味（陈皮）。同时，苦味还具有去暑解毒、清心火和去除异味的功效。

7. 香味

香味的实质不是一种味道，而是一种气体。但是，香气也可作用于口腔而产生味觉。所以，烹饪行业习惯上也将香气称做香味。香味主要来源于含有呈香味物质的各种香料，如辣味辛香料（姜），香和味具备的辛香料（豆蔻、肉桂、丁香、小茴香等），香气为主的辛香料（百里香、洋苏叶、月桂、小豆蔻）。香味可以使菜肴增加香和味，还具有消食除胀、去寒健胃、解温活血等功能。常用的香料以香和味具备的辛香料为代表。

另外，在四川等地也把麻作为一种味，麻味属于辛香料，以花椒为代表，并具有浓厚的香味。其他各种水果香精也可作为香味调味品的一种，广泛运用于食品行业。

（三）复合味

复合味就是由两种以上基本味调和，而形成的一种新的滋味。复合味的种类很多，常用的复合味主要有以下几种。

1. 咸甜味

咸甜味主要由咸味、甜味和鲜味调和而成，重点突出咸中带甜、鲜香可口的特点。常用的调味品有腐乳汁、黄酱和面酱等。

2. 酸甜味

酸甜味主要由甜味、酸味和少量咸味调和而成，重点突出甜中带酸、咸中溢香的特点。常用调味品有番茄酱、果酱、水果汁等。

3. 咸鲜味

咸鲜味主要由咸味和鲜味调和而成，重点突出咸中带鲜、清淡爽口的特点。常用的调味品有蚝油、鱼露、卤虾油和特色酱油等。

4. 咸辣味

咸辣味主要由辣味、咸味和鲜味调和而成，重点突出辣中带咸、咸而鲜香的特点。常用的调味品有辣酱油、辣酱等。

5. 香辣味

香辣味主要由香辣味、咸味和鲜味调和而成，重点突出辣而咸鲜、香而浓郁的特点。常用的调味品有芥末、咖喱粉、香辣粉等。

6. 酸辣味

酸辣味主要由酸味、辣味、咸味和鲜味调和而成，重点突出酸辣咸鲜、食而不腻的特点。常用米醋、胡椒粉或辣椒油等调味品调制而成。

7. 香咸味

香咸味主要以香味、咸味、鲜味调和而成，重点突出特殊香味的特点。常用椒盐、花生酱、芝麻酱等调味品调制而成。

8. 麻辣味

麻辣味主要以麻味、辣味、香味、咸味和鲜味调和而成，重点突出麻、辣、鲜、咸、香的特点，并有刺激食欲的作用。常用花椒、泡椒、郫县豆瓣酱调味品调制而成。

9. 怪味

怪味主要以咸味、甜味、辣味、麻味、鲜味和香料调和而成，重点突出各味融合后的特点，并有刺激食欲的作用。常用精盐、酱油、白糖、芝麻酱、红油、花椒末等调味品调制而成。

味的分类如图 15－2 所示。

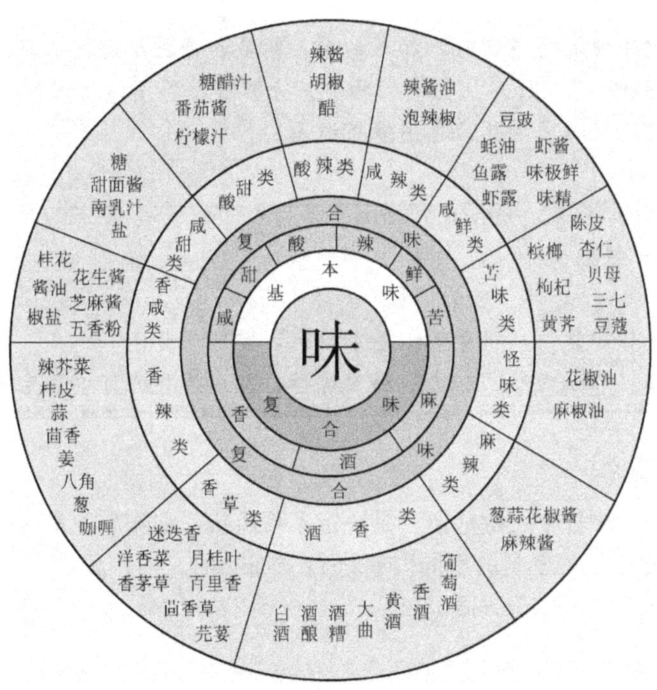

图 15－2　味的分类

知识链接

复合调味品的制作

在烹调过程中使用单一的或经加工复制的现成的调味品，往往不能满足生产的需要。因此，厨师们根据生产的需要自行加工一些复合调味品，以此保证菜肴的滋味或菜肴的特色。

1. 椒盐

配方：花椒500g、精盐1.5kg。

制作方法：

（1）将花椒的梗和籽去掉，放入锅中用小火炒到焦黄色，取出研成细末。

（2）将精盐放入锅中炒到盐内的水分完全蒸发呈浅黄色。

（3）将研成细末的花椒末与精盐拌和均匀，即为椒盐。

2. 芥末糊

配方：芥末粉500g、温开水375mL、米醋250mL、植物油125mL、白糖15g。

制作方法：

（1）将芥末加温开水和米醋拌和，再加入植物油和白糖搅拌稀糊状。

（2）将芥末糊放置在温度较高地方，去除苦味。如果急用，可蒸数分钟。

3. 香糟卤

配方：香糟500g、黄酒2 000mL、白糖250g、精盐150g、糖桂花5g。

制作方法：

（1）将香糟用黄酒浸泡回软，加入白糖、精盐和糖桂花搅拌均匀。

（2）将香糟糊静置12h，使糟内的物质充分溶解，再用纱布过滤，即为糟卤。如需长期保管，可将香糟卤加热后再用纱布过滤。

4. 咖喱油

配方：咖喱粉750g、花生油500mL、洋葱末250g、姜末250g、蒜泥25g、香叶25g、胡椒粉和干辣椒少许。

制作方法：

（1）油放置锅中烧热，将洋葱、姜末投入，煸炒深黄色。

（2）再加蒜泥和咖喱粉，炒透后加入香叶，即成为香辣可口且无药味的咖喱油。

（四）调味的意义

调味在烹调技术中处于关键地位，是决定菜肴风味、滋味和质量的关键因素之一。调味通常与加热相配合，在烹制的不同时机进行（加热前、中、后），从而制成美味佳肴。因此，调味的意义有以下4个方面。

1. 除异解腻

烹饪原料有些具有臭、腥、臊、膻等不良气味和油腻感，不同程度地影响着人们的食欲。通过味的相互抵消的作用，可使上述不良气味减弱以至去除，使其符合人们食用的要求。例如，烹调时所使用的葱、姜、蒜、胡椒、花椒、米醋和料酒等，都具有抑制异味和减轻油腻的作用，有些还可增加香味。通过原料与调味品的相互影响，抑制了臭、腥、膻等不良的气味，从而更加符合人们的食用要求或达到减轻油腻感的最佳效果。

2. 确定菜肴的味道

菜肴的滋味主要是靠调味确定的，调味是形成菜肴口味多样化的重要手段。有些原料本身含有一定的味道或味的前体物质，经过加热就会呈现出来。但是，这些味道仍远远不能满足人们的口味要求，必须增加滋味或调和滋味，才能形成菜肴的味道。例如，豆腐、粉丝等原料，必须增加滋味才能变得鲜美可口；鸡、猪肉等动物性原料，都带有本身的鲜味，必须调和滋味才能变得芳香可口。由于调味品的种类不同、使用量的多少不同，从而形成了不同的滋味或味型。

3. 增加菜肴的色泽

菜肴的色泽是菜肴的属性之一。一道色彩和谐的菜肴，不仅能刺激食欲，而且会影响人的味觉。在烹调中可借助有色调味品和加热过程中调味品与其他物质发生的呈色反应，增加菜肴的色泽。例如，调味时加入糖可与动物性原料中的氨基酸，在适当条件下产生美拉德反应，促使菜肴上色。又如，牛奶、精盐等可使鱼片、鸡片等动物性原料成熟后色泽洁白；咖喱粉、腐乳汁等调味品，可促使菜肴形成金黄色、玫瑰红色，从而达到菜肴五彩缤纷的目的。

4. 促使菜肴品种的多样化

烹调基础知识是烹饪工作人员在操作过程中应该掌握的最基本的知识，这些知识包括火候的运用、原料的初步熟处理、制汤技法，挂糊、上浆、勾芡，配菜和调味等六大方面的内容。这些内容是一个有机的整体，它综合地反映在菜肴的制作过程中。如果其中一个环节出现差错，将会影响到菜肴成品的质量。因此，将上述六大方面的内容称为烹调基础知识。这些知识掌握的程度直接关系到菜肴制作的质量，是制作美味佳肴的基础或菜肴创新的基础。

二、体验项目——了解基地使用的调料

市面调味品种很多，作为烹饪工作者，只有了解调味料品种，才能灵活运用调味料，才能用调味品增加风味、改良菜肴、创新菜肴。作为一个初学者，不要求全面了解调味品品种，但对实习就业的所在岗位上使用的调味品一定要加以了解，并掌握运用。

（一）使用的常规调料

使用的常规调料如表 15－1 所示，请将实践结果填入表内。

表 15－1 使用的常规调料

类 别	名 称	品 牌	常用于什么菜肴？
油类	麻油		
	调和油		
	橄榄油		
	色拉油		
	猪油		
	辣酱油		

续表

类别	名称	品牌	常用于什么菜肴?
油类	花生油		
	菜籽油		
	茶油		
盐类	普通盐		
	碘盐		
	低钠盐		
	花椒盐		
酱油类	烹调酱油		
	蘸酱油		
	老抽		
	生抽		
	味极鲜		
醋类	白醋		
	醋精		
	米醋		
	陈醋		
糖类	白砂糖		
	绵白糖		
	糖粉		
	红糖		
	赤砂糖		

续表

类　别	名　称	品　牌	常用于什么菜肴？
糖类	蜂蜜		
	冰糖		
	果糖		
	葡萄糖		
	饴糖		

（二）常用的复合味调料

将了解到的有关复合味调料的内容，填入表 15 - 2 中。

表 15 - 2　常用的复合味调料

类　别	名　称	品　牌	常用于什么菜肴？
复合味调料			

（三）自制调味料

将收集到的有关自制调料的相关内容，记录在表 15－3 中。（学生可自行设计或复印类似表，记录其他调味料案例。）

表 15－3　自制调味料案例

名　　称		用　　途	
使用原料			
制作方法			
估算成本（元/500g）		常规制作人（岗位、职务）	

第二节　制　　汤

一、自学项目——制汤技法

俗话说："战士的枪，厨师的汤。"也有说："厨师的汤，唱戏的腔。"汤是厨房烹制菜肴不可缺少的辅料。制汤工艺在烹饪实践中历来都很受重视，无论是高档原料还是普通原料，厨师都要用预先制好的汤加以调制，以增加菜肴的醇香和鲜味。

（一）制汤的作用和原理

"汤"在烹调中有两个含义：一是指汤菜，二是指含有一定鲜味的"水"，又称"鲜汤"。鲜汤是烹调中不可缺少的辅助性原料。制汤又称吊汤、炖汤或汤锅，就是将含有鲜味成分的烹饪原料，放入水锅中加热，使其鲜味成分充分溶解在水中，成为鲜醇的汤水的过程。由于烹饪原料所含的蛋白质、脂肪、糖类、维生素、无机盐等的数量和种类不同，加热后所产生的物质与滋味也各不相同。

1. 制汤的作用

（1）为菜肴提供汤汁

在制作菜肴的过程中，往往需要增添鲜汤。其目的：一是促使原料在短时间内成熟，并获得鲜味或融合新的滋味；二是便于菜肴勾芡，使鲜味成分均匀地包裹在原料表面，达到菜肴所要求的标准。例如，红烧鲫鱼，添加鲜汤可促使鲫鱼快速成熟，鱼肉更加鲜美。勾芡后使汤汁黏稠，并均匀地包裹在鱼体表面，使成品滋味浓厚、色泽明亮。

(2) 是汤类菜肴主要的辅助原料

汤类菜肴除了主料外，其辅助性原料就是汤。因为用单一的主料烹制的汤达不到醇厚鲜美的味道，这就要附加另外特制的汤，以丰富和增添菜点滋味。例如，奶汤蒲菜，增加了鲜汤后，改变了色泽，增加了鲜味，提高了视觉和味觉的感官，提升了菜肴的品质。

(3) 为无味的烹饪原料增加鲜味

在烹制干货原料的菜肴时，鲜汤更是不可缺少的。因为干货原料经过较长时间的涨发，原料内部的鲜味成分基本消失。所以，必须用鲜汤补充或增加干货原料的鲜味，使其达到味美可口的要求。例如，黄焖鱼翅，鱼翅用高汤蒸煨 3 天，中间换高汤两三次，这样不仅鱼翅柔润入味，而且滋味也更加鲜美可口。

2. 制汤的基本原理

含有鲜味成分的烹饪原料，在加热过程中会产生水解等作用，使呈味物质溶解于水中，由固相向水相转化。例如，动物性原料含有丰富的蛋白质和脂肪等成分。这些成分在加热过程中都会产生不同的浸出物（含氮浸出物），如各种氨基酸、脂肪酸、肌苷酸、鸟苷酸、琥珀酸、乳酸和柠檬酸等。每一种浸出物都能给汤汁带来不同的滋味和增添不同的香味，从而形成鲜汤的不同风味。经过一段时间的加热，原料中所含浸出物与汤汁中浸出物的浓度相对平衡，即达到制汤的最佳效果，并不是加热时间越长滋味越鲜美。相反，加热时间太长会破坏汤汁中的营养成分或造成某些有害物质。

汤汁的质量与原料中呈味物质向水中转移的程度有关，转移越彻底，则鲜汤的味道越鲜美，香味越浓厚。溶质从固体向液体转移的程度常用萃余率（E）表示。其公式为：

$$E=\frac{c-c_0}{c_1-c_0}\times 100\%$$

式中，c 为某一时刻固体中溶质的平均浓度；c_1 为开始时固体中溶质的浓度；c_0 为浸出平衡时固体中溶质的浓度。

萃余率实际是指溶质残余在固体中的比率。从上式看出，原料中固体溶质越少，萃余率越小，汤汁的浓度越高。

此外，萃余率还与原料的形态、呈味物质的扩散系数、制汤的时间等有关系。原料越小，呈味物质扩散系数越大，制汤所用的时间越长，则萃余率越小，呈味物质从原料向汤转移得越彻底。

（二）汤的种类

汤由于其原料不同、火候不同、时间不同，呈现的色泽、浓度、鲜味也各不相同。因此，在烹饪行业，汤的种类很多，按原料性质划分有荤汤（鸡汤、猪骨汤）和素汤（豆芽汤、香菇汤）两大类；按汤的味型划分有单一味汤（鸡汤）和复合味汤（高汤）两大类；按汤的色泽划分有清汤和浓白汤两大类；按制汤的工艺划分有单吊汤（一次性制作的汤）、双吊汤（在单吊汤基础上添加原料，二次性制作的汤）和三吊汤（在双吊汤的基础上添加原料，三次性制作的汤）三大类。汤的种类虽然很多，但它们之间并不是完全独立的，相互之间存在着一定的联系。汤的大致分类情况如图 15 - 3 所示。

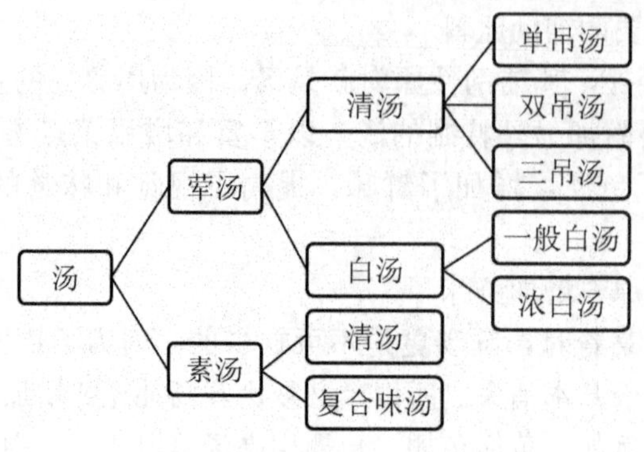

图 15－3　汤的分类

（三）汤的制作方法

制汤的方法并不复杂，就是选用鲜香味美、营养丰富的鸡鸭、猪肘、火腿作为原料，入水锅加热，经过较长时间的煮制，再根据需要采取一定工艺方法，取其精华而形成香浓味美的鲜汤。具体制作如下：

1. 清汤

清汤（一般清汤），又称为“上汤”，具有口味鲜醇、汤汁澄清的特点。制汤原料一般为老母鸡，也可使用老母鸡与瘦猪肉，或鸡骨架、猪骨头同煮，另加小葱、生姜、料酒除去腥臊异味。制汤流程如图 15－4 所示。

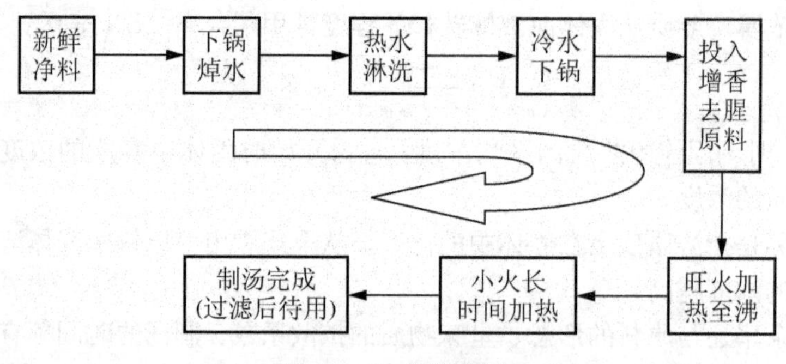

图 15－4　制汤流程

（1）制作方法

清汤的制作方法，就是将老母鸡 2 500g、猪骨头 1 500g、蹄髈 1 500g 等原料，刮洗干净，放冷水锅内（15 000mL）旺火煮制，开锅后撇去浮沫，改用小火长时间加热（2h）。待鸡体内的可溶性成分充分溢出，汤汁呈鲜味即可。

首先，清汤在制作过程中可以加入料酒、葱、姜增鲜增香，重要的是不能先加盐，这样会阻碍可溶性成分物质的溢出。其次，掌握火候，保持微开，使汤色呈现透明状。

（2）制作要点

① 冷水下锅逐渐加热。选用新鲜的动物性原料冷水下锅。逐渐加热，使可溶性成分能充分溢出。随着温度的上升溶出量就会增多，汤汁的鲜味才会浓厚。迅速加温，会使原

料表面蛋白质快速凝固，形成一定的硬度，阻碍了可溶性成分的充分溢出，使汤汁鲜味不浓厚。

② 不宜中途加水。制汤时原料都是冷水下锅，加热到一定的温度，原料内部的温度与表面的温度基本相似，原料内部的可溶性成分能充分溢出。如果在加热的过程中突然加入冷水，锅内的水温就会骤然下降，原料表面就会由松散的状态突然收缩，形成表面一定的硬度，这样不利于可溶性成分的充分溢出。

③ 采用小火加热。小火加热的实质是保持恒温加热，而恒温加热有利于原料的分解，使更多的可溶性成分溢出。另外，小火加热防止了制汤时水分的过多蒸发，还能防止原料的组织脱落和乳化作用，使汤汁保持澄清的状态。

(3) 清汤的应用范围

清汤的应用范围很广，凡是带有汤汁的菜肴，除纯甜味的菜品之外基本都使用清汤。例如，炒、熘、烹、爆、烧、焖、扒、炖、煮、氽、烩等菜肴的制作，都离不开清汤的调味作用和构成菜肴成分的作用。

2. 白汤

白汤，又称奶汤，也可分为一般白汤（又称毛汤）和浓白汤（又称奶汤）。具有浓醇鲜美、色泽乳白的特点。一般制作白汤的原料为普通的鸡骨架、猪骨，也可把制作清汤和浓白汤后的原料，用来制作一般白汤。制作浓白汤的原料为老母鸡、鸭子、猪骨头、鸡骨架、猪蹄等。

(1) 制作方法

老母鸡 1 500g、鸭子 1 500g、猪骨头 5 000g、鸡骨架 1 500g、猪蹄 1 000g 等原料，刮洗干净，放入冷水锅内（17 500mL）旺火煮制，开锅后撇去浮沫，改用中火长时间加热（2～3h），待汤汁呈乳白色稠浓。白汤在制作过程中，可以加入增鲜香的调料，如料酒、葱、姜等，但使用量不宜过多，过多会影响白汤的香味和色泽。由于此时的白汤色泽乳白、具有一定的黏稠度，故又称浓白汤或高级奶汤。而一般白汤，可将制浓白汤后的料加水继续煮制 2～3h，待汤汁呈浅乳白色即可。

(2) 制作要点

① 选用富含胶原蛋白和脂肪的动物性原料。汤汁呈乳白色实质是一种乳浊液，其白色的主要来源是白汤中的小脂肪滴对光的折射，而要使小脂肪滴能均匀而稳定地分散在水中，必须要有乳化剂的存在，即胶原蛋白。所以，胶原蛋白和脂肪是形成白汤的必要条件。而带皮的鸡、鸭、蹄髈、猪骨头、鸡骨架都含有丰富的胶原蛋白和骨胶。再加上肌间脂肪、皮下脂肪和骨髓，正好满足制白汤的条件，才能制作出呈现乳白色状态的汤汁。

② 采用大火加热，保持汤汁沸腾。用中火加热、保持汤汁沸腾，也是形成白汤的重要因素。因为在一般情况下脂肪和水是不溶解的。脂肪浮于水面与水形成两厢，在两厢界面上，存在着各自不同的表面张力，这种力具有使界面收缩成最小面积的倾向。所以，必须在外力的作用下，才可能融为一体。加热可以降低这种表面张力，水的沸腾实质是一种机械力，使大的脂肪滴粉碎，成为小的脂肪滴与水、明胶（胶原蛋白的水解产物和骨胶的溶解物）充分地接触而形成乳浊液，即成白汤。

(3) 白汤的应用范围

白汤的应用范围不如清汤面广，主要用于红色菜肴的调味提鲜和部分带汤菜肴的制作，如奶汤蒲菜、奶汤鸡哺、奶汤鲫鱼、奶汤鱼翅等菜肴。

3. 素汤

素汤又称素清汤，是素食风味常用的汤。具有味鲜香、清淡爽口的特点。

素汤根据使用原料的状况，分为黄豆鲜汤、黄豆芽鲜汤、口蘑鲜汤、莲子鲜汤、竹笋鲜汤、香菇鲜汤等多种。

(1) 黄豆鲜汤

黄豆鲜汤就是将黄豆捡去杂质，用清水洗净，放入大盆中加清水浸泡 12h（春夏用凉水、秋冬用温水），待黄豆充分膨胀，洗净后放入大汤锅内，加水煮制（加水量是原料的 5～6 倍），开锅后撇去浮沫，改用小火煮 4h 左右，控出汤汁即成。

(2) 黄豆芽鲜汤

黄豆芽鲜汤就是将发好的黄豆芽摘去须根，用清水洗净，放入大汤锅中，加水煮制（加水量是原料的 4～5 倍），开锅后撇去浮沫，改用小火煮制 3～4h，控出汤汁即成。如要白汤，则先把黄豆芽用素油煸炒至八成熟，再加热水、加盖，用旺火煮半小时。

(3) 口蘑鲜汤

口蘑鲜汤就是将干口蘑浸泡回软，去掉蘑菇根部的黑质，洗净后放入大汤锅中，倒入澄清的原汤（浸泡时的水），再加入清水（加水量是原料的 3～4 倍）烧开，开锅后改用小火煮制 3h 左右，控出汤汁即成。有些地区在制作口蘑鲜汤时加入适量的竹荪，共同煮制，其汤汁又称高级素汤或特制素汤。

(4) 莲子鲜汤

莲子鲜汤就是将干莲子浸泡回软（去皮、去芯），洗净后放入大汤锅中，加入清水（加水量是原料的 5～6 倍）烧开，开锅后用小火煮制 3～4h，控出汤汁即成。

4. 吊汤

吊汤是制汤中的一个重要环节，是制作高档菜肴不可缺少的原料之一。如清汤燕菜、高汤白菜等，都需要一些鲜味足、汤清如水的鲜汤来辅助。因此，汤的好坏将直接影响到菜肴的滋味和色泽。这种鲜汤在烹饪行业称为高级清汤、上汤或高汤，将制作高级清汤的方法称为吊汤。

吊汤就是利用稀释的鸡肉蓉（泥），倒入汤锅中（锅内为一般清汤）烧开，开锅后保持微开，待鸡蓉中呈鲜味物质完全溢出，将悬浮于汤面上的残渣除去，使一般清汤进一步增加鲜味。

(1) 吊汤的方法

在制作一般清汤时，原料的组织不可避免地会脱落在汤水中，从而影响一般清汤的光通透性，使清汤具有一定的浑浊度。吊汤的目的：一是增加汤味的鲜度，二是去除这些脱落组织。因此，吊汤的方法是先将一般清汤晾凉（1 000mL），分别加入鸡腿蓉和鸡脯蓉（稀的糊状），将汤锅移火上，用手勺搅动使之清汤旋转，倒入鸡腿蓉、鸡脯蓉。随着温度的升高，汤中的鸡蓉会逐渐凝固，再保持微开 10～20min，捞出残渣即为高级清汤（必须纱布过滤）。用此法制作的高级清汤，又称双吊汤。某些地区还将鸡骨蓉作为吊汤原料，经过上述三次吊汤又称三吊汤。

（2）吊汤的要点

吊汤是制汤的一个重要环节，也是技术性较高的一项工作。因此，吊汤时要注意以下两个方面。

① 鸡肉去皮，浸泡。因为鸡皮有较多的皮下脂肪，又含有一定成分的胶原蛋白，斩碎后更加容易水解成明胶，而明胶和脂肪是形成乳浊液的必要条件。所以，将鸡皮斩于鸡蓉中，不仅不能起到清汤的目的，反而容易使汤汁变得混浊。另外，鸡肉浸泡可以去除鸡肉内的血水和一部分异味，可以提高清汤的澄清度和鲜味。

② 必须使用小火。吊汤用的鸡腿蓉、鸡脯蓉，或多或少带有一部分脂肪。而脂肪是形成乳浊液的必要条件之一，如果用旺火加热，就会为脂肪的乳化提供条件，影响汤的澄清度。另外，小火加热有利于鸡蓉中呈鲜味物质的充分溢出，从而提高汤的鲜味。

（四）制汤的关键

制汤时要掌握几个关键，因影响制汤的因素有多种，既包括原料的品质，还包括制作过程中加水的比例和温度、火候的大小、调味品的投放顺序等方面内容。

1. 原料的品质

选用新鲜的原料，因鲜度好的原料呈味物质丰富，腥、膻异味较轻。制作时能产生动物固有的芳香味，提高鲜汤的质量。

2. 水的比例

制汤时加水过多，汤水中可溶性固形物、氨基酸态氮、钙和铁的浓度降低，降低汤水鲜味；加水太少，也不利于原料中的营养物质和风味成分浸出。因此，适当的比例有利于汤味鲜美，一般清汤的比例为1∶(1.5～2)；浓汤的比例为1∶(1.2～1.5)。

3. 火候的大小

制汤时要根据制汤的要求，适当掌握火候。一般制作清汤要求大火烧开、小火煮制（保持微开），避免火力过大，汤汁变混和汤汁快速蒸发。制作浓汤时要求大火烧开、中小火煮制，保持汤水滚动，促使脂肪乳化使汤汁变为乳白色。

4. 调味品的投放顺序

制汤时不宜过早加入调味品，特别是盐。盐是一种电解质物质，过早加盐，会促使原料表面蛋白质凝固，阻碍可溶性成分物质的溢出，严重影响到汤浓度的鲜味。同时还能破坏已溢出的蛋白质分子表面的水化层，使蛋白质沉淀，汤色灰暗。因此，制汤时一般先加葱、姜、料酒，起到除腥膻异味，增加汤的香味的作用，而盐在成汤后加入。

二、体验项目

在实习环节中要主动学习，自觉地观察和了解基地制汤过程，把基地制汤和所学知识进行对比，加深制汤的环节和方法的认识。

汤的名称：________________ 基地名称：________________

(一) 制汤原料

(二) 制汤过程

(三) 制汤关键

(四) 汤的品种和用途

思考题：分析火力的大小对汤的品质的必然关系。

第三节　热菜造型工艺

中国菜肴的造型丰富多彩、千姿百态，通过优美的造型，可以表现出菜肴的原料美、技术美、形态美和意趣美。其造型过程贯穿于原料的初步加工、切配、半成品制作、烹调、拼摆装盘等各个过程，与整个烹饪加工过程有着不能分割的联系。一般认为菜肴的精致来源于刀工，菜肴的口味取决于烹调，菜肴的美化依赖于装盘。因而菜肴的装盘是产品的包装，是演员出场的化妆，是评判菜肴质量的一项指标，也是体现厨师精湛厨艺的一个重要方面。本节将着重讲述菜肴的过程造型和菜肴的装盘造型。

一、自学项目——造型技法

(一) 热菜装盘美化种类

1. 食用性美化

将能食用的即食原料作为装饰物美化菜肴的方法，称为食用性美化。食用性美化无论

主料或装饰原料均可作为菜肴食用，最为常见的是双拼、多拼，即用一种菜肴衬托另一种菜肴的传统食用性美化方法。也有两种菜肴一主一辅，多用植物性原料、鱼蓉类原料和点心类原料为动物性主料衬托围边、间隔。植物性原料多选蘑菇、西兰花、玉米笋、笕兰菜、青菜、生菜、番茄等；鱼蓉类原料多选用冬瓜合、香菇托、酿长瓜、酿青椒、炸鱼球等；点心类原料多选用荷叶夹、薄饼、春饼盏等。经过美化使整个菜肴形态更加饱满，色泽更加艳丽。

2. 实用性美化

美化菜肴的材料既可起到实用作用，又可起到美化作用的方法，称为实用性美化。实用性美化的方法有原壳原装、瓜果盛装、叶竹盛装等。

(1) 原壳原装。这类菜品是指一些贝壳类和甲壳类的软体动物原料，经加工烹制后，其外壳作为造型盛器的菜肴，如鲍鱼、赤贝、海螺、螃蟹等菜品。原壳原装的美化作用是既可作为容器，又可使食用者了解原料的品种的外观，方便食用，并丰满了菜肴，增加了色泽。

(2) 瓜果盛装。这类菜品指是用冬瓜、南瓜、西瓜、菠萝、甜橙、椰子等外壳作为容器，来盛装菜肴。有些在瓜果表面雕刻上各种花卉、山水、动物图形，并可配上与宴席内容一致的文字，使花纹图案变化多端，美不胜收；也能利用瓜果的香味、甜味增加菜肴的风味。

(3) 叶竹盛装。这类菜品是指用粽叶、荷叶、竹筒等原料来盛装和美化菜肴。如“粽叶子排”、“竹筒米饭”既使菜肴增加香味，又使菜肴生辉添彩、风韵独特。

3. 欣赏性美化

采用雕刻制品、琼脂、蔬菜、面塑作为装饰物美化菜肴的方法，称为欣赏性美化。虽然大多数是可食材料，但这类装饰物以美化欣赏为主。

(1) 雕刻美化。用芋头、胡萝卜、白萝卜等雕刻成动植物品种后，来点缀菜肴进行美化。这类美化方法技术性强、艺术性高。雕刻品摆在盘中，栩栩如生，有力地渲染菜肴的艺术品质，激发顾客的品味雅兴。

(2) 花卉美化。采用各类鲜花、萝卜片花（萝卜切片卷曲制成的花卉）来点缀菜肴进行美化，既鲜艳又素雅，会使菜肴更加艳丽夺目，诱人食欲。花卉旁边再点缀些香菜、胡萝卜丝，会起到更好的艺术效果。

(3) 蔬菜美化。用青瓜、柠檬、番茄、包菜、卷心菜、胡萝卜、心里美萝卜、红绿樱桃、青菜叶等制作的佛手、松叶、菜丝、花片、渔网等，来点缀菜肴进行美化。这类蔬菜点缀品，品种繁多，配色、形态各异，可以在盘中拼配出各种各样的图案、花边，极大地丰富和提高菜肴的装盘艺术效果。

(二) 热菜造型手段

1. 利用原料的自然形态造型

利用原料的自然形态造型，即利用整鱼、整虾、整鸡、整鸭，甚至整猪（烤乳猪）、整羊（烤全羊）成熟后的自然形状来造型。这是一种既可体现加热后形成的色泽，又可体现烹饪原料自然美的方法。

2. 通过刀工处理造型

通过刀工处理造型，即利用刀工把原料加工成各种美观的丝、末、粒、丁、条、片、段、块、花刀块，使这些原料具备大小一致、粗细均匀、纹路美观的半成品，为菜肴的造型奠定基础。

3. 通过模具造型

将原料采取特殊加工方法制蓉后上劲，灌入模具定型，成为具有一定形状的菜肴生胚，再加热成菜。

4. 通过手工造型

将原料加工成蓉、片、条、块、球等，再用手工制成“丸子”、“珠子”，挤成“丝”、“蚕”，编成“辫子”、“竹排”，刻成“花球”、“花卉”。或用泥蓉、丁粒镶嵌于蘑菇、青椒内，使原料在成菜前就成了小工艺品。

5. 通过加热造型

原料在加热过程中，通过外力加压使之弯曲、拉伸定型，或加热后，用包扎、扣制加压来定型。通过处理后，不仅使原料成熟，成为具有一定风味的菜肴，而且使菜肴的形状确定下来。

6. 通过拼装造型

将两种以上的泥蓉状、块状、条状、球状等菜肴经过合理的组合，使菜肴产生衬托美、排列美。

7. 通过容器造型

选用新颖合适的容器盛装菜肴；或用面条、土豆丝制作盘中盘盛装菜肴；也可选用瓜果，在表皮刻上花纹和文字，并挖掉瓤子成器皿来美化菜肴，如冬瓜盅、南瓜盅。

8. 通过点缀围边造型

点缀围边是菜肴制作的最后一关，也是最能体现美化效果的一道工序。用蔬菜、瓜果切成小件对菜肴进行各种围边点缀，给人以清新高雅之感。

知识链接

热菜双拼的习惯称呼

行业中的双拼，习惯称为双味、两吃、两样，以及鸳鸯、太极等。

双拼的菜肴，同一类别、不同原料的，叫“双味”，如“双味海鲜”、“时蔬双味”；同一种原料、不同口味的，叫“两吃”，如“鳜鱼两吃”；同一种烹调方法、不同原料的，叫“两样”，如“脆炸两样”。

根据装盘形式和宴会性质的不同，也有称为鸳鸯、太极、双鱼的，如鸳鸯海鲜、太极鱼羹、双鱼时蔬。

（三）热菜造型技法

热菜中的花色菜又称象形菜、艺术菜，是指在外形和色泽方面具有艺术美感的菜肴。因此，这种菜除了选择原料和装盆处理之外，在刀工和配菜方面特别讲究。制作出来的成品造型美观、色泽悦目，具有较高的欣赏性。花色菜一般采用的手法有以下几种。

（1）叠。就是将多种不同色彩和性质的原料，间隔地黏叠在一起，成为具有一定形状和色泽的半成品菜肴，如锅贴鸡、千层豆腐等菜品，均是选用叠的加工方法制作而成。

（2）卷。就是将大片原料包卷起来，成为圆柱或圆筒形的半成品菜肴，如奶油鸡卷、三丝鱼卷、炸响铃等。

（3）包。就是将具有一定特性的原料包裹碎料，成各式形状，如纸包三鲜、荷叶蒸肉、虎跑素火腿、脆皮玉饺等。

（4）酿。就是把主料去骨或剔除内芯，填入碎散原料，保持主料原有形状的半成品菜肴，如八宝糯米鸭、清汤布袋鸡、酿扒海参、荷包鲫鱼、酿青椒等。

（5）镶。就是将加工成蓉胶的原料，镶嵌在其他原料表面，形成各种形状的半成品菜肴，如百花鱼肚、琵琶大虾、八卦鱼肚、桃花鸡等。

（6）扎。就是把加工成条、丝状的原料，用其他原料捆扎成形，如柴把鸭子、捆扎肘花、玉棍里脊、扎蹄等菜肴。

（四）热菜装盆的美化技法

许多菜肴的色泽及造型由于受原料、烹制方法和盛器等因素的限制，装盘后并没有达到色、香、味、形的和谐统一，因而需要在装盆时对其进一步美化处理。所谓菜肴装盆美化，就是通过菜肴的特别盛装过程，或利用其他物料，通过一定的加工，对菜肴色泽、形态等方面进行装饰的一种技法。

菜肴装盆美化是人们对美的一种追求，是制作菜肴必不可少的辅助手段。菜肴通过恰如其分的美化可诱发人的食欲，提高工艺观赏价值，给人以美的熏陶和享受，从而使品味与欣赏合为一体。在菜肴制作的过程中，装饰所占的比例不大，作用却不可忽视，如同一幅精美的图片必须要由别致的镜框去镶配，才能达到完美的境地。一般菜肴装盆美化可用组合、点缀或改变容器，达到一定的艺术效果。不同的菜肴，美化形式往往不同，可分为主菜装饰法和附加装饰法两类。

1. 主菜装饰法

主菜装饰法是利用调配料或其他食用性原料，装饰在菜肴主体（或主料）上的一类美化形式。这类装饰一般为可食装饰料，在菜肴加热前加工，也可在菜肴成熟后加工，加工后成了菜肴的组成部分。主体装饰常见的形式有以下 8 种。

（1）覆盖法

将色彩艳丽、风味鲜香的原料，有顺序地排在菜肴顶端。覆盖法分加热前覆盖和加热后覆盖两种。

① 加热前覆盖。如将红色的火腿片、黑色的香菇片、浅黄的冬笋片间隔排列在准备蒸制的清蒸全鱼上，对比分明；再如，将各种片状原料，色彩间隔、荤蔬搭配、排列有序地覆盖在砂锅表面，制成“什锦火锅”等。

② 加热后覆盖。如“清汤鱼圆”，先把成熟的鱼圆盛入碗中，再间隔摆放上成熟的火腿片、小菜芯、香菇。

（2）撒料法

将细碎的原料或辅料放置于成熟的菜肴表面上，起增色或调味的作用。这种装饰方式一般在菜肴成熟后运用。与覆盖法不同的是点缀料虽无规则，但形散而意不散。如“芙蓉鸡片”，撒在鸡片上的火腿末，红白相映，使鸡片色泽显得更洁白，不仅可引起食欲，而且能增加成品的风味。又如，“干烧鲤鱼”撒在鱼身上的葱花，既能增色，又能增香。

（3）施画法

将不同颜色的原料制成小件放置于菜肴上，拼成各式各样的纹样或图形。这种手法较为繁复，只能在菜肴成熟前操作，且要求菜肴表面较平整，多见于泥蓉菜肴。例如，“锅贴鱼饼”上的各种花卉、“一品豆腐”上的腊梅，使其成品在单色调中增加色彩，增加欣赏性。

（4）象形法

用主料塑造成各种象形物，或用主辅料拼成象形图案，使整个菜肴具有一定的物象特征。如“八宝葫芦鸭”，在加热时用带子在鸭子中间扎一道，使鸭子为葫芦幢。又如“葵花莲子肉”，用薄片五花肉卷莲子，把卷好的数十卷莲子肉扣在碗中，翻扣装盆，稍加点缀，使整个菜肴栩栩如生、美观大方。

（5）组装法

采用两种以上的菜肴优化组合，拼成一道菜肴，改变单一菜肴的呆板平淡状况，丰富种类，增加色彩。如“太极双泥”，把两种色泽不同的蓉泥，倒在同一只容器中成太极状；“脆炸双味”，把两款成品菜通过间隔或围边，装在同一只盘上。

（6）排列法

将块形、球形或条形菜肴，用筷子夹入盘中，可一块一块直线排列，也可圆弧排列，可紧凑也可拉开距离，使菜品整齐有序。

（7）间隔法

在菜肴装盆时，将主料或主副料间隔排放。如“香芋千层肉”，将五花肉和香芋切成薄片，间隔叠放。又如，将各种球形、块形菜肴的主料之间用青菜间隔。这一方法能增加色彩差异，起到美化作用。

（8）衬垫法

将一辅料垫于主料之下，既起到支撑垫底作用，丰富主料；又起到衬色作用，使菜肴更为悦目。通常是蔬菜垫底、辅料垫底，既符合荤蔬搭配要求，又降低菜肴的成本。

2. 附加装饰法

附加装饰法是利用菜肴主辅料以外的原料，采用拼、摆、镶、塑等造型手段，在盘边对其进行点缀或围边的一类装饰方法。采用附加装饰法能使菜肴的形状、色调发生明显变化，如同众星拱月，可使主菜更为显现、充实、丰富、和谐。附加装饰花样繁多，与主菜装饰不同的是，装饰物不属于辅料，一般不作食用，常采用点缀和围边两种形式。

（1）点缀法

用少量的物料通过一定的加工，放在菜肴的某侧，形成对比与呼应，使菜肴重心突出。此法简洁、明快、易做。常见的用雕刻制品装饰多属于点缀法。根据点缀的形式可分为以下几种。

① 对称点缀。在菜肴两侧摆放大小、色泽、形状相同的点缀物进行点缀。特点在于对称、协调、稳重。

② 中心点缀。多见于圆盘盛装的块状菜肴，排列于盘的四周，花卉、丝松或雕刻等点缀物置于菜肴中间部位，如同花坛，如同放射型花卉。

③ 单边点缀。多见于腰盘盛装的菜肴，在菜盘的一角或一侧用蔬菜、水果或食品雕刻加以点缀，弥补盘边的局部空缺，创造意境，使人赏心悦目。

④ 等分式点缀。用蔬菜水果等原料的固有形态或加工成片、球、小花等状，用单个或重叠的方式，在菜盆上以三点、四点、五点、八点等形式加以点缀。

（2）围边法

在菜肴装盆前，用蔬菜水果等原料加工成片、球、小花等状，在盘中围成平面几何图形或具象图形。恰如其分的围边可使菜品的色、香、味、形、器有机地统一，产生诱人的魅力，刺激食用者产生强烈美感及食欲。常见有几何形围边和具象形围边两种方式。

① 几何形围边。利用某些固有形态或经加工成为特定几何形状的物料，按一定顺序方向，有规律地排列组合在一起，形成三角形、四方形、菱形、五边形和圆形等平面几何形。可起到间隔餐具与菜肴的色调，增加色差，衬托菜肴的作用。

② 具象形围边。利用固有形态或经加工成为特定几何形状的物料，拼成桃形、叶形、蝴蝶形、宫灯形等图案，中间堆放丁、丝、末等小型原料制作的菜肴。这种以大自然物象刻画对象，用简洁的艺术方法提炼出活泼的艺术形象的围边方式，能把零碎散乱而没有秩序的菜肴统一起来，使其整体变得美观。

需要指出的是，上述种种菜肴的装饰美化形式，并不是孤立使用的，有时可以用两种或两种以上的形式进行装饰美化。许多场合下还要根据个人的经验、思维和技巧，加以发挥和创造。

（五）热菜盛装手法

菜肴的盛装是把加工烹调后的菜肴盛入容器的过程。中国菜肴种类繁多，成菜形状有汤羹、整块、丝末等，盛装的方式也各不相同，因而要根据不同菜肴的类别，结合原料的形状，通过不同的盛装技法使菜肴形态饱满、神形生动。

1. 拨入法

将锅端临盛器上方，倾斜锅身，用手勺将锅内菜肴拨入容器中。此法适用于炒、熘、爆类小料型菜肴的装盆，呈自然堆积造型形式。

2. 倒入法

将锅端临盛器上方，倾斜锅身，使菜肴自然流入盛器。此法适用于汤菜的装碗，倒时需用手勺背盖住容器内的原料，使汤经过勺底缓缓流下。

3. 舀入法

将锅端临盛器一侧，用手勺逐勺将菜肴舀出盛入碗（盘）之中。此法适用于芡汁较多、稠黏而颗粒较小的烩制菜肴的装盘。

4. 排入法

将锅端临盛器一侧，用筷子把块、条状菜肴夹入盘中整齐排列装盘（或将成熟后的菜肴改刀排入盘中；或提前将菜肴在盘内排好，放入蒸笼蒸制）。此法适于炸、熘、蒸、煎类菜肴造型，形制较为整齐匀称。

5. 拖入法

将锅端临盛器左侧上端，倾斜锅身并同时迅速将锅往右移动，使锅中菜肴整个脱离并滑入盘中。此法适用于整条或排列整齐的扒、烧菜肴的造型。

6. 扣入法

菜肴在扣碗中蒸熟，出笼后滗出汤水，把空盘翻盖在扣碗上，然后迅速将盘、碗反转过来，把扣碗拿掉。或滗出汤水，用一只周转盘翻盖在扣碗上，然后迅速将盘、碗反转过来，再移至菜盘上，右手拿周转盘略倾斜，左手拿扣碗把菜肴移入盘中。

（六）热菜装盆的关键

热菜的盛装如同商品的包装，既要新颖别致、美观大方，又要出奇制胜，从各方面取悦食用者。一般盛装菜肴时要注意以下几个要点。

1. 餐具选用要合适

菜肴制成后，要选配合适的器皿盛装。一般来说，腰盘装鱼不易产生抛头露尾的现象；汤盘盛烩菜利于卤汁的保留；炖制全鸡、全鸭宜用大号品锅；紧汁菜肴宜装平盘，利于表现主料；加量菜宜用大号餐具盛装，两三人食用的小盆菜宜用小号餐具盛装等。

另外，宴席菜肴的盛器要富于变化。例如，选用橙子、菠萝、小南瓜等瓜果蔬菜作容器；选用面条、面片等制成面盏、花篮作容器。

2. 盛装配色要相映

菜肴装盘时还应当注意整体色彩的和谐之美。选用餐具的色彩应与菜肴的色彩相衬映，选用的围边应与菜肴的色彩相衬托。例如，白色原料选用深色容器，或在白色容器上配以绿色、红色的原料相衬。

3. 盛装容器要保温

冬天为了使菜肴保持温度，在盛装前要对餐具进行加热，一般餐具放在保温柜中，上菜时再取出使用。用砂锅、铁板盛装的菜肴，要把握准上菜的时间，需将砂锅、铁板在烤箱或平灶上烧热保温，需要时及时上桌。对菜肴装饰点缀要预先准备，减少菜肴的滞留时间，保持温度。

4. 盛装数量要适中

菜肴装盆的数量既要与食用者人数相适应，也要与盛具的大小相适应。菜肴盛装于盘内时，一般不超越盘子的底边线，更不能覆盖盘边的花纹和图案。羹汤菜一般装至占盛器容积的85%左右，如羹汤超过盛具容积的90%，就易溢出容器，而且在上席时手指也易接触汤汁，影响卫生。但也不可太浅，太浅则显得分量不足。

如果一锅菜肴要分装数盘，那么每盘菜必须装得均匀，特别是主辅料要按比例合装均匀，不能有多有少，而且应当一次完成。因为如前一盘装得太多，发现后一盘不够，再重新分配，势必破坏菜肴的形态，影响美观。

5. 菜肴主料要突出

菜肴应该装得饱满均称，主料突出。若是炒制菜肴中既有主料又有辅料，则主料应装得醒目，不可被辅料掩盖。若是单一原料的菜，也应当注意突出重点。例如，“清炒虾仁”，虽然这一道菜没有辅料，均是虾仁，但要运用盛装技巧把大的虾仁装在上面，以增加饱满丰富之感。对带皮块肉应皮面在上，鸡鸭类应选肉质较厚的胸脯朝上，剖开的鱼应选皮面在上（如两条鱼并排装盆，应腹部相对）。

6. 盛装过程要卫生

菜肴经过烹调，已经起了杀菌消毒的作用。但如果装盘时不注意清洁卫生，让细菌、灰尘污染了菜肴，就失去了烹调时杀菌的意义。首先，盛装器皿要严格杀菌消毒，消毒后严禁手指接触、抹布擦抹。其次，装盘时锅底不可太靠近盘的边缘，更不可用手勺击打锅沿，以防锅灰掉入盘内。也不宜离盘过高，给装盛带来不便，汤汁四溅；装盆动作要既轻又准，防止菜料破损或零乱。菜肴盛装后，要用洁净的筷子调整表面形态，如发现盘边有滴入的芡汁、油星，应及时用准备的专用纸巾擦拭干净。

二、体验项目——烹饪造型工艺

（一）菜肴造型的实际运用情况

在基地实习过程中，肯定会发现很多菜肴造型技法，有些是接触过的，而大多数是没有接触过的。我们要根据所学的热菜造型知识，对基地的菜肴进行对号入座，加深理解。将实践的情况填入表15-4中。

表15-4 主菜装饰法的实际运用情况

主菜装饰法	列举菜肴5款
覆盖法	
撒料法	
施画法	

续表

主菜装饰法	列举菜肴5款
象形法	
组装法	
排列法	
间隔法	
衬垫法	

（二）菜肴造型的案例收集

同一款热菜，在不同宴会中，造型有所不同；在不同的厨房，造型也各不相同。故我们要尽可能地收集典型、优秀的造型菜肴案例，为今后的创新和提升奠定基础。将收集到的案例记录在表15－5中。（学生可自行设计或复印类似表，记录其他菜肴造型案例。）

表15－5 菜肴造型案例

菜　名		烹调方法	
主料		辅料	
造型技法		装饰技法	
菜品案例	（粘照片处）		
优劣点评			

（三）特殊装盆案例收集

将特殊装盆案例的收集情况，记录在表 15－6 中。

表 15－6　特殊装盆案例的收集情况

案　　例	装盆技巧和关键	其　　他
案例 1		
案例 2		
案例 3		
案例 4		
案例 5		
案例 6		

思考题：谈菜肴美化的作用和意义。

第四节　特色菜创新技术

一、自学项目——创新理念

（一）菜肴创新的概念

随着人们生活水平的提高，饮食习惯和膳食结构也发生了变化。清淡养生、新颖奇特等消费者的口味和心态，促使餐饮业开发新菜品。

创新在现代汉语词典里，被解释为抛开旧的，创造新的。抛开旧的就是抛弃糟粕，创造新的就是继承和吸取传统中精华，结合现代消费心理和消费群体的结构变化，使新菜品从更本质的意义上与现代生活融为一体，或将传统与时代的特征融为一体，使其更加贴近现代消费者的需要，更加符合时代特征或现代餐饮的特征。

创新是一种行动，每次创新不等于每次成功，创新也有失败，要根据消费者需求，结合创新原则，在继承传统烹饪技艺的基础上，通过创新手法研制成具有某一方面新特征的菜肴。一只成功的创新菜，能在一定的地域、一定时间内被广大消费者所嗜尝和认可，且有较强的生命力和市场价值。

（二）菜肴创新的原则

1. 正确定位

菜肴创新的目的是迎合消费者的口味要求和厌旧喜新的心态。所以，在创新中既要抓住菜点属性的本质，又要使消费者满足需求。要在继承传统的基础上做到有的放矢，研制改良出生命力持久的创新菜肴。

2. 顺应潮流

菜肴创新要顺应时代的潮流，根据时代的变迁，消费者的嗜好也会随着发生变化，花色菜、家常菜、简洁菜、概念菜、养生菜、绿色菜等新词不断出现。在菜点创新时必须顺应潮流，如流行养生菜，就要了解原料性能、营养价值、食疗功效，结合养生开发菜肴；如流行绿色菜，就要采购有机原料，少用食品添加剂，不用野生保护动物，用低碳环保、物尽其用的观念创新菜肴。

3. 顾及成本

菜肴创新要顾及菜肴成本：一是选用原料成本适中，创新出菜肴性价比高，符合经济实惠的大众化要求；二是要考虑厨房人员工耗的成本，降低制作时间，保证日常供应。在研制中，要考虑美观精致和简洁快捷的结合，要考虑既满足消费者的需求，又能为企业创造利润。

（三）菜肴创新的方法

菜肴创新是厨师必不可缺的一项烹饪技能。一名厨师首先要具备高超的操作技能，其次要有扎实的专业理论知识，更要了解一些营养学、美学、饮食史等相关的科学知识，才有可能担当起菜肴创新的重任。但是一个人的思路总是有限的，一个厨房的创新任务，一要靠大家群策群力，二要靠多看、多尝、多跑、多学，在接触不同菜肴的过程中触发灵感。

1. 不离其宗求创新

不离其宗求创新，就是古为今用、推陈出新，做好传统菜点的开发，在古代菜点或传统名菜的基础上，根据现有的原料、调料和工艺制作菜肴的一种创新方法。不离其宗就是无论如何创新都有传统地方菜肴的影子，而不是照搬照抄，实行拿来主义。不离其宗创新方法有原料创新、调料创新、工艺创新、口味创新、容器创新等。

2. 洋为中用来创新

洋为中用来创新，就是中西合璧、优化融合，在借鉴西欧菜肴制作方法的基础上，结合我国地方菜点特点和饮食习惯制作菜点的一种创新方法。现在中菜按西餐造型来装盆，我们习惯称中菜西做，也是洋为中用创新的一种。

3. 更材易质出创新

更材易质出创新，就是变换主辅材料、改变调味，采用偷梁换柱、材料变异、调味及工艺移植等手法，设计制作菜点的一种创新方法。在同一种菜式上增添一种新的配料，但口味和烹调方法都不变，也是更材易质的一种方法。例如，在海鲜羹上洒一些油皮子，蛇丝羹上撒几瓣菊花花瓣。

4. 菜点交融争创新

菜点交融争创新，就是菜肴做点心、点心当菜肴，在利用面点与菜肴原有制作方法的基础上，把菜肴和面点通过不同的方式组合，改良形成菜点合一的一种创新方法。

5. 美食美器显创新

美食美器显创新，就是用器皿改变菜肴的视觉，在消费者面前显现出一种新的方法。人要衣妆，佛要金妆，菜肴更要靠器皿来衬托。餐具虽然本身不能吃，但经过合理的搭配、巧妙的运用，它会给消费者带来美的情趣及美的享受。

6. 觅珍猎奇胜创新

觅珍猎奇胜创新，就是满足消费者猎奇心理，选用珍、奇、特、少的原料制作菜肴的创新方法。在社会安定、人们生活富裕时，消费者“喜新厌旧”的心态更为强烈，喜欢觅珍、喜欢猎奇，认为物以稀为贵。因而要根据其心态，不断挖掘、寻觅原料来创新菜肴。

二、体验项目——创新案例

(一) 基地特色菜收集

1. 厨师长特选菜 1

2. 厨师长特选菜 2

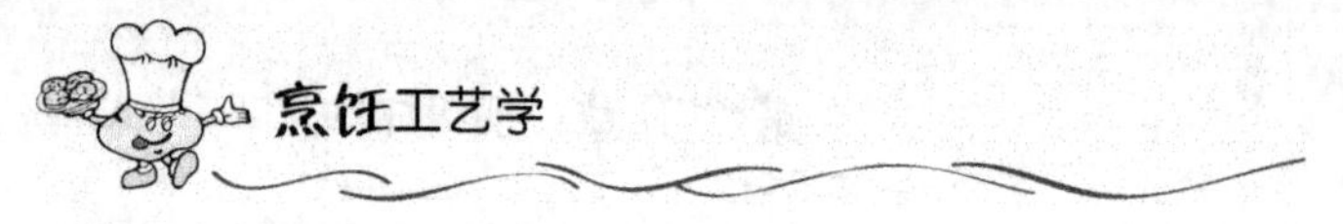

3. 地方特色菜

4. 酒店特色菜

（二）特色菜的制作实例

将收集到的特色菜的制作实例的相关内容，记录在表 15－7 中。（学生可自行设计或复印类似表，记录其他特色菜的制作实例。）

表 15－7　制作实例

菜品名称		菜品别称	
主料/g			
辅料/g			

续表

菜品名称		菜品别称	
调料/g			
烹调方法		色　泽	
制作过程			
成形描述			
菜肴特点			
制作关键			
传说典故			

（三）了解菜肴创新活动和过程

①描述所在基地创新活动的开展情况；②创新菜肴的评选和产生方法；③菜肴创新的激励机制；④你对基地创新活动的评价。

第十六章　思维体验

学习目标

通过观察和思维，对岗位任务、菜肴品种、调料的使用，以及自制食品的种类和品质，进行评价。旨在思维中学习，从而提高分析能力、管理能力和操作技能。

第一节　评价基地的烹饪加工环节

厨房的首要职能是根据宾客需求，向其提供安全、卫生、精美可口的菜肴；但在生产流程环节中，要控制原料成本，减少费用支出，并且对菜肴不断开拓创新，提高质量，扩大销售，获取利润。为了使厨房的生产正常运行，达到最佳效果，依靠的是厨房各岗位、各工种的通力协作。

原料进入厨房，要经过初加工部、切配部、烹调部，以及冷菜部、点心部和烧烤部等部门的相应处理，直至装盆完成。因此，无论厨房的规模大小不同、经营风味不同，各部门、各环节都承担着不可或缺的重要职能。无论从事何种工作，都要抓住机会学习技能，学习管理，从而在学习中学会观察和思考。

一、初加工环节的观察和思考

初加工也叫粗加工或打杂，是目前我国烹饪中不可缺少的一个环节。因为目前我国市场采购的烹饪原料，基本是未加工处理过的，经验收后要清理、清洗，瓜果类要进行择叶、削皮、去壳、去根须，禽类、水产类还要斩杀煺毛、去鳞。初加工环节是整个厨房菜点生产的基础，经其加工的原料的质量和实效直接影响后续生产。同时，初加工的质量优劣决定原料出净率的高低，对菜点的成本影响也是最直接的。

大家到基地后要充分利用学校接触较少的初加工环节，抓住机会多学、多看、多练。

（经过观察或初加工的亲身体验，把你对初加工环节的认识和环节中存在的问题写出来。）

二、切配环节的观察和思考

切配环节是烹饪过程中的重要一环。广义的切配是指在烹饪原料经清洗后、菜肴正式烹调以前所有工作程序的总和，如整料出骨、干货涨发、刀工处理、合理配伍、制蓉包裹等工艺。切配环节不仅仅只是狭义的刀工处理和配伍，而是一个内容丰富的工艺流程，其目的是为正式烹调打好基础，做好准备。

切配环节中的员工，行业习惯称为切配厨师或墩头师傅，主要岗位工作是把经初加工后的原料，运用各种刀法，把多种原料进行合理搭配，使原料符合烹调和菜肴出品的需要。配菜的恰当与否，直接关系到菜的色、香、味、形和营养价值，也决定着整桌菜肴是否协调。因此，要对这一环节的工作做到心中有数。

（通过你对切配环节的观察，把对其认识和思考的问题写出来。）

三、烹调环节的观察和思考

烹调环节是烹饪工艺中的重要一环，是将经过加工配伍的原料，用加热设备加热致使在原料成熟的过程中调味成菜的环节。在这一环节工作的员工，行业习惯称炉台厨师、炉子师傅，或头炉、二炉、三炉，这一岗位称炉台岗位。当然，其工作远远不止加热和调味，还有制汤、挂糊、勾芡、保色、增香等技术性含量较高的工作。

（在实习中要加强烹调环节的观察，对其关键的技术性问题作认真的记录。）

四、蒸灶岗位的观察和思考

蒸灶岗位也称水台岗，该岗位的厨师主要负责菜肴的蒸、扣、炖、熬、煲等工作程序，是炉台岗的一个分支工种，有些厨房把干货的涨发、上汤的制作也纳入其工作任务。蒸灶厨师的敬业负责和出品的质量优劣有直接的关系，其技术含量主要体现在调味和时间的控制上。

（在实习中有可能参与其中，要注意观察，对其关键的技术性问题和时间的掌控作认真的记录。）

第二节 评价菜肴

一、主辅料搭配的认识

主辅料的合理搭配，讲的是从量、质、形、味、色等诸多方面考虑，把经过刀工处理后的两种或两种以上的主料和辅料，配伍在一起，使菜肴既美观，又协调且富营养。

量就是数量和大小要和谐；质就是脆韧老嫩质地要相符；形就是要根据需要做到大小一致或形态各异；味指的是要提味、不要冲味；色是指颜色搭配要鲜艳，多使用对比色、少用近似色，令消费者赏心悦目。（注：同类色菜肴如“糟三白”，但为数不多。）

（写出主辅料搭配较为合理的典型菜肴，具体加以细化说明；写出你认为搭配欠佳的菜肴，并具体写出欠佳的地方及改良的方法。）

二、菜肴烹制的认识

烹调和食品加工不同，特别是中菜，有很强的手工技术特性。一道菜肴的好坏，除了厨师掌握标准流程和理论的烹饪技术外，还需要不断反复地在实践中摸索，使技术运用自如、得心应手。所以，在实习基地要仔细观察，如菜肴色泽的浓淡、芡汁的厚薄、质地的酥脆，以及增香保色、上浆、挂糊的技巧。观察基地厨师是如何娴熟地运用其技巧，烹制出上佳的菜肴的。另外，也要注意观察厨师间技能的差异。

（记录一些有特点、课堂上又没学过的技术关键，记录一些各位厨师制作的差异，分析其制作上的优劣。）

三、围边点缀的认识

菜肴美化分为烹制前加工美化、烹制后装盘美化两种。烹制后装盘美化又有器皿装饰、主菜装饰和附加装饰，其中主菜装饰有覆盖法、撒料法、施画法、象形法、组装法、排列法、间隔法及衬垫法，主菜装饰以主辅料为主。附加装饰法的形式有点缀和围边，利用菜肴主辅料以外的原料，采用拼、摆、镶、塑、衬、围等造型手段，对菜肴进行装饰。一般点缀和围边要符合卫生安全、食用原料为主、经济快速及协调一致的原则。

（注意观察装盘的美化艺术，收集围边、点缀的案例，并加以分析。）

四、冷菜装盘点缀的认识

冷菜成形的手法一般有切、撕、刻、扎和剥等，冷菜装盘的方法大致有排、堆、叠、围、摆、覆（扣）六种。各种装盘的方法，都是与原物料的加工成型的条、片、块、段、粒、球、捆等密切相关。但是冷菜单碟也离不开点缀衬托的环节，有的在装盘前衬垫，有的在装盘后点缀，使冷碟清鲜艳丽。

（收集典型实例，道出其巧夺天工、惟妙惟肖的合理性；也可收集你所发现的不合理的装盘点缀方法。）

第三节　评 价 调 料

一、调料使用的品牌观念

一些厨房在使用调料时，大多会认准一个品牌，如蚝油是用××牌的，辣酱是用××牌的，这是因为该调料的口味和色泽有与众不同之处。有些厨房烹制某一菜肴时也会选用特定的调料。

①基地是否认准品牌进货？②基地对哪些品牌情有独钟？③有哪些特殊菜肴使用特定品牌？

二、特殊调料

为了赢得消费者的口碑，一些厨房特制调料或特别采购调料，将其运用在某些特色菜肴中。

①基地有哪些特殊调料？②特殊调料的产地和运用。③自制调料的方法。④自制调料的月使用数量。

第四节　评价自制食品

一、自制食品的种类

一般餐饮企业为了降低成本、增加风味、提高推广度，都要自制腌腊食品原料。一般自制品种畜类、禽类、水产、蔬菜类，都有如腌肉、酱鸭、鱼干、泡菜、干菜，它们在作为菜肴品种的同时，也有作为堂前供应的产品或礼盒。将实习基地自制加工的品种记录在表 16 - 1 中。

表 16 - 1　实习基地自制加工的品种

大　　类	原　　料	品　　名	特　　色
畜类			
禽类			
水产类			

二、自制腌酱类食品的方法

将自制腌酱类食品有关内容，记录在表 16 - 2 中（学生可自行设计或复印类似表，记录其他腌酱类食品的案例）。

表 16-2 腌酱类食品案例

品　　名		成形大小和形状	
主要原料/kg			
辅料/g			
调料/g			
香料/g			
加工步骤			
制作关键			
成品特色			
储藏方法			
其他说明	（制作季节、时间、气候等）		

三、自制泡醉类菜肴的方法

将自制泡醉类菜肴的相关内容，记录在表 16-3 中（学生可自行设计或复印类似表，记录其他泡醉类菜肴案例）。

表 16-3 泡醉类菜肴案例

品　　名		成形大小和形状	
主要原料/kg			
辅料/g			
调料/g			

续表

品　名		成形大小和形状	
香料/g			
加工步骤			
制作关键			
成品特色			
储藏方法			
其他说明	（制作季节、时间、气候等）		

四、增香方法和技艺

将了解到的有关增香方法和技艺的内容，记录在表16-4中。

表16-4　增香方法和技艺

品　种	主要原料	增香原料	方法及技术	应　用
葱香猪油	猪油	小葱	① 选用白净的猪板油或猪膘油切块 ② 将块放入锅内 ③ 用中小火加热熬制，当锅内渗出猪油不断增多，直到块变成油渣时捞出 ④ 在锅内加入小葱，熬出香味后捞出 ⑤ 熟猪油冷却凝固待用（夏天可存入冰箱）	猪油拌面、清蒸爆盐鱼

续表

品　　种	主要原料	增香原料	方法及技术	应　　用

第十七章　创新体验

学习目标

通过观察和思维，对岗位流程和任务及菜肴组配和设计环节，进行多方面的观察和了解，特别是关注其创新性。旨在思维中学习，从而提高分析能力及创新能力。

第一节 体验打荷岗

打荷是厨房红案岗位之一，负责将经切配加工好的原料腌渍调味、上浆拍粉；负责准备小料调料，以及围边用料；负责菜肴装盆、菜肴出品的点缀造型。以上是烹饪工作，其实还有重要的厨政工作，就是调度菜肴烹制次序，优化菜肴的烹制过程。打荷岗不是厨房的主力，但承担任务者要手脚轻快、思维敏捷，他既调配了整个产品流程的速度，又给菜肴质量把好最后一关，更重要的是在工作过程中能学到全面的知识，锻炼自己。

一、打荷岗的工作任务和流程

打荷岗的工作任务和流程如图 17－1 所示。

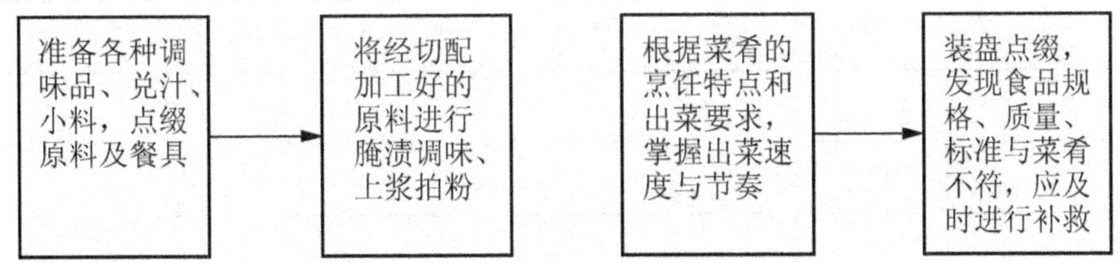

图 17－1 打荷岗的工作任务和流程

打荷的来源

打荷岗里的“荷”原指“河”，有“流水”的意思。所谓“打河”，即掌握“流水速度”，以协助炉台岗将菜肴迅速、利落、精美地完成。打荷岗的人员按工作能力，依次分为头荷、二荷、三荷……末荷。打荷岗对于厨房正常生产秩序的运转和促进菜肴质量的提高起着重要的作用。“打荷”原是粤菜中的一个术语，此岗位原来在内地都是由厨师长和切配骨干担任，随着餐饮市场的发展，广东厨师大批进入内地，此岗位也很快在内地中餐厨房被广泛接受。

二、打荷岗工作流程中是否存在的问题

（对工作时间和工作流程的合理性进行分析，分析在原料加工过程中是否有浪费现象。）

三、如何优化打荷岗位

（对打荷岗位的人数设置、班次安排、工作内容及工作效益进行评判，并写出优化方案。）

四、对现工作岗位的认识

（对首个岗位和轮岗后的岗位有个客观的认识，并写出工作（学习）感想。）

第二节　菜肴组配工艺

菜肴组配工艺简称配菜、配料，就是根据菜肴质和量的要求，将加工成形的原料以科学合理的方法进行组合，使之成为一个半成品（或直接食用的）菜肴和一组菜肴的过程，也就是单一菜肴的搭配和一组菜肴的搭配。组配工艺是烹调前的一道工序，是确定菜肴质量、形状、色泽、风味等的前提，是菜肴烹饪过程中的一个重要环节。

一、合理组配的意义（自学）

合理组配虽然不能直接使原料发生物理变化和化学变化，但它直接关系到菜肴的色、香、味、形，而且有助于营养价值的提高和成本的降低。因此，合理组配的必要性归纳起来有以下4个方面。

1. 确定菜肴的质和量

菜肴的质，是指一只或一组菜肴的构成内容，也是确定菜肴品质的物质基础或本质特征的具体反映。质还包括各种原料的配合比例，也指菜肴原料档次的高低、品质的优劣等。菜肴的量，是指一只菜肴的构成重量或一组菜肴的数量，包括各种原料构成的数量比例，或一组菜肴的荤蔬比例关系。在烹饪过程中，虽然原料的精粗、烹调技术的高低，对菜肴质量均会产生一定的影响，但是配菜却是决定菜肴质量的先决条件。

2. 确定菜肴的营养成分

通过各种原料的搭配，促进人们的食欲，并获取各种营养维持人体的生理需求。烹饪原料的品种不同，其所含营养成分也各不相同。通过科学的配菜，就能使菜肴的营养成分更加全面、更加合理。例如，肉类原料含有蛋白质、脂肪等成分较多，而缺少维生素和纤维素；相反，蔬菜中含有维生素和无机盐较多，而缺少蛋白质和脂肪。配菜时将上述原料有机地搭配在一起，使其互相补充，就能有效地提高菜肴的营养价值，尤其一组菜肴要更加重视营养平衡。

3. 确定菜肴的风味特色

一只或一组菜肴要体现其风味特色，配菜是一个重要的环节。菜肴的色、香、味、形虽然不能在配菜中完全体现出来，但是通过各种原料相互组合、相互补充、相互衬托，经过烹调的装盆处理，就能充分地体现特色。

4. 确定菜肴的成本

菜肴的成本高低与菜肴的原料选用和搭配有很大关系，配菜中原料质量的高低、优劣和用量的多少，直接影响到菜肴的成本。所以，配菜不仅能确定原料的品种质量，也是成本控制的重要环节。

二、组配的基本原则（自学）

综上所述，菜肴组配工艺不仅关系到菜肴达到色、香、味、形的标准，也和营养配伍和成本控制有密切关系。所以组配工艺技术要求高，在烹饪过程中，该环节是中心一环也是重要的一环，在此工作的厨师肩负着实现菜肴既定目标要求的组织重任，行使着对整个后续工艺流程的指挥职能。因此，担负着配菜重任的厨师必须掌握菜肴组配的原则，做到科学合理的运用。

1. 菜肴数量组配

菜肴数量的组配，是指菜肴主料、辅料合理配比的数量。进行菜肴数量的组配时，关键在于菜肴主辅料的种类和各种类原料间的比例要恰当，总分量与器皿组合要协调。

2. 菜肴质地组配

菜肴质的配合，是指原料的质地软、硬、老、嫩、脆、韧等，也是指原料的品质档次。在配菜中为了使菜肴主辅料的质地符合烹调的基本要求，突出菜肴的特点，大体要求是软配软、脆配脆、韧配韧、嫩配嫩。但还要考虑原料的品质档次是否符合整组菜肴的要求。

3. 菜肴色泽组配

菜肴色泽的组配，就是根据原料的颜色进行合理搭配，使其协调、美观大方。菜肴色泽的组配一般为异色配，主料与辅料的色泽各异，以辅料衬托主料。也有同色配，主料与辅料的色泽基本一致，如以色泽洁白为主的扒三白、银芽鸡丝等，给人以清新淡雅的感觉。

4. 菜肴香和味组配

在组配中要考虑到原料本身所具备的气味，有些气味大家喜爱、有些气味影响食欲。在菜肴组配中，要把握主料的特性，增加辅料抑制和减轻主料影响食欲的气味；要把握原料的特性，油腻配清淡、咸的配淡的；要把握主料的特性，用辅料增加或补充主料，使主料的香味和口味更加符合食用者。

5. 菜肴形状组配

菜肴形状的组配，就是菜肴主料与主料、主料与辅料之间形状的配合。形状的配合不仅关系到菜肴的外观，还直接影响到制作菜肴的质量。

(1) 菜肴主料与辅料的同形组配。如丁配丁、片配片、条配条、丝配丝、块配块、粒配粒等。同形组配要求辅料的形状略小于主料，以利衬托主料。

(2) 菜肴主料与辅料的异形配合。如烩三鲜、素什锦均属于异形组配。这类异形组配的每种原料都是主料，有时不仅原料的形状不一，连大小也不一。还有就是整鱼、整鸭的配料也属异形组配，因辅料较小，更显主料的高贵和完整。

6. 菜肴营养组配

菜肴中所含营养素的量和成分，是衡量菜肴质量的一个重要指标。因此，在配菜时既要考虑到菜肴的色、香、味、形、质，还必须考虑到各种原料所含有的营养素，通过科学的组配，使其有利于人体消化吸收和补充人体营养。当然，也不能片面地追求营养成分，而忽视人们的饮食习惯和口味爱好，应既要讲究营养，提倡膳食平衡，又要注重菜肴色、香、味、形、质等因素，这样才能使菜肴达到完美的境地。

三、配菜的基本要求（自学）

配菜是烹制前的一个重要环节，它涉及的知识面很广。要做好这项工作，就必须了解以下 6 项基本要求。

1. 了解服务对象的需求

在配菜时，应根据任务单，了解所服务对象的年龄、职业、饮食爱好、口味要求、特殊信仰及菜肴的售价，做到因人而异，如国籍与地区（西欧人、亚洲人、沿海人、内地人）、民族与宗教（回族、佛教徒）等。例如，多数西欧人不吃内脏、回族不吃猪肉；佛教徒又分大乘佛教和小乘佛教，不食肉、不饮酒、不吃五辛。这些情况都是要了解和掌握的，不然就可能出现严重的后果或差错。

2. 了解原料的供应情况

在配菜时，应掌握原料相关知识。

（1）根据不同原料的性质（韧性、脆性、软性）进行组配，尽可能使原料性质趋于一致。

（2）了解市场供应情况。市场上供应的原料因地区差异，质地和风味也有所不同，要尽量选用品质较好的原料。

（3）了解库存情况，尽量不使库存积压，造成不必要的损失和浪费。

3. 熟悉损耗率和毛利率要求

在配菜时，应根据标准配制，零点菜肴根据预先制定的标准菜单组配，团队和宴会菜单根据任务单标准和毛利要求配制。因原料的多少直接关系到就餐者的个人利益和企业的收益。作为配菜员要熟悉原料的损耗率，了解既定的毛利率的幅度，要会核算主料、辅料和调料成本。配制出既符合企业要求，又维护消费者利益的菜肴半成品。

4. 把握主辅料配伍合理性

在配菜时，首先要把握主辅料的组配合理性，因辅料的主要作用是衬托主料、增加菜肴的色泽和美化菜肴的需要，当然还有降低菜肴成本的功能。但如果辅料种类过多，易造成喧宾夺主、层次不清的感觉，反而影响到菜肴的整体美观。其次，配菜时必须将主辅料分别放置在盘中，便于烹调，因为烹调时原料下锅有先后顺序，原料混合放置不利于烹调时操作，也容易造成成品生熟不均，影响菜肴质量。

5. 了解营养卫生安全知识

在配菜时，配菜员除了应掌握原料性质和精通烹调技术外，还必须了解和掌握有关的营养和卫生知识，并能够运用现代营养学的基础理论和基本原理去指导配菜，使配菜更加趋向于科学化、营养化。例如，安排一桌宴席，既要考虑到原料的品种搭配，又要考虑膳食的平衡和营养素供给量，以及辨别原料的鲜度、纯度，同时也要具备鉴别原料真假的能力，防止农产品农药残留，强化食品安全的意识。

6. 观察后续过程合理改良

配菜是联系刀工和烹调环节的纽带，配菜人员必须精通刀工，了解烹调细节，才能配制出符合要求的菜肴。在平时组配时要注意观察细节，特别是烹调后的出菜环节要注意观察，原料的刀工处理是否合理、原料的组配是否合理。只有注意观察和思考，才能在做好配菜的同时，改变原料、改良方法。倘若能在组配的同时，考虑组配和烹调的关系、组配和成形的关系、组配和装盆的关系，以及组配和菜肴名称的关系，那么一定能创制出受消费者喜爱、具有生命力的菜肴。

四、配伍的再认识（实践体验）

根据前面自学的菜肴组配技术，在实践（实训）中注意观察细节，看看是否存在不合理的因素，特别是要思考组配和烹调的关系、组配和成形的关系、组配和装盆的关系，以及组配和菜肴名称的关系。大胆提出设想和建议，有可能你的建议对菜肴的开发会起到关键的作用。

（一）如何合理使用原料

将实践中观察到的有关原料使用的一些情况，记录在表 17 - 1 中。

表 17 - 1　原料使用的情况

序　号	菜肴名称	存在不足	导致后果	改良措施
0	土豆烧牛肉	土豆切得偏小	土豆易碎	① 土豆块大一点 ② 土豆先过油，后烧
1				
2				
3				
4				
5				
6				

（二）如何改进配伍的不足

将实训中观察到的有关菜肴配伍的一些情况，记录在表 17 - 2 中。

表 17-2 菜肴配伍的情况

序号	菜肴名称	存在不足	导致后果	改良措施
0	彩色鱼丝	配料稍多	色彩混杂	① 青红椒丝要细 ② 青红椒丝要减少
1				
2				
3				
4				
5				
6				

（三）如何合理使用调料

将实践中观察到的有关调料使用的一些情况，记录在表 17-3 中。

表 17-3 调料使用的情况

序号	菜肴名称	存在不足	导致后果	改良措施
0	红油臭豆腐	红油不纯	生油味太重（难闻、难入口）	选用自制红油
1				
2				
3				
4				
5				
6				

第三节 烹调流程（实践体验）

（一）基地菜肴烹制的流程

将实践中所了解到的基地菜肴的烹制流程，记录在图 17－2 中。

图 17－2 基地菜肴的烹制流程

（二）如何加快烹调工作流程

注意观察烹制过程，从中发现存在问题，大胆写出不足之处（不建议当场发表意见，请保留意见，在进行班组讨论时与同学、教师一起探讨）。

（三）蒸灶岗位存在的问题

知识链接

蒸

蒸是利用水沸后形成的蒸汽加热原料使之成熟的一种技法，其特点是保持了菜肴的原形、原汁、原味，能在很大程度上保存菜肴的水分和各种营养素。它能使质老难

熟、质嫩易熟的问题得到充分解决。因此在运用时要根据原料的性能和成菜的要求，适当调整加热的气压。根据原料的加工方法，蒸分为清蒸、粉蒸、包蒸、上浆蒸等。根据原料在蒸汽中的加热过程，蒸还可分为带水蒸、隔水蒸等。

(1) 清蒸，指单一原料不加调料或加入单一调料（一般为咸鲜味），放入蒸汽中加热。具有质地细嫩、清淡适口的特点。

(2) 粉蒸，指原料改刀后腌渍，再粘上一层米粉，放入蒸汽中加热。具有软糯滋润、醇浓香鲜的特点。

(3) 包蒸，指原料码味后，外裹粽叶、荷叶，再放入蒸汽中加热。具有香味独特、形状美观的特点。

(4) 上浆蒸，指将原料用蛋清、淀粉上一层厚浆后，再放入蒸汽中加热。具有色泽光亮、口感滑嫩的特点。

(5) 隔水蒸，指原料加调味后不加汤汁，为了防止蒸汽水进入，器皿上还要加盖或包上保鲜膜，然后放入蒸汽中加热。具有造型完整、原汁原味的特点。

(6) 带水蒸，指将原料放入容器中，加入适量的汤水，加盖或不加盖，放入蒸汽中加热。具有形态不变、汤清汁宽的特点。

第四节　菜 单 设 计

一、自学项目——菜单知识

（一）菜单种类和用途

由于餐饮企业的经营类型、档次及经营项目各不相同，因而企业对菜单内容选择、项目编排及外观设计也各有不同，从而形成了千姿百态的餐厅菜单。依据不同的分类标准，可将菜单分为多种类型。按类别分有零点菜单、预订菜单、宴会菜单、内部菜单；具体又有早餐（茶）菜单、正餐菜单、宴席菜单、团队菜单、送房菜单、标准菜单及酒水单等。不同的菜单其用途也不相同，用于零点销售的为固定菜单，用于宴会服务的为一次性菜单，用于团队订餐的为活页菜单，随看随取。菜单种类和用途的具体内容如表 17－4 所示。

表 17－4　菜单种类和用途

类　别	种　类	形　状	用　途
零点菜单	（正餐）菜单	册子	企业推广与消费者选菜之用
	早餐菜单	硬片或册子	
	夜宵菜单	硬片或册子	
	特选菜单	卡片	
	海鲜菜单	册子	
	素食菜单	硬片或册子	

续表

类　别	种　类	形　状	用　途
零点菜单	早茶单	卡片	企业推广与消费者选菜之用
	点心单	册子	
	酒水单	册子	
套菜菜单	团队菜单	小册或活页	企业推广与消费者预订之用
	婚宴、寿宴菜单	小册或活页	
	商务宴菜单	小册或活页	
	会议菜单	小册或活页	
内部菜单	标准菜单	纸质数联＋照片	任务下达、厨房配菜、收银结账、财务核算之用
	任务菜单	纸质数联	
	内部接待菜单	纸质数联	
	零点菜单	纸质数联	
宴会席面菜单	席面菜单	单页	企业宣传、明示消费者知情、欣赏、收藏之用
		合页	
		多合页	
		卷筒	
		扇子	
		竹筒	
		手卷	
		卷轴	
		屏风	
		葫芦	
		蜡烛	
特殊菜单	送房菜单	卡片	住店旅客选菜之用
	特殊人群菜单	合页或册子	少数民族、宗教信仰人士选菜之用
	健康菜单	合页或册子	糖尿病、减肥等特殊顾客选菜之用
	航空菜单	合页	乘客选菜之用
	旅行菜单	合页或册子	旅行团队选便当之用

（二）零点菜单设计

1. 零点菜单的内容

零点菜单，是在餐厅厅面促销推广菜肴的媒介。它的内容大多是零点菜肴的介绍，一般由菜肴类别、菜名、主料、辅料、重量及价格组成，如表 17-5 所示。

表 17-5 零点菜单的内容

蔬菜豆制品类					
菜　　名	主料/g	辅料/g	重　　量	价格/元	
				大	小
腐皮青菜	青菜 350	腐皮 30		18.00	12.00

在形式上有先凉菜、后热菜、再点心；也有先特选菜、凉菜类，后海鲜、河鲜、禽畜类，再蔬菜、点心类之分。但目前的菜单已不再是传统文字和数字的介绍，大多数增添了消费者直观的菜点图片，拉近了餐饮企业与消费者进行信息交流与沟通的距离。

2. 零点菜单的作用

点菜菜单多以大册子的形式出现，为了防油汁、菜肴的玷污，封面一般较厚实，并涂膜。一本设计合理、美观雅致的菜单不仅能起到点菜的作用，还能增进消费者对餐厅的信任度。

(1) 促进销售

一份精心编制的菜单，能使顾客感到心情舒畅，赏心悦目，并能让顾客体会餐厅的用心经营，增进消费者对餐厅的信任度，促使顾客欣然解囊，乐于多点几道菜肴。而且精美的菜肴图片，使消费者馋涎欲滴，增加回头概率。

(2) 拉近相互间距离

消费者通过菜单选购自己所喜爱的菜肴，而接待人员通过菜单推荐餐厅的招牌菜，两者之间借由菜单开始交谈，如语言不通，或语言、听力障碍也可以借以交流，形成良好的双向沟通模式。有些餐厅在菜单上还绘有漫画，加了菜点小常识，更拉近了餐厅与消费者的距离。

(3) 反映餐厅的经营方针

餐饮工作包罗万象，主要有原料的采购、食品的烹调制作及餐厅服务，这些工作内容都得以菜单为依据。菜单中的价格也起到了预先告知的作用，有些印上加收服务费的信息，就是此目的。

(4) 控制餐饮成本毛利

菜单内容一经确定，也就决定了餐饮企业食品成本的高低。毛利偏低，单只菜肴过多，必然导致整个食品的成本偏高；精烹细作、工艺复杂的菜品过多，也会引起劳动成本的上升。菜单上不同成本的菜品数量的比例是否恰当，直接影响到餐饮企业的盈利能力。所以菜单的设计是控制生产成本的重要环节。

(5) 厨房餐厅工作的指南

菜单一旦确定，厨房根据其内容编制出标准菜单，食品材料的采购、储藏，菜肴的加工、组配、烹调都需按其执行。菜单也决定了餐厅服务的方式，服务人员必须根据菜单的内容及种类，提供各项标准的服务程序（如堂灼、明火炉、铁板烧等），让客人得到视觉、味觉、嗅觉上的满足。所以，餐厅各经营环节都受到菜单内容和菜单类型的支配和影响。

（三）标准菜单（谱）设计

标准菜单也称标准菜谱、内部菜单，是厨师开展工作的指南，是餐饮企业根据风味特点、毛利要求及厅面的点菜菜单的内容，具体制定的配菜烹调的标准指南。

标准菜单一般预先由厨师长和厨师骨干制定，它包含菜名、主料、辅料、调料的品种，大小份各料的配比，各料的成形标准，烹调制作过程、制作关键和装盆要求等内容，如表 17－6 所示。标准菜单主要是为保证菜单上各菜品的质量达到规定的标准，并使质量有一定的稳定性。

表 17－6 标准菜单

菜　名				烹调方法	
口味特点				总成本	
主辅料	原料	重量/g	刀工成形	形状大小	特殊要求
主料					
辅料					
调料					

续表

菜　名		烹调方法	
制作过程	（制作过程包括初加工的要求，刀工处理步骤，上浆、挂糊、码味的要求，以及加热烹制步骤。）		
制作关键			
装盆要求			
其他说明			

（四）宴席菜单设计

宴席菜单是为宴席而设计的、由具有一定规格质量的一整套菜品组成的菜单，属于套菜的一种，用于商务宴和红白喜事。由于举行宴席的目的、档次、规模、季节、宴请对象及地点各不相同，要求宴席菜单在规格、内容、价格方面同其他套菜菜单区别开来。因此，宴席菜单可以说是一种特殊的套菜菜单，它集中选用了能体现餐饮企业的技术水平的菜肴。宴席菜单同其他套菜菜单相比，其特殊性主要表现在以下 4 个方面。

1. 设计针对性

餐饮企业必须根据宴席预订信息，或临时针对每一次宴席顾客的不同需要进行菜单设计，即便是同一餐厅、同一时间、同一价格，菜单内容也会因不同宴席目的与宴请对象而大相径庭。这也是宴席菜单与套菜菜单最主要的区别之一。

2. 内容完整性

宴席无论是何种性质与档次，在菜单设计上都要求遵循一定的设计规则，按照就餐顺序设计一套完整的菜品。例如，中式宴席菜单一般要求，要有冷菜、头菜、热菜（荤、蔬）、甜菜、汤、点心、随饭菜、水果、茶水等一整套菜品。

3. 编排协调性

宴席菜单在选择菜品时，除做工精细、外形美观的菜品外，所有菜品还要求在色、香、味、形、器、质地等方面搭配协调，避免雷同与杂乱。菜品选择还应与宴席性质及主题协调呼应，菜单上菜品编排也要体现主次感、层次感和节奏感，使所有菜品融合为一个有机统一的整体。

4. 体现特色性

宴席菜单排好后，在宴会席面要摆放宴会席单，宴会席单本身的设计也体现了餐饮企业的个性特色。宴会席单不仅要求外观漂亮，印刷精美，其色形、图案也要与餐厅装饰、宴席台面相协调，它的好坏直接关系到餐饮企业的档次和宴会服务的管理能力。一般好的宴会席单被消费者争相收藏，他们带走的不仅是纪念，也带走了餐饮企业的信息，起到宣传的作用。

宴席菜单示例如图 17－3 和图 17－4 所示。

冷菜：一帆风顺
江南八碟
羹：蟹黄鱼翅
热菜：苔菜白虾
火腿炖鳖
葱油鳜鱼
果仁焙排
太湖螃蟹
墨鱼小炒
笋干老鸭
蒜泥芦笋
主食：腊肉煲饭
小吃：鲜肉芋饺
玉米脆烙
水果：时令果拼

图 17－3　宴席菜单示例 1

龙凤呈祥宴

龙凤呈祥结良缘——龙鸾飞舞拼
新婚燕尔八珍食——江南八味碟
福星高照神仙池——迷你佛跳墙
喜鹊迎巢锦玉带——如意鸳鸯贝
鸿运当头喜临门——芝士焗龙虾
浓情相依一辈子——刺参鱼肚盅
比翼双飞鹊桥会——脆皮乳鸽皇
甜甜美美满堂红——甜豆蟹肉皇
天长地久吉庆余——碧绿煎鳕鱼
惠风和畅大富贵——红烧大圆蹄
花团锦簇并蒂莲——桂花炸藕夹
珠联璧合锦绣添——珍珠炒百合
青蝉翼纱鸳鸯枕——竹荪烩蔬菜
百年好合情似水——蛤形鱼丸汤
齐心同谱腾飞曲——五彩千层糕
早生贵子耀门楣——红枣莲子羹
馥兰馨果合家欢——时令水果拼

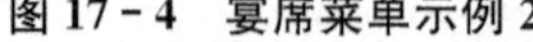
图 17－4　宴席菜单示例 2

（五）宴会席单的设计

宴席菜单又分为宴会任务单和餐桌上的宴会席单，在众多菜单中只有宴会席单使用时间最短，但其设计和制作最有个性。它不仅要求外观漂亮，印刷精美，其色形、图案也要与主题宴会、餐厅装饰相协调，最能反映企业特色。

宴会席单不仅反映了宴会的主题性息、菜点性息、时间性息，也反映了酒店性息（酒店 logo、餐厅名称、网址、电话）。它既是宴会的名片，也是企业的名片。有些宴会席单构思巧妙，设计精良，有卷轴型、屏风型、手卷型、竹简型、折扇型，还有名家书法、印章，充满中国传统文化的气息和韵味，更是爱好者的藏品。宁波南苑饭店的宴会席单如图 17－5所示。

图 17－5 宁波南苑饭店宴会席单

二、实践体验——了解基地使用的菜单

通过菜单知识的学习，在实践中要学会观察和搜寻，无论是实训、实习、工作还是酒店用膳时，都要用敏锐的洞察力和审美力去搜捕菜单，特别是基地的菜单更要加以搜集抄录，便于今后参考学习。

（一）收集点菜菜单，了解编排方法

点菜菜单也就是由餐饮企业制作提供，用于宾客挑选菜肴的媒介。一般企业根据餐饮特色在编排和设计上有所区别，形状大小不一、数量不一，内容编排也不尽相同。将收集到的有关点菜菜单的内容，记录在表 17－7 中。（学生可自行设计或复印类似表，记录其他有关点菜菜单的内容。）

表 17－7 点菜菜单的内容

大　类	菜　　名	主要原料	规格	价　　格

续表

大　类	菜　名	主要原料	规格	价　格

（二）收集所在岗位的标准菜谱

收集所在岗位的标准菜谱，并经常查看，熟记其内容。常接触的标准菜谱目录如表17－8所示，将收集到的相关内容记录在表内。

表17－8　常接触的标准菜谱目录

序　号	大　类	菜　名	烹调方法	是否熟记
0	冷菜	话梅花生	煮	√

续表

序　号	大　类	菜　名	烹调方法	是否熟记

（标准菜谱誊录处）

注：若还有其他标准菜谱需要誊录的，可附页。

（三）收集宴会菜单，试用寓意取名

1. 收集婚宴菜单，试用寓意取名

将收集到的婚宴菜单，记录在表 17－9 中。（学生可自行设计或复印类似表，记录其他婚宴菜单案例。）

表 17－9　婚宴菜单案例

宴会主题		时　　间	
类　　别	通俗菜名	寓意菜名	
冷菜			
热菜			
点心			
水果			

2. 收集寿宴菜单，试用寓意取名

将收集到的寿宴菜单，记录在表 17－10 中。(学生可自行设计或复印类似表，记录其他寿宴菜单案例。)

表 17－10 寿宴菜单案例

宴会主题		时　　间	
类　　别	通俗菜名	寓意菜名	
冷菜			
热菜			
点心			
水果			

3. 收集商务宴菜单，试用寓意取名

将收集到的商务宴菜单，记录在表 17－11 中。(学生可自行设计或复印类似表，记录其他商务宴菜单案例。）

表 17-11　商务宴菜单案例

宴会主题		时　间	
类　别	通俗菜名	寓意菜名	
冷菜			
热菜			
点心			
水果			

4. 收集谢师宴菜单，试用寓意取名

将收集到的谢师宴菜单，记录在表 17-12 中。（学生可自行设计或复印类似表，记录其他谢师宴菜单。）

表 17－12 谢师宴菜单案例

宴会主题		时 间	
类 别	通俗菜名	寓意菜名	
冷菜			
热菜			
点心			
水果			

5. 收集满月宴菜单，试用寓意取名

将收集到的满月宴菜单，记录在表 17－13 中。（学生可自行设计或复印类似表，记录其他满月宴菜单案例。）

表 17-13 满月宴菜单案例

宴会主题		时　间	
类　别	通俗菜名	寓意菜名	
冷菜			
热菜			
点心			
水果			

第十八章　岗位体验

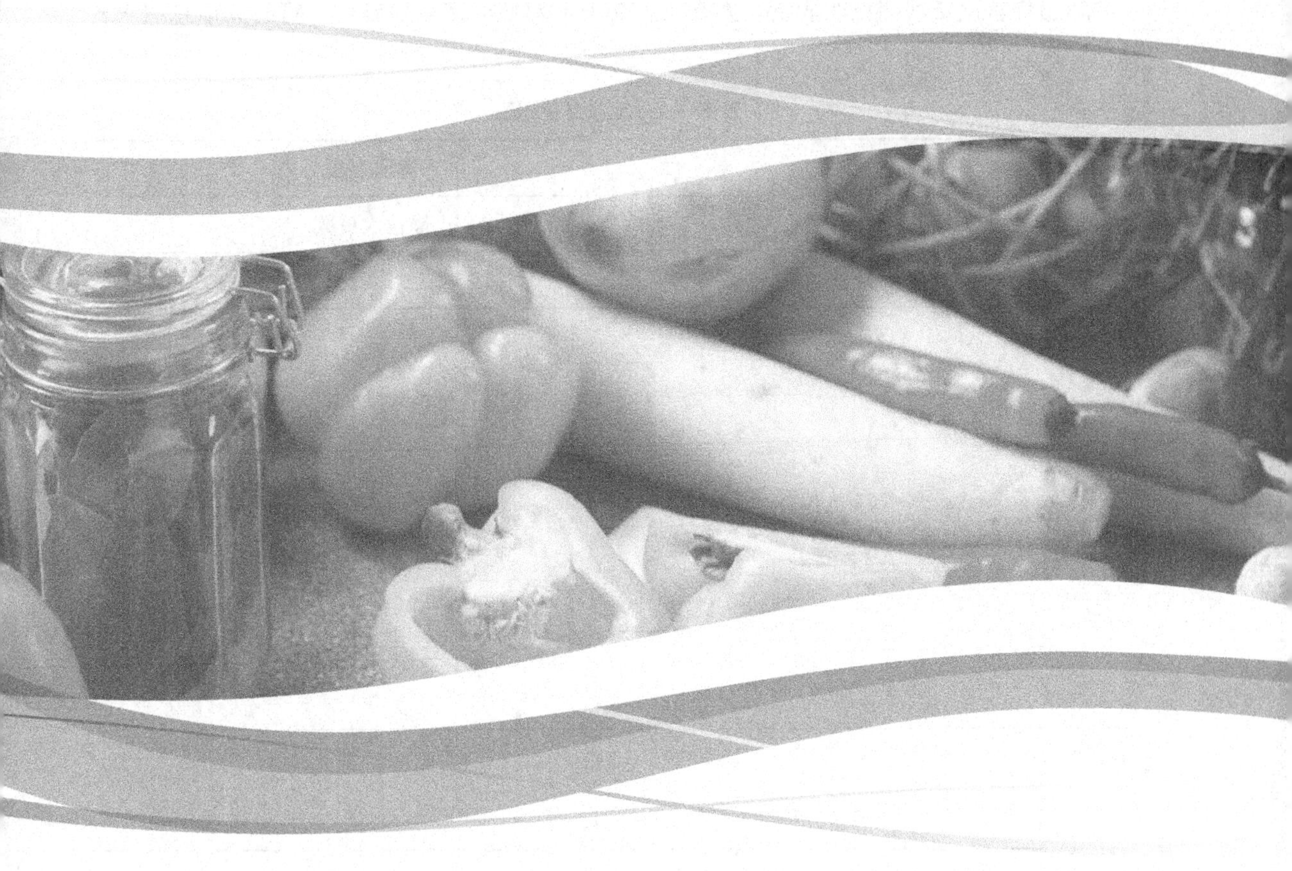

学习目标

通过岗位体验，从前期技能方面的观察和学习，转到管理策划方面的学习。在了解岗位职责、厨房的常规制度、餐品开发设计的同时，收集表单和制度，为将来参与管理做前期准备。

第一节　工作岗位职责的内容

岗位职责，是指一个岗位所要求完成的工作内容及应当承担的责任。岗位是为完成某项任务而确立的，职责是为了更好地完成工作任务而制定的。岗位职责文字化的目的是科学配置劳动力，规范操作行为，提高工作效率，便于部门考核。

一、工作岗位职责

写出你首次实习岗位的职责，并在工作中时时对照既定职责施行。将有关信息填入表18－1中。

表18－1　工作岗位职责

岗位名称		隶属上级	
相关联系		岗位人员数	
班　　次		工作时间	
工作职责：			
其他说明：			

二、工作岗位任务

记录所在岗位的工作任务，以及你所承担的工作，并将相关内容填入表18－2中。

表18－2　工作岗位任务

酒店全程		工作部门	
岗位1名称		工作时间	
岗位2名称		工作时间	
岗位3名称		工作时间	

续表

酒店全程		工作部门	
岗位工作任务：			
所承担的工作：			
其他说明：			

第二节　收集基地厨房工作制度和表单

制度，一般指要求大家共同遵守的办事规程或行动准则。厨房制度，是要求员工遵守工作纪律、遵循工作职责、按照工作程序办事的行动准则。

表格、单据是工作事项的明细表，是管理流程进一步细化的工具，厨房表单是厨房工作数据采集表。使用表单便于开展工作，便于统计数目，便于检查和核算。

厨房的制度和表单，是厨房的人员工作规范开展的轨道，是纪律约束性文件，是检查和校正方向的依据。

一、常规制度

1. 食品卫生安全制度

（誊录粘贴处）

2. 菜品质量控制制度

(誊录粘贴处)

3. 值班人员工作任务

(誊录粘贴处)

4. 工作规范制度

(誊录粘贴处)

5. 其他工作制度

(誊录粘贴处)

二、考核制度

1. 餐具管理及卫生制度

(誊录粘贴处)

2. 菜品失饪处罚制度

(誊录粘贴处)

3. 服饰卫生考核制度

(誊录粘贴处)

4. 工作奖惩制度

(誊录粘贴处)

5. 其他考核制度

(誊录粘贴处)

三、培训开发方案

1. 技术培训方案

(誊录粘贴处)

2. 菜品创新方案

(誊录粘贴处)

3. 美食活动方案

(誊录粘贴处)

4. 其他活动方案

(誊录粘贴处)

四、工作表单

1. 验收单、领料单、调拨单

(誊录粘贴处)

2. 工作检查表

(誊录粘贴处)

3. 菜品意见反馈表

(誊录粘贴处)

4. 退菜管理表

(誊录粘贴处)

5. 其他工作表单

(誊录粘贴处)

行政总厨岗位职责

直属上级：分管总经理或餐饮总监。

直属下级：各点厨师长。

相关联系：销售部、采供部、管事部、各餐厅厅面。

岗位职责如下：

(1) 负责厨房正常运转工作，督促各厨房要保证餐厅的营业需求，并确保菜品的质量。

(2) 组织各厨师长、厨房技术骨干研制菜点；建立标准菜谱，制定宴会菜单，适时推出时令菜、特选菜。

(3) 督促厨房合理安排，严格控制成本支出，使毛利率保持在合理水准，但必须确保菜肴的足量够分。

(4) 督查各厨房的消防工作、卫生工作及设备的安全使用和维护保养工作。

(5) 根据库存状况提出食品原料的采购计划；负责或督促检查食品原料的验收，把好原料质量关。

(6) 出席部务会，协调厨房与餐厅的关系；并妥善处理消费者对菜点的投诉。

(7) 合理安排员工，并进行定时的技术培训，负责对各点厨师长的考核。

(8) 参与餐饮部的美食活动的策划，并实施美食活动的展台制作、菜点制作等工作。

(9) 了解各国饮食习惯和宗教信仰，并具有良好的营养卫生和美学知识。

第三节　设计宴会菜单

通过菜单知识的自学，结合实习基地的案例，参考相关材料，编排一桌主题宴席。目的是锻炼和巩固所学知识，促使提高自身综合能力和素质，也为完成毕业设计做前期模拟练习。

一、设计宴会菜单

1. 菜单的主题和对象

(1) 消费对象： (2) 宴会性质：

(3) 消费者要求（人数、主菜、口味等）：
(4) 宴会主题的确定：
(5) 售价和毛利率的确定：

2. 主题宴会的编排

主题宴会的编排内容如表 18-3 所示，将实践结果填入表内。

表 18-3　主题宴会的编排内容

主题名称		对象		人数	
预订价格		要求毛利率		总成本	
类别	寓意名称	实际菜名	烹调方法	口味	成本
雕刻或冷拼					
餐前小碟					
冷菜组碟					
热菜（羹汤）					

续表

主题名称		对象		人数	
热菜（羹汤）					
茶水、点心					
水果					

二、设计制作宴会席单

学习菜单知识后，对菜单的种类、用途与内容有了一定的了解。尝试设计一款主题宴会席单，把所学知识和自己的才智融入其中。

（誊录粘贴处）

第四节　撰写短文

一、实习心得体会

厨师长必备的素质能力

（1）基本素质：爱岗敬业，责任心强，作风正派，办事公正，遵纪守法，善言会语，身体健康。

（2）专业能力：熟知厨房各工作流程，熟悉原料知识、营养卫生与安全知识，精通多项烹饪技术、精通成本核算，熟悉特殊群体饮食习俗知识，掌握专业英文听说能力及计算机使用技能，熟悉相关政策法规。

（3）管理能力：业务实施能力、组织协调能力、开拓创新能力、文字表达能力及人际沟通能力。

二、短文：我做厨师长

厨师长和行政总厨是我们职业规划的目标，学生要以此为目标，在学习、实习和工作中勤学苦练，观察细节、善于思考、抓住机遇，博学众长，努力成为一名有理想、有技能，会管理、会创新的新一代厨师。通过三年的学习和实习，谈谈对厨师长目标有何感想，或谈谈如何做一名合格的厨师长。

附录

________学院烹饪系实训项目任务书

______年______月______日　第______节

<table>
<tr><td>项目内容</td><td colspan="3"></td><td>项目性质</td><td>□示教 □练习
□ 示教＋练习</td></tr>
<tr><td>负责教师</td><td></td><td>授课班级</td><td></td><td>人数</td><td></td></tr>
<tr><td>实验员</td><td></td><td>学生助手</td><td></td><td></td><td></td></tr>
<tr><td>实训内容</td><td colspan="5">1.　　　　2
3.　　　　4.</td></tr>
<tr><td>实训目标</td><td colspan="2"></td><td>预期作品及形式</td><td colspan="2"></td></tr>
<tr><td>实训原料</td><td colspan="5">1.　　　　4.　　　　7.
2.　　　　5.　　　　8
3.　　　　6.　　　　9</td></tr>
<tr><td>实训场地</td><td>第（　）示教室
第（　）实训室</td><td>实训工具</td><td colspan="3"></td></tr>
<tr><td>实训要求</td><td colspan="5">示教时间：
练习时间：　　　　每组：　　人</td></tr>
<tr><td>实训步骤</td><td colspan="5"></td></tr>
<tr><td>课后思考</td><td colspan="5"></td></tr>
<tr><td>授课教师及学生代表签名</td><td colspan="2">项目负责教师：

年　　月　　日</td><td colspan="3">实训学生代表：

年　　月　　日</td></tr>
</table>

注：一式两份（可复印），一份上交院（系）教学办，一份由项目负责教师留存。

参 考 文 献

[1] 戴桂宝，王圣果. 烹饪学 [M]. 杭州：浙江大学出版社，2011.

[2] 戴桂宝. 现代餐饮管理 [M]. 2 版. 北京：北京大学出版社，2012.

[3] 周晓燕. 烹调工艺学 [M]. 北京：中国轻工业出版社，2000.

[4] 冯玉珠. 烹调工艺学 [M]. 3 版. 北京：中国轻工业出版社，2009.

[5] 罗长松. 中国烹调工艺学 [M]. 北京：中国商业出版社，1990.

[6] 杨昭景. 中华厨艺——理论与实务 [M]. 台北：华杏出版股份有限公司，2005.

[7] 中华人民共和国国家质量监督检验检疫总局、中国国家标准化管理委员会. 包装回收标志. 北京：中国标准出版社，2010.

[8] 中国烹饪百科全书编委会. 中国烹饪百科全书 [M]. 北京：中国大百科全书出版社，1992.

[9] 季鸿崑. 烹调工艺学 [M]. 北京：高等教育出版社，2003.

[10] 中国名菜谱编辑委员会. 中国名菜谱 [M]. 北京：中国财政经济出版社，1988.

[11] 戴宁. 杭州菜谱 [M]. 杭州：浙江科学技术出版社，2000.

[12] 陈苏华. 中国烹饪工艺学 [M]. 北京：中国商业出版社，1992.

[13] 王圣果. 菜点创新是餐饮企业可持续发展的动力 [J]. 成都：四川烹饪高等专科学校学报，2007 (02).